FUEL CELL SYSTEM MODELING

and Control Technology

燃料电池系统建模及控制技术

马睿 高非 周杨 姜文涛 白浩 / 编著

U0279102

机械工业出版社

CHINA MACHINE PRESS

随着人类环保意识的增强，燃料电池这一新型绿色发电装置受到了越来越广泛的关注。本书介绍了不同类型燃料电池的工作特性，阐述了质子交换膜燃料电池（PEMFC）的性能优势与应用前景；分析了 PEMFC 的物理结构与"气 - 水 - 热 - 电"运行机理；建立了以电化学、流体力学、热力学为基础的 PEMFC 电堆多物理域模型，对模型进行了参数敏感性分析；构建了包含空气供应、氢气供应、水热管理、电能变换等辅助外围设备的 PEMFC 系统模型，设计了系统多输入 / 多输出控制方法，对 PEMFC 的不同系统进行管理控制并进行了相关试验验证；开展了 PEMFC 老化预测、故障诊断以及容错控制等健康管理方面的研究，明晰了老化与故障机理并提取相关影响因子，提出了高精度的老化预测方法，完成了故障类型的在线识别及诊断，针对不同的健康状态进行容错控制，基于系统台架对健康性能进行测试评估；以车 / 航空用 PEMFC 混合动力系统的能量管理为背景，以系统运行安全、寿命提升、效率优化、能耗最小等为研究对象，制定并执行了不同类型的能量管理策略，并对比了不同策略下的系统输出特性和运行差异。

本书可供研究 PEMFC 单体、电堆、系统、应用等方面的有关工程技术人员学习参考。

图书在版编目（CIP）数据

燃料电池系统建模及控制技术 / 马睿等编著.
北京：机械工业出版社，2024. 12. ——（氢能与燃料电池技术及应用系列）. ——ISBN 978-7-111-77042-8

Ⅰ. TM911.4
中国国家版本馆 CIP 数据核字第 2024JV7216 号

机械工业出版社（北京市百万庄大街 22 号　邮政编码 100037）
策划编辑：王　婕　　　　　责任编辑：王　婕
责任校对：郑　婕　张　薇　责任印制：邓　博
北京盛通数码印刷有限公司印刷
2025 年 1 月第 1 版第 1 次印刷
184mm×260mm · 24.25 印张 · 462 千字
标准书号：ISBN 978-7-111-77042-8
定价：168.00 元

电话服务　　　　　　　　网络服务
客服电话：010-88361066　机 工 官 网：www.cmpbook.com
　　　　　010-88379833　机 工 官 博：weibo.com/cmp1952
　　　　　010-68326294　金 书 网：www.golden-book.com
封底无防伪标均为盗版　机工教育服务网：www.cmpedu.com

氢能作为 21 世纪最具潜力的清洁能源，是支撑我国能源系统结构向绿色低碳转型的关键二次能源之一，具有巨大的市场应用潜力。在氢能产业全面布局的背景下，燃料电池相关技术的研究和应用也迎来了快速发展的新时期，其作为一种绿色低碳、运行平稳、工作高效的新型发电系统，是未来交通电气化发展的重要推动力。而在众多种类的燃料电池中，质子交换膜燃料电池（PEMFC）凭借其启动速度快、运行温度低、功率密度高等优势，在交通运载以及移动式发电等领域具有良好的持续发展空间和广阔的应用前景。

本书共分 7 章，是在总结作者及团队多年研究成果的基础上，经过进一步理论化、系统化、规范化、实用化后编写的。全书以 PEMFC 为研究对象，分别针对结构性质、工作原理、系统建模、系统控制、健康管理、混合动力系统能量管理等方面的研究工作进行了总结。

第 1 章分别对质子交换膜燃料电池（PEMFC）、碱性燃料电池（AFC）、磷酸燃料电池（PAFC）、熔融碳酸盐燃料电池（MCFC）、固体氧化物燃料电池（SOFC）这 5 种燃料电池进行特性对比分析，总结了各类燃料电池的优缺点和应用现状，突出 PEMFC 优异的性能与广阔的发展前景。第 2 章首先描述了 PEMFC 的物理结构，包括端板、双极板、阴阳极流道、催化层、质子交换膜、气体扩散层、膜电极等组件，随后分析了 PEMFC 的工作原理，涉及热力学、电化学、电荷传输等多学科知识交叉。第 3 章开展了 PEMFC 电堆建模，根据多个参数变化描述了电堆本体特性，构建了计算边界条件的精确单电池模型，考虑多物理场参数耦合规律及各系统变量与输出特性的内在关系建立了电堆结构参数、运行参数等与电堆输出性能参数的耦合关系，构建"单电池 - 电堆 - 推进系统"的多层级模型。第 4 章进行了 PEMFC 的系统建模，包括空气供应系统、氢气供应系统、热管理系统以及电能变换系统，在仿真模型的基础上进行了测试。第 5 章针对 PEMFC 系统的多输入 / 多输出耦合特性，对电堆及各个系统分别设计了最优控制方法，实现对电堆湿度、流量、电压等参数的精确控制。第 6 章主要研究了 PEMFC 健康管理中 3 个较为重要的环节：老化预测、故障诊断以及容错控制，深入分析了老化与故障机理，依据老化模型设计老化预测融合算法；研究故障发生的原因并提取故障因子，提出故障诊断方法在线识别系统健康状态；针对不同健康状态进行容错控制，通过仿真和试验相结合的方式验证诊断和容错控制方法的准确性以及可靠性。第 7 章基于车 / 航空用 PEMFC 混合动力系统，制定能量管理策略解决多能量源之间的功率协调分配、能量源优化管理、系统整体效率优化等问题，在车用驾驶工况和飞行测试工况的基础上，提出了诸多算法实例为混合动力系统的能量优化控制提供参考。

由于编者水平有限，书中难免存在一些不足和疏漏之处，欢迎广大读者批评指正。

编　者
2024 年 12 月

目 录

第1章

燃料电池技术基础

1.1 燃料电池技术概述

燃料电池是一种不经过燃烧，直接以电化学反应的方式将燃料和氧化剂中的化学能转化为电能的装置，是继水力发电、火力发电、风力发电之后的第四种发电方式。燃料电池可以持续发电，反应生成物主要是水，基本不排放有害气体，更加清洁环保。由于其不受传统卡诺循环的限制，具有远高于内燃机（30%～35%）的转换效率，正常工作状态下其最高转化率超过60%。除此之外，燃料电池还具备噪声低、功率输出范围广、可靠性高等优势。

燃料电池的发展已经有近200年的历史。1838年，燃料电池的原理由德国化学家克里斯提安·弗里德提出，并刊登在当时著名的科学期刊上。1839年，英国物理学家威廉·葛洛夫发表了他的燃料电池理论，其后又出版了燃料电池设计草图。在20世纪50年代以前，燃料电池一直处于基础的理论与应用研究阶段，后来随着燃料电池理论和类型的不断丰富，1952年英国剑桥大学的培根（Bacon）用高压氢氧制成了具有实用功率水平的燃料电池。在此前期间，通用电气（GE）资助了质子交换膜燃料电池的研究。

20世纪60年代，载人航天对于大功率、高比功率与高比能量电池具有迫切的需求，燃料电池引起一些国家和军工部门的高度重视。美国联合技术公司的UTC Power通过引进培根专利，成功研制了阿波罗（Apollo）登月飞船的主电源——Bacon型中温氢氧燃料电池，美国国家航空航天局（NASA）的Apollo登月计划中采用此电池为太空船提供电力和饮用水，后来双子星宇宙飞船（1965年）也采用了通用的质子交换膜燃料电池（PEMFC）为主电源。此后，氢氧燃料电池广泛应用于宇航领域，在同一时间，兆瓦级的磷酸燃料电池也被研制成功。可见，燃料电池在当时已是一种相对成熟的技术。

20世纪70—80年代，能源危机和航天军备竞赛大大推动了燃料电池的发展。以美国为首的发达国家开始大力支持民用燃料电池的开发，至今还有数百台当时投资的 PC25（200kW）磷酸燃料电池电站在世界各地运行。此后，各种小功率燃料电池也开始在航空航天、军事、交通等各个领域中得到应用。

20 世纪 90 年代至今，随着人类对环境保护的日益关注，以质子交换膜燃料电池为动力的电动汽车，采用直接甲醇燃料电池的便携式移动电源、高温燃料电池电站、用于潜艇和航天器的燃料电池迎来蓬勃的发展。

在我国，燃料电池主流的应用包括各类电源、交通运输及军事等方面。其中，固定电源市场占比最大，主要为城市工业区、商业区、住宅、边远地区及孤立海岛、轮船离岸应用供电；固定电源同时也是在美国发展最快的应用之一，主要用于大型通信设备、数据中心和家庭的供电。在汽车燃料电池领域中，近年来由于政府的扶持、丰田等厂商的拉动、系统成本下降等因素，汽车燃料电池的应用开始爆发[1]。燃料电池在航空航天方面的应用历史最为悠久，如用作宇宙飞船、人造卫星、空间站等航天系统的能源供应。

目前，大型分布式燃料电池系统逐渐呈现经济竞争力，而日本和美国分别在小型和大型分布式燃料电池发电技术和推广规模方面走在前列，大型分布式燃料电池系统预计在2030 年左右能够较快地获得市场竞争力，具备在中长期进行市场规模化推广的条件。但是，当前我国分布式燃料电池系统技术总体还处于研发阶段，与国际先进水平差距很大，需不断在技术和产业上缩小同国际先进水平的差距，并大幅降低燃料电池发电系统的成本，为后续示范化应用和规模化推广创造条件。

在"碳中和"目标下，分布式燃料电池系统将是我国实现碳减排的一个重要方式，尤其在工商业领域。但是基于我国居民和工商业电价水平，小型分布式燃料电池发电系统在国内很长时间内将难以具备经济性优势；对于大型工商业分布式燃料电池系统，只有到中期甚至是长期，大型分布式燃料电池热电联供系统才能展现出较明显的经济性优势。较高的发电成本和较低的用电价格，将是在我国市场推广燃料电池热电联供系统的主要障碍，因此提升燃料电池效率、降低燃料成本是当前我国燃料电池发展的主要方向。

1.2 燃料电池分类

1.2.1 质子交换膜燃料电池

质子交换膜燃料电池（Proton Exchange Membrane Fuel Cell，PEMFC）因具有效率高、功率密度大、零排放等多方面的优点，被公认为下一代燃料电池的发展方向之一，如图 1.1 所示[2]。

质子交换膜是一种选择透过性膜，是PEMFC 的核心组成部分，主要起传导质子、分割氧化剂与还原剂的作用。PEMFC 用的催化剂主要为铂催化剂，其成本较高，因此为降低成本，非铂催化剂是以后催化剂研究的主要方向之一。

图 1.1　质子交换膜燃料电池

除了上述核心优势，质子交换膜燃料电池还具有以下优点：

1）可靠性高，维护方便。PEMFC 内部构造简单，无机械运动部件，工作时仅有气体和水的流动。电池模块呈现自然的"积木化"结构，使得电池组的组装和维护都非常方便，容易实现"免维护"的设计。

2）发电效率受负荷变化影响很小，非常适合于分散型发电装置（作为主机组），也适于用作电网的"调峰"发电机组（作为辅机组）。

3）冷启动时间短，可在数秒内实现冷启动。

4）设计简单、制造方便、体积小、重量轻、便于携带。

5）燃料的来源极其广泛，可通过天然气和甲醇等进行重整制氢；也可通过电解水制氢、光解水制氢、生物制氢等方法获取氢气。

同时 PEMFC 也具有一些缺点，具体如下：

1）质子交换膜的价格较高，对生产所需的技术要求高，能生产的厂家较少。

2）对一氧化碳（CO）敏感，需要尽可能降低燃料电池中 CO 的浓度，避免催化剂中毒。

3）以贵金属铂作为催化剂，其成本较高。

总的来说，PEMFC 相较于其他类型燃料电池因具有高效率、无污染、工作温度低、可频繁启停、高功率密度等明显优势，进而得到了迅猛的发展。

1.2.2　碱性燃料电池

碱性燃料电池（Alkaline Fuel Cell，AFC）是燃料电池系统中最早开发并获得成功应用的一种燃料电池，美国阿波罗登月宇宙飞船及航天飞机上都采用碱性燃料电池作为动力电源，实际飞行结果表明，AFC 作为宇宙探测飞行等特殊用途的动力电源已经达到了应用阶段，如图 1.2 所示。AFC 通常使用质量分数为 35%～45% 的氢氧化钾（KOH）水溶液作为电解质，OH^- 从阴极传导至阳极，其阳极和阴极的化学反应为

$$阳极：H_2 + 2OH^- - 2e^- \longrightarrow 2H_2O$$

$$阴极：\frac{1}{2}O_2 + H_2O + 2e^- \longrightarrow 2OH^-$$

在过去相当长的一段时期内，AFC 系统的研究范围涉及不同温度、不同燃料等各种情况下的电池结构、材料与电性能等。根据电池工作温度的不同，AFC 系统可分为中温型与低温型两种。中温型以培根中温燃料电池为代表，它由英国剑桥大学的培根研制，工作温度约为 250℃，阿波罗登月飞船上使用的 AFC 系统就属于这一类型。低温型 AFC 系统的工作温度低于 100℃，是当前 AFC 系统研究与开发的重点，其应用目标是便携式电源及交通工具用动力电源。

图 1.2　碱性燃料电池

由于 AFC 的工作温度在 100℃以下，电池本体结构材料选择广泛，可以使用低廉的耐碱塑料，这些材料可用注塑成型工艺，使电池造价降低。从耐电解液性能方面来看，可以不用铂作为催化剂。例如，阳极可采用镍系催化剂，既降低成本又能获得机械强度高的结构。阴极可采用银系催化剂，AFC 在室温下操作，瞬间便能输出部分负荷，5min 内便可达到额定负荷。

采用 KOH 等碱性溶液作为电解质的不利之处是，电池对燃料气体中的二氧化碳（CO_2）十分敏感，一旦电解液与含 CO_2 的气流接触，电解液中会生成碳酸根（CO_3^{2-}）离子，若含量超过 30%，电池输出功率将急剧下降。因此，在含碳 AFC 系统中应配 CO_2 脱除装置。另外，为了保持电解质浓度需进行合理的控制，避免系统的复杂化设计。由于 AFC 工作温度较低，电池冷却装置中冷却剂进出口温差小，冷却装置需有较大的体积，废热利用也会受到限制。

目前 AFC 系统的主要应用领域有：

1）航天飞行器动力电源。

2）军事装备电源。

3）电动汽车动力电源。

4）民用发电装置。

与其他类型的燃料电池一样，AFC 系统的应用受到经济可行性与电池性能两方面因素的制约，电池技术开发的重点是提高电池系统性能、降低电池造价与操作费用、增强与其他燃料电池的竞争能力[3]。

1.2.3 磷酸燃料电池

磷酸燃料电池（Phosphoric Acid Fuel Cell，PAFC）是当前商业化发展得最快的一种燃料电池，这种电池使用液体磷酸为电解质，通常位于碳化硅（SiC）基质中。磷酸燃料电池的工作温度要比质子交换膜燃料电池和碱性燃料电池的工作温度略高，通常为 $150 \sim 200℃$，但仍需电极上的铂催化剂来加速反应。其阳极和阴极上的反应与质子交换膜燃料电池相同，但由于其工作温度较高，所以其阴极上的反应速度要比质子交换膜燃料电池阴极的反应速度快，如图 1.3 所示。

图 1.3 磷酸燃料电池

阳极和阴极的化学反应为

$$阳极：H_2 - 2e^- \longrightarrow 2H^+$$

$$阴极：\frac{1}{2}O_2 + 2H^+ + 2e^- \longrightarrow H_2O$$

与固体氧化物燃料电池等高温燃料电池相比，PAFC 系统工作温度适中，构成材料易选，启动时间短，稳定性良好，产生的热水几乎满足世界卫生组织和美国环境保护署的所有饮用水要求，余热利用率高。与 AFC（燃料气体中不允许含 CO_2 和 CO）及 PEMFC（燃料气体中不允许含 CO）等低温型燃料电池相比，具有耐燃料气体及空气中存在 CO_2 的能力，PAFC 更能适应各种工作环境。

但是，与 PEMFC 一样，PAFC 采用的贵金属催化剂易被燃料气体中的 CO 毒化，对燃料气体的净化处理要求高，且磷酸电解质具有一定腐蚀性。

1.2.4 熔融碳酸盐燃料电池

作为高温燃料电池中重要的一种，熔融碳酸盐燃料电池（Molten Carbonate Fuel Cell，MCFC）被认为是最有希望在本世纪率先实现商品化的燃料电池[4]，如图 1.4 所示。熔融碳酸盐燃料电池采用碱金属（Li、Na、K）的碳酸盐作为电解质隔膜，Ni-Cr/Ni-Al 合金为阳极，NiO 为阴极，电池工作温度为 $600 \sim 700℃$。在此温度下电解质呈熔融状态，导电离子为碳酸根离子。熔融碳酸盐燃料电池以氢气为燃料，O_2/空气和 CO_2 为氧化剂。工作时，阴极上 O_2 和 CO_2 与从外电路输送过来的电子结合，生成 CO_3^{2-}；阳极上的 H_2 则与从电解质隔膜迁移过来的 CO_3^{2-} 离子发生化学反应，生成 CO_2 和水（H_2O），同时将电子输送到外电路。MCFC 与其他燃料电池的区别在于反应中须用到 CO_2，CO_2 在阴极消耗，在阳极重新生成，可以循环使用。

图 1.4　熔融碳酸盐燃料电池

阳极、阴极反应为

$$阳极：H_2 + CO_3^{2-} \longrightarrow CO_2 + H_2O + 2e^-$$

$$阴极：\frac{1}{2}O_2 + CO_2 + 2e^- \longrightarrow CO_3^{2-}$$

除了具有一般燃料电池不受卡诺循环限制、能量转换效率高、无污染、噪声低、模块化结构、适应不同功率要求、灵活机动、能量比高等共同优点，MCFC 还具有如下的技术特点：

1）由于 MCFC 的工作温度为 650～700℃，属于高温燃料电池，其本体发电效率较高（可达 50%～55%），比第一代 PAFC 的发电效率（40%～50%）要高，并且不需要贵金属做催化剂，制造成本低。

2）既可以使用纯氢气做燃料，又可以使用由天然气、甲烷、石油、煤气等转化产生的合成气做燃料；而 PAFC 只有 H_2 才可作为直接燃料，要求 H_2 中 CO 的含量不大于 1.5%。对改质型 MCFC 可使用的燃料有多种，这样就可以与煤气厂联合，比较适合我国以煤为主的能源情况。

3）排出的废热温度高，可以直接驱动燃气轮机或蒸汽轮机进行复合发电，进一步提高系统的发电效率。与 PAFC 相比，MCFC 具有更高的热效率，还可实现电池的内重整，简化系统设计。

4）中小规模具有一定的经济性，与其他几种发电方式相比，当负载指数大于 45% 时，MCFC 发电系统年成本最低。与 PAFC 相比，虽然 MCFC 初始投资高，但 PAFC 的燃料费远比 MCFC 高。当发电系统为中小规模分散型时，MCFC 的经济优越性则更突出。

1.2.5 固体氧化物燃料电池

固体氧化物燃料电池（Solid Oxide Fuel Cell，SOFC）是一种采用电化学反应发电的装置，不受卡诺循环的限制，其效率远高于其他发电设备，主要产物是 CO_2 和 H_2O，如图 1.5 所示。

图 1.5 固体氧化物燃料电池

$$阳极：H_2 + O^{2-} - 2e^- \longrightarrow H_2O$$

$$阴极：\frac{1}{2}O_2 + 2e^- \longrightarrow O^{2-}$$

SOFC 具备发电效率高（自身发电效率接近 60%，与燃气轮机联用效率可达 75%～80% 以上）、热电联产效率高（余热温度高达 400～600℃、热电联产效率 90% 以上）、节约水资源（传统发电用水量的 2%）、绿色环保、易于模块化组装、燃料选用范围广（可使用天然气、煤制气、氢气、甲醇等）等优点，且不需要贵金属催化剂，适应性强，是一种具有很高应用前景的燃料电池。

目前，广泛使用的 SOFC 单元的组件设计形式大体分为两类，即管式设计和平板式设计。管式设计由于其良好的密封性能而具有良好的长期稳定性，而平板式设计由于短的电流路径而具有高的功率密度，这两种设计方式各有优缺点，所以可根据不同的应用场景选择 SOFC 的设计类型。

1.2.6　燃料电池比较总结

目前，燃料电池若想完全实现商业化，需要在成本、功率密度、可靠性以及耐久性等方面进行改进。在上述 5 种燃料电池类型中，虽然 PAFC 和 AFC 受益于早期的历史发展，但是随着 PEMFC 和 SOFC 的性能提升，渐渐成为具有持续发展继而达到商业应用前景的技术。PEMFC 因其高能量密度、高功率密度和低工作温度，非常适用于便携式能量装置，SOFC 和组合循环技术（SOFC/涡轮）最适用于高功率应用（约 250kW），同时 PEMFC 和 SOFC 都能应用于住宅用电和其他小型的固定电力装置。高温燃料电池提供了高效率和高燃料灵活性的优势，它们产生高质量的废热，还能运用于热电联供装置。虽然所有的燃料电池在氢燃料下运行得最好，但是那些工作在更高温度条件下的燃料电池提高了对不纯净燃料的耐受性，并且有可能实现碳氢化合物燃料内部重整而产生氢气。表 1.1 中总结了各类燃料电池的性质对比。表 1.2 中总结了各类燃料电池的主要优缺点[5]。

表 1.1　各类燃料电池的性质对比

燃料电池类型	电解质	导电离子	催化剂	燃料	工作温度/℃	寿命/h	比功率/（W/kg）
PAFC	H_3PO_4	H^+	铂（Pt）	氢气	150~200	1500	100~220
PEMFC	PEM	H^+	铂（Pt）	氢气	25~100	5000	300~750
AFC	KOH	OH^-	铂（Pt）	氢气	50~220	10000	35~105
MCFC	Li_2CO_3，K_2CO_3	CO_3^{2-}	镍（Ni）	天然气、甲烷、氢气	600~700	15000	30~40
SOFC	$Y_2O_3-ZrO_2$	O^{2-}	铂（Pt）	天然气、甲醇、氢气	600~1000	7000	15~20

燃料电池类型	电效率（%）	功率密度/（mW/cm²）	功率范围/kW	内部重整	CO容忍度	设备的平衡
PAFC	约40	150~300	500~1000	否	毒物（<1%）	适中
PEMFC	40~50	300~1000	0.001~1000	否	毒物（<50×10⁻⁶）	次中等
AFC	约50	150~400	1~100	否	毒物（<50×10⁻⁶）	适中
MCFC	45~55	100~300	100~100000	是	作为燃料	复杂
SOFC	50~60	250~350	5~100000	是	作为燃料	适中

表 1.2　各类燃料电池的主要优缺点

燃料电池类型	优点	缺点	适用场合
PAFC	技术成熟度高、可靠性高、电解质成本低	需要昂贵的铂催化剂、易中毒、液体电解质具有腐蚀性	小型电站
PEMFC	高功率密度、低工作温度、良好的开关循环持久性	需要使用昂贵的铂催化剂、膜和电池组件的成本高、毒性容忍度低、水管理复杂	分布式发电、汽车、公交车、便携电源

（续）

燃料电池类型	优点	缺点	适用场合
AFC	改进的阴极性能、非贵重金属催化剂、低成本的电解质/电池材料	由于需要去除阴极水而引起的系统复杂性、KOH电解质的定时补充、需要使用纯氢气和纯氧气	军用
MCFC	燃料灵活性高、非贵重的金属催化剂、高质量废热可供热电联合应用	CO_2回收利用引起更高的系统复杂性、熔融电解液具有腐蚀性、电池材料相对比较昂贵	电厂
SOFC	燃料选择更灵活、非贵重的金属催化剂、完全为固体电解质、产生的高质量废热可供热电联合应用	高温工作环境引起的系统复杂度高、高温工作电池的封装问题、组件相对昂贵	电厂

1.3 燃料电池应用现状

由于能源与环境已成为人类社会赖以生存的焦点问题，近20年以来，燃料电池这种高效、洁净的能量转化装置得到了各国政府、开发商、研究机构的普遍重视。燃料电池在交通运输、便携式电源、分散电站、航空航天、水下潜器等民用与军用领域展现了广阔的应用前景。目前燃料电池的三大主要应用市场：固定电源、交通运输和便携式电源[6]，如图1.6所示。

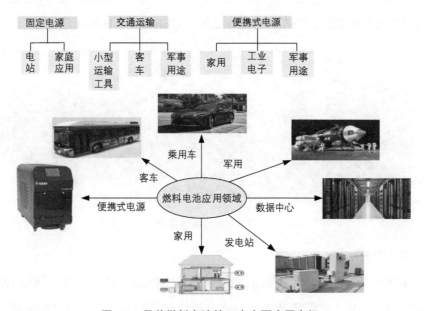

图1.6　目前燃料电池的三大主要应用市场

（1）固定电源市场

固定电源市场包括所有在固定位置运行的电源，包括主电源、备用电源或者热电联产的燃料电池，如应用于分布式发电及余热供热等场合。固定燃料电池被用于商业、工业及住宅的主要和备份发电，它还可以作为动力源安装在偏远位置，如航天器、远端气象站、大型公园及游乐园、通信中心、农村及偏远地带，对于一些科学研究站和某些军事应用都非常重要，如图1.7所示。固定电源在燃料电池主流应用中占比最大，其中在美国市场的渗透率略高，大型企业的数据中心的使用量呈现较明显的上升趋势。除了用于发电，热电联产燃料电池系统还可以同时为工业和家庭进行供电和供热。

图 1.7　固定燃料电池

（2）交通运输市场

交通运输市场包括为乘用车、客车、货车、叉车以及其他以燃料电池作为动力的车辆提供电能，如特种车辆、物料搬运设备和越野车辆的辅助供电装置等，如图1.8所示。以燃料电池为动力是目前关注度最高的应用领域，以燃料电池为动力的叉车是燃料电池在工业应用内最大的部分之一，用于材料搬运的大多数燃料电池叉车采用质子交换膜燃料电池提供动力，但也有一些直接甲醇燃料叉车进入市场。目前正在运营的燃料电池车队有大量的公司，包括联邦快递货运、西斯科食品、金科（GENCO）、H-E-B超市等。

图 1.8　交通运输市场

（3）便携式电源市场

便携式电源市场包括非固定安装的和移动设备中使用的燃料电池，如图1.9所示。例如，笔记本电脑、手机、收音机及其他需要电源的移动设备。燃料电池的能量密度通常是可充电电池的5～10倍，已有甲醇燃料电池和质子交换膜燃料电池被应用在军用电源和移动充电装置上。成本、稳定性和寿命将是燃料电池应用于便携式移动电源所需要解决的主要技术问题。目前与锂电池相比，其优势并不明显，因此市场渗透率不高。

图 1.9　便携式电源市场

实例：2022 年北京冬奥会上燃料电池车辆的应用

氢能出行是我国"绿色冬奥"的主打亮点，也是最先践行"碳中和"目标的一届国际奥运赛事。冬奥会创造了有史以来的多次"第一"：第一次逾千辆燃料电池汽车集中运行，第一次在大型国际赛会上大规模使用燃料电池汽车作为主运力，第一次国产自主化技术和国际一流品牌在同一赛道进行竞争，第一次新能源汽车在严寒冬天野外场地进行长达数月（包括热身赛）的服务。

国家电投投入近 200 辆全自主研发搭载"氢腾"燃料电池系统的氢能客车，提供包括宇通客车 150 辆和福田客车 50 辆，其中为延庆赛区服务 60 辆，为北京赛区服务 90 辆，剩余 50 辆作为备用，如图 1.10 所示。中集氢能还为冬奥会相关加氢站和综合能源站提供了 13 台 50MPa 储氢瓶组和智能加氢机，同时中集制造的氢能管束集装箱及运输车、全集成加氢站、储氢瓶组和智能加氢机为氢燃料电池车和加氢站提供运氢、储氢和加氢服务。中国石油也为北京冬奥会建成投用河北太子城加氢站、北京福田加氢站、北京金龙综合能源服务站和河北崇礼北油氢合建站 4 座加氢站，冬奥期间日供氢能力达到 5500kg。目前，加注到氢燃料电池车中的氢气主要是从含氢工业副产气中分离提纯出来的。

图 1.10　冬奥会燃料电池客车

第2章

燃料电池结构与性质

质子交换膜燃料电池的工作温度低，并且具备启动速度快、功率密度高等优势，在多种类型的燃料电池中性能较好，适用于交通运输以及移动式发电等领域，因此被认为是未来最具发展潜力的一类燃料电池。作为一种电化学装置，PEMFC 是通过电化学反应将燃料中的化学能转变为电能供给负载使用，如图 2.1 所示，电堆阳/阴极通入氢气和空气（氧气），在催化剂（一般为铂）催化作用下电离为氧离子和氢离子，氢离子经质子交换膜迁移至阴极与氧离子结合生成水，而电子则经外部电路回流到电堆阴极处，为负载提供电能。

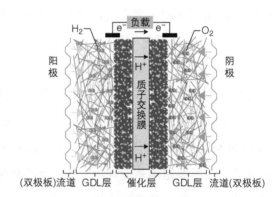

图 2.1　PEMFC 工作原理示意图

2.1　质子交换膜燃料电池物理结构

质子交换膜燃料电池物理结构是由两个或多个单电池和其他必要的结构件组成的，其中必要结构件包括双极板、催化层、扩散层、质子交换膜等，如图 2.2 所示。其主要部件结构和功能见表 2.1。单电池的使用电压为 $0.6 \sim 0.85V$，在集成燃料电池堆（简称电堆）时可根据需要选择单电池的串联数量。双极板是燃料电池的支撑载体，通常由不透性石墨材料或是金属材料制成，其主要用于分隔各燃料电池单体并提供电流通道，以及给反应气体提供流道。气体扩散层是气体到达催化层的必经之路，通常是 $100 \sim 400\mu m$ 的多孔碳纸或碳布材料，起支撑质子交换膜和催化层的作用。催化层是燃料电池电化学反应的场所，主要由铂碳（Pt/C）催化剂和一定数量的离聚物（膜基质）构成。质子交换膜是燃料电池的电解质，是 PEMFC 区别于其他种类燃料电池的显著特征，主要作用为隔绝阴阳极反应物，传导质子，目前质子交换膜使用最多的是全氟磺酸（Nafion）膜，具有质子传输率高且耐强酸强碱等特性[7]。

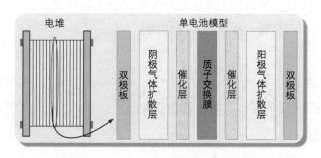

图 2.2　质子交换膜燃料电池物理结构

表 2.1　质子交换膜燃料电池主要部件结构和功能

部件结构	功能	材料 / 种类
质子交换膜	分隔阳极和阴极，阻止燃料和空气直接混合发生化学反应；传导质子，质子传导率越高，膜的内阻越小，燃料电池的效率越高；电子绝缘体，阻止电子在膜内传导，从而使燃料氧化后释放出的电子只能由阳极通过外电路向阴极流动	全氟磺酸质子交换膜（应用最多）部分氟化质子交换膜非氟质子交换膜
气体扩散层	支撑催化层，收集电流，并为电化学反应提供电子通道、气体通道和排水通道的隔层	由碳纸 / 碳布和防水剂聚四氟乙烯组成
催化层	加速电极与电解质界面上的电荷转移反应	贵金属铂催化剂
双极板	分隔反应气体，收集电流和提供反应气体通道	石墨双极板、金属双极板与复合材料双极板

对于燃料电池来说，由一组电极和电解质板构成的燃料电池单电池输出电压较低，电流密度较小，为获得高的电压和功率通常将多个单电池串联构成电堆。相邻单电池间用双极板隔开，双极板用来串联前后单电池和提供单电池的气体流路。

2.1.1　端板

端板的主要作用是控制接触压力，因此足够的强度与刚度是端板最重要的特性。足够的强度可以保证在封装力作用下端板不发生破坏，足够的刚度则可以使得端板变形更加合理，从而均匀地传递封装载荷到密封层和膜电极（MEA）上[8]。

2.1.2 双极板

燃料电池双极板（Bipolar Plate，BP）是电堆中的"骨架"，与膜电极层叠装配成电堆，在燃料电池中起到支撑、收集电流、为冷却液提供通道、分隔氧化剂和还原剂等作用[9]。

作为质子交换膜燃料电池堆的重要组件，双极板的质量占燃料电池堆的 60%～80%，成本占 20%～40%，并且几乎占据了整个燃料电池堆的全部体积。

在燃料电池堆内，双极板主要具有以下作用：

1）支撑 MEA。

2）分隔各单电池。

3）分隔阴极、阳极反应气体，防止其相互混合。

4）提供电气连接。

5）输送反应气体并使之均匀分配。

6）传导反应热量。

7）去除水副产物。

8）承受组装预紧力。

根据材料不同，双极板可以分为石墨双极板、金属双极板以及复合材料双极板。以上三种材料双极板的优缺点对比，见表 2.2。以前石墨双极板是比较常用的双极板材料，但因为在批量生产时，金属双极板的生产成本相对较低，同时大功率的金属双极板电堆比石墨双极板电堆在体积方面要小得多，所以近年来金属双极板的应用越来越广。复合材料双极板由于生产周期长、成本高等缺点在应用方面受到很大的限制。

表 2.2　三种材料双极板的优缺点对比

双极板类型	优点	缺点
石墨双极板	耐腐蚀性好，导热性和导电性高，化学性能稳定，制造工艺成熟	机械性能差（脆性），质量和体积大，可加工性差，加工成本高
金属双极板	导热性和导电性高。机械性能优越，制造容易、成本低，结构耐久性好，抗冲击和振动性好	容易腐蚀，使质子交换膜和催化剂中毒，形成钝化膜
复合材料双极板	耐腐蚀、体积小、重量轻、强度高	机械强度差，电导率低，难以大批量生产，价格高

石墨是热和电的良导体，具有较高的电导率、化学稳定性、热稳定性以及耐腐蚀、低密度等优点，用于制作双极板具有先天独特的优势。

但因为石墨是一种多孔的脆性材料，强度低、延展性差，难以满足双极板的气密性要求，所以在加工时，需要对石墨进行反复浸渍、碳化处理，从而制造成无孔的具有良好气密性的无孔石墨双极板。因此石墨双极板在加工制造时对制造工艺具有很高的要求，否则就容易使得制造成的双极板具有较多的孔隙，气密性变差，若组装成燃料电池堆不仅影响电堆的整体性能，还有可能导致氢泄漏，造成安全隐患[10]。

石墨双极板的生产制造方式主要有三种，即机械加工、注塑成型和模压成型。根据不同的工艺需求，石墨可以制作为粉末、卷材、板材和乳液。

与石墨双极板相比，金属双极板具有与之类似的高导电、导热能力，但金属双极板具有更好的机械强度、阻气能力和抗冲击能力，能够大幅提升功率密度。同时，金属双极板机械加工性强、制作工序较少、制作厚度可小于 1mm，并且量产工艺成熟，大幅降低的热容使金属板具备了更强的低温启动能力，可以大幅降低量产成本，因此，金属双极板备受行业关注。

复合材料双极板由两种或两种以上的材料组成，通过复合其他材料优化了其机械性能，克服了石墨材料及金属材料的缺陷，且兼具石墨材料的耐腐蚀性和金属材料的高强度特性。

2.1.3 阴阳极流道

PEMFC 的流场板一般是指按一定间隔开槽的石墨板，开的槽就是流道，在槽之间形成流道间隔。流场板的作用是引导反应气体的流动方向，确保反应气体均匀分配到电极各处，并经扩散层到达催化层进行电化学反应。在常见的质子交换膜燃料电池中，有的流场板与双极板是分体的，如网状流场板等；有的流场板与双极板是一体的，如点状流场板和部分蛇形流场板等。与双极板一体的流场板除了具有上述流场板的功能，还要兼顾双极板的作用。为提高电池反应气体的利用率，通常排放尾气越少越好，流场板设计得好坏直接影响电池尾气的排放量[11]。

目前所采用的流场结构包括点状流场、网状流场、平行流场、蛇形流场、多孔流场和交指形流场结构。平行流场和蛇形流场都具有良好的供气和排水能力，是目前常用的流场结构。交指形流场反应气体从入孔进入末端封死的流场通道，迫使气体在压力差的作用下，经强制对流，通过电极内部到达流道出口段，使反应气体到达催化层表面的距离缩短，传质加快，反应速率提高。此外，气体流动的剪切应力易将阴极中聚集的由于电荷迁移和电化学反应生成的液态水带出电极，减少了阴极"水淹"现象，从而大大提高了质子交换膜燃料电池性能。但是这种流场在确保反应气体均匀分配方面还存在着问题，且这种流场需要较大的压降，增加了额外的功率损耗。

2.1.4　催化层

催化剂是质子交换膜燃料电池中的关键性技术。为了加快电化学反应速度，气体扩散电极上都含有一定量的催化剂。由于燃料电池的低运行温度以及电解质酸性的本质，故应用的催化剂层需要贵金属。PEMFC 催化剂按作用部位可分为阴极催化剂和阳极催化剂两类。质子交换膜燃料电池的阳极反应为氢气的氧化反应，阴极为氧气的还原反应。因为氧气的催化还原作用比氢气的催化氧化作用更为困难，所以阴极是最关键的电极 [12]。

催化剂需要具有足够的催化活性和稳定性，阳极催化剂还应具有抗一氧化碳中毒的能力。PEMFC 电催化剂按照使用金属可分为铂系和非铂系电催化剂两类。由于质子交换膜燃料电池的工作温度低于 100℃，目前只有贵金属催化剂对氢气氧化和氧气还原反应表现出了足够的催化活性。现在所用最有效的催化剂是铂或铂合金催化剂，它对氢气氧化和氧气还原都具有非常好的催化能力，且可以长期稳定工作。由于这种电池是在低温条件下工作的，所以提高催化剂的活性，防止电极催化剂中毒很重要。

以铂或铂合金作为催化剂的主要问题是成本太高。由于铂的价格高、资源匮乏，使得质子交换膜燃料电池的成本居高不下，限制了其大规模的应用，需要进一步降低铂的载量。一种方法是寻找新的价格较低的非铂、非贵金属催化剂；另一种方法是改进电极结构，有效利用铂催化剂，提高铂的利用率，减少单位面积铂的使用量。

以铂或铂合金作为催化剂的另一个主要问题是其毒化问题。铂催化剂因极富活性而提供了优异的性能。该催化剂对一氧化碳和硫的生成物与氧相比有较高的亲和力，这种毒化效应制约了催化剂的高度活性，并阻碍了扩展到其中的氢或氧，使得电极反应不能发生，燃料电池性能递减。若氢由重整装置提供，则气流中将含有一些一氧化碳，或吸入的空气含有一氧化碳，都会造成毒化问题的产生。由一氧化碳引起的毒化是可逆的，但这样增加了成本，且各个燃料电池需要单独处理 [13]。

催化层可以分为常规憎水催化层、薄层亲水催化层和超薄催化层。早期的催化层是常规的憎水催化层，厚度超过 $50\mu m$，主要是将铂或铂碳催化剂和聚四氟乙烯（PTFE）微粒混合后，经丝网印刷、涂布和喷涂等方法涂覆到扩散层上并经热处理制得。催化层中的 PTFE 提供了气体扩散通道，而催化剂则为电子和水的传递提供了通道。但是这种催化层质子传导能力较差，性能不高。最后，为了改进这种催化层的质子传导能力并增加催化剂、反应气体和质子交换膜三相界面的面积，又研制了薄层亲水催化层和超薄催化层。

2.1.5 质子交换膜

质子交换膜（Proton exchange membrane，PEM）是一类以高离子电导率和化学 - 机械稳定性而闻名的离子导电聚合物薄膜，厚度仅为 50 ~ 180μm，它可以为质子的迁移和输送提供通道，在运行过程中只允许水和质子（或称水合质子，H_3O^+）穿过，使得质子能够经过膜从阳极到达阴极，而电子只能够通过外电路转移从阳极到达阴极，从而能够向外界提供电流。PEM 在燃料电池中具有双重作用：

1）作为电解质提供氢离子通道，传导质子。

2）作为隔膜来隔离两极反应物，防止它们直接反应。

质子交换膜燃料电池对于质子交换膜的要求非常高，质子交换膜必须具有良好的质子电导率、热稳定性、化学稳定性，较低的气体渗透率以及适度的含水率，对电池工作过程中的氧化、还原和水解具有稳定性，并同时具有足够高的机械强度和结构强度，以及膜表面适合与催化剂结合的性能[14]。

质子交换膜的物理、化学性质对燃料电池的性能具有极大的影响，对性能造成影响的质子交换膜的物理性质主要有：膜的厚度和单位面积质量、膜的抗拉强度、膜的含水率和膜的溶胀度。质子交换膜的电化学性质主要表现在膜的导电性能（电阻率、面电阻，电导率）和选择通过性能（透过性参数 P）上。

2.1.6 气体扩散层

气体扩散层（Gas diffusion layer，GDL）在燃料电池中主要起到支撑催化层、传导电子、传导反应气体和排出反应产物水等作用，其通常由多孔基底层和微孔层（Microporous layer，MPL）组成。GDL 是气体和水传输的主要场所，PEMFC 运行过程中反应物和产物的传输虽然不直接参与电化学反应，但是传输速度会直接影响电池性能。扩散层一般以多孔碳纸或碳布为基底，并经 PTFE 和碳黑处理后构成的，厚度约为 0.2 ~ 0.3mm。在扩散层中，被 PTFE 覆盖的大孔是憎水孔，未被 PTFE 覆盖的小孔是亲水孔。反应气体通过憎水孔传递，而产物水则通过亲水孔排出。制备扩散层的关键是如何实现憎水孔和亲水孔的合理分布。好的气体扩散电极应同时具备适度的亲水性和憎水性，以保证催化剂发生作用的最佳湿化环境，同时让反应生成的水及时排出，以免电极被淹。

根据燃料电池的工作特点，气体扩散层基底材料必须满足以下要求：

1）均匀的多孔结构、较高的孔隙率和较大的孔径，以保证优异的透气性能。

2）较低的电阻率，保证较高的电子传导能力。

3）结构紧密、表面平整，减小接触电阻，提高导电性能。

4）其有一定的机械强度，利于制作电极。

5）适当的亲疏水性，利于反应产物水的排出。

6）具有化学稳定性和热稳定性。

7）较低的制造成本，较高的性价比。

微孔层通常由纳米碳颗粒和疏水性的黏结剂构成，厚度约为 $30 \sim 100\mu m$，其主要作用是改善气体扩散层的孔隙结构和表面的平整度，从而降低催化层与扩散层之间的接触电阻，改善界面处的气体和水发生再分配，防止电极催化层"水淹"，同时防止催化层在制备过程中渗漏到多孔基底层。

2.1.7 膜电极结构及功能

膜电极组件（Membrane electrode assembly，MEA）是由质子交换膜和分别置于其两侧的阳极、阴极催化层以及气体扩散层组成的复合体，其结构主要分质子交换膜、催化层和气体扩散层三部分，膜电极组件结构如图 2.3 所示。

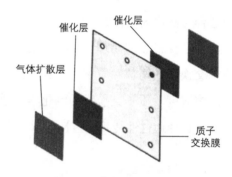

图 2.3　膜电极组件结构

膜电极技术要求如下：在燃料电池系统中，电化学反应只能发生在"三相边界"处，即固态电解质（质子交换膜等）、反应气体（氢气、氧气等）和催化剂之间的三相边界区域，而电化学反应速率和效率则依赖于这种多边环境之间通过不同制备方法而得到的结构差异，以及催化剂载量、树脂含量等其他重要参数。

2.2　质子交换膜燃料电池工作原理

2.2.1 燃料电池热力学

热力学是研究物质的热运动性质及其规律的学科，可以预测燃料电池的化学反应是否能够自发进行，同时也能从中得到反应所能产生的电压上限，给出燃料电池各个参数的理论边界值，而在实际运行过程中，燃料电池的各项参数都要在热力学规定的限制内[15]。

热量传递的三种基本方式：导热（热传导）、对流（热对流）和热辐射。

导热（热传导）：指温度不同的物体各部分或温度不同的两物体间直接接触时，依靠分子、原子以及自由电子等微观粒子的热运动而进行的热量传递现象。导热可以在固体、液体、气体中发生。

对流（热对流）：流体中（气体或液体）温度不同的各部分之间，由于发生相对的宏观运动而把热量由一处传递到另一处的现象。

热辐射：有热运动产生，以电磁波形式传递能量的现象。

热力学第一定律即能量守恒定律。系统的能量变化（dU）定义为整个系统的能量（dQ）与整个系统对外做机械功（dW）之差。即

$$dU = dQ - dW \tag{2.1}$$

对于机械功

$$dW = pdV \tag{2.2}$$

式中，p 表示压强（Pa）；V 表示体积（m^3）。

所以

$$dU = dQ - pdV \tag{2.3}$$

热力学第二定律：每一个自发的物理或化学过程总是向着熵增高的方向发展。熵是一种不能转化为功的热能，熵的变化量等于热量的变化量除以绝对温度。热能不能完全转化为机械能，只能从高温物体传递到低温物体。

首先理解几个基本的概念。

焓：热力学中用来表示物质系统能量的一个状态函数，常用符号 H 表示。数值上等于系统的内能 U 加上压强 p 和体积 V 的乘积，即 $H = U + pV$。焓的变化是系统在等压可逆过程中所吸收热量的度量。

当温度和压力已知的时候，内能和焓可以通过查表获得。在气液混合的状态下，比如燃料电池内，比内能 u 和比焓 h 表示为

$$u = (1-x)u_f + xu_g = u_f + x(u_g - u_f) \tag{2.4}$$

$$h = (1-x)h_f + xh_g = h_f + x(h_g - h_f) \tag{2.5}$$

式中，混合比 x 为

$$x = \frac{u - u_f}{u_g - u} \tag{2.6}$$

19

理想气体中的焓变 Δh（与温度 T 的关系）可以表示为

$$\Delta h = h_{298.15} + \int_{298.15}^{T} \Delta c_p \mathrm{d}T \tag{2.7}$$

式中，$h_{298.15}$ 表示在参考温度下的焓值。

气液混合的状态，水蒸气的焓值 h_V 为

$$h_V = c_{pV} T + h_{fg} \tag{2.8}$$

式中，h_{fg} 表示蒸发热。

比热容：比热容用于定义纯净可压缩物质中内能 $u(T, v)$ 和焓 $h(T, p)$ 对温度的偏导数。

$$c_v = \left. \frac{\partial u}{\partial T} \right|_v \tag{2.9}$$

$$c_p = \left. \frac{\partial h}{\partial T} \right|_p \tag{2.10}$$

式中，比热容可以在很多热力学参数表中查到。

定义比热容比 k 为

$$k = \frac{c_p}{c_v} \tag{2.11}$$

其中，k、c_p、c_v 的值关系到系统温度的变化和传递热量的大小。

各个状态下气体的温度 T、压力 p、比容 v 三者的关系可以通过理想气体定律大致得出

$$pv = RT \tag{2.12}$$

又因为

$$v = \frac{V}{n} \tag{2.13}$$

所以

$$pV = nRT \tag{2.14}$$

式中，p 表示压力；v 表示比容；T 表示温度；R 表示理想气体常数；V 表示体积。

当气体为理想气体时，对于热力过程由状态 1 变到 2，则物质的比内能和比焓只取决于温度

$$u_2(T_2) - u_1(T_1) = \int_{T_1}^{T_2} c_v(T) \mathrm{d}T \tag{2.15}$$

$$h_2(T_2) - h_1(T_1) = \int_{T_1}^{T_2} c_p(T) \mathrm{d}T \qquad (2.16)$$

理想气体定压比热容 $c_p(T)$ 和定容比热容 $c_v(T)$ 之间的关系为

$$c_p(T) = c_v(T) + R \qquad (2.17)$$

此外，利用多项式拟合公式计算比热容为

$$\frac{c_p}{R} = \alpha + \beta T + \gamma T^2 + \delta T^3 + \varepsilon T^4 \qquad (2.18)$$

式中，参数值可以在美国国家工业化标准局（NIST）中获得。

对温度进行积分，可以得到

$$h_2 - h_1 = R \int_{T_1}^{T_2} \alpha + \beta T + \gamma T^2 + \delta T^3 + \varepsilon T^4 \qquad (2.19)$$

$$h_2 - h_1 = R[\ \alpha(T_2 - T_1) + \frac{\beta}{2}(T_2^2 - T_1^2) + \frac{\gamma}{3}(T_2^3 - T_1^3) + \frac{\delta}{4}(T_2^4 - T_1^4) + \frac{\varepsilon}{5}(T_2^5 - T_1^5)] \qquad (2.20)$$

在所有周期的元素中，比热容增加最小的是氢气。

熵：熵在物理学上指热能除以温度所得的商，标志热量转化为功的程度。它是用来表征体系混乱度的函数。在可逆微变化过程中，熵的变化等于系统从热源吸收的热量与热源的热力学温度 T 之比，可用于度量热量转变为功的程度。

$$s_2 - s_1 = \left[\int_1^2 \frac{\delta Q}{T} \right]_{\mathrm{int\,rev}} \qquad (2.21)$$

$$s = (1-x)s_f + x s_g = s_f + x(s_g - s_f) \qquad (2.22)$$

在理想气体模型中，比熵只取决于温度

$$s_2(T_2, p_2) - s_1(T_1, p_1) = \int_{T_1}^{T_2} c_p(T) \frac{\mathrm{d}T}{T} + R \ln \frac{p_2}{p_1} \qquad (2.23)$$

熵变

$$\Delta s_T = s_{298.15} + \int_{298.15}^{T} \Delta c_p \mathrm{d}T \qquad (2.24)$$

式中，$s_{298.15}$ 表示参考温度下的熵值。

$$s_2 - s_1 = R \int_{T_1}^{T_2} \left(\frac{\alpha + \beta T + \gamma T^2 + \delta T^3 + \varepsilon T^4}{T} \right) \mathrm{d}T \qquad (2.25)$$

$$s_2 - s_1 = R\left[\alpha \ln\frac{T_2}{T_1} + \beta(T_2 - T_1) + \frac{\gamma}{2}(T_2^2 - T_1^2) + \frac{\delta}{3}(T_2^3 - T_1^3) + \frac{\varepsilon}{4}(T_2^4 - T_1^4)\right] \quad (2.26)$$

由熵与热力学概率之间的关系，系统的熵值直接反映了它所处状态的均匀程度，系统的熵值越小，它所处的状态越是有序；系统的熵值越大，它所处的状态越是无序。熵值均大于等于零。

吉布斯自由能：在热力学中，自由能是指在某一个热力学过程中，系统减少的内能中可以转化为对外做功的部分。它衡量的是在一个特定的热力学过程中，系统对外输出的"有用能量"。

对于吉布斯定压自由能 G：

$$W_{\text{elec}} = \Delta G = \Delta H - T\Delta S \quad (2.27)$$

式中，W_{elec} 表示进行电化学反应所做的最大的电功（kJ/mol）；G 代表吉布斯自由能（kJ/mol）；H 表示内含的热量（生成焓）（kJ/mol）；T 表示绝对温度（K）；S 表示熵 [kJ/（mol·K）]。

由于系统中电能做功的电动势主要由电荷通过电势差产生，如果电荷是由电子引起的，那么燃料电池的最大可逆电压 ΔG 为

$$\Delta G = -nFE_r \quad (2.28)$$

式中，F 表示法拉第常数（96485C/mol）；n 表示每摩尔燃料发生反应所传输的电子摩尔数（mol）；E_r 表示标准状态下的可逆电压（V）。

由于焓值变化是负的，所以开路输出电压随温度的升高而减少。但是质量传输和离子传导在高温下更快，抵消了开路电压下降带来的影响。

由于大多数燃料电池反应电压在 0.8～1.5V 的范围内，所以为了获得更高的电压，将单节电池串联起来使用。

燃料电池在氢气压力和氧气压力高于大气压的条件下运行时具有一定的优势。典型的燃料电池压力范围为 1～7bar（1bar = 0.1MPa）。

能斯特方程：在电化学中，能斯特方程用来计算电极上指定氧化还原对的平衡电压。电堆的标准电极电势在 25℃以下，反应物为气态时，其分压为 101kPa 时测得，如果反应物的浓度和温度发生改变，则电堆的电极电势也随着发生变化，它们之间的关系可以用能斯特方程表示。

有关压力的吉布斯自由能，在理想气体下，可以写为

$$G = G_0 + RT \ln\left(\frac{P}{P_0}\right) \tag{2.29}$$

式中，G_0 表示标准状态（25℃）下的吉布斯自由能（kJ/mol）；P_0 表示标准压力（1atm$^{\ominus}$）。

能斯特方程的另一种表现形式为

$$G = G_0 + RT \ln\frac{(P_C/P_0)^m (P_D/P_0)^n}{(P_A/P_0)^j (P_B/P_0)^k} \tag{2.30}$$

式中，P 表示反应物或者生成物的分压（Pa）；P_0 表示标准压力；P_A 与 P_B 表示反应物的分压（Pa）；P_C 与 P_D 表示生成物的分压（Pa）。

燃料电池反应可以通过能斯特方程写成以下形式：

$$E = E_r - \frac{RT}{nF}\ln\left(\frac{P_{H_2O}}{P_{H_2} P_{O_2}^{0.5}}\right) \tag{2.31}$$

式中，E 表示实际的电路开路电压（V）；E_r 表示标准状态下的可逆电压（V）；T 表示绝对温度（K）；n 表示在反应中消耗的电子数；F 表示法拉第常数（96487C/mol）。

质子交换膜燃料电池中的能斯特动力学电动势表达式为

$$E = 1.229 - 0.85 \times 10^{-3}(T_{stack} - 298.15) + 4.3085 \times 10^{-5} T_{stack}(\ln P_{H_2} + 0.5\ln P_{O_2}) \tag{2.32}$$

式中，P_{H_2} 表示氢气分压（Pa）；P_{O_2} 表示氧气分压（Pa）；T_{stack} 表示电堆温度（K）。

可逆电压与净输出电压：受热力学第二定律熵的限制，电池理论电压最大为 1.229V。

可逆电池电压指的是电池在热力学可逆的条件下，可以实现的最大电能输出，以及阴极和阳极之间最大的电位差。且由于电化学反应过程中的不可逆性，燃料电池实际输出的电功比最大有效功要小一些。

这些不可逆性指的是活化极化电压、欧姆极化电压以及浓差极化电压。所以在设计燃料电池时，一定要考虑到燃料电池的电压损失。

理论效率：一个理想的燃料电池的效率 $\eta_{fuelcell}$ 可以通过最大功输出 ΔG 除以焓值 ΔH 得到，表示为

$$\eta_{fuelcell} = \frac{\Delta G}{\Delta H} \times 100\% \tag{2.33}$$

由于燃料电池可以直接将化学能转换为电能，最大理论效率 η 可以表示为

$$\eta_{max} = \frac{\Delta G}{\Delta H} \times 100\% \tag{2.34}$$

$\ominus$ 　1atm = 101.325kPa，后同。

燃料电池的能量效率 η_{energy} 为

$$\eta_{\text{energy}} = \frac{W_{\text{FC}}}{(n_{\text{A,reacted}} + n_{\text{A,out}}) \times \text{HHV}_{\text{A}}} \times 100\% \qquad (2.35)$$

式中，W_{FC} 表示燃料电池产生的能量；$n_{\text{A,reacted}}$ 表示已经参与反应的氢气质量；$n_{\text{A,out}}$ 表示排出的氢气质量；HHV_{A} 表示氢气的高位热值。

2.2.2 燃料电池电化学

电极动力学：电极过程指在电子导体与离子导体二者之间的界面上进行的过程。由反应物到生成物包含两个反应：一个是"解离吸附"的"塔菲尔效应"；另一个是"电荷传输"的"福尔默"效应[16]。

电荷传输：在多数燃料电池中，离子电荷的传输远比电子电荷的传输难，因此我们主要关注离子导电性。电荷传输过程中，其遇到的阻力将导致燃料电池的电压损耗。由于这一电压损耗遵循欧姆定律，也被称为欧姆损耗。在燃料电池中，电学（电势梯度）驱动力对电荷传输起主导作用。

电流是电化学反应速率的直接量度。

根据法拉第定律，电荷传输速率 i 为

$$i = \frac{\text{d}Q}{\text{d}t} \qquad (2.36)$$

式中，Q 表示电荷（C）；t 表示时间（s）。

假设每个电化学反应单位时间内有 N 个电子转移，则

$$\frac{\text{d}N}{\text{d}t} = \frac{i}{nF} \qquad (2.37)$$

式中，$\text{d}N/\text{d}t$ 表示电化学反应的速率（mol/s）；F 表示法拉第常数（96485C/mol）；N 表示每个化学反应结果电子转移数目。

对上式进行积分得到

$$\int_0^t i \text{d}t = Q = nFN \qquad (2.38)$$

式中，n 表示反应摩尔数；N 表示转移电子数。

电荷传输反应：当电荷传输反应达到平衡时，两个方向上的速率相等，净电流等于 0A。平衡时的反应速率所产生的电流密度为**交换电流密度**，用于度量电极进行化学反应

的准备程度，在电化学反应进行过程中保持固定不变，是温度、催化剂负荷和催化剂比表面积的函数。交换电流密度越大，需要克服的势垒越小，电极表面越活跃，燃料电池性能越好。

最大化交换电流密度可以使活化过电势损耗最小化，主要有 4 种方法提高交换电流密度：

1）增加反应物浓度。

2）提高反应温度。

3）降低活化能垒（通过使用一种催化剂）。

4）增加反应场所数（通过制备高表面积电极和三维结构的反应界面）。

反应平衡常数为

$$K = \frac{k_f}{k_b} = \frac{C_{Rd}}{C_{Ox}} \tag{2.39}$$

式中，K 表示反应平衡常数；k_f 表示前向反应速率常数，无量纲；k_b 表示后向反应速率常数；C_{Rd}、C_{Ox} 表示反应物质的表面浓度（mol/cm^2）。

电极动力学：大部分速率与温度息息相关，一般来说，速率 k 为

$$k = A\exp\left(\frac{-\Delta E_A}{RT}\right) \tag{2.40}$$

其中，ΔE_A 为活化能，其代表了活化势垒的高度；幂指数表示克服活化势垒的可能性；A 与为克服势垒而尝试的次数有关。

当标准的活化焓引入方程式时，$\Delta H \approx \Delta E$，此时

$$k = A\exp\left(\frac{-\Delta G}{RT}\right) \tag{2.41}$$

式中，ΔG 表示考虑了物质处于热平衡状态的反应时的标准活化自由能（kJ/mol）。

电势和速率（Butler-Volmer equation，巴特勒 - 福尔默方程）：电极电势影响了发生在表面的反应动力学过程。k_b、k_f 取决于电势，电化学反应可以通过改变电池电压来操控活化势垒的大小。传输系数 a 是势垒对称性的量度，主要取决于电极反应的类型而与反应粒子浓度关系不大。

巴特勒 - 福尔默方程为

$$i = i_0\left[\frac{c_R^*}{c_R^{0^*}}\exp\left(\frac{\alpha nFV_{act}}{RT}\right) - \frac{c_P^*}{c_P^{0^*}}\exp\left(\frac{-(1-\alpha)nFV_{act}}{RT}\right)\right] \tag{2.42}$$

式中，i 表示电流密度（A/cm^2）；c_P^{*}、c_R^{*} 表示反应物和生成物的浓度；i_0 表示在反应物和产物浓度为 $c_R^{0'}$ 和 $c_P^{0'}$ 时的测量值；α 表示传输系数。

如果电流保持在比较低的水平，为了使表面浓度与总体值相比变化不大，此时

$$i = i_0 \left[\exp\left(\frac{\alpha_{Rd} F(E - E_r)}{RT} \right) - \exp\left(\frac{\alpha_{Ox} F(E - E_x)}{RT} \right) \right] \tag{2.43}$$

方程表明电化学反应产生的电流随活化过电势呈指数上升。随着电流的增大，损失的电压也会增多。

电荷传输导致电压损失：电荷传输不是一个无摩擦的过程。当电池向外提供电能时，实际的电池电压会因若干非可逆因素而下降。导致电压下降的因素有活化极化、欧姆极化、浓度极化（质量传输）。

活化极化发生在阳极、阴极。欧姆极化发生在整个燃料电池的欧姆损耗。

活化极化是克服催化剂表面上电化学反应所需的活化能而产生的过电势。

活化电势随电流密度的增加而提高，一般表示为活化过电压

$$\Delta V_{act} = E_r - E = \frac{RT}{\alpha F} \ln\left(\frac{i}{i_0} \right) \tag{2.44}$$

式中，ΔV_{act} 表示活化过电压（V）；i 表示电流密度（A/cm^2）；i_0 表示反应交换电流密度（A/cm^2）；T 表示电堆的温度（K）。

上式可以表示为如下参数的表达式：

$$\begin{cases} \Delta V_{act} = \xi_1 + \delta T + \xi_3 T \ln C_{O_2} + \xi_4 TI \\ \delta = \xi_2 + 2 \times 10^{-4} \ln A + 4.3 \times 10^{-5} \ln C_{H_2} \\ C_{O_2} = 1.97 \times 10^{-7} P_{O_2} \exp\left(\frac{498}{T} \right) \\ C_{H_2} = 9.17 \times 10^{-7} \end{cases} \tag{2.45}$$

式中，ξ_1、ξ_2、ξ_3、ξ_4、δ 均表示经验系数；C_{O_2} 表示参与反应的氧气浓度；C_{H_2} 表示参与反应的氢气浓度。

用于解释燃料电池反应过程如何导致性能的损失，此反应过程称为反应动力学。由于动力学限制产生的电压损失称为活化损耗。

电化学反应包含电子的传输，并发生在表面。由于电化学反应包含电子传输，所以产生的电流是一种反应速度的量度。由于电化学反应发生在表面，其速率（电流）同反应表面积成正比，用电流密度（单位面积的电流）来标准化系统大小的影响。

活化能势垒阻碍反应物向生成物的转化。牺牲部分燃料电池电压可以降低活化能势垒，从而增加反应物转化为生成物的速率，进而增加了反应产生的电流密度。牺牲（损失）的电压称为活化过电势。电流密度输出同活化过电势之间成指数关系。

塔菲反应：在发生电化学反应之前，氢气先吸附在电极表面，然后分解成质子和电子。其反应速度受到不同种类的位置和空余位置的影响。

燃料电池通常工作在相对高的电流密度下，也就是高的活化过电势，在此情况下，活化损失可以简单地用塔菲公式表示：

$$\Delta V_{\text{act}} = a + b \ln i \tag{2.46}$$

式中，$a = -\dfrac{RT}{nF}\ln(i_0)$；$b = -\dfrac{RT}{nF}$。

燃料电池的极化特性曲线是燃料电池电势和电流密度的关系。

2.2.3　燃料电池电荷传输

电荷传输描述电荷从电极到负载的运动过程，主要有两种类型的带电微粒，分别是电子和离子（在质子交换膜燃料电池中为质子），所以燃料电池中同时存在电子损失和离子损失。

由燃料电池电荷传输阻抗导致的电压损失，称为欧姆损耗。因为离子电荷传输比电子电荷传输更困难，电解质的离子阻抗是欧姆损耗的主要来源。所以需要将电解质膜做得尽可能薄，使用相互之间接触良好的高传导材料等，来减少欧姆损耗[17]。

欧姆损耗为

$$V_{\text{ohmic}} = iR_{\text{ohmic}} = i(R_{\text{elec}} + R_{\text{ionic}}) \tag{2.47}$$

式中，R_{ohmic} 表示电子电阻和离子电阻之和（Ω）；R_{ionic} 表示电解质的离子阻抗（Ω）；R_{elec} 表示其他电池组成部件的电阻（包括双极板、电池互连、接触等部分）（Ω）；i 表示电流密度（A/cm²）。

电阻是材料大小、形状和其他特性的属性：

$$R = \frac{L_{\text{cond}}}{\sigma A_{\text{cond}}} \tag{2.48}$$

式中，L_{cond} 表示导体的长度（m）；A_{cond} 表示导体的截面积（m²）；σ 表示电导率（S/m）。

燃料电池电荷传输电阻的特性：电荷传输使得电池工作电压随电流增加而线性降低。如果燃料电池电阻降低，电池的性能将会改善。燃料电池电阻展现了许多重要的性质，电阻的大小与导体的材料和几何形状有关。燃料电池电阻同面积成比例，为了规范化以消除这一效应，面积比电阻常被用来比较不同大小的燃料电池。燃料电池电阻也同厚度成比例变化，因此燃料电池电解质通常做得尽可能薄。另外燃料电池电阻是可相加的，在燃料电池内不同区域发生的电阻损失可以连续相加。对燃料电池电阻的各种成分的研究显示燃料电池电阻中离子（电解质）成分通常起主要作用。因此，性能的改善可以通过研发更好的离子导体而获得。

电阻随面积变化： 燃料电池通常以单位面积为基础，用电流密度来进行比较，所以在讨论欧姆损耗时，使用面积标准化的燃料电池电阻，即面积比电阻（ASR），此时

$$\eta_{ohmic} = j(ASR_{ohmic}) \tag{2.49}$$

式中，η_{ohmic} 表示欧姆极化电压损失；ASR_{ohmic} 表示电池中总的面积比电阻（$\Omega \cdot m^2$）。

燃料电池的电阻同面积等比例变化。

$$ASR_{ohmic} = A_{fuelcell} R_{ohmic} \tag{2.50}$$

电荷传输电阻导致燃料电池工作电压线性降低，损耗大小决定于 R_{ohmic} 的大小，如图 2.4 所示。

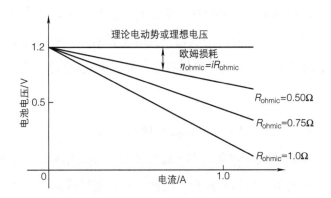

图 2.4 欧姆损耗对燃料电池性能的影响

$$ASR = \frac{L}{\sigma} \tag{2.51}$$

此外，导体长度 L 越短，电阻越低。

限制电解质膜薄度的因素有：机械的完整性、非均匀性、短路、燃料渗透、接触电阻、绝缘击穿等。

电流密度可以定义为

$$j = \frac{i}{A_{\text{cell}}} \tag{2.52}$$

或者

$$j = n_{\text{carriers}} q v_{\text{drift}} = \sigma \xi \tag{2.53}$$

式中，A_{cell} 表示燃料电池的活化面积；n_{carriers} 表示电荷载体数；q 表示每个载体上的电荷；v_{drift} 表示电荷载体的平均漂移速度；ξ 表示电场强度。

电导率表示在电场驱动下所使用材料允许电荷传输的能力。

影响材料电导率的因素有：材料中载流子的浓度、载流子在材料中的迁移率。

电子的电导率为

$$\sigma = \frac{|z_{\text{e}}| c_{\text{e}} q \tau}{m} \tag{2.54}$$

式中，z_{e} 表示电阻抗；τ 表示平均自由时间；m 表示电子质量；c_{e} 表示电子浓度；q 表示电子电荷量。

离子电导率为

$$\sigma = \frac{c(zF)^2 D}{RT} \tag{2.55}$$

其中，D 表示扩散率，$D = D_0 \mathrm{e}^{-\Delta G_{\text{act}}/(RT)}$；聚合物电解质离子扩散率为 $10^{-8}\,\mathrm{m}^2/\mathrm{s}$，固体电解质离子电导率比金属电导率低很多。

研究欧姆损耗时，可以利用电流密度来比较单位面积上的电阻。

$$V_{\text{ohmic}} = j(\text{ASR}_{\text{ohmic}}) = j(A_{\text{cell}} R_{\text{ohmic}}) \tag{2.56}$$

式中，$\text{ASR}_{\text{ohmic}}$ 表示燃料电池的面积比电阻。

减少欧姆损耗最有效的方法为：电解质层使用更好的离子导体，使用更薄的电解质层。

由于燃料电池的欧姆过电势主要源自电解质的离子阻抗，所以

$$V_{\text{ohmic}} = iR_{\text{ohmic}} = jA_{\text{cell}}\left(\frac{\delta_{\text{thick}}}{\sigma A_{\text{cell}}}\right) = j\frac{\delta_{\text{thick}}}{\sigma} \tag{2.57}$$

式中，δ_{thick} 表示电解质层的厚度（μm）。

由上式可知，利用厚度更薄的电解质层和离子电导率更高的电解质可以降低欧姆极化电势。

总的燃料电池欧姆损失

$$V_{ohmic} = jA\sum R = iA\left(\frac{l_a}{\sigma_a A} + \frac{l_e}{\sigma_e A} + \frac{l_c}{\sigma_c A}\right) \tag{2.58}$$

其中，l 表示材料的长度或者厚度，第一项适用于阳极，第二项适用于电解质，第三项适用于阴极。

$$V_{ohmic} = R_m I_{stack} = \frac{\rho_M l}{A} I_{stack} = \frac{181.6\left[1 + 0.03\frac{I_{stack}}{A} + 0.062\left(\frac{T_{stack}}{303}\right)^2\left(\frac{I_{stack}}{A}\right)^{2.5}\right]}{\left(\sigma_{an} - 0.634 - \frac{3I_{stack}}{A}\right)\exp\left[4.18\left(\frac{T_{stack} - 303}{T_{stack}}\right)\right]} \times \frac{I_{stack}l}{A} \tag{2.59}$$

式中，R_m 为质子交换膜燃料电池等效膜阻抗；I_{stack} 为电堆电流；ρ_M 表示膜的电阻率；A 表示质子交换膜的有效面积；l 表示膜的厚度；σ_{an} 表示阳极侧的含水量。

需注意，双极板接触面积减少，接触电阻会增加。

金属的电子导电性：燃料电池中金属制造的典型部件，如双极板和集流器。所以金属的电子导电性也是一个需要考虑的重要因素，它影响电子的电荷传输。

金属导体中自由电子迁移率一般公式为

$$u = \frac{q\tau}{m_e} \tag{2.60}$$

式中，τ 表示散射之前的平均松弛时间；m_e 表示电子的有效质量（9.11×10^{-31}kg）；q 表示基本电子电荷（1.68×10^{-19}C）。

$$\sigma = |z_e|\frac{c_e q\tau}{m_e} \tag{2.61}$$

每个金属原子贡献一两个自由电子，从自由电子的密度可以计算金属中电荷载体的浓度。

聚合物电解质的离子导电性：聚合物电解质中的离子传输遵循以下指数关系

$$\sigma(T) = \sigma_0 e^{\frac{-E_A}{kT}} \tag{2.62}$$

式中，σ_0 表示标准状态的电导率；E_A 表示活化能。电导率随温度呈指数上升。

聚四氟乙烯的聚合物（Nafion）是质子交换膜燃料电池中最常用的膜，有比较高的电导率，离子通过搭载膜中的水分子来穿过聚合物膜。电导率随着水含量的变化而变化，也就是取决于水合程度。水合作用可以通过空气加湿或者依靠阴极生成水来完成。当 Nafion

膜完全水合时，其体积将增大约 22%，导电性类似于液体电解质。

由于离子导电性与膜的水合相关，所以膜的离子导电性与水含量有关。膜的含水量也取决于膜的状态，高温时因为聚合物的变化，所以膜的吸水量少得多。电导率反比于电阻，膜的电阻随含水量和厚度发生变化。

电子拖曳现象：质子在传导过程中会携带一个或多个水分子，此时膜的离子电导率和水合程度会随时发生变化，这种水分子伴随质子传导的现象称为电子拖曳现象。

电渗透效应使水从阳极流向阴极，由于阴极反应也产生水，所以阴极会积聚一些水。有一部分水穿过膜流回阳极，这称之为"反向扩散"效应，通常发生在阴极含水量比阳极含水量大很多倍时。膜中总水流量是电渗透效应和反向扩散效应相结合的效果。

2.2.4 燃料电池质量传输

为了产生电流，就必须连续不断地为燃料电池提供燃料和氧化物，同时，必须不断地排出生成物以防止燃料电池发生故障。供给反应物和排出生成物的过程称为燃料电池的质量传输。

恶劣的质量传输将导致严重的燃料电池性能损耗，燃料电池的性能是由催化层内部决定的，而非由燃料电池入口的反应物和生成物的浓度决定。因此，在催化层内反应物的耗尽对性能有极为不利的影响，这种性能损耗被称为燃料电池的浓差损耗或质量传输损耗[18]。

燃料电池中的质量传输包括：氢气在流场和阳极中的传递、氧气和氮气在流场和阴极中的传递、电子在阴极和阳极中的传递、质子在催化剂层和膜中的传递、水分在整个燃料电池中的传递。质量传输研究燃料电池中各组分的流动，对燃料电池的性能具有显著的影响。质量传输的方式以对流为主。在流道中，壁面处的反应物流速较慢，促使流动由对流转为扩散。

电流密度

$$j = nFJ_{\text{diff}} \tag{2.63}$$

反应物在催化层中的扩散流量

$$J_{\text{diff}} = -D\frac{\mathrm{d}c}{\mathrm{d}x} \tag{2.64}$$

式中，c 表示浓度。

多元扩散系数

$$pD_{ij} = a\left(\frac{T}{\sqrt{T_{ci}T_{cj}}}\right)^b (p_{ci}p_{cj})^{\frac{1}{3}} (T_{ci}T_{cj})^{\frac{5}{12}} \left(\frac{1}{M_i} + \frac{1}{M_j}\right)^{\frac{1}{2}} \quad （2.65）$$

多孔介质中有效扩散系数

$$D_{ij}^{\text{eff}} = \varepsilon^{1.5} D_{ij} \quad （2.66）$$

若考虑弯曲度 τ

$$D_{ij}^{\text{eff}} = \varepsilon^\tau D_{ij} \quad （2.67）$$

高温下的有效扩散系数

$$D_{ij}^{\text{eff}} = D_{ij}\frac{\varepsilon}{\tau} \quad （2.68）$$

稳态下扩散流量

$$J = -D^{\text{eff}}\frac{c_R^* - c_R^0}{\delta} \quad （2.69）$$

式中，c_R^* 表示催化剂层内反应物浓度（mol/cm^2）；c_R^0 表示流场中反应物的浓度（mol/cm^2）。

工作电流密度

$$j = -nFD^{\text{eff}}\frac{c_R^* - c_R^0}{\delta} \quad （2.70）$$

由此可以得到催化层中反应物浓度

$$c_R^* = c_R^0 - \frac{j\delta}{nFD^{\text{eff}}} \quad （2.71）$$

当 $c_R^* = 0$ 时，得到极限电流密度

$$j_L = nFD^{\text{eff}}\frac{c_R^0}{\delta} \quad （2.72）$$

催化剂层中由于反应物消耗引起的压力损耗叫作浓差过电压（η_{conc}）。浓度对燃料电池的影响包括能斯特（Nernst）方程和反应动力学的影响。

Nernst 方程为

$$E = E^0 - \frac{RT}{nF} \ln \frac{\Pi a_{\text{produce}}^{v_i}}{a_{\text{reac tan ts}}^{v_i}} \qquad (2.73)$$

$$\eta_{\text{conc}} = E_{\text{Nernst}}^0 - E_{\text{Nernst}}^* = \frac{RT}{nF} \ln \frac{c_R^0}{c_R^*} \qquad (2.74)$$

根据极限电流密度 $c_R^0 = \dfrac{j_L \delta}{nFD^{\text{eff}}}$ 得到

$$c_R^* = c_R^0 - \frac{j\delta}{nFD^{\text{eff}}} = \frac{j_L \delta}{nFD^{\text{eff}}} - \frac{j\delta}{nFD^{\text{eff}}} \qquad (2.75)$$

以及

$$\frac{c_R^0}{c_R^*} = \frac{j_L}{j_L - j} \qquad (2.76)$$

所以，浓差过电压可以表示为

$$\eta_{\text{conc}} = \frac{RT}{nF} \ln \frac{j_L}{j_L - j} \qquad (2.77)$$

此表达式只有当 $j < j_L$ 才有效。当 $j \ll j_L$ 时，浓差过电压很小。

由巴特勒 - 福尔默（Butler-Volmer）方程也可以得到浓差过电压。Butler-Volmer 方程为

$$j = j_0^0 \left(\frac{c_R^*}{c_R^{0*}} e^{\frac{\alpha nF\eta_{\text{act}}}{RT}} - \frac{c_p^*}{c_p^{0*}} e^{-\frac{(1-\alpha)nF\eta_{\text{act}}}{RT}} \right) \qquad (2.78)$$

高电流密度下的 Butler-Volmer 方程为

$$j = j_0^0 \left(\frac{c_R^*}{c_R^{0*}} e^{\frac{\alpha nF\eta_{\text{act}}}{RT}} \right) \qquad (2.79)$$

从而得到

$$\eta_{\text{act}} = \frac{RT}{\alpha nF} \ln \frac{jc_R^{0*}}{j_0^0 c_R^*} \qquad (2.80)$$

$$\eta_{\text{conc}} = \eta_{\text{act}}^* - \eta_{\text{act}}^0 = \frac{RT}{\alpha nF} \ln \frac{c_R^0}{c_R^*} \qquad (2.81)$$

由于 $\dfrac{c_R^0}{c_R^*} = \dfrac{j_L}{j_L - j}$ ，得到

$$\eta_{conc} = \frac{RT}{\alpha nF} \ln \frac{j_L}{j_L - j} \tag{2.82}$$

总的浓差过电压为

$$\eta_{conc} = \frac{RT}{nF} \ln \frac{j_L}{j_L - j} + \frac{RT}{\alpha nF} \ln \frac{j_L}{j_L - j} = \frac{RT}{nF}\left(1 + \frac{1}{\alpha}\right) \ln \frac{j_L}{j_L - j} = c \ln \frac{j_L}{j_L - j} \tag{2.83}$$

一般常用的浓差过电压为

$$v_{con} = m e^{nI_{stack}} \tag{2.84}$$

其中，m 为与堆温有关的质量传递系数；n 为电堆催化层中电化学反应生成物的增长率。

至此，单片燃料电池的输出电压可以表示为

$$v_{cell} = E_{Nernst} - v_{act} - v_{ohmic} - v_{con} \tag{2.85}$$

当燃料电池运行条件一定时，输出功率与电堆温度和负载电流的关系为

$$P_{cell} = f(T_{stack}, I_{stack}) \tag{2.86}$$

即电堆负载电流一定时，可以通过改变电堆的运行温度从而优化系统输出，得到当前负载电流下的最优性能输出。

2.2.5　燃料电池热传输

即使是在固定的质量流量情况下，燃料电池内部的温度分布也经常是不均匀的。水的相变、冷却液温度、空气对流、内部水的流动及催化层产生的热等因素都会影响到燃料电池内部温度的不均匀分布。为了更精确地预测与温度密切相关的参数、反应速率以及物质组分传递等相关问题，需要确定燃料电池堆的热分布[19]。

热传递基本原理：热传导可以理解为由于分子间的相互作用，能量从能量多的分子传递到能量较少的分子。在同质物质中，温度梯度会引起热能的传递，在 x 方向上有限横截面积 A 的热传递速率 q_x，满足傅里叶定律

$$q_x = -kA \frac{dT}{dx} \tag{2.87}$$

式中，k 表示热传导率。

当稳态条件下，热传导率为线性关系时，热传递与温度之间的关系为

$$q_x = -k \frac{T_1 - T_2}{L} \tag{2.88}$$

对于一维稳态传热，且没有内部热量产生的情况下，热流量是稳定不变的，与 x 无关，可以描述为

$$\frac{\mathrm{d}^2 T}{\mathrm{d}x^2} = 0 \qquad (2.89)$$

与电荷传输原理相似，复合系统中，材料之间的温降可能会比较明显，这是由于接触热阻造成的，接触热阻可以定义为

$$R_{\mathrm{tc}} = \frac{T_{\mathrm{A}} - T_{\mathrm{B}}}{q_x} \qquad (2.90)$$

热阻可以表示为

$$R_{\mathrm{t}} = \frac{1}{\dfrac{1}{R_{\mathrm{C}}} + \dfrac{1}{R_{\mathrm{R}}}} \qquad (2.91)$$

式中，R_{C} 为对流传导热阻

$$R_{\mathrm{C}} = \frac{1}{A_{\mathrm{s}}} \qquad (2.92)$$

$$= \frac{k}{L} Nu \qquad (2.93)$$

式中，Nu 表示努塞尔数。

电堆还有可能由于热辐射，导致热量损失到周围环境，辐射传热的热阻定义为

$$R_{\mathrm{R}} = \frac{1}{\sigma F A_{\mathrm{s}} (T_{\mathrm{s}} + T_0)(T_{\mathrm{s}}^2 + T_0^2)} \qquad (2.94)$$

式中，σ 表示为史蒂芬 - 玻尔兹曼常数 $[5.67 \times 10^{-8} \mathrm{W/(m^2 \cdot K^4)}]$；$F$ 表示形状因子；A_{s} 表示电堆暴露在环境中的面积（m^2）。

燃料电池内部产生的热量 Q_{FCIN} 可以使用泊松方程来描述

$$Q_{\mathrm{FCIN}} = \frac{\mathrm{d}^2 T}{\mathrm{d}x^2} + \frac{q_{\mathrm{int}}}{k} \qquad (2.95)$$

式中，q_{int} 表示单位体积内产生的热功率。

1. 燃料电池能量守恒 [20]

（1）总体能量守恒过程

进入电堆的反应气体的焓等于电堆排出的生成物（包括未反应完全的反应物）的焓加

上产生的能量，也就是电堆输出的电能加上向外输出的热能。

氢气和氧气反应生成水的能量守恒方程为

$$\frac{W}{m_{H_2}} + \frac{Q}{m_{H_2}} = h_{H_2} + \frac{1}{2}h_{O_2} - h_{H_2O} \quad (2.96)$$

式中，Q 表示离开单片电池的热量；W 表示可被利用的化学能；h 为比焓。

（2）燃料电池堆的能量守恒

进入电堆的能量等于流出电堆的能量，任何电堆的热平衡方程可以表示为

$$\sum_{i=1}^{N}(h_i)_{in} = W_{ele} + \sum(h_i)_{out} + Q \quad (2.97)$$

式中，$(h_i)_{in}$ 表示进入电堆反应气体的焓（热量）；$(h_i)_{out}$ 表示流出电堆的生成物和未反应完的反应气体的焓（热量）；W_{ele} 表示产生的电功；Q 表示电堆冷却系统带走的热量。

（3）燃料电池系统的能量守恒

对所有输入的能量和输出的能量进行求和

$$\sum_{i=1}^{N}(h_i)_{in} = W_{ele} + \sum_{i=1}^{N}(h_i)_{out} + Q \quad (2.98)$$

输入为燃料、氧化剂和水蒸气的焓；输出为电功率、流出燃料电池各部分物质的焓，以及通过冷却液、对流以及辐射传导出去的热量。

2. 燃料电池热管理

多数燃料电池需要通过某种形式的冷却系统，用以维持整个电堆在运行期间温度的稳定。

实现冷却最简单的方法是让电堆与空气实现自由对流，适合于小型或者低功率的燃料电池电堆，热量的散发依靠散热片（板）或开放式的阴极流道。

（1）空气冷却

许多质子交换膜燃料电池通常采用空气作为冷却方式，空气流量 $m_{coolant}$ 可以从简单的热平衡方程中获得，从电池传入空气的热量为

$$Q = m_{coolant}c_p(T_{coolant,out} - T_{coolant,in}) \quad (2.99)$$

冷却液在流道中流动的过程被加热，因此在流道入口和出口的地方温差会有差异。如果存在均匀的热流，固体和气体的温度差产生的热流量为

$$Q = L_{\text{plate}}P_{\text{cs}}h(T_{\text{surface}} - T_{\text{gas}}) \quad (2.100)$$

此外还有

$$T_{\text{surface}} = T_{\text{edge}} - \frac{Qt_{\text{bc}}}{L_{\text{plate}}P_{\text{cs}}k_{\text{solid}}} \quad (2.101)$$

$$T_{\text{gas}} = T_{\text{surface}} - \frac{Q_{\text{cell}}}{LP_{\text{channel}}} \quad (2.102)$$

式中，L_{plste} 表示双极板的长度；T_{surface} 表示双极板表面温度；T_{gas} 表示气体温度；T_{edge} 表示最大工作温度；Q_{cell} 表示单电池产生的热功率；k_{solid} 表示流道固体材料热导率。

此外

$$D_{\text{h}} = \frac{4A_{\text{c}}}{P_{\text{cs}}} \quad (2.103)$$

$$= 8.23\frac{k_{\text{gas}}}{D} \quad (2.104)$$

式中，k_{gas} 表示气体热导率；D_{h} 表示水力直径；A_{c} 表示横截面积；P_{cs} 表示冷却通道的外围周长。

（2）边缘冷却

此种冷却方式不是从两片电池之间带走热量，而是从燃料电池的边缘将热量带走。

平面一维的传热方程为

$$\frac{\text{d}^2T}{\text{d}x^2} + \frac{Q}{kAD_{\text{BP}}^{\text{eff}}} = 0 \quad (2.105)$$

式中，Q 表示单电池中产生的热（W）；k 表示双极板在平面内的热传导率 [W/(m·K)]；A 表示单电池活化面积（m^2）；$D_{\text{BP}}^{\text{eff}}$ 表示双极板在活化面积部分的平均厚度（m）。

对于两边对称冷却的情况，$T(0) = T(L) = T_0$，上式的解为

$$T - T_0 = \frac{Q}{kAD_{\text{BP}}^{\text{eff}}}\frac{L^2}{2}\left[\frac{x}{L} - \left(\frac{x}{L}\right)^2\right] \quad (2.106)$$

式中，T_0 表示活化面积边缘的温度；L 表示活化面积的宽度。

边缘与中心的最大温差为

$$\Delta T = \frac{Q}{kAD_{\text{BP}}^{\text{eff}}}\frac{L^2}{8}_{\text{max}} \quad (2.107)$$

第3章

质子交换膜燃料电池堆建模

本章通过分析燃料电池内部能量守恒定律、理想气体定律、热力学定律、传热传质规律和电化学机理，根据燃料电池阴阳极入口压强、气体流量、内部温度，以及质子交换膜含水量、离子流通状态、系统输出功率等参数的变化情况描述燃料电池的本体特性，以构建计算边界条件精确的燃料电池单电池模型。以单电池为基本组成，采用机理分析和试验测试相结合的研究方法，对燃料电池的动态响应及输出特性进行测试，使用参数敏感性分析对燃料电池的动态响应进行归类，阐明"热-电-流"多场各类参数变量对燃料电池寿命的影响机制，考虑燃料电池与子系统之间的多物理场参数耦合规律及各子系统变量与输出特性的内在关系，建立电堆结构参数、运行参数等与电堆输出性能参数的耦合关系，构建"单电池-电堆-推进系统"的多层级模型。

3.1 电堆建模常用方法概述

根据 PEMFC 研究常用的建模方法，构建 PEMFC 模型的建模方法分为机理模型、半经验模型、经验模型和数据驱动模型。以下从四种 PEMFC 模型的角度对常见的 PEMFC 建模方法进行综述，详细对比总结了每种建模方法的优缺点及适用范围。

3.1.1 机理模型

机理模型是在一定假设条件下通过基本的物理化学方程构建的，能够详细描述 PEMFC 内部传热传质及电化学反应等过程。当研究的工作过程需要分析 PEMFC 内部机理特性时，则要建立相应的机理模型。机理模型通常涉及电化学、流体力学和热力学等物理域，用于分析 PEMFC 传质、传热和电化学反应等物理化学过程。机理建模过程一般要用到扩散定理、热传导、热对流定理以及电化学动力学等基本理论。在高维、多物理域等问题研究过程中，基于上述定理所构建的模型求解，需要借助计算流体动力学的程序工具，这种软件采用高级数值方法，结合了热力学、电化学和流体力学的特性仿真，能够实现任何系统的完全建模，包含 PEMFC 内部的所有组件。常见的仿真软件有计算流体力学软件（ANSYS Fluent）和多物理场仿真平台（COMSOL Multiphysics）两个商业软件包。机理模型的计算一般采用数值求解的方法，其基本思路是将连续的求解区域划分为一个个小区域，并在这些小区域中插入有限离散的数据点，这些离散的数据点也可以称为节点，PEMFC 计算域及网格划分如图 3.1 所示。通过计算节点上的离散函数值来近似代替连续函数值，将模型中的偏微分方程转化为连续离散点的代数方程，通过求解代数方程来获得函数的节点值。常见的三种求解方法[20-25]分别为：有限元法（FEM）、有限差分法（FDM）和有限体积法（FVM）。

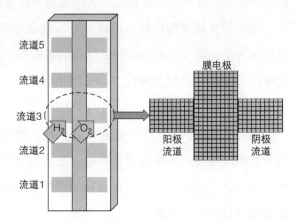

图 3.1　PEMFC 计算域及网格划分

为实现 PEMFC 高效可靠的运行发电，则需要保证反应气体的稳定供给以及电堆内部水热环境的平衡。本节围绕 PEMFC 可靠高效的发电运行将其内部机理过程总结为以下五个方面，并且从这五个方面展开论述了 PEMFC 机理建模研究情况。

1）反应气体在流道内的传输。

2）反应气体通过扩散层进行扩散。

3）电化学反应过程。

4）水的传输。

5）热的传输。

在 PEMFC 运行时，需要不断地供给燃料和氧化剂，才能保证电能不间断输出。气体流道作为反应物和产物的进出通道，流道中气体的传输与分布状况直接关系到膜电极上的电化学反应过程，从而进一步影响 PEMFC 输出性能。目前，对于双极板流道的研究主要集中在流道截面形状和尺寸结构以及气体传输等方面，常见的双极板流道结构有蛇形流道、直流道、多通道蛇形流道、交叉式流道和螺旋流道[26]，如图 3.2 所示。

a) 蛇形流道　　b) 直流道　　c) 多通道蛇形流道　　d) 交叉式流道　　e) 螺旋流道

图 3.2　常见的双极板流道结构

反应气体经过流道传输之后就会到达气体扩散层，气体扩散层是 PEMFC 中负责流道和催化层之间反应气体或液态水扩散和传输的关键多孔组件。扩散层孔隙的空间结构对反应物和生成物的传输性能有很大的影响，进而影响整个 PEMFC 的性能。气体扩散层包含物质和能量的传输与分布情况，无论是物质还是能量都遵循最基本的守恒关系。

催化层是膜电极的核心组成部分，是电化学反应进行的场所。为了能够高效地分解反应气体分子，催化层必须具有足够大的表面积，而铂催化剂价格昂贵，因此为了降低成本，催化层所使用的催化剂颗粒需尽可能小。此外，催化剂的基底材料和基团结构也会影响催化效果。

水在 PEMFC 内部的传输方式有三种：电迁移、压力迁移和浓差扩散。其中电迁移是质子从阳极传递到阴极时带走的水；压力迁移是由于膜两侧阴阳极之间的气体压力梯度造成的水渗透；浓差扩散是指在膜两侧水浓度差的作用下，水从浓度高的阴极侧向浓度低的阳极侧进行的扩散现象。

PEMFC 热量来源主要有三部分：电池不可逆性电化学反应的生成热、欧姆极化产生的焦耳热、加湿气体带入的热。热量排出 PEMFC 的途径主要有两种：一是热量随剩余反应物和生成物排出，二是电堆与周围环境进行热交换排出热量。热量传输还包括固体之间的热传导、流道内气体之间的热对流以及无处不在的热辐射。

上述内容围绕 PEMFC 稳定发电运行将其内部机理总结为五个过程，前三个过程分别对应了 PEMFC 中气体流道层、气体扩散层和催化层等组件结构，后两个过程对应的水热产生、传输与分布则是伴随着电化学反应而发生。其中，PEMFC 电堆内部水热平衡极大地依赖于 PEMFC 气体流道。PEMFC 气体流道的有效设计对于电堆排水和散热性能至关重要，影响着其输出性能的好坏，因此在研究 PEMFC 水热传输与分布的过程中，会涉及对其相关组件结构和材料的分析。

机理建模是对 PEMFC 内部物理化学过程的详细描述，包括电化学反应、传热传质等过程，在特性分析、结构设计、材料优化等方面得到广泛应用，模型精度较高。但是，机理建模所用到的物理化学方程较为复杂且难以求解，计算时间长、成本高，难以在系统控制设计和实时仿真中得到应用。

3.1.2 半经验模型

半经验模型是在分析被研究过程机理特性的基础上利用经验公式代替部分复杂机理构建而成，可以看作是机理建模的简化。当 PEMFC 内部机理难以直接建模，或者不需要对所研究工作过程的背后机理进行详细描述时，可以采用半经验模型。半经验模型主体上是基于机理模型，它将机理模型当中一部分解析方程式用经验公式代替，并通过参数辨识的方法获得难以确定的参数。半经验模型方程可以用传统的数值方法（数值积分和数值微分等）求解，如果模型过于复杂则需要借用高级的数值方法。在实际应用中，如果能够用经验公式替代的部分很少，那么半经验模型和经验模型差别也会很小。因此，半经验模型也可以应用到 PEMFC 特性分析、结构设计和系统控制等方面。

半经验模型不仅能够用于分析 PEMFC 工作特性，还可以用于验证 PEMFC 功能组件新结构设计的有效性。此外，建立合适的 PEMFC 模型是系统控制策略研究的基础。半经验建模是对机理建模在一定程度上的简化，但是主体上还是基于对 PEMFC 工作过程的机理分析，因此半经验模型不仅在 PEMFC 机理特性分析及组件结构设计等方面有一定的应用，在系统控制策略研究方面也经常被使用。同时，半经验模型当中含有一部分经验方程，因此很难描述完整的机理特性，与机理模型相比其精度较低。

3.1.3 经验模型

机理模型和半经验模型主要是基于机理分析构建的模型，而经验模型是基于试验数据构建的，它不对系统内部的机理进行描述。经验模型以经验公式或者等效电路为主体框架，根据不同型号的 PEMFC 试验数据对相关参数进行辨识，从而建立相对应的 PEMFC 经验模型。基于经验公式的模型，通常根据伏安特性曲线来优化模型中的参数；基于等效电路的模型，通常采用电流阶跃和电化学交流阻抗谱的方法来辨识等效电路模型中的一些经验参数[27-28]，如图 3.3、图 3.4 所示分别展示了 PEMFC 电流阶跃测试和电化学交流阻抗图谱。

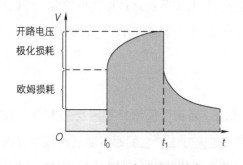

图 3.3　PEMFC 电流阶跃测试

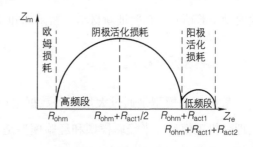

图 3.4　电化学交流阻抗图谱

在电流阶跃变化时，欧姆阻抗分担的电压会立刻发生变化，由于 PEMFC 内部的双电层效应，活化过电势随时间缓慢地到达平衡点，此时可以计算出欧姆阻抗和活化阻抗的大小。通过电化学交流阻抗试验得到的典型交流阻抗谱由两个一大一小的半圆组成，半圆的弧度主要由阴阳极活化阻抗决定，阻抗谱与横轴有三个交点，由此将其分成三个部分，分别对应电堆的欧姆损耗，阴极活化损耗，阳极活化损耗[29]。因此，可以通过以上两种方法辨识出模型中的参数，建立等效电路模型。

PEMFC 经验公式模型是经验方法建模的一种，KIM 等[30]提出了表达电压和电流关系的经验公式如式（3.1），利用这种方法建模时，需要获得稳定状态下所研究的 PEMFC 伏安特性（V-I）曲线，进而根据试验所得的 V-I 曲线对经验公式中的参数进行调整，使得模型的仿真结果接近试验数据，常用方法有线性回归法、非线性回归法，最小二乘法等[31]。由伏安特性曲线可知，在低电流密度区间，输出电压主要受活化过电压影响；中电流密度区间，欧姆过电压影响最大；高电流密度区间，浓差过电势开始起主要作用。

$$E = E_0 - b\log(I) - RI - m\exp(nI) \tag{3.1}$$

等效电路模型也是经验方法建模的一种，它利用电阻和电容的特性来模拟 PEMFC 外部特性，可以用来描述动态特性，如 PEMFC 内部双电层效应[32]。图 3.5 所示的是最典型的兰德尔斯（Randles）等效电路模型，其中 R_m 表示回路欧姆阻抗，R_{ct} 表示极化阻抗，Z_w 表示电荷传输损耗，C_{dl} 表示电解质 / 电极上的双层电容[33]。

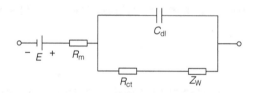

图 3.5　Randles 等效电路模型

基于 Randles 等效电路的 PEMFC 模型方便与其他电气单元进行连接，能够仿真规模更加庞大的电气系统，如混合能源微型电网系统。

经验模型的构建是基于已有的试验数据和预设模型，该模型对 PEMFC 相关工作过程不做机理层面的分析。经验模型中相关参数较少，模型方程简单，多应用于系统控制策略和实时仿真研究。但是，由于经验模型缺少机理特性的分析且对实际物理过程简化较多，所以经验模型不够精确，在验证新材料、新结构和新特性的有效性等方面具有一定的局限性。

3.1.4　数据驱动模型

数据驱动模型是通过大量试验数据集训练出来的"黑箱"模型，不涉及 PEMFC 内部机理。机理模型、半经验模型和经验模型是三大传统建模方法，它们都有明确的模型方程，而数据驱动模型是基于大量数据集建立的，该方法没有预设模型，是通过对已有试验数据的学习构造出来无限逼近试验数据的"黑箱"模型。常用的数据驱动 PEMFC 建模方法包括人工神经网络（Artificial neural network，ANN）、支持向量机（Support vector machine，SVM）和模糊逻辑（Fuzzy logic）等智能算法 [34-36]。每种算法都有其优缺点和典型应用，ANN 能够在大量数据集的基础上拟合高度复杂的输入输出非线性关系，模型越复杂其泛化能力就越弱，而 SVM 则能够在有限样本量的条件下兼顾复杂性和泛化能力 [37]。模糊逻辑算法能够利用经验规则进行建模，具有推理过程易于理解、对样本的要求较低等优点，缺点是难以自主学习、自适应能力较差 [38]。

除以上介绍的建模方法，燃料电池堆也可以使用计算流体动力学（Computational fluid dynamics，CFD）方法进行二维、三维建模。虽然多维模型可以提供更详细的空间数量信息和精度，但是一维模型仍然具有优于其他多维模型的优势：

1）减少了公式数量，因此可以加快模型的求解速度。这种计算速度提供了在实时仿真应用中使用该模型的可能性。

2）模型的物理方程更容易掌握，模型的物理意义更容易理解。

3）模型仿真结果的准确性被大多数应用高度认可，如前馈控制，硬件在环（Hardware in the Loop，HIL）应用，系统诊断等。

下面针对一维的多物理模型进行详细介绍。

3.2 多物理域建模

3.2.1 电化学模型

电化学模型主要描述了电池的输出电压，主要由热力学电动势和活化损耗以及欧姆损耗组成。

在建立这部分模型时，假设条件如下：

1）阳极部分相关的活化损失忽略不计 [39]。

2）欧姆损耗仅考虑质子交换膜的电阻，双极板等电阻忽略不计。

燃料电池单体的输出电压可表示如下

$$V_{out} = E_0 - V_{act} - V_{ohm} \tag{3.2}$$

式中，V_{out} 表示输出电压（V），E_0 表示燃料电池的开路电压（V），V_{act} 表示阴极活化电压（V），V_{ohm} 表示质子交换膜的欧姆电压（V）。

（1）开路电压

燃料电池开路电动势可以根据能斯特方程计算出来，可以表示为

$$E_0 = \frac{\Delta G}{2F} - \frac{\Delta S \times (T - T_{ref})}{2F} + \frac{RT}{2F} \ln \left(\frac{P_{a,cata,H_2}}{101325} + \sqrt{\frac{P_{c,cata,O_2}}{101325}} \right) \tag{3.3}$$

根据已知量和经验参数，该方程可简化为如下

$$\frac{\Delta G}{2F} - \frac{\Delta S \times (T - T_{ref})}{2F} = 1.229 - (8.5 \times 10^{-4})(T - 298.15) \tag{3.4}$$

$$E_0 = 1.229 - (8.5 \times 10^{-4})(T - 298.15) + \frac{RT}{2F} \ln \left(\frac{P_{a,cata,H_2}}{101325} + \sqrt{\frac{P_{c,cata,O_2}}{101325}} \right) \tag{3.5}$$

式中，E_0 表示标准状态下的电动势；ΔS 表示反应前后的熵变；T 表示反应处温度，即催化层温度（K）；R 表示气体常数，值为 8.314J/（mol K）；F 表示法拉第常数，值为 96487C/mol；$P_{a,cata,H_2}$ 和 $P_{c,cata,O_2}$ 表示分别为阴阳极催化层处的氢气和氧气压力（Pa）。

在这部分，需要说明的是，由于公式中直接使用催化层处的压强，而燃料电池的浓度损耗是指通过气体扩散层中的压降带来的电压损失，在流体域模型中将会直接计算出催化层处的压强，对于本次模型在此处不需要考虑浓度损耗带来的电压损失[40]。

（2）活化电压降

根据假设条件，活化损耗仅在阴极催化层处产生，可以使用塔菲尔（Tafel）公式表示如下

$$V_{act} = \frac{RT}{\alpha nF} \ln \frac{i}{i_0 A} \tag{3.6}$$

式中，i_0 表示交换电流密度（A/m²）；A 表示阴极催化层的有效面积（m²）；α 表示对称因子，其值约为 0.5；n 表示电化学反应过程中交换的电子数，值为 2。

交换电流密度可以用下面的方程计算

$$i_0 = i_{0,ref} \left(\left(\frac{P_{c,\,cataO_2}}{101325} \right)^{\beta} \cdot \exp \left(-\frac{E_{O_2}}{RT} \left(1 - \frac{T}{298.15} \right) \right) \right) \tag{3.7}$$

式中，$i_{0,ref}$ 表示参考电流密度（A/m²）；E_{O_2} 表示氧气的活化能（kJ/mol），值为 66000（kJ/mol）；β 表示压力系数，取值约为 1.9。

（3）欧姆损耗

欧姆损耗主要考虑质子交换膜的电阻。质子交换膜的电阻大小与其水含量是密切相关

的。根据是否有电流流过计算膜中的电阻，分为以下两种情况进行分析。

1）当 $i > 0$ 时

$$z_{\text{crit}} = \frac{k_B}{k_A} \ln \left\{ \frac{\left[1 - \lambda_w(a) \right] e^{\frac{k_B}{k_A} \delta} - \left[1 - \lambda_w(c) \right]}{\lambda_w(c) - \lambda_w(a)} \right\} \tag{3.8}$$

$$k_B = \frac{\rho_{\text{dry,mem}} A_{\text{mem}} D_{\bar{\lambda}_w} M_{H_2O}}{M_{\text{mem}}} \tag{3.9}$$

式中，M_{H_2O} 表示水的摩尔质量（g/mol），值为 0.018g/mol；$\rho_{\text{dry,mem}}$ 表示膜的干密度；A_{mem} 表示质子交换膜的有效面积（m^2）；M_{mem} 是质子交换膜的平均摩尔质量（g/mol）。

在这种情况下，膜的电阻可以表示为

$$R_{\text{mem}} = \frac{1}{A_{\text{mem}}} \frac{k_B \alpha_3}{k_A \alpha_1} \left[\frac{k_A}{k_B} (Bn2 - Bn1) - \ln \left(\frac{\alpha_1 + \alpha_2 e^{\frac{k_A}{k_B} Bn2}}{\alpha_1 + \alpha_2 e^{\frac{k_A}{k_B} Bn1}} \right) \right] + \frac{\alpha_3 \Delta z_{\text{dry}}}{0.1993 A_{\text{mem}}} \tag{3.10}$$

其中的系数可以用下面的公式求得

$$\alpha_1 = 0.5193 \frac{\lambda_w(a) e^{\frac{k_\Delta}{k_B} \delta} - \lambda_w(c)}{e^{\frac{k_\Delta}{k_B} \delta} - 1} - 0.326 \tag{3.11}$$

$$\alpha_2 = 0.5193 \frac{\lambda_w(c) - \lambda_w(a)}{e^{\frac{k_\Delta}{k_B} \delta} - 1} \tag{3.12}$$

$$\alpha_3 = \exp \left[1268 \left(\frac{1}{T} - \frac{1}{303} \right) \right] \tag{3.13}$$

$$\{Bn1, Bn2, \Delta z_{\text{dry}}\} = \begin{cases} \{ 0, \delta, 0 \} & \lambda_w(a) > 1, \text{且} \lambda_w(c) > 1 \\ \{ 0, z_{\text{crit}}, \delta - z_{\text{crit}} \} & \lambda_w(a) > 1, \text{且} \lambda_w(c) \leqslant 1 \\ \{ z_{\text{crit}}, \delta, z_{\text{crit}} \} & \lambda_w(a) \leqslant 1, \text{且} \lambda_w(c) > 1 \\ \{ 0, 0, \delta \} & \lambda_w(a) \leqslant 1, \text{且} \lambda_w(c) \leqslant 1 \end{cases} \tag{3.14}$$

式中，$\lambda_w(c)$ 表示膜的阴极侧的水含量；$\lambda_w(a)$ 表示膜的阳极侧的水含量。

2）当 $i = 0$ 时

$$z_{\text{crit}} = \frac{[1 - \lambda_w(a)] \delta}{\lambda_w(c) - \lambda_w(a)} \tag{3.15}$$

此时，膜的内阻可以表示为

$$R_{\mathrm{mem}} = \frac{1}{A_{\mathrm{mem}}} \frac{\alpha_3}{\alpha_5} \left[\ln\left(\frac{\alpha_4 + \alpha_5 \cdot Bn2}{\alpha_4 + \alpha_5 \cdot Bn1} \right) \right] + \frac{\alpha_3 \Delta z_{\mathrm{dry}}}{0.1933 A_{\mathrm{mem}}}$$ （3.16）

与上面类似，相关系数可以从如下的公式中得到

$$\alpha_4 = 0.5193 \lambda_{\mathrm{w}}(a) - 0.326$$ （3.17）

依据上述两种情况，可以由欧姆定律得到质子交换膜中的欧姆损耗电压为

$$V_{\mathrm{ohm}} = iR_{\mathrm{mem}}$$ （3.18）

根据电化学部分的假设情况，其他的电压损失不考虑。

3.2.2 流体力学模型

流体力学模型采用控制体积法进行建模，控制体积的动态平衡方程可以根据质量守恒定律得到。在进行建模之前，与其他模型一样，要进行一些假设：

1）不考虑水的相变[41]。

2）气体都符合理想气体规律。

3）气体通道中的压降只考虑质量流量带来的部分。

4）气体在扩散层、催化层和电解质中是稳定扩散的。

5）催化层的压降忽略不计。

6）扩散层中不考虑压力梯度。

下面分别对单电池中的各个部分进行建模。

（1）冷却通道

流体域中的冷却通道，如图 3.6 所示。

通道中流体的雷诺数 R_{e} 可以计算如下[42]

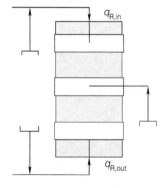

图 3.6　流体域中的冷却通道

$$R_{\mathrm{e}} = \frac{\rho u D_{\mathrm{hydro}}}{\mu}$$ （3.19）

式中，ρ 表示流体密度（kg/m³）；u 表示通道中的平均流体速度（m/s）；D_{hydro} 表示通道直径（m）。

如果通道中的流体是气态的，那么气体密度可以表示为

$$\rho = \frac{M_{\mathrm{g}} P}{RT}$$ （3.20）

式中，M_g 表示气体摩尔质量（g/mol）；P 表示气体压强（Pa）；$R = 8.314\text{J}/(\text{mol} \cdot \text{K})$ 是理想气体常数。

如果冷却液是水，那么可以认为在燃料电池运行期间，水的密度是恒定的。流体的平均速度可以由下式计算

$$u = \frac{q}{\rho A} \tag{3.21}$$

式中，q 表示质量流量（kg/h）；A 表示通道截面面积（m^2）。

通道直径 D_{hydro} 表示为

$$D_{\text{hydro}} = \frac{4A}{U} \tag{3.22}$$

式中，U 表示通道横截面的周长（m）。

流体的动态黏度 $\mu(\text{Pa} \cdot \text{s})$ 可以根据萨瑟兰（Sutherland）公式计算[43]

$$\mu = \begin{cases} \mu_0 \dfrac{T_0 + C}{T + C} \left(\dfrac{T}{T_0} \right)^{1.5} & \text{气体} \\[2mm] 2.414 \times 10^{-5} \times 10^{\frac{247.8}{T - 140}} & \text{液体} \end{cases} \tag{3.23}$$

表 3.1 给出了用于计算不同气体流体动态黏度的经验参数。

表 3.1 气体流体特性

气体种类	C/K	T_0/K	$\mu_0/(\times 10^{-6}\text{Pa} \cdot \text{s})$
空气	120	291.15	18.27
氮气	111	300.55	17.81
氧气	127	292.25	20.81
氢气	72	293.85	8.76

通道中的压降由达西 - 韦史巴赫（Darcy-Weisbach）公式计算[44]

$$\Delta P_n = f_{\text{D}} \frac{\rho L}{2 D_{\text{hydro}}} u_n^2 (n = 1, 2) \tag{3.24}$$

$$\Delta P_1 = P_{\text{R,in}} - P_{\text{R,ch}} u_1 = u_{\text{R,in}} \tag{3.25}$$

$$\Delta P_2 = P_{\text{R,out}} - P_{\text{R,ch}} u_2 = u_{\text{R,out}} \tag{3.26}$$

式中，f_{D} 表示 Darcy 系数，L 表示通道常数；$P_{\text{R,in}}$、$P_{\text{R,ch}}$、$P_{\text{R,out}}$ 表示冷却通道入口、中间和出口处的压强（Pa）；u_1、u_2 可由式（3.25）、式（3.26）计算。

f_D 是由考虑层流和湍流的经验方程得到

$$f_D = \begin{cases} \dfrac{64}{R_e} & R_e \leqslant 2300 \\[4mm] \left[A - \dfrac{(B-A)^2}{C - 2B + A} \right]^{-2} & R_e > 2300 \end{cases} \tag{3.27}$$

$$A = -2\log_{10}\left(\frac{\varepsilon}{3.7 D_{hydro}} + \frac{12}{R_e} \right) \tag{3.28}$$

$$B = -2\log_{10}\left(\frac{\varepsilon}{3.7 D_{hydro}} + \frac{2.51A}{R_e} \right) \tag{3.29}$$

$$C = -2\log_{10}\left(\frac{\varepsilon}{3.7 D_{hydro}} + \frac{2.51B}{R_e} \right) \tag{3.30}$$

式中，ε 是通道的绝对粗糙度。

由控制体积质量守恒可得到[45]

$$V_R \frac{\mathrm{d}\rho_R}{\mathrm{d}t} = q_{R,in} + q_{R,out} \tag{3.31}$$

（2）阴极气体通道

流体域中的阴极通道，如图 3.7 所示。

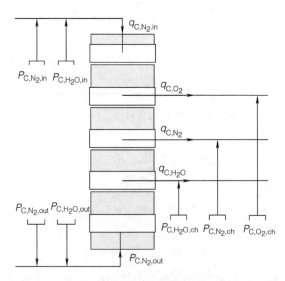

图 3.7　流体域中的阴极通道

由前面的假设条件，所有气体都符合理想气体规律，则满足下面的公式

$$PV = nRT \tag{3.32}$$

阴极气体通道中的动态模型是由通道中每一种气体的质量守恒得出来的，分别表示如下

$$\frac{V_{c,ch}M_{O_2}}{RT}\frac{dP_{c,O_2,ch}}{dt} = q_{c,O_2,in} + q_{c,O_2,out} - q_{c,O_2} \tag{3.33}$$

$$\frac{V_{c,ch}M_{N_2}}{RT}\frac{dP_{c,N_2,ch}}{dt} = q_{c,N_2,in} + q_{c,N_2,out} - q_{c,N_2} \tag{3.34}$$

$$\frac{dm_{c,H_2O,ch}}{dt} = q_{c,H_2O,in} + q_{c,H_2O,out} - q_{c,H_2O} \tag{3.35}$$

式中 $q_{c,O_2,in}$、$q_{c,N_2,in}$、$q_{c,H_2O,in}$ 表示阴极通道入口处氧气、氮气和水蒸气的质量流量；$q_{c,H_2O,in}$、$q_{c,N_2,out}$、$q_{c,H_2O,out}$ 表示阴极通道出口处氧气、氮气和水蒸气的质量流量；$m_{c,H_2O,ch}$ 表示通道中总的水质量，包括液体水和水蒸气两部分；$V_{c,ch}$ 表示阴极通道的体积；M_{O_2}、M_{N_2} 表示氧气和氢气的摩尔质量。

对于阴极通道中水的压强，由以下方程得到

$$P_{c,H_2O,ch} = \begin{cases} \dfrac{m_{c,H_2O,ch}RT}{V_{c,H_2O,ch}M_{H_2O}}, & \dfrac{m_{c,H_2O,ch}RT}{V_{c,H_2O,ch}M_{H_2O}} \leqslant P_{c,H_2O,ch}^{sat} \\[2mm] P_{c,H_2O,ch}^{sat}, & 其他 \end{cases} \tag{3.36}$$

式中，$P_{c,H_2O,ch}^{sat}$ 表示水的饱和压强（Pa），可以由通道中的温度得出

$$\lg(10^{-5}P_{H_2O}^{sat}) = -2.1794 + 0.2953T' - 9.18 \times 10^{-5}T'^2 + 1.4454 \times 10^{-7}T'^3 \tag{3.37}$$

$$T' = T - 273.15 \tag{3.38}$$

式中，T 表示通道中的温度（K）。

由以上公式可以得到阴极通道中的总压强为

$$P_{c,tot,ch} = P_{c,O_2,ch} + P_{c,N_2,ch} + P_{c,H_2O,ch} \tag{3.39}$$

（3）阴极气体扩散层

流体域中的阴极气体扩散层，如图 3.8 所示。

根据假设条件，在气体扩散层中是没有质量积累的，因此气体扩散层入口与出口的流量相等。该层可以根据麦克斯韦扩散方程建立气体的扩散模型，表达式如下 [46]

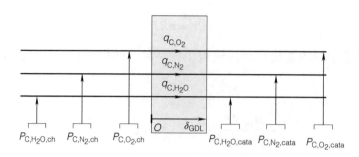

图 3.8　流体域中的阴极气体扩散层

$$P_{c,i,\text{cata}} - P_{c,i,\text{ch}} = \frac{\delta_{\text{GDL}}RT}{\overline{P}_{c,\text{tot}}A_{\text{GDL}}}\sum_{j\neq i}\frac{\overline{P}_{c,i}\dfrac{q_{c,j}}{M_j} - \overline{P}_{c,j}\dfrac{q_{c,i}}{M_i}}{D_{ij}} \tag{3.40}$$

其中，i 包括氢气、氧气和水蒸气；j 表示除了 i 的所有气体种类；$P_{c,i,\text{cata}}$ 表示气体 i 在阴极催化层处的分压；$P_{c,i,\text{ch}}$ 表示气体在阴极气体通道中的分压；δ_{GDL} 表示气体扩散层的厚度；$\overline{P}_{c,\text{tot}}$ 表示气体在扩散层中的平均总压强；A_{GDL} 表示气体扩散层的面积；D_{ij} 表示气体 i 和 j 之间的气体扩散系数。

气体扩散系数可以由下面的方程得出[47]

$$D_{ij} = \frac{10.1325}{\overline{P}_{\text{tot}}}a\left(\frac{T}{\sqrt{T_{ci}T_{cj}}}\right)^b\left(\frac{P_{ci}P_{cj}}{101325^2}\right)^{\frac{1}{3}}(T_{ci}T_{cj})^2\left(\frac{10^{-3}}{M_i} + \frac{10^{-3}}{M_j}\right)^{\frac{1}{2}}\psi^\xi \tag{3.41}$$

式中，ψ 表示气体扩散层的孔隙率；ξ 表示气体扩散层的曲折度。系数 a 和 b 取决于气体中是否含有极性气体。

如果不含极性气体，则

$$a = 2.745\times10^{-4},\ b = 1.823 \tag{3.42}$$

如果包含极性气体，则

$$a = 3.64\times10^{-4},\ b = 2.334 \tag{3.43}$$

各种气体的临界温度和压强见表 3.2。

表 3.2　各种气体的临界温度和压强

气体种类	T_c/K	P_c/($\times10^5$Pa)
氢气	33.3	12.97
氧气	132.4	37.49
氮气	126.2	33.94
空气	154.4	50.36
水蒸气	647.3	220.38

（4）阴极催化层

流体域中的阴极催化层，如图 3.9 所示。

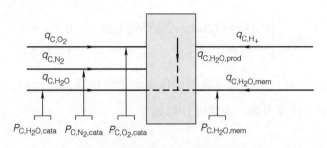

图 3.9　流体域中的阴极催化层

根据假设条件，在催化层中是稳态的，没有质量流量的积累，所以在催化层中水的分压也就等于水在膜的阴极侧的分压。氧气到达催化层的质量表示为

$$q_{C,O_2} = \frac{M_{O_2} i}{4F} \qquad (3.44)$$

由于氮气不参与化学反应，可以假设氮气到达催化层的质量流量为零，即

$$q_{C,N_2} = 0 \qquad (3.45)$$

因此，可以将电化学反应产生的水质量流量表示为

$$q_{C,H_2O,prod} = \frac{M_{H_2O} i}{2F} \qquad (3.46)$$

水从催化层到阴极气体通道的质量流量是由质子交换膜中的水平衡施加的，水的质量平衡可以由下面的方程给出

$$q_{C,H_2O} + q_{C,H_2O,prod} + q_{C,H_2O,mem} = 0 \qquad (3.47)$$

（5）质子交换膜

流体域中的质子交换膜，如图 3.10 所示。

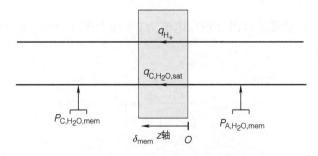

图 3.10　流体域中的质子交换膜

质子交换膜中水的含量是不均匀的，因此必须考虑到膜两侧的水含量，由以下公式可以计算

$$\lambda_{\mathrm{w}} = \begin{cases} 0.043 + 17.81a_{\mathrm{w}} - 39.85a_{\mathrm{w}}^2 + 36a_{\mathrm{w}}^3, & 0 < a_{\mathrm{w}} \leqslant 1 \\ 14 + 1.4(a_{\mathrm{w}} - 1), & 1 < a_{\mathrm{w}} \leqslant 3 \end{cases} \tag{3.48}$$

式中，a_{w} 表示水活度，可以由饱和水蒸气的压强与水的压强计算得出，饱和水的压强根据前面给出的式（3.37）计算得到。水活度计算如下

$$a_{\mathrm{w}} = \frac{P_{\mathrm{H_2O}}}{P_{\mathrm{H_2O}}^{\mathrm{sat}}} \tag{3.49}$$

根据上述公式，分别可以得到膜的阴极侧和阳极侧的水含量 $\lambda_{\mathrm{w}}(c)$ 和 $\lambda_{\mathrm{w}}(a)$。然后可以得到质子交换膜的平均水含量为

$$\bar{\lambda}_{\mathrm{w}} = \frac{1}{2}[\lambda_{\mathrm{w}}(c) + \lambda_{\mathrm{w}}(a)] \tag{3.50}$$

膜中的水质量流量包括两部分，分别是电渗透和反扩散带来的质量流量，可以表示为

$$q_{\mathrm{C,H_2O,mem}} = q_{\mathrm{C,H_2O,drag}} + q_{\mathrm{C,H_2O,back}} \tag{3.51}$$

反扩散现象中，平均水扩散系数由电池内膜的温度和膜的平均水含量决定，表示为

$$D_{\bar{\lambda}_{\mathrm{w}}} = 10^{-4} \exp\left[2416\left(\frac{1}{303} - \frac{1}{T_{\mathrm{mem}}}\right)\right] C_{\mathrm{D}}(\bar{\lambda}_{\mathrm{w}}) \tag{3.52}$$

式中，$C_{\mathrm{D}}(\bar{\lambda}_{\mathrm{w}})$ 是由平均水含量决定的一个分段函数

$$C_{\mathrm{D}}(\bar{\lambda}_{\mathrm{w}}) = \begin{cases} 10^{-6} & \bar{\lambda}_{\mathrm{w}} < 2 \\ 10^{-6}[1 + 2(\bar{\lambda}_{\mathrm{w}} - 2)] & 2 \leqslant \bar{\lambda}_{\mathrm{w}} \leqslant 3 \\ 10^{-6}[3 - 1.67(\bar{\lambda}_{\mathrm{w}} - 3)] & 3 < \bar{\lambda}_{\mathrm{w}} < 4.5 \\ 1.25 \times 10^{-6} & \bar{\lambda}_{\mathrm{w}} \geqslant 4.5 \end{cases} \tag{3.53}$$

因此，膜中的水质量流量可以分别在电流为 0A 和大于 0A 的情况下计算，表示如下[48]

1）当 $i > 0A$ 时

$$q_{\mathrm{C,H_2O,mem}} = \frac{k_{\mathrm{A}}}{\mathrm{e}^{\frac{k_{\mathrm{A}}\delta}{k_{\mathrm{B}}}} - 1} \lambda_{\mathrm{w}}(a)\mathrm{e}^{\frac{k_{\mathrm{A}}\delta}{k_{\mathrm{B}}}} - \lambda_{\mathrm{w}}(c) \tag{3.54}$$

2）当 $i = 0A$ 时

$$q_{C,H_2O,mem} = \frac{k_B[\lambda_w(a) - \lambda_w(c)]}{\delta} \qquad (3.55)$$

式中，δ 表示质子交换膜的厚度（m）。

阳极部分在建模过程中与阴极类似，不同的是阳极通入的为氢气，下面给出阳极部分的流体域建模。

（6）阳极催化层

流体域中的阳极催化层，如图 3.11 所示。

阳极催化层中的质量流量包含两部分，分别是电化学反应产生的氢气流量和水的质量流量。催化层中水的质量流量可以由质子交换膜中水的质量平衡得到，与质子交换膜中水的质量流量大小相同，方向相反。氢气的质量流量与电池电流有关，可以用下面的公式计算得出[49]

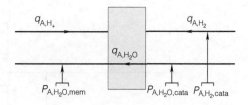

图 3.11　流体域中的阳极催化层

$$q_{A,H_2} = \frac{M_{H_2}i}{2F} \qquad (3.56)$$

（7）阳极气体扩散层

流体域中的阳极气体扩散层，如图 3.12 所示。

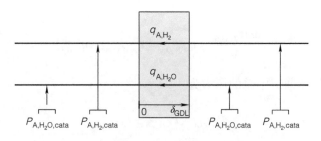

图 3.12　流体域中的阳极气体扩散层

阳极气体扩散层中每一种气体的压强与阴极类似，可以由麦克斯韦方程得到，阳极气体种类包括氢气和水蒸气，具体计算公式可以参考式（3.37）～式（3.40），以及表 3.2 中的内容。

（8）阳极气体通道

流体域中的阳极气体通道，如图 3.13 所示。

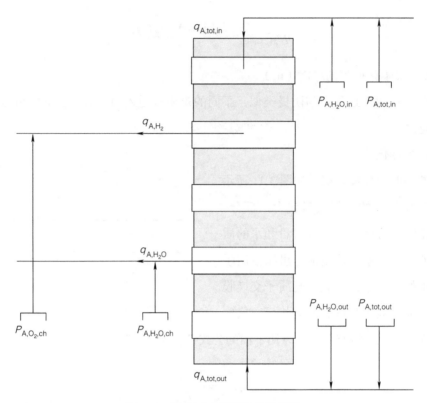

图 3.13 流体域中的阳极气体通道

阳极气体通道中的动态模型是由通道中每种气体的质量守恒得出来的，分别表示如下

$$\frac{V_{A,ch}M_{H_2}}{RT}\frac{dP_{A,H_2,ch}}{dt} = q_{A,H_2,in} + q_{A,H_2,out} - q_{A,H_2} \tag{3.57}$$

$$\frac{dm_{A,H_2O,ch}}{dt} = q_{A,H_2O,in} + q_{A,H_2O,out} - q_{A,H_2O} \tag{3.58}$$

可以得到阳极气体通道中总的压力为

$$P_{A,tot,ch} = P_{A,H_2,ch} + P_{A,H_2O,ch} \tag{3.59}$$

采用上述建模方法，对流体域进行了分层建模，可以描述电池单体内部每一层的状态。可以观测到各种气体、水的质量流量状态，以及每一层中气体的分压情况。将流体力学模型与电化学模型联系起来，可以较为完整地考虑到开路电压、活化电压损耗、欧姆电压降以及浓度差带来的电压降等情况，对电池的输出电压做出完整的描述。

3.2.3 热力学模型

在电池单体的热力学动态模型中，气体通道的固体支撑层和气体体积部分将分为两个控制体积进行建模，对于气体扩散层、催化层和质子交换膜则分别作为单独的控制体积进行建模。该部分假设条件如下：

1）堆栈运行期间每层的热容量和热导率保持不变[50]。

2）堆栈运行期间单电池的几何形状保持不变。

每个控制体积都可以依据广义的能量守恒定律得到温度的动态模型，表示为

$$\rho_{CV} V_{CV} C_{p,CV} \frac{dT}{dt} = Q_{mass} + Q_{fc} + Q_{cd} + Q_{nc+rd} + Q_{int} \qquad (3.60)$$

式中，ρ_{CV} 表示控制体积的平均密度；V_{CV} 表示控制体积的体积；$C_{p,CV}$ 表示控制体积的比热容；Q_{mass} 表示质量流量带来的热量变化；Q_{fc} 表示控制体积与相邻控制体积强制对流引起的热量变化；Q_{cd} 表示相连控制体积之间的热传导；Q_{nc+rd} 表示自然对流和热辐射带来的热量；Q_{int} 表示内部热源产生的热量。

质量流量带来的热量变化由下面公式来计算

$$Q_{mass} = \sum_i (q_i C_{p,i})(T_{interface} - T_{CV}) \qquad (3.61)$$

式中，q_i 表示不同气体进入或流出控制体积的质量流量；$C_{p,i}$ 表示不同气体的比热容；$T_{interface}$ 表示两个相邻控制体积的临界处温度。

流体通道中的强制对流带来的热量流动根据牛顿冷却定律计算，具体公式如下

$$Q_{fc} = h_{fc} A_{CV}(T_{interface} - T_{CV}) \qquad (3.62)$$

式中，A_{CV} 表示控制体积在热量传递方向上的截面积；h_{fc} 表示强制对流系数，根据以下公式计算

$$h_{fc} = \frac{Nu_{fc} \lambda_{fluid}}{D_{hy}} \qquad (3.63)$$

式中，Nu_{fc} 表示流体努塞特（Nusselt）数；λ_{fluid} 表示流体热导率；D_{hy} 表示通道液压直径。

$$Nu_{fc} = \begin{cases} 3.567 + \dfrac{0.0677\left(RePr_{ch}\dfrac{D_{hydro}}{L_{ch}}\right)^{1.33}}{1+0.1Pr_{ch}\left(Re\dfrac{D_{hydro}}{L_{ch}}\right)^{0.33}} & Re \leqslant 2300 \\[4mm] \dfrac{\dfrac{f}{8}(Re-1000)Pr_{ch}}{1+12.7\sqrt{\dfrac{f}{8}}\left(Pr_{ch}^{\frac{2}{3}}-1\right)}\left[1+\left(\dfrac{D_{hydro}}{L_{ch}}\right)^{\frac{2}{3}}\right] & Re > 2300 \end{cases} \qquad (3.64)$$

$$f = (1.82 \log_{10} Re - 1.64)^{-2} \quad (3.65)$$

式中，Re 是流体雷诺数，L_{ch} 是通道直径。

相邻控制体积之间传导热流表示为

$$Q_{cd} = \frac{2\lambda_{CV} A_{CV}}{\delta_{CV}} (T_{interface} - T_{CV}) \quad (3.66)$$

自然对流和热辐射带来的热量变化类似于强制对流，具体的计算公式表示如下

$$Q_{nc+rd} = h_{nc+rd} A_{ext} (T_{interface} - T_{CV}) \quad (3.67)$$

式中，h_{nc+rd} 是组合在一起的自然对流和辐射系数；A_{ext} 表示控制体积外表面的面积。

$$h_{R,nc+rd} = Nu_{nc} \frac{\lambda_{amb}}{U_{R,ext}} + \theta\sigma(T_{R,solid}^2 + T_{amb}^2)(T_{R,solid} + T_{amb}) \quad (3.68)$$

式中，Nu_{nc} 是自然对流系数，λ_{amb} 为环境空气导热系数；$U_{R,ext}$ 为板的外周长；θ 是燃料电池双极板的发射率；$\sigma = 5.6696 \times 10^{-8}$ W/($m^2 \cdot K^4$) 是斯特潘 - 玻尔兹曼（Stefan-Boltzmann）常数。

自然对流系数由下面的经验公式得出

$$Nu_{nc} = \left[0.81854 + \left\{ \frac{\dfrac{GrPr_{amb}}{300}}{\left[1 + \left(\dfrac{0.5}{Pr_{amb}}\right)^{\frac{9}{16}}\right]^{\frac{16}{9}}} \right\}^{\frac{1}{6}} \right]^2 \quad (3.69)$$

在对催化层和质子交换膜进行建模的过程中，还需要考虑它们的内部热源。对于阳极催化层，根据电化学部分的假设条件，不考虑阳极活化损失带来的内部热源。对于阴极催化层，内部热源的表达式可以根据电化学反应的熵变和活化损失带来的热量变化描述，表示如下

$$Q_{c,cata,int} = -i \frac{T_{c,cata}\Delta S}{2F} + iV_{c,act} \quad (3.70)$$

式中，ΔS 表示电化学反应的熵变，其值为 -163.185。

在质子交换膜中，可以根据焦耳定律来计算内部热源

$$Q_{\text{mem,int}} = i^2 R_{\text{mem}} \tag{3.71}$$

式中，R_{mem} 表示膜的内阻，可以由前面电化学域和流体域相关公式计算得出。

下面针对各控制体积进行建模。

（1）冷却通道

在冷却通道一层中，固体支撑部分和冷却液通道部分将作为两个不同的控制体积进行建模。热域中的冷却通道，如图 3.14 所示。

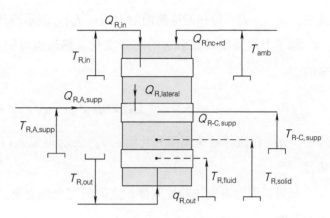

图 3.14 热域中的冷却通道

1）冷却通道部分。冷却通道，该部分介绍格拉斯霍夫数（Gra-shof）和普朗特数（Prandtl）两个无量纲系数，用于热模型的计算。

$$Gr = \frac{H^3 g \rho^2{}_{\text{amb}} \beta (T_{\text{plate}} - T_{\text{amb}})}{\mu^2{}_{\text{amb}}} \tag{3.72}$$

式中，H 表示双极板高度；ρ_{amb} 表示环境空气密度；β 表示热膨胀系数；T_{plate}、T_{amb} 分别表示双极板和环境温度；μ_{amb} 表示环境空气动态黏度系数，由式（3.73）计算得出。

$$\beta = \frac{2}{T_{\text{plate}} + T_{\text{amb}}} \tag{3.73}$$

$$Pr = \frac{C_p \mu}{\lambda} \tag{3.74}$$

式中，C_p 表示流体的比热容；λ 表示流体导热系数。

在这里要指出的是，必须针对两种不同的流体导出两个 Prandtl，一种用于通道中的流体 Pr_{ch}，另一种用于环境空气 Pr_{amb}。

根据牛顿冷却定律，冷却液和阳极板之间的强制对流可表示为

$$Q_{\text{R-A,supp,fc}} = h_{\text{fc,R}} A_{\text{R,fluid}} (T_{\text{R-A,supp}} - T_{\text{R,fluid}}) \tag{3.75}$$

式中，$T_{\text{R-A,supp}}$ 表示冷却通道和阳极板相邻界面的温度；$T_{\text{R,fluid}}$ 表示通道内流体温度。

与之相同，冷却液和阴极板之间的强制对流可表示为

$$Q_{\text{R-C,supp,fc}} = h_{\text{fc,R}} A_{\text{R,fluid}} (T_{\text{R-C,supp}} - T_{\text{R,fluid}}) \tag{3.76}$$

式中，$T_{\text{R-C,supp}}$ 表示冷却通道和阴极板相邻界面的温度。

还必须考虑同一冷却层中通道侧面和固体部分之间的热通量，可通过下面公式计算

$$Q_{\text{R,lateral}} = h_{\text{fc,R}} A_{\text{R,lateral}} (T_{\text{R,solid}} - T_{\text{R,fluid}}) \qquad (3.77)$$

式中，$A_{\text{R,lateral}}$ 表示冷却通道侧面的面积；$T_{\text{R,solid}}$ 表示冷却层固体部分的温度。

除了上述强制对流引起的热量变化，热流也可能是由进出控制体积的质量流对流带来的

$$Q_{\text{R,in}} = q_{\text{R,in}} C_{\text{p,R,fluid}} (T_{\text{R,in}} - T_{\text{R,fluid}}) \qquad (3.78)$$

式中，$q_{\text{R,in}}$ 在流体域建模部分介绍；$T_{\text{R,in}}$ 表示通道入口处的温度；$C_{\text{p,R,fluid}}$ 表示冷却液的比热容。

如果我们考虑流体和控制体积之间的完全热交换，则认为出口流体温度等于该控制体积的温度

$$T_{\text{R,out}} = T_{\text{R,fluid}} \qquad (3.79)$$

式中，$T_{\text{R,out}}$ 表示通道出口处的温度。

因此，冷却通道中的温度动态平衡可表示为

$$\rho_{\text{R,fluid}} V_{\text{R,ch}} C_{\text{p,R,fluid}} \frac{\text{d}T_{\text{R,fluid}}}{\text{d}t} = Q_{\text{R-A,supp,fc}} + Q_{\text{R-C,supp,fc}} + Q_{\text{R,lateral}} + Q_{\text{R,in}} + Q_{\text{R,out}} \qquad (3.80)$$

式中，$\rho_{\text{R,fluid}}$ 表示冷却液的密度；$V_{\text{R,ch}}$ 表示冷却通道的体积。

2）固体支撑部分　与流体不同，固体支撑部分的材料之间的热通量是通过传导来交换的，用傅里叶定律来表达

$$Q_{\text{R-A,supp,cd}} = \frac{2\lambda_{\text{plate}} A_{\text{R,solid}}}{\delta_{\text{R}}} (T_{\text{R-A,supp}} - T_{\text{R,solid}}) \qquad (3.81)$$

$$Q_{\text{R-C,supp,cd}} = \frac{2\lambda_{\text{plate}} A_{\text{R,solid}}}{\delta_{\text{R}}} (T_{\text{R-C,supp}} - T_{\text{R,solid}}) \qquad (3.82)$$

式中，λ_{plate} 表示双极板的导热系数；$A_{\text{R,solid}}$ 表示冷却通道固体部分的截面面积；δ_{R} 表示冷却层的厚度。

此外，由于双极板的外表面积比较大，根据牛顿冷却定律计算自然对流和辐射引起的热量变化

$$Q_{\text{R,nc+rd}} = h_{\text{R,nc+rd}} A_{\text{R,ext}} (T_{\text{amb}} - T_{\text{R,solid}})\qquad(3.83)$$

式中，$A_{\text{R,ext}}$ 表示冷却板的外表面积；T_{amb} 表示环境温度。

因此，冷却层固体部分的动态平衡可表示为

$$(\rho_{\text{plate}} V_{\text{R,solid}} C_{\text{p,plate}}) \frac{\text{d}T_{\text{R,solid}}}{\text{d}t} = Q_{\text{R-A,supp,cd}} + Q_{\text{R-C,supp,cd}} - Q_{\text{R,lateral}} + Q_{\text{R,nc+rd}}\qquad(3.84)$$

式中，ρ_{plate} 表示双极板密度；$V_{\text{R,solid}}$ 表示固体层体积；$C_{\text{p,plate}}$ 表示双极板比热容。

另外，考虑热控制体积和相邻层交换的总热通量如下

$$Q_{\text{R-C,supp}} = Q_{\text{R-C,supp,fc}} + Q_{\text{R-C,supp,cd}}\qquad(3.85)$$

$$Q_{\text{R-A,supp}} = Q_{\text{R-A,supp,fc}} + Q_{\text{R-A,supp,cd}}\qquad(3.86)$$

（2）阴极固体支撑层

热域中的阴极固体支撑层，如图 3.15 所示。

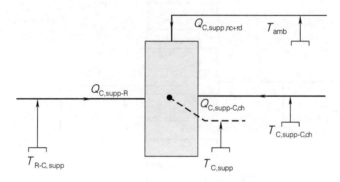

图 3.15　热域中的阴极固体支撑层

对流引起的热流量表示为

$$Q_{\text{C,supp-R}} = \frac{2\lambda_{\text{plate}} A_{\text{C,supp}}}{\delta_{\text{C,supp}}} (T_{\text{R-C,supp}} - T_{\text{C,supp}})\qquad(3.87)$$

$$Q_{\text{C,supp-C,ch}} = \frac{2\lambda_{\text{plate}} A_{\text{C,supp}}}{\delta_{\text{C,supp}}} (T_{\text{C,supp-C,ch}} - T_{\text{C,supp}})\qquad(3.88)$$

式中，$A_{\text{C,supp}}$ 表示双极板的表面积；$\delta_{\text{C,supp}}$ 表示支撑层的厚度；$T_{\text{C,supp-C,ch}}$ 表示支撑层与阴极通道界面处的温度；$T_{\text{C,supp}}$ 表示阴极支撑层的温度。

此外，由自然对流和辐射引起的热流，表示为

$$Q_{\text{C,supp,nc+rd}} = h_{\text{C,supp,nc+rd}} A_{\text{C,supp,ext}} (T_{\text{amb}} - T_{\text{C,supp}})\qquad(3.89)$$

因此，该控制体积的温度平衡可表示为

$$\rho_{\text{plate}}V_{\text{C,supp}}C_{\text{p,plate}}\frac{\mathrm{d}T_{\text{C,supp}}}{\mathrm{d}t} = Q_{\text{C,supp-R}} + Q_{\text{C,supp-C,ch}} + Q_{\text{C,supp,nc+rd}} \qquad (3.90)$$

式中，$V_{\text{C,supp}}$ 表示阴极通道固体支撑层的体积。

根据能量守恒定律，可得到

$$Q_{\text{C,supp-R}} + Q_{\text{R-C,supp}} = 0 \qquad (3.91)$$

（3）阴极气体通道

阴极气体通道，在该层中固体部分和气体通道部分作为两个控制体积进行计算，如图 3.16 所示。

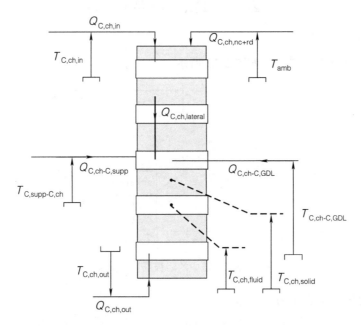

图 3.16　热域中的阴极气体通道

$$Q_{\text{C,ch-C,supp,fc}} = h_{\text{fc,C,ch}}A_{\text{C,ch,fluid}}(T_{\text{C,supp-C,ch}} - T_{\text{C,ch,fluid}}) \qquad (3.92)$$

$$Q_{\text{C,ch-C,GDL,fc}} = h_{\text{fc,C,ch}}A_{\text{C,ch,flud}}(T_{\text{C,ch-C,GDL}} - T_{\text{C,ch,fluid}}) \qquad (3.93)$$

$$Q_{\text{C,ch,lateral}} = h_{\text{fc,C,ch}}A_{\text{C,ch,lateral}}(T_{\text{C,ch,solid}} - T_{\text{C,ch,fluid}}) \qquad (3.94)$$

式中，$A_{\text{C,ch,lateral}}$ 表示通道侧面面积；$T_{\text{C,ch-C,GDL}}$ 表示气体扩散层和气体通道界面的温度；$T_{\text{C,ch,solid}}$ 和 $T_{\text{C,ch,fluid}}$ 表示气体通道固体部分和气体通道内的温度。

此外，由对流带来的热通量可表示为

$$Q_{\text{C,ch,in}} = q_{\text{C,tot,in}} C_{\text{p,C,fluid}} (T_{\text{C,ch,in}} - T_{\text{C,ch,fluid}}) \tag{3.95}$$

$$Q_{\text{C,ch,out}} = q_{\text{C,tot,out}} C_{\text{p,C,fluid}} (T_{\text{C,ch,out}} - T_{\text{C,ch,fluid}}) \tag{3.96}$$

式中，$q_{\text{C,tot,in}}$ 和 $q_{\text{C,tot,out}}$ 由流体部分计算得出；$T_{\text{C,ch,in}}$ 和 $T_{\text{C,ch,out}}$ 表示气体通道入口和出口的温度；$C_{\text{p,C,fluid}}$ 表示流体的比热容。

有质量流带来的热量变化表示为

$$Q_{\text{C,ch-C,GDL,mass}} = \sum_{i=1}^{N} (-q_{\text{C},i} C_{\text{p},i})(T_{\text{C,ch-C,GDL}} - T_{\text{C,ch,flid}}) \tag{3.97}$$

式中，i 包括氧气、氮气、水蒸气；$q_{\text{C},i}$ 表示质量流量，在流体部分建模介绍；$C_{\text{p},i}$ 表示比热容。

如果考虑流体和控制体积之间的完全热交换，则可以得到

$$T_{\text{C,ch,out}} = T_{\text{C,ch,fluid}} \tag{3.98}$$

因此，阴极气体通道中的动态温度平衡可以表示为

$$\rho_{\text{C,ch,fluid}} V_{\text{C,ch}} C_{\text{p,C,fluid}} \frac{\text{d}T_{\text{C,fluid}}}{\text{d}t} = Q_{\text{C,ch-C,supp,fc}} + Q_{\text{C,ch-C,GDL,fc}} + Q_{\text{C,ch,lateral}} + Q_{\text{C,ch,out}} + Q_{\text{C,ch-C,GDL,mass}} \tag{3.99}$$

通道的固体支撑部分传导带来的热通量表示为

$$Q_{\text{C,ch-C,supp,cd}} = \frac{2\lambda_{\text{plate}} A_{\text{C,ch,solid}}}{\delta_{\text{C,ch}}} (T_{\text{C,supp-C,ch}} - T_{\text{C,ch,solid}}) \tag{3.100}$$

$$Q_{\text{C,ch-C,GDL,cd}} = \frac{2\lambda_{\text{plate}} A_{\text{C,ch,solid}}}{\delta_{\text{C,ch}}} (T_{\text{C,ch-C,GDL}} - T_{\text{C,ch,solid}}) \tag{3.101}$$

式中，$A_{\text{C,ch,solid}}$ 表示固体部分截面的面积（m^2）；$\delta_{\text{C,ch}}$ 表示通道的厚度（m）。

另外，考虑自然对流和辐射带来的热通量

$$Q_{\text{C,ch,nc+rd}} = h_{\text{C,ch,nc+rd}} A_{\text{C,ch,ext}} (T_{\text{amb}} - T_{\text{C,ch,solid}}) \tag{3.102}$$

该控制体积的动态温度平衡为

$$\rho_{\text{plate}} V_{\text{C,ch,solid}} C_{\text{p,plate}} \frac{\text{d}T_{\text{C,solid}}}{\text{d}t} = Q_{\text{C,ch-C,supp,cd}} + Q_{\text{C,ch-C,GDL,cd}} + Q_{\text{C,ch,lateral}} + Q_{\text{C,ch,nc+rd}} \tag{3.103}$$

根据能量守恒

$$Q_{\text{C,ch-C,supp}} + Q_{\text{C,supp-C,ch}} = 0 \tag{3.104}$$

（4）阴极气体扩散层

热域中的阴极气体扩散层，如图 3.17 所示。

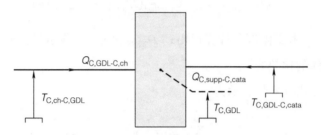

图 3.17　热域中的阴极气体扩散层

由传导带来的热通量可以由傅里叶定律表示

$$Q_{C,GDL-C,ch,cd} = \frac{2\lambda_{GDL}A_{GDL}}{\delta_{GDL}}(T_{C,ch-GDL} - T_{C,GDL}) \tag{3.105}$$

$$Q_{C,GDL-C,cata,cd} = \frac{2\lambda_{GDL}A_{GDL}}{\delta_{GDL}}(T_{C,GDL-C,cata} - T_{C,GDL}) \tag{3.106}$$

式中，λ_{GDL} 表示扩散层的导热系数；δ_{GDL} 表示扩散层的厚度；$T_{C,ch-GDL}$ 表示气体通道和扩散层相邻界面的温度，$T_{C,GDL-C,cata}$ 表示扩散层和催化层相邻界面的温度。

燃料电池运行期间，相邻层界面质量流带来的热通量表示为

$$Q_{C,GDL-C,ch,mass} = \sum_{i=1}^{N}(q_{C,i}C_{p,i})(T_{C,ch-GDL} - T_{C,GDL}) \tag{3.107}$$

$$Q_{C,GDL-C,cata,mass} = \sum_{i=1}^{N}(-q_{C,i}C_{p,i})(T_{C,GDL-C,cata} - T_{C,GDL}) \tag{3.108}$$

因此，阴极气体扩散层的动态温度平衡表示为

$$\sum_{i=fluid,solid} \rho_i V_i C_{p,i} \frac{dT_{C,GDL}}{dt} = Q_{C,GDL-C,ch,cd} + Q_{C,GDL-C,cata,cd} + Q_{C,GDL-C,ch,mass} + Q_{C,GDL-C,cata,mass} \tag{3.109}$$

$$\sum_{i=fluid,solid} \rho_i V_i C_{p,i} = \rho_{C,fluid,GDL}V_{fluid,GDL}C_{p,fluid,GDL} + \rho_{solid,GDL}V_{solid,GDL}C_{p,solid,GDL} \tag{3.110}$$

式中，$\rho_{C,fluid,GDL}$ 和 $\rho_{solid,GDL}$ 表示平均气体密度和扩散层固体物质密度；$C_{p,fluid,GDL}$ 表示气体平均比热容；$C_{p,solid,GDL}$ 表示扩散层固体物质比热容。

与相邻层的总交换热量如下

$$Q_{\text{C,GDL-C,ch}} = Q_{\text{C,GDL-C,ch,cd}} + Q_{\text{C,GDL-C,ch,mass}} \qquad (3.111)$$

$$Q_{\text{C,GDL-C,cata}} = Q_{\text{C,GDL-C,cata,cd}} + Q_{\text{C,GDL-C,cata,mass}} \qquad (3.112)$$

根据能量守恒得

$$Q_{\text{C,ch-C,GDL}} + Q_{\text{C,GDL-C,ch}} = 0 \qquad (3.113)$$

（5）阴极催化层

热域中的阴极催化层，如图 3.18 所示。

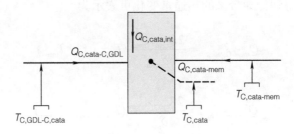

图 3.18　热域中的阴极催化层

根据傅里叶定律得到传导带来的热通量变化为

$$Q_{\text{C,cata-C,GDL,cd}} = \frac{2\lambda_{\text{cata}}A_{\text{cata}}}{\delta_{\text{cata}}}(T_{\text{C,GDL-C,cata}} - T_{\text{C,cata}}) \qquad (3.114)$$

$$Q_{\text{C,cata-mem,cd}} = \frac{2\lambda_{\text{cata}}A_{\text{cata}}}{\delta_{\text{cata}}}(T_{\text{C,cata-mem}} - T_{\text{C,cata}}) \qquad (3.115)$$

式中，λ_{cata} 表示催化层部分的导热系数；A_{cata} 表示催化层的截面面积；δ_{cata} 表示催化层的厚度。

相邻层的质量流带来的热量变化可表示为

$$Q_{\text{C,cata-C,GDL,mass}} = \left[\sum_{i=1}^{N}(q_{\text{C},i}C_{\text{p},i})\right](T_{\text{C,GDL-C,cata}} - T_{\text{C,cata}}) \qquad (3.116)$$

其中，i 包括氧气、氮气和水蒸气。

$$Q_{\text{C,cata-mem,mass}} = \left[\sum_{i=1}^{N}(q_{\text{C,i,mem}}C_{\text{p},i})\right](T_{\text{C,cata-mem}} - T_{\text{C,cata}}) \qquad (3.117)$$

其中，i 包括 H^+、水蒸气。

另外，该层中还必须考虑电化学反应过程中的熵变和活化损失

$$Q_{\text{C,cata,int}} = -i\frac{T_{\text{C,cata}}\Delta S}{2F} + iV_{\text{C,act}} \qquad (3.118)$$

式中，i 表示燃料电池电流；ΔS 为电化学反应过程中的熵变；$F = 96485\text{C/mol}$。

因此，催化层中的动态温度平衡可表示为

$$\rho_{\text{cata}} V_{\text{cata}} C_{\text{p,cata}} \frac{\text{d}T_{C,\text{cata}}}{\text{d}t} = Q_{C,\text{cata-C,GDL,cd}} + Q_{C,\text{cata-mem,cd}} + Q_{C,\text{cata-C,GDL, mass}} + Q_{C,\text{cata-mem,mass}} + Q_{C,\text{cata,int}}$$

（3.119）

式中，ρ_{cata} 表示催化层密度；$C_{\text{p,cata}}$ 表示催化层比热容。

（6）质子交换膜

根据傅里叶定律得到传导带来的热通量变化可表示为

$$Q_{\text{mem-C,cata,cd}} = \frac{2\lambda_{\text{mem}} A_{\text{mem}}}{\delta_{\text{mem}}} (T_{C,\text{cata-mem}} - T_{\text{mem}})$$

（3.120）

$$Q_{\text{mem-A,cata,cd}} = \frac{2\lambda_{\text{mem}} A_{\text{mem}}}{\delta_{\text{mem}}} (T_{\text{mem-A,cata}} - T_{\text{mem}})$$

（3.121）

式中，λ_{mem} 表示膜的导热系数；δ_{mem} 表示膜的厚度。

相邻层的质量流带来的热量变化可表示为

$$Q_{\text{mem-C,cata,mass}} = -(q_{H^+} C_{\text{p},H^+} + q_{H_2O, \text{net}} C_{\text{p},H_2O})(T_{C,\text{cata-mem}} - T_{\text{mem}})$$

（3.122）

$$Q_{\text{mem-A,cata,mass}} = (q_{H^+} C_{\text{p},H^+} + q_{H_2O, \text{net}} C_{\text{p},H_2O})(T_{\text{mem-A,cata}} - T_{\text{mem}})$$

（3.123）

另外，由于质子交换膜的焦耳效应得到

$$Q_{\text{mem,int}} = i^2 R_{\text{mem}}$$

（3.124）

式中，R_{mem} 表示膜的电阻，在电化学部分计算得出。

因此，质子交换膜的温度动态平衡公式可表示为

$$\sum_{i=\text{fluid,mem}} \rho_i V_i C_{\text{p},i} \frac{\text{d}T_{\text{mem}}}{\text{d}t} = Q_{\text{mem-C,cata,cd}} + Q_{\text{mem-A,cata,cd}} + Q_{\text{mem-C,cata,mass}} + Q_{\text{mem-A,cata,mass}} + Q_{\text{mem,int}}$$

（3.125）

$$\sum_{i=\text{fluid,mem}} \rho_i V_i C_{\text{p},i} = \rho_{\text{fluid}} V_{\text{fluid}} C_{\text{fluid}} + \rho_{\text{mem}} V_{\text{mem}} C_{\text{p,mem}}$$

（3.126）

（7）阳极催化层

热域中的阳极催化层，如图 3.19 所示。

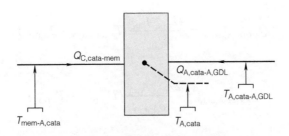

图 3.19 热域中的阳极催化层

根据傅里叶定律得到传导带来的热通量变化为

$$Q_{A,cata-A,GDL,cd} = \frac{2\lambda_{cata}A_{cata}}{\delta_{cata}}(T_{mem-A,cata} - T_{A,cata}) \tag{3.127}$$

$$Q_{A,cata-mem,cd} = \frac{2\lambda_{cata}A_{cata}}{\delta_{cata}}(T_{A,cata-A,GDL} - T_{A,cata}) \tag{3.128}$$

相邻层的质量流带来的热量变化可表示为

$$Q_{A,cata-mem, mass} = -(q_{H^+}C_{p,H^+} - q_{A,H_2O}C_{p,H_2O})(T_{mem-A,cata} - T_{A,cata}) \tag{3.129}$$

因此，催化层中的动态温度平衡可表示为

$$\rho_{cata}V_{cata}C_{p,cata}\frac{dT_{A,cata}}{dt} = Q_{A,cata-C,GDL,cd} + Q_{A,cata-mem,cd} + Q_{A,cata-A,GDL,mass} + Q_{A,cata-mem,mass} \tag{3.130}$$

式中，ρ_{cata} 表示催化层密度；$C_{p,cata}$ 表示催化层比热容。

（8）阳极扩散层

热域中的阳极扩散层，如图 3.20 所示。

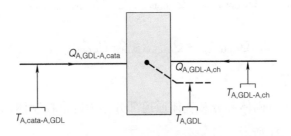

图 3.20 热域中的阳极扩散层

由传导带来的热通量可以由傅里叶定律表示为

$$Q_{\mathrm{A,GDL-A,cata,cd}} = \frac{2\lambda_{\mathrm{GDL}}A_{\mathrm{GDL}}}{\delta_{\mathrm{GDL}}}(T_{\mathrm{A,cata-A,GDL}} - T_{\mathrm{A,GDL}}) \tag{3.131}$$

$$Q_{\mathrm{A,GDL-A,ch,cd}} = \frac{2\lambda_{\mathrm{GDL}}A_{\mathrm{GDL}}}{\delta_{\mathrm{GDL}}}(T_{\mathrm{A,GDL-ch}} - T_{\mathrm{A,GDL}}) \tag{3.132}$$

式中，$T_{\mathrm{A,GDL-ch}}$ 表示气体通道和扩散层相邻界面的温度；$T_{\mathrm{A,cata-A,GDL}}$ 表示扩散层和催化层相邻界面的温度。

相邻层界面质量流带来的热通量表示为

$$Q_{\mathrm{A,GDL-A,cata,mass}} = \sum_{i=1}^{N}(-q_{\mathrm{A},i}C_{\mathrm{p},i})(T_{\mathrm{A,cata-A,GDL}} - T_{\mathrm{A,GDL}}) \tag{3.133}$$

$$Q_{\mathrm{A,GDL-A,ch,mass}} = \sum_{i=1}^{N}(q_{\mathrm{A},i}C_{\mathrm{p},i})(T_{\mathrm{A,GDL-ch}} - T_{\mathrm{A,GDL}}) \tag{3.134}$$

因此，阳极气体扩散层的动态温度平衡可表示为

$$\sum_{i=\mathrm{fluid,solid}} \rho_i V_i C_{\mathrm{p},i} \frac{\mathrm{d}T_{\mathrm{A,GDL}}}{\mathrm{d}t} = Q_{\mathrm{A,GDL-A,cata,cd}} + Q_{\mathrm{A,GDL-A,ch,cd}} + Q_{\mathrm{A,GDL-A,cata,mass}} + Q_{\mathrm{A,GDL-A,ch,mass}} \tag{3.135}$$

$$\sum_{i=\mathrm{fluid,\ solid}} \rho_i V_i C_{\mathrm{p},i} = \rho_{\mathrm{A,fluid,GDL}} V_{\mathrm{fluid,GDL}} C_{\mathrm{p,fluid,GDL}} + \rho_{\mathrm{solid,GDL}} V_{\mathrm{solid,GDL}} C_{\mathrm{p,solid,GDL}} \tag{3.136}$$

式中，$\rho_{\mathrm{A,fluid,GDL}}$ 和 $\rho_{\mathrm{solid,GDL}}$ 表示平均气体密度和扩散层固体物质密度；$C_{\mathrm{p,fluid,GDL}}$ 表示气体平均比热容；$C_{\mathrm{p,solid,GDL}}$ 表示扩散层固体物质比热容。

与相邻层的总交换热量如下

$$Q_{\mathrm{A,GDL-A,cata}} = Q_{\mathrm{A,GDL-A,cata,cd}} + Q_{\mathrm{A,GDL-A,cata,mass}} \tag{3.137}$$

$$Q_{\mathrm{A,GDL-A,ch}} = Q_{\mathrm{A,GDL-A,ch,cd}} + Q_{\mathrm{A,GDL-A,ch,mass}} \tag{3.138}$$

（9）阳极气体通道

在阳极气体通道中，固体部分和气体通道部分作为两个控制体积进行计算。热域中的阳极气体通道，如图 3.21 所示。

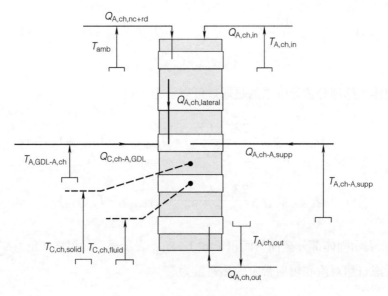

图 3.21 热域中的阳极气体通道

$$Q_{A,ch\text{-}A,supp,fc} = h_{fc,A,ch} A_{A,ch,fluid}(T_{A,ch\text{-}A,supp} - T_{A,ch,fluid}) \tag{3.139}$$

$$Q_{A,ch\text{-}A,GDL,fc} = h_{fc,A,ch} A_{A,ch,flud}(T_{A,GDL\text{-}A,ch} - T_{A,ch,fluid}) \tag{3.140}$$

$$Q_{A,ch,lateral} = h_{fc,A,ch} A_{A,ch,lateral}(T_{A,ch,solid} - T_{A,ch,fluid}) \tag{3.141}$$

式中，$A_{A,ch,lateral}$ 表示通道侧面面积；$T_{A,GDL\text{-}A,ch}$ 表示气体扩散层和气体通道界面的温度；$T_{A,ch,solid}$ 和 $T_{A,ch,fluid}$ 表示气体通道固体部分和气体通道内的温度。

此外，由对流带来的热通量可表示为

$$Q_{A,ch,in} = q_{A,tot,in} C_{p,A,fluid}(T_{A,ch,in} - T_{A,ch,fluid}) \tag{3.142}$$

$$Q_{A,ch,out} = q_{A,tot,out} C_{p,A,fluid}(T_{A,ch,out} - T_{A,ch,fluid}) \tag{3.143}$$

质量流带来的热量变化表示为

$$Q_{A,ch\text{-}A,GDL,mass} = \sum_{i=1}^{N}(-q_{A,i} C_{p,i})(T_{A,GDL\text{-}A,ch} - T_{A,ch,fluid}) \tag{3.144}$$

式中，i 包括氢气和水蒸气；$C_{p,i}$ 表示比热容。

如果考虑流体和控制体积之间的完全热交换，则可以得到

$$T_{A,ch,out} = T_{A,ch,fluid} \tag{3.145}$$

因此，阴极气体通道中的动态温度平衡可以表示为

$$\rho_{A,ch,fluid}V_{A,ch}C_{p,A,fluid}\frac{dT_{A,fluid}}{dt} = Q_{A,ch-A,GDL,fc} + Q_{A,ch-A,supp,fc} + Q_{A,ch,lateral} + Q_{A,ch,in} + \quad (3.146)$$
$$Q_{A,ch,out} + Q_{A,ch-A,GDL,mass}$$

通道的固体支撑部分传导带来的热通量可表示为

$$Q_{A,ch-A,supp,cd} = \frac{2\lambda_{plate}A_{A,ch,solid}}{\delta_{A,ch}}(T_{A,ch-A,supp} - T_{A,ch,solid}) \quad (3.147)$$

$$Q_{A,ch-A,GDL,cd} = \frac{2\lambda_{plate}A_{A,ch,solid}}{\delta_{A,ch}}(T_{GDL-A,ch} - T_{A,ch,solid}) \quad (3.148)$$

式中，$A_{A,ch,solid}$ 表示固体部分截面的面积（m^2）；$\delta_{A,ch}$ 表示通道的厚度（m）。

另外，考虑自然对流和辐射带来的热通量为

$$Q_{A,ch,nc+rd} = h_{A,ch,nc+rd}A_{A,ch,ext}(T_{amb} - T_{A,ch,solid}) \quad (3.149)$$

该控制体积的动态温度平衡

$$\rho_{plate}V_{A,ch,solid}C_{p,plate}\frac{dT_{A,solid}}{dt} = Q_{A,ch-A,supp,cd} + Q_{A,ch-A,GDL,cd} + Q_{A,ch,lateral} + Q_{A,ch,nc+rd} \quad (3.150)$$

根据能量守恒

$$Q_{A,ch-A,GDL} + Q_{A,GDL-A,ch} = 0 \quad (3.151)$$

（10）阳极通道支撑层

热域中的阳极通道支撑层，如图 3.22 所示。

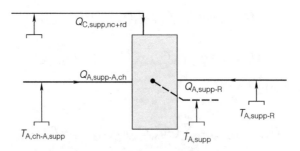

图 3.22 热域中的阳极通道支撑层

对流引起的热流量可表示为

$$Q_{A,supp-R} = \frac{2\lambda_{plate}A_{A,supp}}{\delta_{A,supp}}(T_{A,supp-R} - T_{A,supp}) \quad (3.152)$$

$$Q_{\text{A,supp-A,ch}} = \frac{2\lambda_{\text{plate}}A_{\text{A,supp}}}{\delta_{\text{A,supp}}}(T_{\text{A,ch-A,supp}} - T_{\text{A,supp}}) \tag{3.153}$$

式中，$A_{\text{A,supp}}$ 表示双极板的表面积；$\delta_{\text{A,supp}}$ 表示支撑层的厚度；$T_{\text{A,ch-A,supp}}$ 表示支撑层与阳极通道界面处的温度；$T_{\text{A,supp}}$ 表示阳极支撑层的温度。

此外，由自然对流和辐射引起的热流，可表示为

$$Q_{\text{A,supp,nc+rd}} = h_{\text{A,supp,nc+rd}}A_{\text{A,supp,ext}}(T_{\text{amb}} - T_{\text{A,supp}}) \tag{3.154}$$

因此，该控制体积的温度平衡表示为

$$\rho_{\text{plate}}V_{\text{A,supp}}C_{\text{p,plate}}\frac{\mathrm{d}T_{\text{A,supp}}}{\mathrm{d}t} = Q_{\text{A,supp-R}} + Q_{\text{A,supp-A,ch}} + Q_{\text{A,supp,nc+rd}} \tag{3.155}$$

式中，$V_{\text{A,supp}}$ 是阳极通道固体支撑层的体积。

3.3　燃料电池堆仿真实例

3.3.1　电堆集总模型构建

电堆建模的对象为巴拉德（Ballard）NEXA 1.2kW 质子交换膜燃料电池，该电堆由 47 块单电池构成。由于单体所处位置不同，在反应过程中存在着不同的物理条件，所以在建模时要考虑每块电池的物理边界。假定每块电池的物理模型是相同的，其边界条件由相邻的两块电池计算得到，通过叠加计算可得到 47 块单体组成的电堆模型。模型中的部分参数及试验所用电池内部参数见表 3.3。

表 3.3　燃料电池内部参数

参数	取值	单位
理想气体常数（R）	8.314	J/(mol·K)
法拉第常数（F）	96485	C/mol
氧气的活化能（E_{O_2}）	66000	J/mol
电化学反应过程中的熵变（ΔS）	−163.185	J/(mol·K)
参考电流密度（$i_{0,\text{ref}}$）	2.416	A/m²
膜的干密度（$\rho_{\text{dry,mem}}$）	1970	kg/m³
膜的表面积（A_{mem}）	0.014758	m²
质子交换膜的平均摩尔质量（M_{mem}）	1	kg/mol
气体扩散层的有效面积（A_{GDL}）	0.014758	m²
膜材料比热容	11000	J/(kg·K)

参数	取值	单位
膜厚度	0.000127	m
扩散层厚度	0.000406	m
催化层厚度	0.000065	m
催化层截面积	0.014758	m^2
催化层材料密度	387	kg/m^3

为了更好地理解燃料电池的运行原理，本节首先对建模的 Ballard NEXA 1.2kW 燃料电池全局模型的基本结构进行介绍。燃料电池主要包含三个建模级别。

（1）燃料电池堆栈层面

完整的燃料电池堆栈的模型是本节研究工作的最终目标。如图 3.23 所示，质子交换膜燃料电池堆栈代表着模型的顶层。通过使用构建堆栈模型的堆叠方法，从一个单电池的模型出发，自上而下令每个单电池模型依次堆叠。堆叠中的每个单电池具有其自身的物理和边界条件（不同的温度、质量流量、电阻等）。从相邻单电池可以计算出当前单电池的边界条件，同时，结果将影响相邻单电池的边界条件，这也就意味着在每个单电池所产生的物理边界条件不同。这些差异可见于建模的每个物理域，但由于堆栈的热时间常数较大，差异在热域中尤其明显。值得注意的是，每个单电池的物理方程都是相同的。

（2）单电池层面

在单个电池模型中，可以根据单电池的位置，几何形状和功能，将其分解为 10 个不同的"基本层"。燃料电池模型堆栈层级到基本层级示意图，如图 3.23 所示。

1）第 1 层：冷却通道。

2）第 2 层：阴极流道支撑。

3）第 3 层：阴极气体流道。

4）第 4 层：阴极气体扩散层（GDL）。

5）第 5 层：阴极催化层。

6）第 6 层：质子交换膜。

7）第 7 层：阳极催化层。

8）第 8 层：阳极气体扩散层（GDL）。

9）第 9 层：阳极气体流道。

10）第 10 层：阳极流道支撑。

通常而言，上述层 1、2、3、9 和 10 共同构成燃料电池的双极板。每一层与描述相关物理行为的数学方程系统相关联（在下面的基本层级中给出描述）。PEMFC 电堆边界条件由两个相邻层给出。

（3）基本层级

在建模中，利用相关的物理节点将每个基本层再次划分为三个不同的物理域。每个域由包含特定域的物理偏微分方程组的子程序块呈现。物理域之间通过数值交换进行联系。例如，为了计算电池（位于"电域"区域）的活化损耗，我们需要知道气体的压力，进而这些气体的压力在"流体域"块中计算，并作为可交换的值发送到"电域"块。这种自上而下结构的优点是每个域都有自己的方程系统，无论其他系统如何变

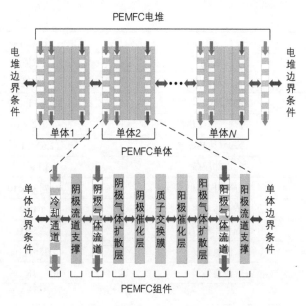

图 3.23　燃料电池模型堆栈层级到基本层级示意图

化，其自身都可以单独被描述出来。同时，如果将来在特定域需要改进方程式，则只需要修改相关的程序集即可 [51-58]。

然后，根据多物理模型公式进行建模，如图 3.24 所示。

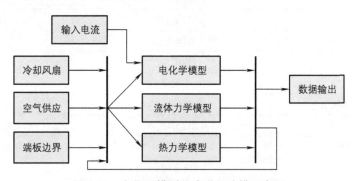

图 3.24　多物理模型公式进行建模示意图

下面给出 Ballard NEXA 1.2kW 燃料电池建模所需的参数列表，见表 3.4。

表 3.4　Ballard NEXA 1.2kW 燃料电池建模所需的参数列表

双极板特性（对于冷却层和阴极 / 阳极气体流道层）		
参数	数值	单位
双极板密度	1.8336×10^3	kg/m^3
双极板比热容	8.79×10^2	J/(kg·K)
双极板热导率	5.2	W/(m·K)
双极板高度	1.256×10^{-1}	m

（续）

冷却层		
参数	数值	单位
冷却形式	空气	—
冷却气体摩尔质量	2.89634×10^{-4}	kg/mol
冷却气体比热容	1.012×10^{3}	J/(kg·K)
冷却气体热导率	2.63×10^{-2}	W/(m·K)
冷却层厚	3.1×10^{3}	m
冷却层体积	4.57498×10^{-5}	m^3
流道体积占比	64.19	%
固相体积占比	35.81	%
流道长度	1.256×10^{-1}	m
流道数量	18	个
阴极流道支撑层		
参数	数值	单位
层厚	5.642×10^{-4}	m
层体积	8.32646×10^{-6}	m^3
阳极流道支撑层		
参数	数值	单位
层厚	8.182×10^{-4}	m
层体积	1.2075×10^{-5}	m^3
阴极气体流道层		
参数	数值	单位
阴极气体类型	空气	—
阴极气体摩尔质量	2.89634×10^{-4}	kg/mol
阴极气体比热容	1.012×10^{3}	J/(kg·K)
阴极气体热导率	2.63×10^{-2}	W/(m·K)
层厚	6.858×10^{-4}	m
层体积	1.0121×10^{-5}	m^3
流道体积占比	59.07	%
固相体积占比	40.93	%
流道长度	8.807×10^{-1}	m
流道数量	6	个
阳极气体流道层		
参数	数值	单位
阳极气体类型	氢气	—
阳极气体摩尔质量	2.0×10^{-3}	kg/mol
阳极气体比热容	1.43×10^{4}	J/(kg·K)

（续）

阳极气体流道层		
参数	数值	单位
阳极气体热导率	1.6705×10^{-1}	W/(m·K)
层厚	4.318×10^{-4}	m
层体积	6.37250×10^{-6}	m^3
流道体积占比	64.93%	%
固相体积占比	35.07%	%
流道长度	2.264	m
流道数量	2	个
阴极/阳极气体扩散层（GDL）		
参数	数值	单位
材料密度	2.0×10^3	kg/m^3
材料比热容	8.4×10^2	J/(kg·K)
材料热导率	6.5	W/(m·K)
层厚	4.0×10^{-4}	m
层体积	5.9032×10^{-6}	m^3
孔隙率	0.4	—
曲折度	1.5	—
阴极/阳极催化层		
参数	数值	单位
材料密度	3.87×10^2	kg/m^3
材料比热容	7.7×10^2	J/(kg·K)
材料热导率	0.2	W/(m·K)
层厚	6.5×10^{-5}	m
层体积	9.5927×10^{-7}	m^3
质子交换膜层		
参数	数值	单位
材料干密度	1.97×10^3	kg/m^3
材料等效质量	1.0	kg/mol
材料比热容	1.1×10^3	J/(kg·K)
材料热导率	0.21	W/(m·K)
层厚	1.27×10^{-4}	m
层体积	1.8743×10^{-6}	m^3

3.3.2 参数敏感性分析

如传统的针对燃料电池多参数敏感性分析方法（Multi-Parametric Sensitivity Analysis，MPSA），通过计算参数在电流从零到最大值范围内的平均敏感值，并设置敏感度阈值来比较不同参数的敏感程度。但该类方法无法得到某一具体电流值下的参数敏感度值，并且无法分析多个参数耦合状态下的参数交叉效应。

针对上述不足，索博尔（Sobol）提出精确的全局敏感性分析方法，其核心思想是基于对方差的分解，把函数模型分解为单个参数或参数之间的组合，通过计算不同组合方差对总输出方差的影响进行参数敏感性的分析。假设模型简单表示为

$$Y = F(X) \tag{3.156}$$

$$X = F(x_1, x_2, \cdots, x_N) \tag{3.157}$$

把 $F(X)$ 分解成

$$F(X) = F_0 + \sum_{i=1}^{N} F_i(x_i) + \sum_{i=1}^{N-1} \sum_{j=i+1}^{N} F_{i,j}(x_i, x_j) + \cdots + F_{1,2,\cdots,N}(x_1, x_2, \cdots, x_N) \tag{3.158}$$

总方差为

$$V = \int F^2(X) \mathrm{d}X - F_0^2 \tag{3.159}$$

主偏方差表示单变量对输出量的影响

$$V_i = \int F_i^2 \mathrm{d}x_i \tag{3.160}$$

全局偏方差表示输入变量间相互作用对输出量的影响

$$V_{i_1, i_2, \cdots, i_s} = \int F_{i_1, i_2, \cdots, i_s}^2 \mathrm{d}x_1 \cdots \mathrm{d}x_s \tag{3.161}$$

主效应指数

$$S_{x_i} = \frac{V_{x_i}\{E_{x_i}[V(Y|x_i)]\}}{V(Y)} \tag{3.162}$$

$$V(Y) = E_{x_i}(V(Y|x_i)) + V_{x_i}[E_{x_i}(V(Y|x_i))] \tag{3.163}$$

主效应指数也叫一阶敏感性指数，它体现的是变量 x_i 独自对函数 Y 总方差的贡献程度，数值越大，表明该变量对输出的影响越大。

全局效应指数

$$S_{x_i}^{\mathrm{T}} = \frac{V(Y) - V_{x_{-i}}\{E_{x_i}[V(Y|x_{-i})]\}}{V(Y)} \tag{3.164}$$

其中，x_{-i} 指的是除了 x_i 的因素，$V_{x_{-i}}[V(Y|x_{-i})]$ 描述整体因素对函数 Y 方差的综合影响。

全局效应指数体现了变量 x_i 的主效应与其他变量的相互交叉效应对函数 Y 方差的影响程度。根据所建的多物理模型，选取表 3.5 中所列参数作为敏感性分析对象。将该部分参数代入模型中进行计算，在给定电流为 50A 的情况下得到如图 3.25 所示，可以看到不同参数的主效应指数随着采样点的增多趋于稳定。

表 3.5   敏感性分析参数及取值范围

参数 / 单位	取值范围	参数 / 单位	取值范围
活化面积 /m^2	0.013 ~ 0.016	电渗透系数 /—	2.25 ~ 2.75
对称因子 /—	0.45 ~ 0.55	孔隙率 /—	0.36 ~ 0.44
压力系数 /—	1.71 ~ 2.09	曲折度 /—	1.35 ~ 1.65
参考电流密度 / (A/m^2)	2.17 ~ 2.66	膜干密度 / (kg/m^3)	1773 ~ 2167

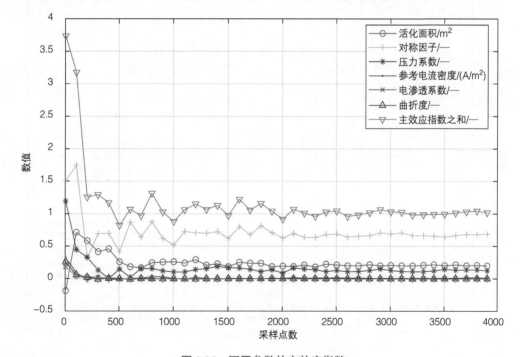

图 3.25   不同参数的主效应指数

当采样点数为 4000 时，各参数的主效应敏感度值见表 3.6。其中，对称因子的敏感度最大，孔隙率和曲折度的敏感度最小。在燃料电池电压损耗中活化损耗是最大的，而对称因子的大小会影响到活化损耗。此外，从表 3.6 中可看到孔隙率和曲折度的敏感度是最低的，这是由于孔隙率和曲折度的改变与气体在催化层中的扩散有关，而在稳定电流条件下气体扩散相对稳定，所以孔隙率和曲折度的改变对输出特性影响不大。

表 3.6　不同参数主效应敏感度值

参数 / 单位	敏感度	参数 / 单位	敏感度
活化面积 /m²	0.1977	电渗透系数 /—	0.0011
对称因子 /—	0.6853	孔隙率 /—	0.0009
压力系数 /—	0.1220	曲折度 /—	0.0005
参考电流密度 /（A/m²）	0.0101	膜干密度 /（kg/m³）	0.0006

　　不同参数的全局效应指数如图 3.26 所示，从结果可以得到不同参数的全局效应敏感性指标。同样，可以得到采样点数为 4000 时各参数的全局效应敏感度值，见表 3.7。从表 3.7 中数据可以得出，在多参数同时变化的情况下，对输出电压影响最大的是对称因子，其次是活化面积和压力系数，最后是参考电流密度、电渗透系数和膜干密度，对输出电压影响最小的是孔隙率和曲折度。

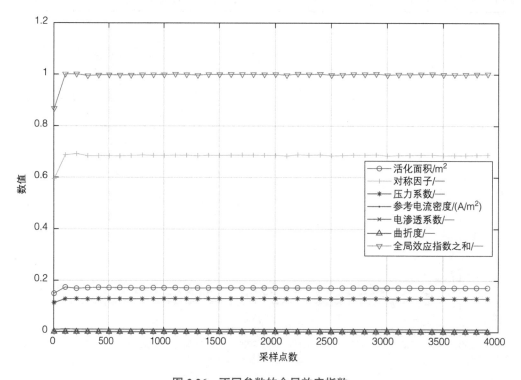

图 3.26　不同参数的全局效应指数

表 3.7　不同参数全局效应敏感度值

参数 / 单位	敏感度	参数 / 单位	敏感度
活化面积 /m²	0.1713	电渗透系数 /—	0.0011
对称因子 /—	0.6881	孔隙率 /—	0.0004
压力系数 /—	0.1294	曲折度 /—	0.0003
参考电流密度 /（A/m²）	0.0102	膜干密度 /（kg/m³）	0.0011

　　通过表 3.6 和表 3.7 的数据对比发现，不同参数的全局效应敏感度值接近于对应的主效应指数，因此说明参数的主效应指数也会对全局效应指数产生影响，主效应指数较大的参数在全局效应中也会起到较大的影响作用，反之主效应指数较小的参数在全局效应的影响作用则很小。但对于膜干密度，该参数的主效应指数小于孔隙率，而全局效应指数却大于孔隙率，说明膜干密度在变化时会导致其他参数的变化，因此多参数敏感性分析结果更能完整的体现参数对模型特性的全面影响。

　　Sobol 多参数敏感性分析方法能够直观地表示不同参数对输出电压的影响程度及不同参数之间耦合作用对输出特性的影响。根据参数敏感性分析结果，可将参数分为不同的敏感度等级，如主效应敏感度值大于 0.1 的参数有对称因子、活化面积和压力系数，可认为部分参数为高度敏感参数；其他参数的敏感度指标均小于 0.1，可列为不敏感参数。

　　通过燃料电池极化曲线分析了各参数的灵敏度，完整地反映了其整个工作范围。给出了参数偏差（±10%）对极化曲线的影响。分析后，根据其影响将参数分为三类：不敏感参数（孔隙率和曲折度）、整个电流范围敏感参数（活化面积、对称因子和压力系数）和仅大电流敏感参数（参考电流密度、电渗透系数和膜干密度）。这些信息可以帮助调整参数，以拟合试验测量结果。燃料电池的性能也会受到温度的影响。堆栈中温度的不均匀分布使得单电池具备各种特性。在模拟和试验验证中，研究了 PEMFC 中的温度分布。

第 **4** 章

质子交换膜燃料电池系统建模

为了保证燃料电池堆持续可靠地运行，需要在电堆外围配备一些必要的设备，如空压机、加湿器、散热器等，这些设备统称为燃料电池的外围设备（Balance of plant，BOP），根据功能的不同，燃料电池系统划分为空气供应系统、氢气供应系统、水热管理系统以及电能变换系统，各系统的结构及功能不相同，但均在控制模块的统一调度下相互配合运行，用以满足燃料电池的运行需求。燃料电池系统的拓扑架构如图 4.1 所示，系统中除了燃料电池堆，其他的组成部分属于燃料电池系统的附件，在提高燃料电池堆整体性能时，这些辅助系统的存在会为整个系统的管理和安装带来一定的困难，也给系统模型的精确建立带来一定的难度。

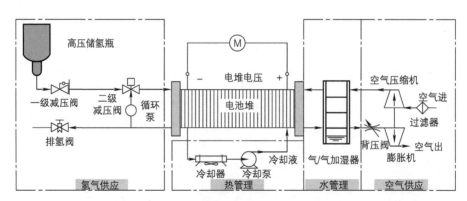

图 4.1　燃料电池系统的拓扑架构

4.1　质子交换膜燃料电池系统模型分类

目前，PEMFC 的数学模型可以分为以下三类[59-61]。

第一类是分布式参数模型，该类模型根据物理学定律应用质量守恒定律、动量守恒定律、能量守恒定律、组分守恒方程以及电荷守恒定律，描述电池内压力、速度、温度和液态水、电流密度等分布。但是，该类模型主要针对稳态工况，较少涉及引起电堆性能严重下降的特殊工况。另外，该类模型往往没有考虑辅助系统对电堆性能的影响。

第二类是集总参数模型，该类模型主要用于描述和分析燃料电池的动态响应。集总参数模型由于仿真时间较短、操控方便，故常被用于燃料电池系统动态建模、仿真和综合分析。但是，集总参数模型不能提供燃料电池内部物理量随空间变化的信息，因此不适合用于研究燃料电池流场结构设计或优化等问题。

第三类是混合参数模型（也称协同仿真模型），该类模型对燃料电池电堆采用分布式参数模型建模，而对辅助系统采用集总参数模型建模。集总参数模型能够为分布式参数模型提供更接近真实的动态边界条件。因此，混合参数模型能够反映电堆实际运行时其内部重要物理量随时间、空间的变化。

国内外已经对燃料电池模型做了大量的研究工作，包括一维、二维和三维模型，大多数建模研究的目的是预测燃料电池的性能，据此进行组件的设计和操作点的选择。这些模型大多数是稳态的、单电池级的，包含燃料电池的空间参数，主要基于电化学、热动力学和流体力学。它们提供了操作燃料电池堆的有用知识，但是机理复杂，参数多且不易确定，计算时间长，不适用于对燃料电池系统的控制。

质子交换膜燃料电池的稳态模型可以反映燃料电池系统在稳定状态下运行的性能，可用于设计燃料电池系统结构或选择操作点。但是若将燃料电池应用到实际生活中，如燃料电池电动汽车或飞机，描述整个系统的动态响应特性就很重要。而建立燃料电池系统动态模型可以分析起动、关闭以及不同的工况过程，在工作循环中分析各种因素的影响，设计合适的控制算法控制辅助设备，以提高燃料电池系统的响应速度，减少负载变化时的响应时间[61-63]。

从国外研究情况来看，单电池机理模型的研究相对较多，研究也较成熟，但电堆和系统级的模型及动态模型的研究相对较少，正在发展之中。从各种建模方法来看，机理模型过于复杂，不适合用于控制中。燃料电池堆的简化模型可用于控制中，但简化模型一般是在一些假设条件下得出的，这些假设往往是对燃料电池工作过程中复杂机理的简化，这些机理可能对电堆的性能有重要的影响，如电堆中的湿度和水传递过程对电堆性能有很大影响，但简化模型中对此考虑较少。将机理模型和简化模型结合起来，建立既符合燃料电池特性又相对简单的模型是以后研究的方向[64]。

在对质子交换膜燃料电池堆的研究中，它的动态行为及相应的特征时间对决定电堆的动态性能有极其重要的影响。例如，从开始操作到稳态时的时间间隔就是最重要的时间特征之一。这样的时间间隔依赖于电池每一组件的动态响应时间，其中包括膜中水传输的动态响应时间、反应物动态响应时间、温度动态响应时间。为了得到整个电堆的动态响应，应该先调查每一组件的动态行为，然后按照组件间的相互作用，将组件组合起来构成一个整体，得出整个系统的动态响应时间[65]。此外，燃料电池作为一个复杂的系统，其建模工作量较大，应将它分成几个子系统分别研究，再将子系统组合成一个大系统，这也是一个行之有效的研究方法。下面就对空气供应系统建模、氢气供应系统建模、热管理系统建模和电能变换系统建模分别进行阐述。

4.2 质子交换膜燃料电池系统建模

4.2.1 电堆建模

质子交换膜燃料电池有许多不同的建模方法，但最基本的是试验法建立的经验模型和以机理为基础建立的理论模型，第 3 章已经详细地讲述了质子交换膜燃料电池的机理模型，本章不再进行过多的阐述。

4.2.2 空气供应系统建模

在燃料电池系统的辅助系统中，耗电最多的部件是空气压缩机，因此，电堆和空气供应系统的匹配及操作优化一直是研究的热点问题。

空气供应系统涉及空气压缩机、内冷器、气体加湿器、电堆阴极气体流道、背压阀以及所需的连接管道等部件[66]。空气流经各部件时，空气参数（压力、温度、湿度和流量等）会发生变化。其中，压力变化可以使用逆推法计算

$$P_{i,\text{in}} = P_{i,\text{out}} + \Delta P_i \tag{4.1}$$

$$P_{i,\text{out}} = P_{i+1,\text{in}} \tag{4.2}$$

$$\Delta P_i = \lambda_{i\Delta P}\left[3600n_{i,\text{out,air}}(\bar{T} + 273.15)\frac{R_{\text{air}}}{\bar{P}_1}\right] \tag{4.3}$$

式中，i 表示空气供应中的某一个部件；$\lambda_{i\Delta P}$ 表示该部件的压降因子，与该部件空气通道的结构和材料有关。$\bar{T}$ 和 $\bar{P}_1$ 表示对应的平均温度和平均压力。

$$\overline{T} = \frac{T_{\text{in}} + T_{\text{out}}}{2} \tag{4.4}$$

$$\overline{P}_1 = \frac{P_{\text{in}} + P_{\text{out}}}{2} \tag{4.5}$$

（1）空气压缩机模型

空气压缩机（也称作空压机）为燃料电池反应提供氧气，是燃料电池系统的重要组成部分。空压机仿真模型如图 4.2 所示，主要包括电流换算模块，速度控制模块，空压机空气输出模块，温度与湿度控制模块等。空压机实物如图 4.3 所示。

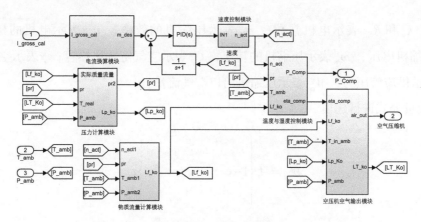

图 4.2　空压机仿真模型

图 4.3　空压机实物

对燃料电池空气供应系统进行动态分析，通过机理建模法得到燃料电池空气压缩机的动态模型为

$$J_{\text{cp}} \frac{\mathrm{d}\omega_{\text{cp}}}{\mathrm{d}t} = \tau_{\text{cm}} - \tau_{\text{cp}} \tag{4.6}$$

式中，J_{cp} 表示空气压缩机的转动惯量；τ_{cm} 表示压缩机的电机转矩；τ_{cp} 表示压缩机的负载转矩；ω_{cp} 表示压缩机的转速。

电机转矩和负载转矩计算公式如下

$$\tau_{cm} = \frac{k_t \eta_{cm}}{R_{cm}}(V_{cm} - k_v \omega_{cp}) \qquad (4.7)$$

$$\tau_{cp} = \frac{C_P T_{atm}}{\omega_{cp} \eta_{cp}}\left[\left(\frac{P_{sm}}{P_{atm}}\right)^{\frac{\gamma-1}{\gamma}} - 1\right] W_{cp} \qquad (4.8)$$

式中，k_t、k_v 和 R_{cm} 表示电机常数；η_{cp} 表示压缩机的效率；η_{cm} 表示电机的机械效率；V_{cm} 表示压缩机电压；ω_{cp} 表示压缩机的转速；C_P 表示空气定压比热容；γ 表示空气热比系数；P_{sm} 表示供应管压力；W_{cp} 表示压缩机出口空气流量。

利用流量公式进行建模

$$W_{cp} = A_1 \left\{ 1 - e^{A_2\left[\left(\frac{P_{sm}}{P_{atm}}\right)^{\frac{\gamma-1}{\gamma}} - 1\right]\omega_{cp}^{-2} - 14} \right\} \omega_{cp} \qquad (4.9)$$

离开压缩机时的气体温度可由下式计算

$$T_{cp,out} = T_{cp,in} + \frac{T_{cp,in}}{\eta_{cp}}\left[\left(\frac{P_{cp,in}}{P_{cp,out}}\right)^{\frac{\gamma-1}{\gamma}} - 1\right] \qquad (4.10)$$

式中，$T_{cp,in}$ 表示压缩机入口空气温度（K）；$T_{cp,out}$ 表示压缩机出口空气温度（K）；$P_{cp,in}$ 表示压缩机入口气体压力（Pa）；$P_{cp,out}$ 表示压缩机出口气体压力（Pa）；通常认为输入压缩机的空气压力表示 P_{atm}（Pa）。

空压机输出的空气流量公式是空压机转速和压比的非线性函数，为得到准确的空压机模型，可以通过试验获得压缩机性能图，建立空压机质量流速两维表格模型 LUT_3。

假设空气仅由氧气、氮气和水蒸气组成，空气摩尔质量为

$$M_{air} \approx \chi_{amp,H_2O} M_{H_2O} + (1 - \chi_{amp,H_2O})(0.21 M_{O_2} + 0.79 M_{N_2}) \qquad (4.11)$$

其中

$$\chi_{amp,H_2O} = R_{air}\frac{LUT_4(T_{amp})}{R_{H_2O}P_{amp}} \qquad (4.12)$$

式中，LUT_4 表示水蒸气饱和分压数据表格模型。

空压机出口，空气、氧气、氮气和水蒸气的摩尔流量分别为

$$n_{cp,out,air} = \frac{m_{cp,air}}{M_{air}} \tag{4.13}$$

$$n_{cp,out,O_2} = 0.21 n_{cp,out,air} \tag{4.14}$$

$$n_{cp,out,N_2} = 0.79 n_{cp,out,air} \tag{4.15}$$

$$n_{cp,out,H_2O} = \chi_{amp,H_2O} n_{cp,out,air} \tag{4.16}$$

对于空压机而言，空压机的转速是由所需电流大小决定的，为保证给电堆提供足够的氧气量，防止供氧不足，应将供给氧气量略大于所需氧气量，即 $m_{air_{need}}$ 大于 m_{air}。空压机建模以电流 i（A）、环境温度 T_{amb}（K）和环境气压 P_{amb}（Pa）为输入，空压机效率 η、功率（W）、出口温度 J_{out}（K）、空气流量 $m_{air_{out}}$（g/s）和出口处压强 P_{out}（Pa）为输出，因为过高的温度会将质子交换膜热解，所以通过空压机冷却器将温度降低到室温（模型中设置参数为 25℃），并计算出冷却器压降。

电堆所需氧气摩尔流量

$$n_{O_{2need}} = \frac{N_{cell} i_{st}}{4F} \tag{4.17}$$

式中，$n_{O_{2need}}$ 表示氧气摩尔流量 (mol/s)；N_{cell} 表示电堆单电池个数，i_{st} 表示所需电流大小（A）。

与标准条件下的流量相比较

$$m_{air} = \frac{T_{amb}}{T_{std}} \cdot \frac{P_{std}}{P_{amb}} \cdot \frac{n_{O_{2need}}}{0.21} \cdot M \tag{4.18}$$

式中，m_{air} 表示所需氧气的摩尔质量 (g/mol)；T_{amb} 表示环境温度（K），T_{std} 表示标准温度（K），P_{std} 表示标准气压（Pa），P_{amb} 表示环境气压（K），M 表示空气摩尔质量（g/mol）。

后部管路背压

$$\Delta P = k \left(\frac{Rm_{air}T_{out}}{MP_{out}} \right)^2 \tag{4.19}$$

（2）冷却器模型

气体在空压机内被压缩后，温度急剧上升，为了保证输出气体温度适合电堆反应，需要用空压机的冷却器对气体进行降温。其中，经过内冷机后，空气成分氧气、氮气以及水蒸气的摩尔流量不变[67-69]，即

$$[\dot{n}_{out,O_2}^{InCl}, \dot{n}_{out,N_2}^{InCl}, \dot{n}_{out,H_2O}^{InCl}] = [\dot{n}_{out,O_2}^{cp}, \dot{n}_{out,N_2}^{cp}, \dot{n}_{out,H_2O}^{cp}] \tag{4.20}$$

经空压机冷却器后，空气有压降 Δp^{InCl}，满足如下关系式

$$p_{InCl}^{in} = p_{cp}^{out} = p_{InCl}^{out} + \Delta p^{InCl} \tag{4.21}$$

$$\Delta p^{InCl} = \lambda_{\Delta p}^{InCl} \left[\frac{3600 n_{air}^{InCl} \bar{T}^{InCl} R}{0.5(p_{InCl}^{in} + p_{InCl}^{out}) \times 10^5} \right]^2 \tag{4.22}$$

式中，Δp^{InCl} 表示空气压降（Pa）；n_{air}^{InCl} 表示空气平均摩尔流量（mol/s）；$\bar{T}^{InCl}$ 表示空气平均温度（K）；$\lambda_{\Delta p}^{InCl}$ 表示冷却器压降因子；p_{InCl}^{in}、p_{InCl}^{out} 表示冷却器空气入压（Pa）、出压（Pa）。空气平均摩尔流量 $\bar{n}_{air}^{InCl}$，其数学表达式为

$$\bar{n}_{air}^{InCl} = 0.5(n_{air\_in}^{InCl} + n_{air\_out}^{InCl}) \tag{4.23}$$

空气平均温度 $\bar{T}^{InCl}$，其数学表达式为

$$\bar{T}^{InCl} = 0.5(T_{air\_in}^{InCl} + T_{air\_out}^{InCl}) \tag{4.24}$$

经过空压机冷却器后，空气的温度 $T_{air\_out}^{InCl}$ 应与冷却液进入燃料电池堆的入口温度 $T_{weg,in}^{InCl}$ 一致，即

$$T_{air\_out}^{InCl} = T_{weg,in}^{InCl} \tag{4.25}$$

空压机出口空气温度高于质子交换膜燃料电池的工作温度，冷却器使用循环冷却液将通过的空气冷却。冷却器中的空气流量不变，即 $m_{InCl,out,air} = m_{cp,out,air}$，假设其出口温度 $T_{InCl,out}$ 等于电堆入口的冷却液温度 $T_{st,in,weg}$，为此冷却系统热量流量为

$$Q_{InCl} = m_{InCl,out,air}(T_{cp,out} - T_{InCl,out}) \tag{4.26}$$

（3）加湿器模型

进入干空气通路中的空气来自于冷却器，由于加湿器和冷却器都由热管理系统对空气降温，其出口温度与其冷却管道出口温度相同，因此假设加湿过程温度不变，且质子交换膜不会发生气体渗透、没有液态水的产生，即为理想气体加湿状态，即 $T_{hum1,out} = T_{hum1,out,weg}$，$T_{hum2,out} = T_{hum2,out,weg}$，氧气和氮气的流量不变，即

$$\begin{cases} n_{\text{hum1,out,O}_2} = n_{\text{InCl,out,O}_2} \\ n_{\text{hum1,out,N}_2} = n_{\text{InCl,out,N}_2} \end{cases} \quad (4.27)$$

$$\begin{cases} n_{\text{hum2,out,O}_2} = n_{\text{c,out,O}_2} \\ n_{\text{hum2,out,N}_2} = n_{\text{c,out,N}_2} \end{cases} \quad (4.28)$$

$$\bar{M}_{\text{air}} \approx x_{\text{H}_2\text{O}}^{\text{inlet}} M_{\text{H}_2\text{O}} + (1 - x_{\text{H}_2\text{O}}^{\text{inlet}}) x_{\text{O}_2}^{\text{dry}} M_{\text{O}_2} + (1 - x_{\text{H}_2\text{O}}^{\text{inlet}}) M_{\text{N}_2} \quad (4.29)$$

式中，$\bar{M}_{\text{air}}$ 表示空气的平均摩尔质量（kg/mol）；$x_{\text{H}_2\text{O}}^{\text{inlet}}$ 表示输入空气的相对湿度。空气的相对湿度计算如下，其中所需的变量查表值见表 4.1。

$$x_{\text{H}_2\text{O}}^{\text{inlet}} \triangleq \frac{P_{\text{amb}_{\text{H}_2\text{O}}}}{P_{\text{amb}}} = \frac{\varphi_{\text{H}_2\text{O}}^{\text{amb}} P_{\text{sat}_{\text{H}_2\text{O}}}}{P_{\text{amb}}} = \frac{\varphi_{\text{H}_2\text{O}}^{\text{amb}} LUT_4(T_{\text{amb}})}{P_{\text{amb}}} \quad (4.30)$$

表 4.1　水蒸气温度与饱和压力值

$T/℃$	P_{sat}/Pa	$T/℃$	P_{sat}/Pa
−50	0	50	12340
−20	100	60	19920
−10	260	70	31160
0	610	80	43760
10	1230	90	70110
20	2340	100	101330
30	4240	120	198540
40	7370	150	476000

加湿器膜中水的摩尔通量为

$$j_{\text{hum1,hum2}} = \frac{D_{\text{w}} A_{\text{mem}}}{L_{\text{mem}}} \left(\frac{n_{\text{hum2,in,H}_2\text{O}}}{V_{\text{hum2}}} - \frac{n_{\text{hum1,in,H}_2\text{O}}}{V_{\text{hum1}}} \right) \quad (4.31)$$

其中，D_{w} 表示膜的扩散系数，由以下公式计算得出

$$D_{\text{w}} = \lambda_6 \exp\left[\lambda_5 \left(\frac{1}{303} - \frac{1}{T_{\text{InCl,out,weg}}} \right) \right] \quad (4.32)$$

$$\lambda_6 = \begin{cases} 0.1, & \lambda_7 < 2, \\ 0.000001[1 + 2(\lambda_7 - 2)], & 2 \leqslant \lambda_7 \leqslant 3, \\ 0.000001[3 - 1.67(\lambda_7 - 3)], & 3 \leqslant \lambda_7 \leqslant 4.5, \\ 0.00000125, & \lambda_7 \geqslant 4.5 \end{cases} \quad (4.33)$$

$$\lambda_7 = 0.043 + 8.905\lambda_8 - 9.963\lambda_8^2 + 4.5\lambda_8^3 \tag{4.34}$$

$$\lambda_8 = \frac{n_{\mathrm{hum1,out,H_2O}}P_{\mathrm{hum1,in}}}{n_{\mathrm{hum1,in,air}}LUT_4(T_{\mathrm{hum1,in}})} + \frac{n_{\mathrm{hum2,in,H_2O}}P_{\mathrm{hum2,in}}}{n_{\mathrm{hum2,in,air}}LUT_4(T_{\mathrm{hum2,in}})} \tag{4.35}$$

加湿器两个通道出口空气中液态水的流量分别为

$$n_{\mathrm{hum1,out,H_2O,g}} = n_{\mathrm{hum1,in,H_2O}} + j_{\mathrm{hum1,hum2}} \tag{4.36}$$

$$n_{\mathrm{hum2,out,H_2O,g}} = n_{\mathrm{hum2,in,H_2O}} + j_{\mathrm{hum1,hum2}} \tag{4.37}$$

水蒸发所需的汽化潜热来自于空气，因此加湿器热量消耗流量为

$$Q_{\mathrm{hum1}} = rM_{\mathrm{H_2O}}(n_{\mathrm{hum1,out,H_2O,g}} - n_{\mathrm{cp,out,H_2O}}) \tag{4.38}$$

假设湿空气通路不存在辐射散热，湿空气通路中产生的热量变化有两部分，分别是冷凝液对流交换的热量和水蒸气相变潜热

$$Q_{\mathrm{hum2}} = Q_{\mathrm{hum2,conv}} + Q_{\mathrm{hum2,late}} \tag{4.39}$$

$$Q_{\mathrm{hum2,conv}} = m_{\mathrm{hum2,out,air}}cp_{\mathrm{air}}(T_{\mathrm{hum2,out}} - T_{\mathrm{c,out}}) \tag{4.40}$$

$$Q_{\mathrm{hum2,late}} = (n_{\mathrm{hum2,out,H_2O,g}} - n_{\mathrm{c,out,H_2O,g}})M_{\mathrm{H_2O}}r \tag{4.41}$$

（4）管道模型

空气系统各设备之间使用管道联通，为简化模型，将电堆外的各段管道滞后时间进行累加，将其假设为一个管道，其位于电堆空气入口和加湿器之间，同时假设管道内空气流量和温度不变，管道出口空气压力变化滞后于管道入口空气压力变化[70]，即

$$P_{\mathrm{ch,out}}(t) = P_{\mathrm{hum1,out}}(t - \tau_{\mathrm{ch,pr}}) \tag{4.42}$$

在电堆内部的空气流道中，假设出口空气温度与冷却液出口温度相同，即 $T_{\mathrm{c,out}} = T_{\mathrm{st,out,weg}}$，其氮气、氧气和水蒸气的流量分别为

$$n_{\mathrm{c,out,N_2}} = n_{\mathrm{hum1,out}} \tag{4.43}$$

$$n_{\mathrm{c,out,O_2}} = n_{\mathrm{hum,out,O_2}} - n_{\mathrm{cons,O_2}} \tag{4.44}$$

$$n_{\mathrm{c,out,H_2O}} = n_{\mathrm{hum,out,H_2O,g}} + n_{\mathrm{prod,H_2O}} \tag{4.45}$$

在空气供应系统中，各设备之间使用管道联通。为简化模型，将其假设为一个通道，加在电堆与加湿器之间，通常阴极空气通道压降与阴极空气流道入口处空气流量之间呈线

性变化关系，求解参数可得到空气流量的压降公式

$$P_{\text{ch,out}}(t) = P_{\text{in}} - \frac{m_{\text{air}} 0.46 \times 101325}{22.2222} \tag{4.46}$$

（5）背压阀模型

在高压燃料电池系统（操作压力一般不小于 2bar）中，往往在空气端出口处安装开度可调的电控阀来调节电堆内部的压力，这样的阀被称为背压阀。在高压燃料电池系统中，背压阀一般采用汽油机中的节气门阀。开度增大，则电堆内气体压力会降低。因此，背压阀的控制是整个燃料电池系统（高压系统）控制的关键之一[71]。为了更好地了解背压阀的动态行为，有必要对其进行建模和仿真分析。背压阀建模的方法主要有以下两种。

1）将背压阀与连接电堆出口的管路视为一个整体，流经背压阀的空气流量则由喷嘴方程计算，背压阀中气体压力等同于电堆内部压力，其动态特性可通过开度的动态变化来体现。这种模型的输入参数有开度信号、背压阀两端的压力以及气体的温度，模型输出则为空气流量。

2）建立流量、开度与背压阀两端压降的关系（如 MAP 图），通过对该压降引入一阶动态环节，建立背压阀动态模型。这种模型的输入参数有开度信号、流量和温度，模型输出则为背压阀两端的压降。

这里采用喷嘴方程建模，由喷嘴方程可知，流经喷嘴的气体流量主要与两端的压比、喷嘴的有效截面积和入口压力等有关。根据两端的压比，可将气体的流动分为临界流（Critical Flow）和次临界流（Sub-critical Flow），下面给出具体的数学推导[72]。

在高压燃料电池系统中，通过调节背压阀而改变背压，从而调节电堆入口压力。将背压阀与连接电堆的出口的管道看作整体，流经背压阀的空气流量由喷嘴方程计算。背压阀内部气压为电堆内部压力，外部气压为环境气压，对于内部气压的调控可以通过背压阀的开合状态来体现。

$$R_{\text{p}}^{\text{bpv}} = \frac{P_{\text{st}}^{\text{ca}}}{P_{\text{amb}}} \tag{4.47}$$

当 $R_{\text{p}}^{\text{bpv}} \leqslant 0.528$ 时，气体流动为临界流；当 $R_{\text{p}}^{\text{bpv}} > 0.528$ 时为次临界流。对于临界流的气体流量计算

$$m_{\text{bpv}}^{\text{ca}} = f P_{\text{st}}^{\text{ca}} \frac{C_{\text{D}}}{\sqrt{RT}} \sqrt{\gamma} \left(\frac{2}{\gamma+1} \right)^{\frac{\gamma+1}{2(\gamma-1)}} \tag{4.48}$$

对于次临界流的气体流量计算

$$m_{bpv}^{ca} = fP_{st}^{ca} \frac{C_D}{\sqrt{RT}} (pR_p^{bpv})^{\frac{1}{\gamma}} \sqrt{\left(1-(pR_p^{bpv})^{\frac{\gamma-1}{\gamma}}\right)\frac{2\gamma}{\gamma-1}} \tag{4.49}$$

式中，$f = \pi R^2 \sin\theta$ 表示控制背压阀的信号，取值为 0 ~ 1；C_D 表示气体流动系数；γ 表示空气热比，一般取 1.4。

（6）膜水合模型

膜水合模型是用来描述电堆运行过程中，水如何在电堆内部传输的模型。其主要包括两种现象：在电场作用下，水分子从阳极经过质子交换膜到达阴极的"电渗迁移"现象；以及由于燃料电池阴极反应生成的液态水较多，引起阴阳极液态水之间存在浓度梯度差，导致水从阴极到阳极的"反扩散"现象。由下式计算

$$W_{v,mem} = M_{H_2O} S_{mem} n_{H_2O} \left(n_d \frac{j}{F} - D_w \frac{c_{v,ca} - c_{v,an}}{d_{mem}}\right) \tag{4.50}$$

式中，$W_{v,mem}$ 表示阳极到阴极穿过膜的水流量 [mol/（m²·s）]；M_{H_2O} 表示水的摩尔质量（kg/mol）；S_{mem} 为燃料电池的膜面积（m²）；n_{H_2O} 表示水的摩尔量（mol）；n_d 表示电渗透系数，其值选为 2.5；j 表示电池的电流密度（A/m²）；D_w 表示水的扩散系数；$c_{v,ca}$、$c_{v,an}$ 表示阴阳极的水浓度；d_{mem} 表示质子交换膜的膜厚度（m）。而 n_d 和 D_w 随着膜中含水量 λ_m 的改变而改变，可用下式计算

$$\begin{cases} n_d = 0.0029\lambda_m^2 + 0.05\lambda_m - 3.4\times10^{-19} \\ D_w = D_\lambda \exp\left[2416\left(\frac{1}{303} - \frac{1}{T_{st}}\right)\right] \end{cases} \tag{4.51}$$

式中，λ_m 表示膜中平均含水量，可用下式计算

$$\lambda_m = \begin{cases} 0.043 + 17.81a_m - 39.85a_m^2 + 36.0a_m^3, 0 < a_m < 1, \\ 14 + 1.4(a_m - 1), 1 \leqslant a_m \leqslant 3 \end{cases} \tag{4.52}$$

$$D_\lambda = \begin{cases} 10^{-6}, & \lambda_m < 2, \\ 10^{-6}[1 + 2(\lambda_m - 2)], & 2 \leqslant \lambda_m \leqslant 3, \\ 10^{-6}[3 - 1.67(\lambda_m - 3)], & 3 < \lambda_m \leqslant 4.5, \\ 1.25\times10^{-6}, & \lambda_m > 4.5 \end{cases} \tag{4.53}$$

式中，a_m 表示阴阳极的水活度的平均值，可用下式计算

$$\begin{cases} a_m = \frac{(a_{an} + a_{ca})}{2} \\ a_i = \frac{P_{v,i}}{P_{sat}} \end{cases} \tag{4.54}$$

式中，i 表示为阴阳极电流（A）；$P_{v,i}$ 表示阴阳极的水蒸气压力（Pa）；P_{sat} 表示当前温度下的水蒸气饱和压力（Pa）；而阴阳极的水浓度可由下式计算

$$
\begin{cases}
c_{v,ca} = \dfrac{\rho_{m,dry}}{M_{m,dry}} \lambda_{ca} \\[2mm]
c_{v,an} = \dfrac{\rho_{m,dry}}{M_{m,dry}} \lambda_{an}
\end{cases}
\tag{4.55}
$$

式中，λ_{ca}、λ_{an} 表示阴极和阳极两侧的水含量。

4.2.3 氢气供应系统建模

储存在高压储氢瓶中的氢气通过氢气输送系统，作为燃料电池电化学反应气体进入电堆阳极，高压储氢瓶和氢气输送系统构成电堆供应系统。氢气输送系统由高压储氢瓶直达电堆阳极入口的氢气管道和从阳极出口至阴极入口的回流管道组成。未参加反应的氢气可以被重复循环使用，以提高氢气的利用效率，并使电堆内氢气保持合适的湿度，防止过干或过湿。燃料电池的阳极和阴极之间的压力差也应控制在一定的范围内，以保证组分的传递、水平衡和质子交换膜的结构稳定。

氢气供应系统为电堆提供一定压力和流量的氢气，主要由高压储氢瓶、调压阀、氢气管道、回流管道和氢气循环泵或引射器等组成，如图 4.4 所示。氢气供应系统的模型是由上述部件的子模型构成的[73-76]。

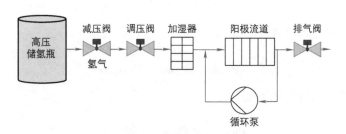

图 4.4　氢气供应系统

（1）供氢系统部件和模型描述

简化的氢气供应系统由歧管（供应线路歧管和回流线路歧管）、阳极气体流道、氢气循环泵和流量控制阀组成如图 4.5 所示。

模型基于以下假设：

1）储氢瓶提供的氢气没有杂质，沿管道方向没有压降。

2）忽略空间变化。

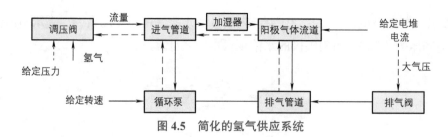

图 4.5　简化的氢气供应系统

3）氢气遵循理想气体定律。

4）歧管和阳极气体流道工作在等温条件下。

5）在排氢操作时才能将阳极气体流道内的液态水排出。

（2）供应线路歧管和回流线路歧管模型

简化的氢气供应系统可近似为两个歧管，即供应线路歧管和回流线路歧管。供应线路歧管是连接流量控制阀、氢气循环泵和电堆的管道。流入供应线路歧管的氢气包括从流量控制阀通过的气体和从氢气循环泵回流的气体。假设没有液态水从供应线路歧管，流入或者流出，氢气和水蒸气的混合气在供应线路歧管中的动态情况可以描述为

$$\frac{\mathrm{d}p_{\mathrm{H_2,sm}}}{\mathrm{d}t} = \frac{R_{\mathrm{H_2}}T_{\mathrm{sm}}}{V_{\mathrm{sm}}}(W_{\mathrm{H_2,sm,in}} - W_{\mathrm{H_2,sm,out}}) \tag{4.56}$$

这里假设混合气中的水蒸气不会出现超过饱和极限而凝结出液态水的情况。根据质量守恒定律

$$W_{\mathrm{H_2,fcV}} = W_{\mathrm{H_2,sm,in}} = W_{\mathrm{H_2,sm,out}} \tag{4.57}$$

通过供应线路歧管的气体压力差为

$$\Delta p_{\mathrm{H_2,sm}} = p_{\mathrm{H_2,sm,in}} - p_{\mathrm{H_2,sm,out}} \tag{4.58}$$

供应线路歧管出口处的压力为

$$p_{\mathrm{H_2,sm,out}} = p_{\mathrm{H_2,sm,in}} - \Delta p_{\mathrm{H_2,sm}} \tag{4.59}$$

其中，$\Delta p_{\mathrm{H_2,sm}}$ 与 $W_{\mathrm{H_2,sm,in}}$ 具有一定的函数关系，可用相应的表格表征，其呈单调变化关系。

与供应线路歧管类似，假设在回流线路歧管中没有液态水流入或者流出。氢气和水蒸气的混合气在回流线路歧管中的动态情况可以描述为

$$\frac{\mathrm{d}p_{\mathrm{H_2,rm}}}{\mathrm{d}t} = \frac{R_{\mathrm{H_2}}T_{\mathrm{rm}}}{V_{\mathrm{rm}}}(W_{\mathrm{H_2,rm,in}} - W_{\mathrm{H_2,rm,out}}) \tag{4.60}$$

根据质量守恒定律

$$W_{\mathrm{H_2,rm,in}} = W_{\mathrm{H_2,rm,out}} = W_{\mathrm{H_2,st,out}} \tag{4.61}$$

令回流歧管的气体压力差为

$$\Delta p_{\mathrm{H_2,rm}} = p_{\mathrm{H_2,rm,in}} - p_{\mathrm{H_2,rm,out}} \tag{4.62}$$

式中，$p_{\mathrm{H_2,rm,in}} = p_{\mathrm{H_2,st,out}}$。

这样，回流线路歧管出口处的压力为

$$p_{\mathrm{H_2,rm,out}} = p_{\mathrm{H_2,rm,in}} - \Delta p_{\mathrm{H_2,rm}} \tag{4.63}$$

同样地，$\Delta p_{\mathrm{H_2,rm}}$ 与 $W_{\mathrm{H_2,rm,in}}$ 具有一定的函数关系，可用相应的表格表征。

（3）阳极气体流道模型

阳极气体流道可近似认为是恒温的，且氢气在其中无泄漏。与歧管的模型类似，阳极气体流道的压力可以近似描述为

$$p_{\mathrm{H_2,st,out}} = p_{\mathrm{H_2,st,in}} - \Delta p_{\mathrm{H_2,st}} \tag{4.64}$$

式中，$p_{\mathrm{H_2,st,in}} = p_{\mathrm{H_2,st,out}}$。所以，阳极流道出口处的压力为

$$p_{\mathrm{H_2,st,out}} = p_{\mathrm{H_2,st,in}} - \Delta p_{\mathrm{H_2,st}} \tag{4.65}$$

根据质量守恒定律，电堆阳极气体出口流量可以表示为

$$W_{\mathrm{H_2,st,out}} = W_{\mathrm{H_2,st,out}} + W_{\mathrm{H_2,bl,out}} - W_{\mathrm{H_2,reacted}} - W_{\mathrm{v,m}} \tag{4.66}$$

式中，$W_{\mathrm{H_2,reacted}}$ 表示电化学反应中氢气的质量消耗速率；$W_{\mathrm{v,m}}$ 表示从阳极到阴极水蒸气的扩散速率。

$$\begin{cases} W_{\mathrm{H_2,reacted}} = N_{\mathrm{cell}} \dfrac{I_{\mathrm{st}} M_{\mathrm{H_2}}}{2F} \\[2mm] W_{\mathrm{v,m}} = \alpha_{\mathrm{net}} N_{\mathrm{cell}} \dfrac{I_{\mathrm{st}} M_{\mathrm{H_2O}}}{F} \end{cases} \tag{4.67}$$

式中，N_{cell} 表示电堆单电池数目；I_{st} 表示电堆电流（A）；F 表示法拉第常数（96487C/mol）；α_{net} 表示水分电拖曳系数。

$$\alpha_{\mathrm{net}} = n_{\mathrm{d}} - \frac{FA_{\mathrm{fc}}}{I_{\mathrm{st}}} D_{\mathrm{w}} \frac{\rho_{\mathrm{m,dry}}}{t_{\mathrm{m}} M_{\mathrm{m,dry}}} (\lambda_{\mathrm{ca}} - \lambda_{\mathrm{an}}) \tag{4.68}$$

式中，A_{fc} 表示电池有效面积（$\mathrm{m^2}$）；$\rho_{\mathrm{m,dry}}$ 和 $M_{\mathrm{m,dry}}$ 表示每摩尔干燥膜的密度和质量；t_{m} 表示膜的厚度（m）。

阴极和阳极两侧的水含量 λ_{ca} 和 λ_{an} 相等时的电拖曳系数

$$n_d = 0.0029\lambda_{an}^2 + 0.05\lambda_{an} - 3.4 \times 10^{-19} \tag{4.69}$$

$$D_w = D_\lambda \exp\left[2416\left(\frac{1}{303} - \frac{1}{T_{st}}\right)\right] \tag{4.70}$$

这里 D_λ 是与阳极水含量 λ_{an} 有关的扩散系数

$$D_\lambda = \begin{cases} 10^{-10}, & \lambda_{an} < 2, \\ 10^{-10}[1 + 2(\lambda_{an} - 2)], & 2 \leqslant \lambda_{an} < 3, \\ 10^{-10}[3 - 1.67(\lambda_{an} - 3)], & 3 \leqslant \lambda_{an} < 4.5, \\ 1.25 \times 10^{-10}, & \lambda_{an} \geqslant 4.5, \end{cases} \tag{4.71}$$

阴极和阳极两侧的水含量 λ_{ca} 和 λ_{an} 与水活性 a_w 相关，可按下式计算

$$\lambda_{(\cdot)} = \begin{cases} 0.043 + 17.81a_{w,(\cdot)} - 39.85a_{w,(\cdot)}^2 + 36a_{w,(\cdot)}^3 & a_{w,(\cdot)} \leqslant 1, \\ 14 + 1.4(a_{w,(\cdot)} - 1), & 1 < a_{w,(\cdot)} \leqslant 3, \\ 16.8, & a_{w,(\cdot)} > 3 \end{cases} \tag{4.72}$$

式中，下标 $(\cdot)$ 表示 an 或 ca，表示阳极或阴极。

因此。从阳极到阴极的水蒸气跨膜运输速率取决于反应堆的电流和阳极流道内水的活性。

从阳极流道流出的氢气的过量比可计算如下

$$\lambda_{H_2} = \frac{W_{H_2,sm,out} + W_{H_2,bl,out}}{W_{H_2,reacted} + W_{v,m}} \tag{4.73}$$

（4）氢气循环泵

氢气循环泵由风机和电动机两部分组成，安置在氢气回流管道中，实现未消耗的氢气从阳极出口循环至入口的功能。风机模型采用静态表格形式，可以取用表征其静态工作特性的 MAP 图的信息，风机的 MAP 图用于描述流量和效率与压比和转速的关系。电动机采用动态模型，鼓风的速度可以从模型中得出。

假设氢气循环泵进口气体与回流管道出口气体是相同的，氢气循环泵出口气体压力等于供应歧管的压力。氢气循环泵进口气体的状态决定其质量流量，非标准条件下氢气循环泵的质量流量和角速度可由下式计算

$$W_{\mathrm{bc}} = W_{\mathrm{bl}} \frac{\sqrt{\dfrac{T_{\mathrm{rm}}}{T_{\mathrm{ref}}}}}{\dfrac{p_{\mathrm{rm}}}{p_{\mathrm{ref}}}} \tag{4.74}$$

$$\omega_{\mathrm{bc}} = \frac{\omega_{\mathrm{bl}}}{\sqrt{\dfrac{T_{\mathrm{rm}}}{T_{\mathrm{ref}}}}} \tag{4.75}$$

式中，W_{bl} 表示标准条件下氢气循环泵的质量流量；T_{ref} 表示参考温度 288K；p_{ref} 表示参考压力（Pa），为一个标准大气压；ω_{bl} 表示标准条件下氢气循环泵的角速度。量纲为 1 的参数 $\varPsi_{\mathrm{bl}}$ 由下式给出

$$\varPsi_{\mathrm{bl}} = \frac{c_{\mathrm{p,an}} T_{\mathrm{an}} \left[\left(\dfrac{p_{\mathrm{sm}}}{p_{\mathrm{an}}} \right)^{\frac{(\gamma_{\mathrm{g,an}}-1)}{\gamma_{\mathrm{g,m}}}} - 1 \right]}{\left(\dfrac{1}{2} \right) U_{\mathrm{bl}}^2} \tag{4.76}$$

其中，

$$c_{\mathrm{p,an}} = c_{\mathrm{p,H_2}} y_{\mathrm{H_2,an}} + c_{\mathrm{p,v}} (1 - y_{\mathrm{H_2,an}}) \tag{4.77}$$

$$U_{\mathrm{bl}} = \frac{d_{\mathrm{bl}} \omega_{\mathrm{bc}}}{2} \tag{4.78}$$

式中，$c_{\mathrm{p,an}}$ 表示回流歧管中压力恒定的加湿氢气的比热；$c_{\mathrm{p,v}}$，$c_{\mathrm{p,H_2}}$ 表示恒压下水蒸气和氢气的比热；U_{bl} 表示氢气循环泵转子叶片尖部的速度；d_{bl} 表示氢气循环泵转子的直径。标准条件下氢气循环泵流率可表示为

$$\varPhi_{\mathrm{bl}} = \frac{W_{\mathrm{bc}}}{\dfrac{\rho_{\mathrm{an}} \pi}{4 d_{\mathrm{bl}}^2 U_{\mathrm{bl}}}} \tag{4.79}$$

其中，

$$\rho_{\mathrm{an}} = \frac{p_{\mathrm{an}}}{R_{\mathrm{g,an}} T_{\mathrm{an}}} \tag{4.80}$$

标准条件下氢气循环泵流率和氢气循环泵效率用下式描述

$$\varPhi_{\mathrm{bl}} = \frac{a_1 \varPsi_{\mathrm{bl}} + a_2}{\varPsi_{\mathrm{bl}} - a_3} \tag{4.81}$$

其中，

$$a_i = a_{i1} + a_{i2}Ma (i = 1, 2, 3) \tag{4.82}$$

$$\eta_{bl} = b_1 \Phi_{bl}^2 + b_2 \Phi_{bl} + b_3 \tag{4.83}$$

其中，

$$b_i = \frac{b_{i1} + b_{i2}M_{bl}}{b_{i3} - M_{bl}} (i = 1, 2, 3) \tag{4.84}$$

$$Ma = \frac{U_{bl}}{\sqrt{\gamma_{g,rm} R_{g,rm} T_{rm}}} \tag{4.85}$$

式中，a，b 表示功能参数；Ma 表示叶片尖部的马赫数。可以通过试验数据拟合曲线，得到相应参数。针对某氢气循环泵，拟合结果见表 4.2。

表 4.2　拟合参数

a	值	b	值
a_{11}	-1.598×10^{-3}	b_{11}	-7923.8
a_{12}	2.663×10^{-2}	b_{12}	1.502×10^4
a_{21}	-3.062×10^{-2}	b_{13}	0.2144
a_{22}	-0.174	b_{21}	24.91
a_{31}	14.55	b_{22}	-821.5
a_{32}	-15.73	b_{23}	-4.093×10^{-2}
—	—	b_{31}	-4.929×10^{-2}
—	—	b_{32}	0.8529
—	—	b_{33}	1.715×10^{-2}

根据表 4.2 中的数据，氢气循环泵的质量流量可以由单个进流和出流的压力、温度及氢气循环泵的角速度方程求出。其角速度可以由氢气循环泵电动机导出，即

$$\begin{cases} \dfrac{d\omega_{bl}}{dt} = \dfrac{1}{J_{bl}}(\tau_{bm} - \tau_{bl}) \\[3mm] \tau_{bl} = \dfrac{c_{p,rm} T_{rm}}{\omega_{bl} \eta_{bl}}\left[\left(\dfrac{p_{sm}}{p_{rm}}\right)^{\frac{(\gamma_{g,m}-1)}{\gamma_{g,m}}} - 1\right] W_{bl} \\[3mm] \tau_{bm} = \eta_{bm} \dfrac{k_t}{R_{bm}}(u_{bl} - k_v \omega_{bl}) \end{cases} \tag{4.86}$$

（5）储氢容器模型

车用氢气源常用的高压氢气的压力在 350bar（1bar=0.1MPa）以上，远远大于理想气体状态方程要求的压力条件，常见的车载储氢瓶如图 4.6 所示。需要使用实际气体状态方程来描述储氢瓶中氢气的状态。

储氢容器压力使用压缩因子图建立模型

$$P_{ve} = Z m_{ve,H_2} R_{H_2} \frac{T_{ve}}{V_{ve}} \tag{4.87}$$

式中，Z 表示压缩因子，根据氢气压缩因子（图 4.7）建立二维数据表格模型，$Z = LUT(T_{ve}, P_{ve})$；m_{ve,H_2} 表示容器内氢气质量，由下式计算

$$m_{ve,H_2} = m_0 - \int_0^t M_{H_2} n_{cons,H_2} \mathrm{d}t \tag{4.88}$$

图 4.6 车载储氢瓶

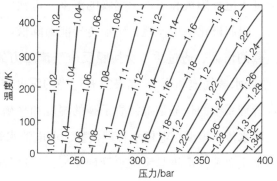

图 4.7 氢气压缩因子

4.2.4 热管理系统建模

为了同时提高能量转换效率和功率密度，必须使 PEMFC 在较高电流密度下工作时具有较小的电压损耗。对 PEMFC 模拟及其试验分析表明：随着电流密度的提高，电池内阻明显增大，导致电池工作电压急剧下降，其主要原因不是膜的阻抗随电流密度增大而增大，而是电池内失去了水平衡，没有满足膜的湿润条件要求。PEMFC 的电压损耗主要是活化损耗、欧姆损耗和浓差损耗。其中，欧姆损耗和浓差损耗与 PEMFC 内部的水平衡相关，因此，保持 PEMFC 中的水平衡是提高电池性能和寿命的一个关键技术 [77-79]。

PEMFC 中的水有气态和液态两种，其来源包括由电化学反应生成的水（在阴极）和由加湿反应气体带入的水。通过对 PEMFC 的工作原理的分析可知，燃料电池唯一的反应产物水在阴极由氢气与氧气在催化剂的作用下结合而成，而对反应气体进行加湿处理则是

为了使电解质始终保持最佳的湿润状态，从而使电池稳定运行。水过多或过少，对 PEMFC 的性能都会带来负面的影响，主要表现在以下几个方面。

1）液态水的凝聚导致传质过程受阻，它使氧气通过气体扩散层的速度降低，甚至会淹没电催化剂的活性。

2）液态水的存在导致气体在电极内和系统内各单元之间分布不均匀，这将使电池性能下降，并造成系统内各个单电池的电压不相等。

3）反应气体被水蒸气稀释，从而造成反应界面上反应气体的不足。

4）如果质子交换膜失水过多，其电导率将会下降，导致电池的欧姆电压降增大。

5）质子交换膜中的含水量对电催化活性也有影响，当膜失水后，催化层界面的活性也会下降。

质子交换膜中的水传递包括电迁移、浓差扩散和对流 3 种机制。大量的反应气流和水会进入电堆阳极和阴极影响膜的湿度，电池中膜的脱水和湿化过量，会导致膜电阻急剧增大，引起极化电压损耗、质子传导能力降低。电池中水失去平衡是由诸多因素造成的，如负载的增大、透过质子交换膜反应气流压力的变化、气体流速的变化、电堆温度的变化（改变水蒸气饱和压），如果没有适当的湿度控制，系统可能会出现 20% ~ 40% 的电压降。水管理系统的任务是维持质子膜的湿度和平衡系统中水的用量，水管理模型可分为质子交换膜水传质模型、电极水管理模型、单电池水管理模型和电堆与系统水管理模型 4 个层次，本书主要关注电堆与系统水管理模型，但这种模型必须建立在前三个层次的深入研究基础之上。对质子交换膜水传质模型、电极水管理模型、单电池水管理模型的研究相对较多，且比较成熟。但对电堆与系统水管理模型的研究和报道相对较少，大多数是对单电池模型进行简单推广。

PEMFC 电堆内部整体温度和温度分布状况对维持电化学反应的正常进行和质子交换膜的长期稳定工作有着重要影响。PEMFC 的温度特性由其电解质——质子交换膜所决定。由于目前多数 PEMFC 均采用 Nafion 系列膜作为电解质，而这种膜在温度超过 80℃时，其热稳定性和质子传导性能均将会严重下降，所以 PEMFC 的最佳工作温度为 80℃左右。陶氏（Dow）化学公司开发的新型离子膜可将 PEMFC 的工作温度提高 10 ~ 20℃。燃料电池的工作温度对其性能有十分显著的影响，如一般 PEMFC 产生的热量有燃料和氧化剂气体的预热、电化学反应产生的热和电流在电极内阻上产生消耗热。PEMFC 在运行过程中不断产生热量，温度逐渐升高，必须及时排出多余的热量。电堆在不同的负荷条件下，其阶跃响应的时间常数和滞后都不同；从进口反应的气体温度到电堆内部的温度变化存在迟延，迟延包括传输迟延、容积迟延和测量迟延。为保持电堆工作温度的恒定，需要由热管理系统将热量排出。而电堆中水的生成和物态变化，对温度的影响较大，所以系统的水、热管理总是耦合在一起的[20]。

在燃料电池系统中，如果没有调控好燃料电池的水管理系统，燃料电池内部将出现反应水过多或过少的现象。如果反应水过多，排水设备没有及时将多余的水排出电堆，则会阻碍气体传输，降低气体向催化剂层的传输能力，导致燃料电池的效率降低，甚至引起整个燃料电池系统发生故障；如果发生脱水，将会增大质子渗透阻力，影响膜和电极之间的贴合度以及质子交换膜的使用寿命，因此确保燃料电池每个系统的水平衡是至关重要的。由于燃料电池内部的电化学反应生成水发生在阴极，电渗拖拽作用将更多的水从阳极带到阴极，使电池内的水分分布非常不匀，导致阳极发生缺水，而此时阴极容易发生"水淹"现象，所以需要使用加湿器来加湿传入的气体。

（1）电堆热管理模型

质子交换膜燃料电池属于低温型电池，其工作温度应维持在 80 ~ 100℃ 之间，否则各种极化都将增强，造成电池性能恶化。因此，进入燃料电池内部的反应气体一般都要进行预热，该过程往往与加湿过程同步进行。另外，PEMFC 中有 40% ~ 50% 的能量是以热能的形式散发出去的，因此当燃料电池正常工作时需要采取合适的方式对燃料电池进行冷却，如图 4.8 所示。可见利用燃料电池堆内的能量平衡和物质平衡方程，建立燃料电池的温度模型是十分必要的。

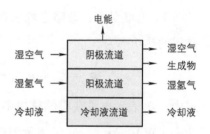

图 4.8 电堆热管理模型

1）冷却液流道：冷却液流道指电堆内部从冷却液的入口到其出口的部分。燃料电池系统的冷却液大多采用去离子水，因而流入冷却液流道的热能 $\dot{q}_{c,st,in}$ 为

$$\dot{q}_{c,st,in} = W_{c,st,in} C_{pc}(T_{st,in} - T_0) \tag{4.89}$$

式中，$\dot{q}_{c,st,in}$ 表示流入冷却液流道的热能（J）；$W_{c,st,in}$ 表示流入电堆的冷却液质量流量（kg/s）；C_{pc} 表示冷却液的定压热容 [J/(kg·K)]；$T_{st,in}$ 表示电堆入口处冷却液温度（K）；T_0 表示基准温度（298.15K）。

流出冷却液流道的热能为

$$\dot{q}_{c,st,out} = W_{c,st,out} C_{pc}(T_{st,out} - T_0) \tag{4.90}$$

式中，$\dot{q}_{c,st,out}$ 表示流出冷却液流道的热能（J）；$W_{c,st,out}$ 表示流出电堆的冷却液质量流量（kg/s）；$T_{st,out}$ 表示电堆出口处的冷却液温度（K）。

2）电化学反应：在电化学反应过程中，燃料电池产生电能、释放出热量并生成水，将实际状态转换到标准状态（温度 $T_0 = 298.15K$，压力 101325Pa）计算反应产生的热量，如果化学反应产生的焓变全部转换为电能，这个电能可以通过燃料电池的等效电压体现，那么物质的电化学反应总功率可以表示为

$$P_{rect} = n_{cell} E_{equ} I_{st} \qquad (4.91)$$

式中，P_{rect} 表示电化学反应总功率（W）；n_{cell} 表示燃料电池单体个数；E_{equ} 表示单电池高热值等效电压（1.481V）；I_{st} 表示电堆电流（A）。

若电堆输出电压为 U_{st}，则电化学反应产生的电功率是 $P_{ele} = U_{st} I_{st}$，电堆产生的热功率 P_{hot} 为

$$P_{hot} = P_{rect} - P_{ele} = (N_{cell} E_{equ} - U_{st}) I_{st} \qquad (4.92)$$

式中，P_{hot} 表示电堆产生的热功率（W）；P_{ele} 表示电化学反应产生的电功率（W）；U_{st} 表示电堆输出电压（V）。

3）电堆温度：忽略电堆表面与外界之间的热量交换，由热力学第一定律可推出电堆获得的热功率为

$$\dot{q}_{st} = P_{hot} + (\dot{q}_{ca,in} - \dot{q}_{ca,out}) + (\dot{q}_{an,in} - \dot{q}_{an,out}) + (\dot{q}_{c,st,in} - \dot{q}_{c,st,out}) - \dot{q}_{gen} \qquad (4.93)$$

式中，$\dot{q}_{st}$ 表示电堆获得的热功率（W）；$\dot{q}_{ca,in}$、$\dot{q}_{ca,out}$ 表示湿空气带入和带出电堆阴极的热功率（W）；$\dot{q}_{an,in}$、$\dot{q}_{an,out}$ 表示阳极湿氢气带入和带出电堆的热功率（W）；$\dot{q}_{gen}$ 表示生成物水带出电堆的热功率（W）。

在电堆组成部件中，最大的容热部件是双极板，构成双极板的主要材料是石墨，因而双极板热容参数可采用石墨的热容。在考虑电堆中冷却流道中充满冷却液情况下，即

$$\dot{q}_{st} = (m_{st} C_{pst} + \rho_{w,air} V_{ca} C_{pw,air} + \rho_{w,H_2} V_{an} C_{pw,H_2} + \rho_c V_c) \frac{dT_{st}}{dt} \qquad (4.94)$$

式中，m_{st} 表示电堆质量；C_{pst} 表示双极板热容参数；ρ_c、V_c 表示冷却液的密度和体积；$\rho_{w,air}$、ρ_{w,H_2} 表示阴极湿空气和阳极湿氢气的密度；V_{ca}、V_{an} 表示阴极流道和阳极流道的体积；$C_{pw,air}$、C_{pw,H_2} 表示阴极湿空气和阳极湿氢气的定压热容；T_{st} 表示电堆温度（K），等于电堆入口和出口温度的均值。

（2）旁路阀模型

旁路阀用于调节散热器中冷却液的流量，它将冷却液分成两路，一路流入散热器，另一路进入支路，旁路阀模型如图 4.9 所示。阀门的响应时间比温度响应时间快得多，因而可

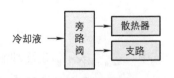

图 4.9　旁路阀模型

以忽略。将流过散热器和支路的冷却液流量看成是阀门开度的线性函数，即

$$\begin{cases} W_{c,ra,in} = k_{bv} W_{c,bv} \\ W_{c,bp} = (1 - k_{bv}) W_{c,bv} \end{cases} \tag{4.95}$$

式中，$W_{c,ra,in}$、$W_{c,bp}$ 和 $W_{c,bv}$ 表示流入散热器、支路及旁路阀的冷却液流量（kg/s）；k_{bv} 表示阀门开度，$0 \leqslant k_{bv} \leqslant 1$。

（3）散热器模型

在燃料电池温度系统中，散热器是关键的部件，它将燃料电池堆产生的大量废热散发到周围环境。散热器模型包括两部分：一部分是散热器与周围环境的热交换量，该热交换量与环境温度、周围空气的流速、冷却液的流量及进入散热器的温度有关，这些量之间的数据关系可以通过试验获得，试验结果制成表格，在已知环境温度、冷却液温度及流量的关系时，对表格进行插值可以计算出散热器和周围环境的热交换量；另一部分是冷却液与散热器之间的能量交换，其信号图如图 4.11 所示。假设进入散热器的冷却液流量 $W_{c,ra,in}$ 与流出的流量 $W_{c,ra,out}$ 相等，即

$$\rho_c V_{rad} C_{pc} \frac{dT_{rad}}{dt} = W_{c,rad,out} C_{pc}(T_{ra,in} - k_{bv} T_{ra,out}) - \dot{q}_{cir} \tag{4.96}$$

式中，V_{rad}、T_{rad} 表示散热器的体积（m³）、温度（K）；$T_{ra,in}$、$T_{ra,out}$ 表示流入、流出散热器的冷却液温度（K），T_{rad} 表示二者的均值；$\dot{q}_{cir}$ 表示从散热器传给周围环境的热功率（W）。

燃料电池散热系统是由一个可控的冷却风扇进行散热，根据电堆的温度，风扇的转速控制保持在恒速区（底部直线）和调速区（高温曲线），见表 4.3。电堆温度从 65.0℃ 到 67.5℃ 是一个滞后区，根据温度变化趋势视为非调速区或调速区。如果电堆温度升高到 65.0℃ < T < 67.5℃，视为非调速区，风扇转速按非调速区控制规律控制，见表 4.3。当 T < 65.5℃ 时，冷却风扇控制为最大速度的 41%；当 T ≥ 65.5℃ 时，冷却风扇控制为最大速度的 42%。

表 4.3 冷却风扇的速度和 PEMFC 温度

电堆温度范围 $T/℃$	冷却风扇速度 (%)
恒速区	
$T < 50.5$	35
$50.5 \leqslant T < 53.5$	36
$53.5 \leqslant T < 55.5$	37
$55.5 \leqslant T < 58.5$	38
$58.5 \leqslant T < 60.5$	39
$60.5 \leqslant T < 63.5$	40
$63.5 \leqslant T < 65.5$	41
$65.5 \leqslant T < 67.5$	42
调速区	
调节器启动温度 /℃	67.5
调节器停止温度 /℃	65.0

当 $T \geqslant 67.5℃$ 时,冷却风扇速度根据以下公式增加,直到 $T \leqslant 66.9℃$

$$\begin{cases} \text{speed}(k) = \text{speed}(k-1) + \dfrac{0.156}{f} \\ k = k+1 \\ \text{speed}(k) = \min\{\text{speed}(k), 100\%\} \end{cases} \quad (4.97)$$

式中,k 和 $k-1$ 分别表示控制器当前和之前的采样时间(s);f 表示控制频率(Hz)。当 $T <$ $66.9℃$ 时,冷却风扇速度根据以下方程式降低,直到 $T < 65℃$。

$$\begin{cases} \text{speed}(k) = \text{speed}(k-1) + \dfrac{0.08}{f} \\ k = k+1 \\ \text{speed}(k) = \min\{\text{speed}(k), 42\%\} \end{cases} \quad (4.98)$$

设定温度采样周期为1s,将控制频率设置为20Hz,当温度上升到67.5℃时,冷却风扇速度根据式(4.97)增加,直到温度下降到66.9℃。然后,冷却风扇速度根据式(4.98)下降,直到到达调速区域,如图4.10所示。

图 4.10 散热器模型

散热器的热量传递系数 h_{rad} 采用经验公式进行计算,即

$$h_{rad} = -1.4495W_{air}^2 + 5.9045W_{air} - 0.1157 \quad (4.99)$$

式中,W_{air} 表示散热器周围的空气流量(m³/h)。散热器的散热量为

$$\dot{q}_{cir} = Ah_{rad}(T_{rad} - T_0) \quad (4.100)$$

式中,$\dot{q}_{cir}$ 表示散热器的散热量(W);A 表示散热器有效面积(m²)。

从散热器的风机流出的空气流量 W_{air} 可用等效喷嘴方程计算,即 $W_{air} = k_{wm}\Delta p_{wm}$,其中,$k_{wm}$ 表示系数,可以根据选定风机的额定流量和风压确定;Δp_{wm} 是风机的动压(Pa)。在额定转速时,对通用特性曲线拟合得到风机的效率为

$$\eta = c_4\left(\frac{q_v}{q_{v_0}}\right)^4 + c_3\left(\frac{q_v}{q_{v_0}}\right)^3 + c_2\left(\frac{q_v}{q_{v_0}}\right)^2 + c_1\left(\frac{q_v}{q_{v_0}}\right) + c_0 \quad (4.101)$$

在额定转速时,对通用特性曲线拟合得到风机的全压 H。

$$\frac{H}{H_0} = a_4\left(\frac{q_v}{q_{v_0}}\right)^4 + a_3\left(\frac{q_v}{q_{v_0}}\right)^3 + a_2\left(\frac{q_v}{q_{v_0}}\right)^2 + a_1\left(\frac{q_v}{q_{v_0}}\right) + a_0 \quad (4.102)$$

风机运行时，若其转速不等于它的额定转速，根据相似理论，由实际的转速和流量可以得到额定状态下的流量，将该流量代入公式 (4.93) 和 (4.94) 可以得到风机的效率和全压。

（4）冷却液循环泵

循环泵为冷却液在各部件和管路之间流动提供动力，通常是离心泵。根据力矩方程，在额定转速下液体通过泵时的压力差为

$$p_0 = \rho_c [k(c_{0,\text{pu}} - c_{1,\text{pu}})Q_c - c_{2,\text{pu}}Q_c^2 - c_{3,\text{pu}}(Q_0 - Q_c)^2] \quad （4.103）$$

式中，k 表示校正系数；Q_c 表示循环泵的实际流量；Q_0 表示循环泵的额定流量；$c_{0,\text{pu}} \sim c_{3,\text{pu}}$ 为拟合系数。

实际工作时，循环泵的转速 N 常常不等于其额定转速 N_0，此时采用相似理论计算循环泵的压力差 p 和流量 Q_c。

$$\begin{cases} p = \left(\dfrac{N}{N_0}\right)^2 p_0 \\ Q_c = \dfrac{N}{N_0}Q_0 \end{cases} \quad （4.104）$$

循环泵输出功率 $P_{\text{pump,out}} = pQ_c$，输入的功率为 $P_{\text{pump,in}} = pQ_c + (T_0 + k_{\text{T}}p)\omega$。

4.2.5　电能变换系统建模

功率调节系统是一个电力电子系统。它可以根据应用的具体需要，把燃料电池的低电压直流电转换成可使用的直流电（通常为较高的电压）或交流电。在燃料电池功率调节系统中，可以使用很多不同类型的电压转换器，如直流 / 直流（DC/DC）变换器。

直流负载供电通常使用升压直流 / 直流变换器（用来提高电压）。对于许多重要的应用，需要电池有 5:1 或更好的峰值 - 平均功率比，如驱动汽车，要满足加速和匀速行驶所需的功率比。由于现在的燃料电池输出功率通常不能随着负载需求的变化而迅速发生改变，所以设计时只是满足平均功耗的要求，应用时利用另一个能量储存装置，如电池或超级电容，来供应额外的功率需求。因此，功率调节系统必须提供与这个能量存储装置相匹配的接口，还需要有控制方案，根据燃料电池输出和负载的需求状况协调系统充电或放电。但是 DC/DC 变换器本身具有开关非线性以及饱和非线性，对系统的鲁棒控制带来严苛挑战。

Boost 电路是非隔离型直流变换器的一种基本电路类型，属于升压型电路，能提供比

直流输入电压更高的直流输出电压。Boost 电路的拓扑结构如图 4.11 所示，其中，V_i 为输入电压；L 为功率电感；D 为二极管；Q 为开关管；C 为输出电容；R 为负载；V_o 为输出电压。

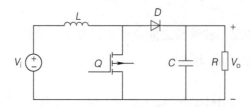

图 4.11　Boost 电路的拓扑结构

在电感电流连续导通模式 (CCM) 下，Boost 变换器在一个开关周期内根据开关管的状态不同有两种工作模式。

1）开关管 Q 导通阶段，输入的直流电压流过电感 L，电感电流在输入电压的作用下线性上升，电感 L 处于储能阶段，二极管 D 防止输出电容 C 对地放电，在起到续流作用的同时，输出电容 C 向负载供电。

2）开关管 Q 关断阶段，由于电感电流不能突变，流经电感的电流不会马上变为 0A，而是缓慢的由充电完毕时的值变为 0A，电感上的电压极性反向，输入电压和电感共同向输出电容 C 充电并向负载提供能量，电容两端电压升高，此时电压已经高于输入电压了，升压完毕。

状态空间平均法是平均法的一阶近似，其实质为：根据线性 RLC 元件、独立电源和周期性开关组成的原始网络，主要通过选取电路的状态变量、输入变量、输出变量，按照功率开关器件的 ON 和 OFF 两种状态，利用时间平均技术，得到一个周期内的平均状态变量，将一个非线性电路转变为一个等效的线性电路，建立状态空间平均模型。

对于不考虑寄生参数的理想 PWM 变换器，在连续导通模式（CCM）下一个开关周期有两个开关状态相对应的状态方程为

$$\begin{cases} \dot{x} = Ax(t) + Bu(t) \\ y(t) = Cx(t) + D(u) \end{cases} \tag{4.105}$$

当开关管导通时，等效电路如图 4.12 所示。

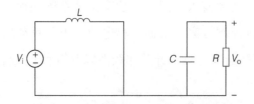

图 4.12　开关管导通时的等效电路

此时电路的状态方程为

$$\begin{cases} L\dfrac{\mathrm{d}i_{\mathrm{L}}(t)}{\mathrm{d}t} = V_{\mathrm{i}} \\ C\dfrac{\mathrm{d}V_{\mathrm{o}}(t)}{\mathrm{d}t} = -\dfrac{V_{\mathrm{o}}}{R} \end{cases}$$

（4.106）

当开关管关断时，等效电路如图 4.13 所示。

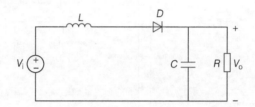

图 4.13　开关管关断时的等效电路

此时电路的状态方程为

$$\begin{cases} L\dfrac{\mathrm{d}i_{\mathrm{L}}(t)}{\mathrm{d}t} = V_{\mathrm{i}} - V_{\mathrm{o}} \\ C\dfrac{\mathrm{d}V_{\mathrm{o}}(t)}{\mathrm{d}t} = -\dfrac{V_{\mathrm{o}}}{R} + i_{\mathrm{L}} \end{cases}$$

（4.107）

选择电感电流 i_{L} 和电容电压 V_{C} 为状态变量，根据状态空间平均法可以得到 Boost 变换器的状态空间方程为

$$\begin{bmatrix} \dfrac{\mathrm{d}i_{\mathrm{L}}(t)}{\mathrm{d}t} \\ \dfrac{\mathrm{d}V_{\mathrm{o}}(t)}{\mathrm{d}t} \end{bmatrix} = \begin{bmatrix} 0 & -\dfrac{1}{L} \\ \dfrac{1}{C} & -\dfrac{1}{RC} \end{bmatrix}\begin{bmatrix} i_{\mathrm{L}} \\ V_{\mathrm{C}} \end{bmatrix} + \begin{bmatrix} \dfrac{V_{\mathrm{C}}}{L} \\ -\dfrac{i_{\mathrm{L}}}{C} \end{bmatrix}u + \begin{bmatrix} \dfrac{E}{L} \\ 0 \end{bmatrix}$$

（4.108）

4.3　燃料电池系统仿真实例

本节在前面建立燃料电池系统机理模型的基础上，利用 MATLAB 软件中的 Simulink，开发燃料电池系统模拟仿真软件，为燃料电池系统结构设计、动态分析和控制算法设计提供帮助；并对燃料电池系统进行仿真，对影响燃料电池系统运行的各种操作条件和结构参数进行分析。燃料电池系统 MATLAB/Simulink 仿真模型结构如图 4.14 所示。

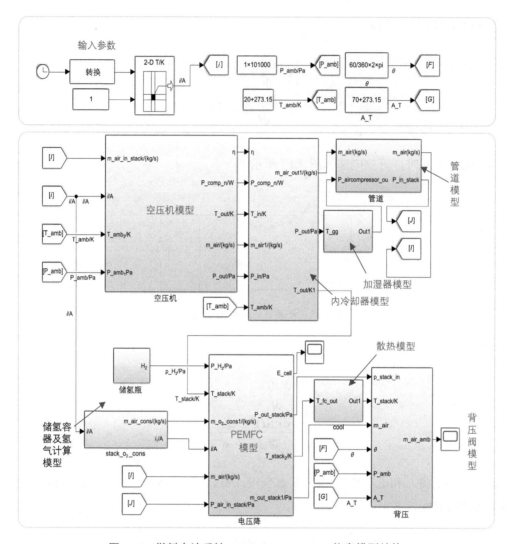

图 4.14 燃料电池系统 MATLAB/Simulink 仿真模型结构

由如图 4.15 所示燃料电池输出特性动态响应图分析可知，燃料电池为非线性系统，随着负载电流的增大，输出电压单调减小。根据上文对燃料电池输出特性的机理分析可知，在燃料电池大电流工作时，各种活化损耗增大导致电堆内部总体损耗增多；同时，PEMFC 功率密度随着电流密度的线性增加而先增大后减小。如图 4.15a 所示的燃料电池负载电流曲线和图 4.15b 所示的燃料电池输出电压分析可知：输入阶跃电流时，在电流较小时，输出电压较大。随着负载电流的增大，输出电压呈现减小的趋势，其分析结果与图 4.15d 所示的电堆极化曲线相符。

基于前文描述的气体供应系统及热管理系统，在 MATLAB/Simulink 中搭建 PEMFC 子系统模型。当空压机的电压随着转速和质量流量改变时，即空压机处于正常工作状态，通过对空压机输出质量流量以及电堆所需质量流量的对比，将两者差值作为 PID 控制的偏差量，从而计算出控制量，保证空压机的流量跟随，其性能表现如图 4.16 所示。

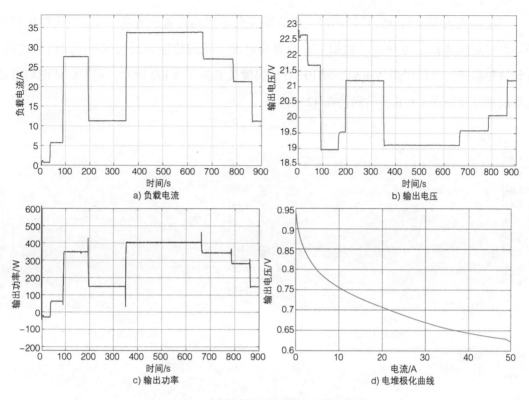

图 4.15　燃料电池输出特性动态响应图

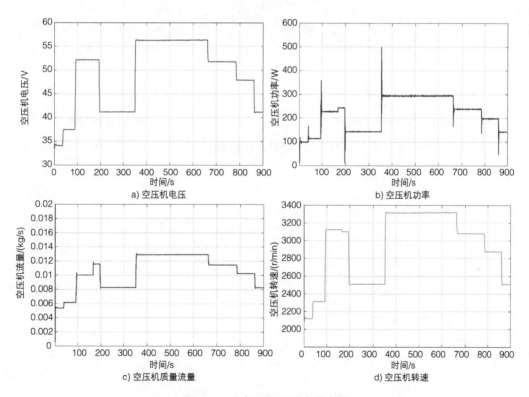

图 4.16　空气压缩机动态响应图

当空压机为固定质量流量输出时，电流增大会导致其耗氧量增多，致使其阴极出口压强降低，如图 4.17a、b 所示。根据上文对燃料电池系统的热能分析与散热系统进行建模，得到散热系统的冷却风扇转速与不同 PEMFC 温度关系如图 4.17c 所示，能够保证燃料电池电堆内部温度如图 4.17d 所示保持在 42~44℃。

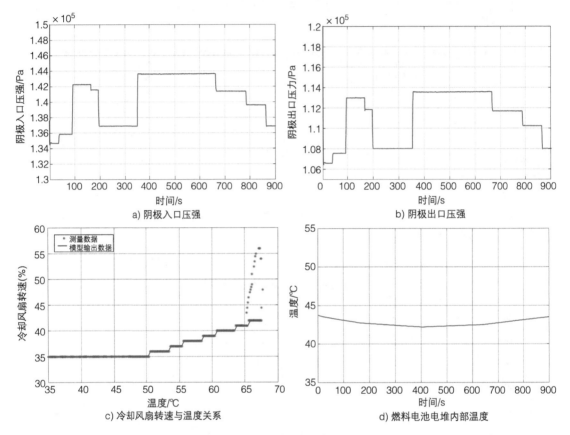

a) 阴极入口压强　　　　　　　　　　b) 阴极出口压强

c) 冷却风扇转速与温度关系　　　　　d) 燃料电池电堆内部温度

图 4.17　燃料电池阴极压力

第5章

质子交换膜燃料电池系统控制

前述章节分别讨论了质子交换膜燃料电池系统的建模方法和建模过程，为实现燃料电池系统的控制奠定了基础。由于燃料电池系统是一个多输入/多输出的系统，系统中的温度、湿度和空气流量之间相互耦合，若将它们单独控制难以达到提高系统功率及寿命的目标。在燃料电池系统控制中，控制目标是燃料电池系统的净输出功率最大。为满足这一控制目标，就要对燃料电池的电堆温度、湿度、氢气流量和进堆空气流量进行控制。本章首先介绍了几种燃料电池系统控制方法，设计了燃料电池系统多输入/多输出的控制方法，对燃料电池的不同系统进行管理控制，以提高燃料电池系统的净输出功率，延长燃料电池的使用寿命。

5.1 燃料电池系统控制方法

目前有很多学者对燃料电池系统的控制进行了研究，但这些研究大多是单变量控制或对燃料电池中某一子系统进行控制。例如，有的文献 [80] 对空气供应系统进行控制，有的文献 [81] 对温度进行控制，有的文献 [82] 对湿度进行控制。但燃料电池系统是一个多输入/多输出、强耦合的非线性系统，各变量间相互影响，对单个变量进行控制难以取得较好的控制效果。在各种控制变量中，氢气流量和其他控制变量间的耦合相对较弱，在实际控制时可以取一个适当较高的固定值。电堆温度与电堆湿度和进堆空气流量有着密切的关系，但温度变化时间常数比较大，有一定的滞后，所以燃料电池的温度控制一般和电堆湿度、进堆空气流量的控制分开，即单独进行控制，控制目标一般是将电堆温度尽量控制在一个固定的范围内。电堆湿度和进堆空气流量两者动态变化的时间常数相差不大，两者相互影响。依据第 4 章中对电堆湿度的影响因素分析可以得出，增大进堆空气流量会使燃料电池堆湿度降低和电堆输出电压降低，不能只考虑加湿而不考虑进堆空气流量对加湿的影响。因此要对电堆湿度和进堆空气流量同时进行控制，提高燃料电池系统的净输出功率，延长燃料电池的使用寿命[83]。

5.1.1 PID 控制

PID 控制是控制系统中应用最广泛的控制规律，能很好地消除误差、克服振荡，具有稳定性高、动态响应快等优点[84-86]，并且控制参数相互独立，参数整定非常方便，其控制规律为

$$u(t) = K_\mathrm{p} \left[e(t) + \frac{1}{T_\mathrm{I}} \int_0^t e(t)\mathrm{d}t + T_\mathrm{D} \frac{\mathrm{d}e(t)}{\mathrm{d}t} \right] \tag{5.1}$$

对应的模拟 PID 控制器的传递函数为

$$G(s) = K_\mathrm{p} \left(1 + \frac{1}{T_\mathrm{I}s} + T_\mathrm{D}s \right) \tag{5.2}$$

式中，K_p 表示比例增益，T_I 表示积分时间常数，T_D 表示微分时间常数，$u(t)$ 表示 PID 控制器的输出，$e(t)$ 表示控制系统的输入量与输出量之差。由于在计算机控制系统中 PID 控制规律的实现必须用数值逼近的方法，所以要将模拟 PID 离散化，可得如下差分方程

$$u(k) = K_\mathrm{p} \left[e(k) + \frac{T}{T_\mathrm{I}} \sum_{i=0}^k e(i) + T_\mathrm{D} \frac{e(k) - e(k-1)}{T} \right] \tag{5.3}$$

其中，K_p、T_I、T_D 的整定有比较成熟的方法，可以采用先比例、后积分、再微分的试凑法来确定。

LEE 等[87] 研制了一台 1kW 的 PEM 燃料电池，经由 DC/AC 逆变器输出 220V 的电压；燃料电池的控制单元采用 PLC 作为主控设备，通过预先写入的逻辑来控制气体送给、冷却和热交换子系统，从而使系统能对外部负载变化做出响应，而不会出现燃料送给过多或过少；采用基于温度的 PID 控制来调节冷却液的送进速度，使电堆温度维持在设定范围内；他们还对燃料供给方法进行了分析，通过试验得到了负载电流变化时燃料供给流速的优化值。VAHIDI 等[88] 设计了可用来控制功率输出的控制系统，发电系统由燃料电池电堆和一系列电气负载（包括电动机和速度可调的空气压缩机）组成，电堆的功率输出取决于空气压缩机的速度，控制系统参考传感器输入的电流信号，采用前向的控制信号调节压缩机速度，可以满足实时功率的需要。

5.1.2 模型预测控制

模型预测控制是一种优化控制策略，它就像人一样，根据头脑对外部世界的了解，通过快速思维不断比较各种方案可能造成的后果，并从中择优予以实施。它首先根据已知的系统模型（可以是各种模型）预测未来一段时间（称为预测时域，predictive horizon）系统的行为，然后根据某个性能指标得出系统在控制时域（control horizon）中的最优的控制输入序列，并将控制输入序列的前几个采样周期（一般只用到一个输入）的值作为系统的实际控制输入，在下一采样周期重复此过程。因此模型预测控制又称为滚动时域控制（receding horizon control）。由于模型预测控制采用多步预测、滚动优化和反馈校正的控制策略，控制效果好，适用于控制不易建立精确数学模型且比较复杂的工业生产过程。

5.1.3 模糊控制

模糊控制是一种基于规则的控制，它直接采用语言型控制规则，出发点是现场操作人员的控制经验或相关专家的知识，在设计中不需要建立被控对象的精确的数学模型，因而使控制机理和策略易于接受与理解，设计简单、便于应用。德国的 SCHUMACHER[89] 采用模糊控制方法对微型 PEMFC 的水管理进行了控制；ABTAHI[90] 采用基于 Mamadani 推理的模糊控制方法对燃料电池的水管理进行了控制。

5.1.4 神经网络控制

神经网络控制是将燃料电池看作"黑箱"，根据试验所得数据，采用神经网络的方法，建立燃料电池的模型。根据所得的模型，进行神经网络 PID 控制或神经网络自适应控制。ALMEIDA[91] 提出了一种神经优化控制系统，采用参数化小脑神经模型控制器来控制系统的输出电压，该控制器允许用户设置性能指标。AZMY[92] 提出一种基于人工神经网络的方法，用来在线更新参数，实现优化管理和简化管理过程的目的。

5.2 燃料电池空气供应系统控制

5.2.1 空气供气参数解耦设计

PEMFC 的空气参数是强耦合、时变、非线性变量，应根据多变量过程控制系统的解耦理论，进行空气参数的解耦设计，以便各空气供给控制系统独立运行，彼此不受或少受其他参数的影响。车用 PEMFC 在运行时，空气流量、空气压力和空气温度相互关联、相互影响。在空气压力、空气流量和空气温度的动态变化过程中，由于空气作为燃料，不断地被消耗、被补充，因此不适用理想气体状态方程，且各参数之间是非线性关系，为了对空气控制回路进行有效控制，对空气参数进行解耦是必要的。

本节中对空气参数的解耦设计，仅考虑空气流量和空气压力的解耦。至于空气温度的控制，由于它与燃料电池堆工作温度直接耦合，而在燃料电池水热管理系统中，关于燃料电池堆工作温度的控制策略研究已有详细论述，这方面的文献非常多，并有很多成熟的控制方案，所以本节对空气温度的控制不再展开进一步的研究 [93-94]。

（1）多变量过程控制系统解耦理论

工程界和理论界一致认为，多变量控制系统是高级而又复杂的过程控制系统。从控制理论的观点来看，高级和复杂意味着这种控制系统能满足一些更高的控制要求或者控制指标，从而在理论分析的深度与广度上，都超过了常规的单变量过程控制理论。因此从 20 世纪 60 年代以来，多变量过程控制理论受到了广泛的关注，并且很多研究结果已被成功地应用于实践。目前，多变量过程控制系统的解耦理论已成为过程控制理论中的一个重要领域，而且，就其内容的深度而言，人们也普遍认为它是过程控制理论中最难的理论领域之一。

（2）燃料电池空气参数解耦设计

本节将一种新的动态扰动解耦控制（DDC）方法应用于离心压缩机，与许多现有的解耦方法不同，新方法只需要很少的动力学理论。这种解耦控制方法是基于一种新的突破性的控制设计方法自抗扰控制（ADRC）而设计。对于自抗扰控制器，控制器设计所需的基本信息不是从数学模型获得，而是通过实时的输入输出数据获得的。因此，控制系统可以对内部状态或者外部干扰的变化迅速做出反应。

问题公式化：在工作点，空气管理系统的线性化公式可以描述为

$$\begin{bmatrix} q \\ p \end{bmatrix} = \begin{bmatrix} G_{p11}(s) & G_{p12}(s) \\ G_{p21}(s) & G_{p22}(s) \end{bmatrix} \begin{bmatrix} \omega_{cp} \\ \theta \end{bmatrix} \tag{5.4}$$

在这里，我们将其定义为

$$G_p(s) = \begin{bmatrix} G_{p11}(s) & G_{p12}(s) \\ G_{p21}(s) & G_{p22}(s) \end{bmatrix} \tag{5.5}$$

式中，q 表示空气压缩机质量流量（g/s）；p 表示压力（Pa）；ω_{cp} 表示空气压缩机转速（r/min）；θ 表示控制阀开度角（rad）。

利用控制理论中的相对增益阵列（RGA）方法，定量分析了多控制回路之间的相互作

用。由式（5.6）可知，RGA是一个2×2矩阵。

$$\text{RGA} = \begin{bmatrix} \lambda_{11} & \lambda_{12} \\ \lambda_{21} & \lambda_{22} \end{bmatrix} \tag{5.6}$$

式（5.4）是给定工作点的线性化公式。实际上这个系统是高度非线性的，表示矩阵$G_{\mathrm{p}}(s)$不是常数。$G_{\mathrm{p}}(s)$随着工作点的变化而变化。为了分析空气管理系统的非线性，利用Simulink LTI工具箱对系统在不同工作点处进行线性化处理。部分动态RGA见表5.1，在不同的工作点上，耦合程度是不同的。

表 5.1　部分动态 RGA

p=1.40bar			p=1.30bar			p=1.20bar		
q/(g/s)	RGA		q/ (g/s)	RGA		q/(g/s)	RGA	
15.85	0.6959	0.3041	15.89	0.7279	0.2721	15.12	0.7842	0.2158
	0.3041	0.6959		0.2721	0.7279		0.2158	0.7842
14.86	0.6679	0.3321	14.96	0.7008	0.2992	14.00	0.7592	0.2408
	0.3324	0.6679		0.2992	0.7008		0.2408	0.7592
13.87	0.6361	0.3639	13.89	0.6716	0.3284	10.05	0.6284	0.3716
	0.3639	0.6361		0.3284	0.6716		0.3716	0.6284
9.88	0.5655	0.4345	9.98	0.5641	0.4359	5.00	0.4072	0.5928
	0.4345	0.5655		0.4359	0.5641		0.5928	0.4072

图5.1所示为从实测空气压缩机图中得到的系统耦合度。在弱耦合区域，系统可由两个解耦环路控制，用θ控制压力，用ω_{cp}控制质量流量。在介质耦合区，也可采用上述控制律。但是当其中一个循环发生变化时，另一个循环也会发生很大变化。

（3）动态扰动解耦控制方法

根据上述分析，该压缩系统需要解耦控制。自抗扰控制器是一种相对较新的技术，适合于强耦合系统。自抗扰控制器与PID和基于模型的多变量控制模式都有很大的不同。其方法是实时估计和消除各通道之间的耦合，将复杂的多变量控制问题简化为一组独立的温度控制回路。这种自抗扰控制在多变量控制设定中的具体化被记为动态扰动解耦控制（DDC）方法。

一般地，给出n阶系统的DDC方法如下

$$\begin{cases} y_1^{n_1} = f_1 + b_{0,11}u_1 \\ y_2^{n_2} = f_2 + b_{0,22}u_2 \\ \quad\vdots \\ y_m^{n_m} = f_m + b_{0,mm}u_m \end{cases} \tag{5.7}$$

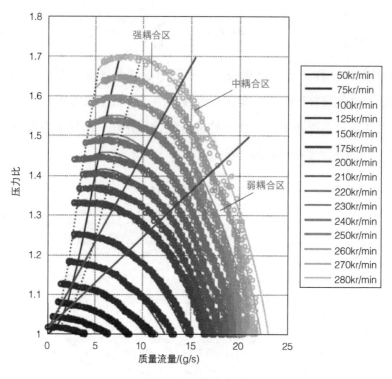

图 5.1　系统耦合度

其中当 $i=m$ 时，f_i 表示第 i 环内内部动力学和外部扰动的综合效应，包括跨信道干扰。我们假设（5.7）中的输入和输出数相同，平方多变量系统是 m-loop 系统。针对每个环路分别设计了基于自抗扰控制的单点自适应控制器。考虑式（5.7）中的第 i 个循环

$$y_i = f_i + b_{0,ii}u_i \qquad (5.8)$$

设 $x_{1,i}=y_i$，$x_{2,i}=y_i$，$\cdots$，$x_{n+i,i}=y_i$ 和 $x_{n+1,i}=f_i$，它们是作为扩展状态加入的。假设 f_i 可微且 $h_i=f_i$ 有界。增广状态空间形式为

$$\begin{cases} x_i = Ax_i + Bu_i + Eh_i \\ y_i = Cx_i \end{cases} \qquad (5.9)$$

$$A = \begin{bmatrix} 0 & 1 & 0 & \cdots & 0 \\ 0 & 0 & 1 & \cdots & 0 \\ \vdots & \vdots & \vdots & & 0 \\ 0 & 0 & 0 & \cdots & 1 \\ 0 & 0 & 0 & \cdots & 0 \end{bmatrix}_{(n_i+1)\times(n_i+1)} \qquad (5.10)$$

$$B = \begin{bmatrix} 0 \\ 0 \\ \vdots \\ b_{0,ii} \\ 0 \end{bmatrix}_{(n_i+1)\times 1}, \quad E = \begin{bmatrix} 0 \\ 0 \\ \vdots \\ 0 \\ 1 \end{bmatrix}_{(n_i+1)\times 1} \tag{5.11}$$

$$C = [1, 0, \cdots, 0]_{1\times(n_i+1)} \tag{5.12}$$

在大多数现有的解耦控制方法中，假定已得到被控对象的精确数学模型。自抗扰控制的方法是利用扩展状态观测器 (ESO) 从输入输出数据中实时估计扰动 f_i，从而不需要对 f_i 进行精确的数学描述。该方法不需要离线识别装置动态，而是实时估计装置动态和外界干扰的联合效应。

公式 (5.9) 的 ESO 设计为

$$\begin{cases} \dot{x}_i = A\dot{x}_i + Bu_i + L_i(x_{1,i} - \hat{x}_{1,i}) \\ \dot{y}_i = C\hat{x}_i \end{cases} \tag{5.13}$$

其中，$L_i = [l_{1,i},\ l_{2,i},\ \cdots,\ l_{n_i+1,i}]$ 为观测器增益。特殊情况，选择增益为

$$[l_{1,i},\ l_{2,i},\ \cdots,\ l_{n_i+1,i}] = [\omega_{0,i}\alpha_{1,i},\ \omega_{0,i}^2\alpha_{2,i},\ \cdots,\ \omega_{0,i}^{n_i+1}\alpha_{n_i+1,i}] \tag{5.14}$$

当 $\omega_{0,i} > 0$ 时，则

$$\alpha_{j,i} = \frac{(n_i+1)!}{j!(n_i+1-j)!} \tag{5.15}$$

通过一个调优的观测器，观测器状态将密切跟踪增强装置的状态。通过使用 f_i 消除 f_i 的影响，自抗扰控制器实时主动补偿 f_i。控制律由

$$u_i = k_{1,i}(r_i - \hat{x}_{1,i}) + \cdots + k_{n_i,i}(r_i^{n_i-1} - \hat{x}_{n+i,i}) + r_i^{n_i} \tag{5.16}$$

其中，r_i 是第 i 环的期望轨迹。注意 (5.16) 中使用了前馈机制来进一步减小跟踪误差。

空气管理系统 $[y_1,\ y_1] = [q, p]$，$[u_1,\ u_1] = [\omega, \theta]$。其中，$q$ 表示质量流量（g/s），p 表示压力（Pa），ω 表示空气压缩机转速（r/min），θ 表示控制阀位置（rad）。空气管理系统控制框图如图 5.2 所示。

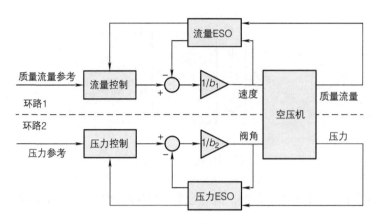

图 5.2　空气管理系统控制框图

5.2.2　基于带参数优化算法的分数阶 PID 控制

空气压力对燃料电池的性能有很大影响。提高反应气体压力，PEMFC 的性能和效率均会随之提高。PEMFC 在较高压力下工作时，可以增大燃料电池系统的能量密度，减小系统尺寸，提高电池堆效率和改善水平衡，有利于燃料电池性能的改善。但是受电堆密封要求、材料的强度及反应安全性所限，从系统优化角度出发，燃料电池的工作压力又不宜过大，且空气压缩机作为提供高压氧气的来源也要消耗功率[95]。

（1）控制系统结构

空气压力控制回路主要由空气压力控制器、空气供给管腔、空气返回管腔、空气压力检测装置和空气压力给定装置等部分组成。由于空气压力与空气流量直接相关，它的实时调节应与空气流量的实时变化相对应，而且 PEMFC 的反应中空气工作压力除了与空气流量直接相关，还受到电池堆输出功率的影响、电池性能的制约以及空气温度和排风阀开度等参数的影响，所以空气压力控制回路的给定值是动态的、非线性的。空气压力控制回路的给定值由 Elman 神经网络根据燃料电池堆输出功率、电池堆温度及空气流量等参数的变化，预测燃料电池的空气工作压力，使其快速响应负荷的变化，提高空气压力控制回路的动态响应能力。同时，为提高控制的实时性，空气压力控制回路的控制模型采用基于空气压力 - 排风量的参数辨识模型。空气压力控制回路被控变量为电堆入口的空气压力，控制变量为排风量，空气压力控制结构方框图如图 5.3 所示。

空气压力的神经 PID 控制策略，通过控制燃料电池堆空气返回管腔的排风阀开度，控制空气压力的变化，PEMFC 的燃料是氢气和环境大气中的氧气，氢气由高压储气瓶经减压阀门后供给，因此燃料电池的功率密度主要由空气中的氧分压决定。相关研究从不同侧面论述了提高反应气体的工作压力有利于改善燃料电池的性能和提高燃料电池堆的工作效率。

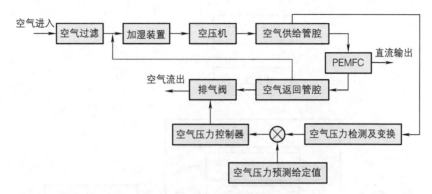

图 5.3　空气压力控制结构方框图

适当提高空气压力有利于燃料电池性能的改善，但受电池堆密封要求、材料强度及反应安全性所限，从系统优化角度出发，燃料电池的工作压力又不宜过大。由于氢气的工作参数存在最佳值，所以先将氢气的工作参数调整到最佳状态，再根据电池堆的输出功率、空气流量、空气温度等参数的变化调节空气的工作压力，使系统运行在最佳状态。

针对燃料电池供气系统，提出了一种基于未知输入非线性观测器的分数阶 PID 控制器，所提出的非线性观测器能够估计质子交换膜燃料电池系统的内部状态，然后根据观测到的系统状态得到 OER，设计一种带参数优化算法的分数阶 PID 控制器，可快速调节 OER 和阴极压力至所需值。与超螺旋滑模控制器和传统 PID 控制器相比，仿真和试验验证了该控制方法的稳态和瞬态性能，仿真和试验结果表明，所设计的观测器具有良好的收敛性，利用估计的状态变量实现了 OER 的结构和阴极压力。因此，OER 和阴极压力闭环控制方法都是基于所设计的观测器，在此基础上设计了一种分数阶 PID（FOPID）控制算法，在负载电流变化时将 OER 和阴极压力控制到它们的参考值，时间乘误差绝对值积分（ITAE）优化指标用于优化 FOPID 控制参数，试验结果表明，FOPID 控制策略比传统的 PID 和 STA 控制策略具有更好的性能。

对于前一节中描述的 PEMFC 系统模型，下面详细描述了观测器设计过程来估计状态变量，同时证明了该观测器的稳定性，所设计的观测器可以在有限时间内重建系统的状态。

PEMFC 系统在运行过程中具有分数阶特性。采用优化算法对控制参数进行优化，实现了 FOPID 控制器，其提出的控制方案如图 5.4 所示。此外，还研究了 PID 控制器和超捻算法（STA）对 OER 和阴极压力的控制。

为了保证质子交换膜燃料电池系统安全、高效的运行，本节对该系统的动态性能进行了评价

$$z = \begin{bmatrix} z_1 \\ z_2 \end{bmatrix} = \begin{bmatrix} \lambda_{O_2} \\ P_{ca} \end{bmatrix} \tag{5.17}$$

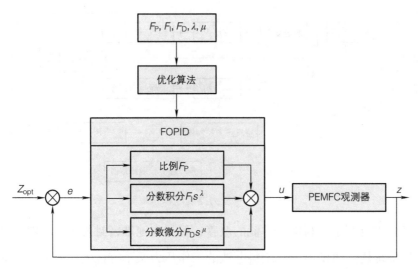

图 5.4 控制方案

为了避免质子交换膜燃料电池（PEMFC）系统缺氧和压力的剧烈波动，关键是控制其 OER（λ_{O_2}）和阴极压力（P_{ca}）。OER 和阴极压力的数学表达式如下

$$
\begin{cases}
\lambda_{O_2} = \dfrac{W_{O_2,ca,in}}{W_{O_2,react}} \\[3mm]
P_{ca} = \& \dfrac{RT_{st}}{M_{O_2}V_{ca}}m_{O_2} + \dfrac{RT_{st}}{M_{N_2}V_{ca}}m_{N_2} + \dfrac{m_{v.ca.max}R_vT_{st}}{V_{ca}}
\end{cases}
\tag{5.18}
$$

根据前面的表达式和状态变量方程，(5.17) 和式 (5.18) 可以改写为

$$
\begin{cases}
z_1 = \& \dfrac{4x_{O_2}K_{sm.out}F}{n(1+\omega_{atm})M_{O_2}I_{load}}\left(x_2 - \dfrac{RT_{st}}{M_{O_2}V_{ca}}x_6 + \dfrac{RT_{st}}{M_{N_2}V_{ca}}x_5 + \dfrac{m_{v.ca.max}RT_{st}}{V_{ca}M_v}\right) \\[3mm]
z_2 = \dfrac{RT_{st}}{M_{O_2}V_{ca}}x_6 + \dfrac{RT_{st}}{M_{N_2}V_{ca}}x_5 + \dfrac{m_{v.ca.max}RT_{st}}{V_{ca}M_v}
\end{cases}
\tag{5.19}
$$

式中，$m_{v.ca.max}$ 表示阴极一侧水蒸气的最大摩尔质量（kg/mol）。

随着负载电流的变化，利用空气压缩机转矩和回程歧管节流阀开度来控制 OER 和阴极压力。控制目标是将它们保持在适当的参考值。

（2）FOPID 控制器设计

常规 PID 控制器的 K_P、K_I、K_D 三个参数也是 FOPID 控制器的可调参数。由于引入分数阶 λ 和 μ，FOPID 控制器增加了两个可调参数。在常规控制器中，参数值可以是小数，而不是 1 或其他整数。FOPID 控制器参数的整定范围由图 5.5a 中的"点"变换为图 5.5b 中的"面"。

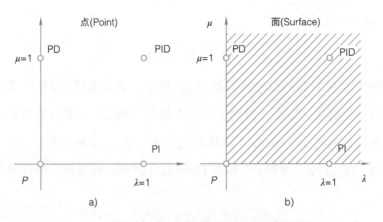

图 5.5　FOPID 控制器参数的整定范围

对于 FOPID 控制器，λ 和 μ 可以是任意实数。在此基础上，将 FOPID 控制器传递函数定义为

$$G_c(s) = F_P + \frac{F_I}{s^\lambda} + F_D s^\mu, \lambda, \mu > 0 \tag{5.20}$$

其中，F_P、F_I 和 F_D 分别称为比例增益、积分增益和导数增益。在时域中，控制信号 $u(t)$ 表示为

$$u(t) = F_p e(t) + F_I D^{-\lambda} e(t) + F_D D^\mu e(t) \tag{5.21}$$

分数阶系统具有较大的稳定区域，因此其应用范围更广，即如图 5.6 所示的阴影区域。

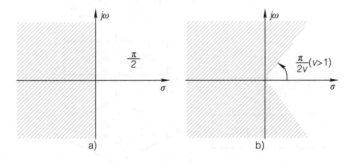

图 5.6　控制系统稳定区域

（3）参数优化

分数阶 $PI^\lambda D^\mu$ 控制器有 5 个控制参数可调，分别是 F_P、F_I、F_D、λ 和 μ。手动调整参数会浪费时间，而且可能得不到最佳的控制参数。为了设计控制系统的分数阶控制器，需要根据实际需要确定优化准则或评价函数。常用的性能指标有积分平方误差、积分绝对误差和积分时间加权绝对误差。ITAE 由于其实用性和选择性而得到了广泛的应用，ITAE 准则在自适应控制系统中表现出良好的性能。

ITAE 的性能指标定义为

$$J_{\text{ITAE}} = \int t\left|e(t)\right|\mathrm{d}t \tag{5.22}$$

最优分数阶 PID 控制器的设计流程如图 5.7 所示。首先选择 ITAE 性能指标作为优化准则。再将 λ 和 μ 分割成一定步长的网格。对于每个网格点，λ 和 μ 的值是固定的，利用最小二乘法找出最优的 F_{P}、F_{I} 和 F_{D}，最后将 F_{P}、F_{I}、F_{D}、λ 和 μ 保存。在此基础上，得到了每个点的 F_{P}、F_{I}、F_{D}、λ 和 μ，根据 ITAE 优化准则，选取最小的优化指标作为所有网格点的输出。

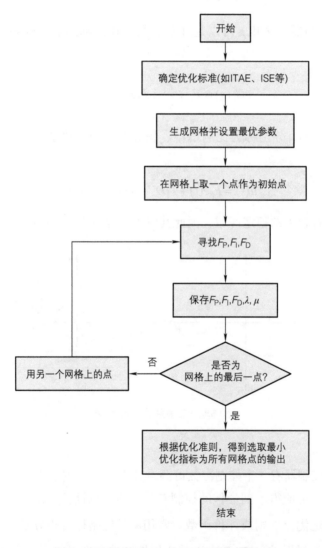

图 5.7　最优分数阶 PID 控制器的设计流程

5.3 燃料电池的氢气供应系统控制

在燃料电池系统控制中，控制目标往往是使燃料电池系统的净输出功率最大，要满足该控制目标，需对燃料电池阴极的空气流量、阳极的氢气流量、电堆温度和湿度进行合理控制。在这 4 个控制变量中，虽然研究氢气流量控制的文献较少，但是对氢气流量和压力进行适当控制具有非常重要的作用。一方面可使电堆中阳极流道具有合适的氢气浓度，从而保证氢气与氧气的反应速度，使电堆输出电流达到期望的设定值；另一方面由于电堆中质子交换膜所承受的压力在一定范围内，通过改变进入阳极流道氢气的压力，调节质子交换膜两端的压力差，延长其使用寿命。此外，在质子交换膜燃料电池工作时，应保持阳极流道压力略高于阴极流道压力，这有助于燃料电池在膜发生破裂时，避免由于压力差致使阳极流道中的氢气流出，从而达到降低系统危险性的目的。

以状态空间平均法为基础的现代控制理论，尽管在控制领域取得了许多丰硕的成果，但其理论的出发点是能够对控制对象建立精确的数学模型。实际是有些被控对象往往难以用精确的数学方程来描述，预测控制可以在模型失配、干扰、时变等引起的不确定性时得到及时补偿，从而提高了系统的控制精度和鲁棒性。在氢气供应系统中，阳极流道的压力可通过调节阀进行调节，其流量主要通过循环泵的转速进行调节。燃料电池工作时，阴极流道与阳极流道之间的压力差对质子交换膜的使用寿命至关重要，调节阀根据阴极进气管道的压力实时控制阳极流道的压力，保证阳极流道压力高于阴极，且压力差在质子交换膜所承受的合理范围之内。本节仅讨论调节阀的控制，而假设循环泵能将排气管道的氢气和水蒸气及时抽到进气管道。对调节阀的控制采用一种基于非参数的预测控制——动态矩阵控制 (Dynamic Matrix Control，DMC)，系统控制框图如图 5.8 所示。

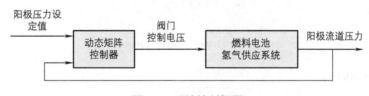

图 5.8 系统控制框图

动态矩阵控制是一种增量算法，由于是将控制对象的阶跃响应作为系统模型，对于高阶复杂系统而言，避免推导传递函数或状态空间方程。它是一种最优控制技术，控制结构主要由预测模型、滚动优化和反馈校正的闭环控制形式构成。

（1）预测模型

在 DMC 算法中，首先需要测定受控对象单位阶跃响应的采样值 $a_i = a(iT_s)$，其中

$i=1\sim N$，其中 T_s 为系统采样周期。预测模型为

$$Y_{N1} = Y_{N0} + a\Delta u(k) \tag{5.23}$$

式中，Y_{N0} 表示 kT_s 时刻预测的无控制增量时未来 N 个时刻的系统输出；Y_{N1} 表示 kT_s 时刻预测的有控制增量 $\Delta u(k)$ 时未来 N 个时刻的系统输出。

（2）滚动优化

在 $t=kT_s$ 时刻，在控制增量 $\Delta u(k)$，$\cdots$，$\Delta u(k+M-1)$ 作用下，预测系统在未来 P 个时刻的输出为

$$Y_{P1} = Y_{P0} + A\Delta U \tag{5.24}$$

式中，ΔU 是从现在起 M 个时刻的控制增量矩阵；A 为系统的动态矩阵，它由单位阶跃响应系数 a_i 得到，即

$$A = \begin{bmatrix} a_1 & a_2 & \cdots & a_3 \\ a_1 & a_1 & \cdots & a_1 \\ \vdots & \vdots & & \vdots \\ a_1 & a_1 & \cdots & a_1 \end{bmatrix} \tag{5.25}$$

在预测控制中，常要求闭环响应沿一条指定的、平滑的曲线到达新的稳定值，以提高系统的鲁棒性。一般期望值取

$$w(k+j) = a^j y(k) + (1-a^j) y_r \tag{5.26}$$

式中，$j=1\sim N$；a 表示柔化系数；$y(k)$ 表示系统实测输出值；y_r 表示系统的给定值。

通过选择该时刻起 M 个时刻的控制增量 ΔU，使系统在未来 P 个时刻的输出值 Y_{P1} 尽可能接近其期望值

$$e = [w(k+1), w(k+2), \cdots, w(k+P)]^{\mathrm{T}} \tag{5.27}$$

优化性能指标取为

$$J(k) = (Y_{P1} - W)^{\mathrm{T}} \boldsymbol{Q} (Y_{P1} - W) + \Delta U^{\mathrm{T}} \boldsymbol{R} \Delta U \tag{5.28}$$

式中，$\boldsymbol{Q}$、$\boldsymbol{R}$ 分别表示误差权系数矩阵和控制权系数矩阵，可通过调节控制权系数矩阵 $\boldsymbol{R}$ 达到限制输出电压增量的目的。

将上式整理得到最优电压增量

$$\Delta U = (A^{\mathrm{T}} \boldsymbol{Q} A + \boldsymbol{R})^{-1} A^{\mathrm{T}} \boldsymbol{Q} \tag{5.29}$$

式中，ΔU 表示有 M 个元素，其第一个元素即为控制器输出电压增量 $\Delta u(k)$。

（3）反馈矫正

在下一个采样时刻 $t=(k+1)T_s$，系统的实际输出 $y(k+1)$ 与模型预测得到的该时刻输出，即 Y_{N1} 中的第一个分量进行比较，构成预测误差 $e(k+1)$。由于预测误差的存在，以后各时刻输出值的预测也应在此模型预测的基础上加以校正，对未来误差的预测，可通过对现时预测误差 $e(k+1)$ 加权系数 $h_i(i=1\sim N)$ 得到，即

$$Y_{cor} = Y_{N1} + h_i e(k+1) \tag{5.30}$$

式中，h_i 表示误差校正向量，其中第一个元素 $h_1=1$；Y_{cor} 表示 $(k+1)T_s$ 时刻经误差校正后所预测的系统在 $t=(k+i)T_s(i=1\sim N)$ 时刻的输出。

在 $t=(k+1)T_s$ 时刻预测的无控制增量时未来 N 个时刻的系统输出 Y_{N0} 中前 $(N-1)$ 个元素取 Y_{cor} 中的第 2 个到第 N 个元素，Y_{N0} 最后一个元素取 Y_{cor} 中的第 N 个元素。得到了后 Y_{N0}，又可根据式 (5.23) ~ 式 (5.29) 进行 $t=(k+1)T_s$ 时刻的优化计算，求出控制增量 $\Delta u(k+1)$ 进行反馈校正，整个控制以结合反馈校正的滚动优化方式反复在线运行。

5.4 燃料电池的水管理控制

水淹和膜干是影响燃料电池系统工作性能和可靠性的突出问题。燃料电池的质子交换膜在工作状态必须含有足够的水分，因为其质子电导率与水含量直接相关[96-97]。质子交换膜会因为水分蒸发而导致质子电导率大幅降低，从而燃料电池内阻变大，所以需要保证燃料电池膜的湿润。但如果燃料电池中的水太多则会导致水淹，膜电极被淹没，导致气体无法进入催化层，阻碍了燃料电池反应的继续进行。燃料电池生成水在阴极催化层产生，阴极侧的水一部分是由反应气吹扫与挟带排出燃料电池外，另一部分会通过反扩散传递到阳极侧。

针对前面讲的 PEM 燃料电池电堆所具有的各种特性，这里采用模糊神经网络控制系统来实现对电堆湿度的控制，由于它兼有神经网络和模糊控制逻辑的优点，所以目前它是针对这类具有时变性、大滞后、不确定性和非线性的强耦合系统的最佳控制策略。考虑到控制器实现的简易性和快速性，在设计中采用了二维的控制器结构形式，将系统误差 E 和误差变化率 ΔE 作为输入语句变量，因此该控制系统具有常规 PID 控制器的作用。基于模糊神经网络的电堆湿度控制系统结构如图 5.9 所示。

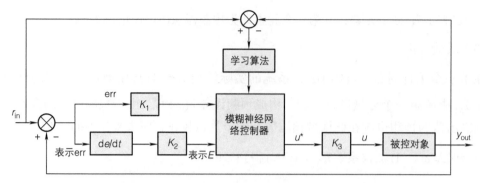

图 5.9　基于模糊神经网络的电堆湿度控制系统结构

其中，r_{in} 表示系统的设定值；y_{out} 表示系统的实际输出；u^* 表示控制器的输出；u 表示实际的控制值，包括风机的转速、外部加湿器加湿气体的温度和相对湿度。而图 5.9 中的 K_1、K_2 表示比例因子，K_3 表示量化因子。因为在模糊控制逻辑中，通常把控制器的输入变量误差及误差变化的实际范围称为这些变量的基本论域（精确量），但是要进行模糊化处理，必须将输入变量从基本论域转换到相应的模糊集的论域，所以必须将输入变量乘以相应的比例因子，而输出变量则同样需要乘以相应的量化因子。在实际的测试系统中，假设误差的基本论域为 $[-x_1, +x_1]$，误差变化的基本论域为 $[-x_2, +x_2]$，被控对象实际要求的变化范围即控制器输出变量的基本论域为 $[-u, +u]$。根据以上分析，如果模糊子集的论域选择分别为 $\{-n, -n+1, \cdots, 0, \cdots, n-1, n\}$，$\{-m, -m+1, \cdots, 0, \cdots, m-1, m\}$，$\{-l, -l+1, \cdots, 0, \cdots, l-1, l\}$，则比例因子和量化因子为

$$K_1 = \frac{n}{x_1}, K_2 = \frac{m}{x_2}, K_3 = \frac{l}{u} \qquad (5.31)$$

合理地选择比例因子和量化因子对整个控制器的最终性能是非常重要的。其中，比例因子 K_1、K_2 的大小对控制系统的动态性能有影响。同前面所讲的 PID 控制器类似，K_1 影响系统的超调量，K_1 越大则系统的超调越大；K_2 影响系统的响应速度，K_2 越大则响应速度越慢，同时 K_2 对超调有很强的遏制作用。量化因子 K_3 作为控制器的总增益，它影响着控制器的输出及控制系统的特性，选择过小会使系统动态响应变慢，而选择过大则会使系统振荡加剧。

5.4.1　燃料电池堆的湿度控制模型

根据 PEM 燃料电池的电化学反应过程和第 4 章试验结果的采集和分析，可以得到 PEM 燃料电池堆的湿度主要和以下几个方面相关：外部加湿器送入电堆的气体的温度和湿度、风机的转速、电堆的阻抗。电堆内部压力的影响相对较小，可以忽略不计。PEM 燃料

电池堆内部的水有以下几个来源：外部加湿器送来的气体的湿度、电堆内部化学反应生成的水、电堆内部气体流量带走的水。而相对来说，最主要的还是加湿器送入的气体温度和湿度以及化学反应生成的水。

在试验条件中，外部加湿器的基本工作过程是将空气送入加湿器内部，然后迅速将反应气加热到预设的温度值 t_d，通过装置将容器内的空气精确地加湿到该温度下的水汽饱和状态，即相对湿度 RH = 100%。接着，将空气送到加热器的入口，并将气体的温度控制在加热器的温度值 t_s，此时空气的相对湿度可以通过以上两个温度值由经验公式计算出来

$$RH = \frac{\ln E_0 + At_s(B + t_s)}{\ln E_0 + At_s(B + t_d)} \times 100\% \quad (5.32)$$

式中，E_0 表示 0℃时的饱和水汽压，取 6.11213hPa；A、B 表示经验系数，参照 Magnus 公式分别取为 17.62 和 243.12。

由此得出，电堆内部的湿度和空气的温度联系紧密，空气的温度成为影响气体湿度的重要因素。同时，PEM 的电导率 σ 随含水量 λ_M 几乎呈正比变化，随温度变化是一种非线性关系，要获得单片 PEM 中的水含量 λ_M，只要测量 PEM 的欧姆电阻 R_M 和温度 T 即可。

在第 4 章测量得到的数据是单片电池含水量 λ_M，表示单片 PEM 的水分子含量。此时需要对含水量和湿度进行转化。

$$W = \frac{f}{\lambda_M} \times 100\% \quad (5.33)$$

式中，W 表示相对湿度；f 表示空气中水蒸气的绝对含量（绝对湿度）（g/m^3），可以通过查表得到；λ_M 表示在同一温度下空气中的饱和水蒸气含量（相对湿度）（g/m^3）。

从第 4 章的数据分析结果可以知道，影响内阻变化的主要因素是空气和阴极空气的温度、流量。综合以上分析，可以推出 PEM 燃料电池电堆的湿度模型，描述如下

$$T(k+1) = \Phi[V(k), T(k)] \quad (5.34)$$

式中，$V(k)$ 表示空气的流量；$T(k)$ 表示电堆的工作温度。

根据以上湿度模型和对实际测量数据的分析，可得到 PEM 燃料电池电堆的湿度控制模型，经过辨识和简化，最后得到了如下的 n 阶滞后模型

$$G(s) = \frac{Y(s)}{U(s)} = \frac{ae^{\tau s}}{(b_1 s + 1)(b_2 s + 1)\cdots(b_n s + 1)} \quad (5.35)$$

式中，$Y(s)$ 表示电堆温度；$U(s)$ 表示多输入参数，包括氢气与氧气的流量，以及空气的温度；τ 表示滞后因子；s 表示步长；$a, b_1, b_2, \cdots, b_n$ 表示系统辨识常数，均为有理实数。

5.4.2　控制系统的网络结构

作为整个控制系统核心部分的模糊神经网络控制器，它能够实现模糊逻辑控制和参数自整定的功能[98-100]。网络的具体结构如图 5.10 所示，x_1 和 x_2 分别表示空气的流量和温度。u^* 表示最终测得的湿度值。

在上面的网络中，网络的两个输入量 x_1 和 x_2 对应于系统误差 E 和误差变化率 ΔE。整个网络分为输入层、模糊逻辑层和输出层。输入层有两个神经元节点，起着传递信号的作用。输出层只有一个神经元节点，起着清晰化计算的功能。

输入层的输出为

$$O'_i = x_i (i = 1, 2) \tag{5.36}$$

输出层的输入、输出为

$$\begin{cases} I^5 = \displaystyle\sum_{m=1}^{49} \omega_m O_m^4 \\ O^5 = f(I^5) \end{cases} \tag{5.37}$$

式中，I^i 表示各层的输入量，O^i 表示各层输出量，$i = 1, 2, \cdots, 5$。

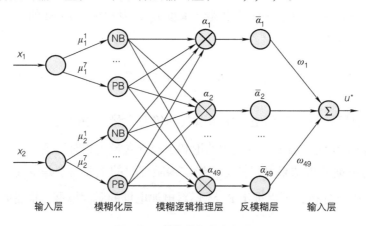

图 5.10　模糊神经网络结构

5.4.3　控制系统的模糊逻辑设计

模糊逻辑层设计为 3 个层次：模糊化、模糊逻辑推理及反模糊化，其主要功能和作用分别介绍如下。

（1）模糊化

模糊化处理就是将精确量转化为模糊量。在本系统中将系统误差 E 和误差变化率 ΔE 都分为 7 个语言值：$E = \{NB, NM, NS, Z, PS, PM, PB\}$ = { 负大，负中，负小，零，正小，正中，

正大 }，$\Delta E = \{NB, NM, NS, Z, PS, PM, PB\} = \{$ 负大，负中，负小，零，正小，正中，正大 $\}$。

其中的每一个语言值对应一个模糊子集，而模糊子集所取得的隶属函数为 Gaussian 型函数，该函数具有很多优点，特别是其表示简单且解析性能好，便于理论分析。

误差隶属函数为

$$\mu(x_1) = \exp\left[-\left(\frac{x_1 - c_{1j}}{\sigma_{1j}}\right)^2\right] (j = 1, 2, \cdots, 7) \tag{5.38}$$

误差变化率隶属函数为

$$\mu(x_2) = \exp\left[-\left(\frac{x_2 - c_{2j}}{\sigma_{2j}}\right)^2\right] (j = 1, 2, \cdots, 7) \tag{5.39}$$

该层的输入、输出为

$$\begin{cases} I_{ij}^2 = -\left(\dfrac{x_i - c_{ij}}{\sigma_{ij}}\right)^2 \\ O_{ij}^2 = \exp(I_{ij}^2) \end{cases} \tag{5.40}$$

（2）模糊逻辑推理

控制器按照语言控制规则进行模糊逻辑推理，相应的模糊控制规则形式是 Mamdani 型。

$$R_1: \text{if } x_1 \text{ is } A_1 \text{ and } x_2 \text{ is } B_1 \text{ then } U^* \text{ is } C_1$$
$$R_2: \text{if } x_1 \text{ is } A_2 \text{ and } x_2 \text{ is } B_2 \text{ then } U^* \text{ is } C_2$$
$$\cdots$$
$$R_m: \text{if } x_1 \text{ is } A_m \text{ and } x_2 \text{ is } B_m \text{ then } U^* \text{ is } C_m$$

其中，通常把 if 部分称为前提条件，而 then 称为结论，R_m 表示第 m 条规则。在本节中模糊控制器有 49 条规则，在给定前提参数 $x_i(i = 1, 2)$ 的情况下，可以得到如下的输出

$$u^* = \frac{\sum_{m=1}^{49}[\mu A_m(x_1) \wedge \mu B_m(x_2)]C_m}{\sum_{m=1}^{49}[\mu A_m(x_1) \wedge \mu B_m(x_2)]} \tag{5.41}$$

式中，"$\wedge$"表示模糊取极小值运算。

该层的输入用来和模糊逻辑规则的前提条件相匹配，神经元的个数等于模糊规则的个数，然后完成模糊运算。

该层的输入、输出为

$$\begin{cases} I_{lk}^3 = O_{1l}^2 O_{2k}^2 \\ O_m^3 = (I^3)_{ij} \end{cases} \tag{5.42}$$

式中，$l=1,2,\cdots,7$；$k=1,2,\cdots,7$；$m=1,2,3,\cdots,49$。

（3）反模糊化

反模糊化是将控制器的输出转化为精确量，神经元个数与上一层相同。在本节中采用的是加权平均的方法。该层的输入、输出为

$$\begin{cases} I_m^4 = \sum_{m=1}^{49} O_m^3 \\ O_m^4 = \dfrac{O_m^3}{I_m^4} \end{cases} \tag{5.43}$$

5.4.4　控制系统的学习算法

在本节的模糊神经网络中，可调参数有三类，第一类是输出层输出中的权值 ω_m，它是第三、四层之间的加权系数，代表规则数。第二、三类可调参数则分别是 c_{ij} 和 σ_j，它们均位于第二层的 14 个节点中，分别代表了隶属函数的中心值和扩展常数。

由于模糊神经网络具有多层感知器的结构形式，其本质也是实现从输入到输出的非线性映射，可以仿照 BP 神经网络，用误差反传的方法来设计调整参数，以使被控对象的输出逼近期望输出。设期望输出为 $r_{\text{in}}(k)$，被控对象输出为 $y_{\text{out}}(k)$，性能指标为 J，则

$$J = \frac{1}{2}[r_{\text{in}}(k) - y_{\text{out}}(k)]^2 \tag{5.44}$$

依据梯度下降最快的方法来修正网络的加权系数，并且附加一个动量因子，则模糊神经网络的权值和参数的修正值为

$$\begin{cases} \omega_m(k+1) = \omega_m(k) - \eta \dfrac{\partial J}{\partial \omega_m} + \alpha \Delta \omega_m(k) \\ c_{ij}(k+1) = c_{ij}(k) - \eta \dfrac{\partial J}{\partial c_{ij}} + \alpha \Delta c_{ij}(k) \\ \sigma_{ij}(k+1) = \sigma_{ij}(k) - \eta \dfrac{\partial J}{\partial \sigma_{ij}} + \alpha \Delta \sigma_{ij}(k) \end{cases} \tag{5.45}$$

它们的梯度为

$$\begin{cases} \dfrac{\partial J}{\partial \omega_m} = -\text{err}(k) O_m^4 \dfrac{\partial y_{\text{out}}(k)}{\partial u^*(k)} \\ \dfrac{\partial J}{\partial c_{ij}} = -\text{err}(k)[\omega_m I_m^4 - I^5](x_i - c_{ij}) \dfrac{O_m^3}{c_{ij}^2(I_m^4)^2} \dfrac{\partial y_{\text{out}}(k)}{\partial u^*(k)} \\ \dfrac{\partial J}{\partial \sigma_{ij}} = -\text{err}(k)[\omega_m I_m^4 - I^5](x_i - \sigma_{ij}) \dfrac{O_m^3}{\sigma_{ij}^2(I_m^4)^2} \dfrac{\partial y_{\text{out}}(k)}{\partial u^*(k)} \end{cases} \tag{5.46}$$

式中，$\dfrac{\partial y_{\text{out}}(k)}{\partial u^*(k)}$ 在被控对象未知的时候可以近似为

$$\frac{\partial y_{\text{out}}(k)}{\partial u^*(k)} = \frac{y_{\text{out}}[u^*(k) + \Delta u^*(k)] - y_{\text{out}}[u^*(k)]}{\Delta u^*(k)} \tag{5.47}$$

综上所述，网络训练的步骤可以归纳如下：①初始化，将权值等设置为较小的随机数；②提供训练集，给定输入向量和输出向量；③计算各层神经元实际的输出；④计算目标值与实际输出值的误差；⑤计算修正值；⑥返回步骤②的重复计算，直到性能指标 J 满足要求为止。

5.5 燃料电池的热管理控制

质子交换膜燃料电池在工作时发生电化学反应产生热量，使电堆温度升高，温度升高一方面可以增加电堆内部的水蒸发量，防止产生水淹，另一方面也有助于提高电化学反应速率和系统效率。但是由于电化学反应加剧，所产生的热量无法及时排出电堆，会造成温度的过高和温度的分布不均，导致质子交换膜的含水量下降，严重时会造成"膜干"现象，降低燃料电池的使用寿命和输出功率。所以燃料电池需要辅助的热管理控制系统，用以监测控制燃料电池的温度，使其在一定的温度范围内运行。

在燃料电池稳态输出时，通过控制器将电堆温度维持在最佳温度附近，在负载电流动态变载的过程中，将电堆工作温度快速稳定地调节到目标最佳温度附近，这对提高电堆输出性能和使用寿命至关重要。本节将针对燃料电池温度控制过程的非线性、时变和滞后等问题，提出一种最优的温度控制方案，其控制结构如图 5.11 所示。

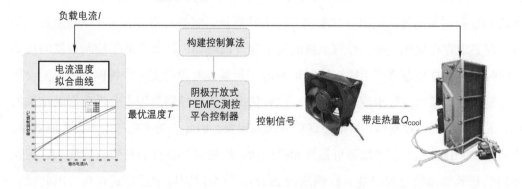

图 5.11 燃料电池系统热管理控制结构

5.5.1 基于增量式 PID 的控制方法设计及试验分析

（1）基于增量式 PID 的控制方法设计

PID 控制是控制系统中应用最广泛的控制策略，能很好地消除误差、克服振荡，具有稳定性高、动态响应快等优点，而且控制参数相互独立，参数整定方便，不会因为环境参数改变而导致出现控制器控制失效的问题。但是其缺点是控制精度欠佳，会导致出现被控参数超调和振荡的现象，PID 的控制规律为

$$u(t) = K_P \left[e(t) + \frac{1}{T_I} \int_0^t e(t) dt + T_D \frac{de(t)}{dt} \right] \tag{5.48}$$

对应 PID 控制器的传递函数是

$$G(s) = K_P [1 + \frac{1}{T_I s} + T_D s] \tag{5.49}$$

式中，K_P 表示比例增益，T_I 表示积分时间常数，T_D 表示微分时间常数，$u(t)$ 表示 PID 的输出，$e(t)$ 表示控制系统的输入量和输出量之差。针对 PEMFC 的 PID 控制原理如图 5.12 所示。

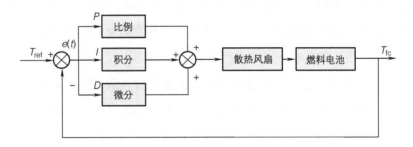

图 5.12　PID 控制原理

其中，T_{ref} 由电流与温度的拟合曲线得出，T_{fc} 表示电堆实时温度数据。

传统 PID 控制器的每次输出量都取决于历史状态量，需要对历史偏差 e 不断累加，整个计算过程必定存在累积误差，导致系统的复杂程度被增加，从而降低了控制系统的运算速度。同时通过 PID 控制器产生输出控制量 $u(k)$ 表示被控对象的实际位置偏差，可能会造成下一时刻被控对象的位置出现较大突变，这种情况在实际控制过程中会严重影响结果的准确性。采用传统 PID 控制器还可能出现积分饱和现象，因此，为避免产生不良控制效果，应采用增量式 PID 控制算法来增强可靠性和稳定性。增量式 PID 控制算法与传统 PID 控制算法不同的是其输出量是控制量 $u(k)$ 的增量 $\Delta u(k)$，整个过程以增量形式存在，因此没有历史累积误差。具体的增量式 PID 控制算法如下

$$\begin{cases} \Delta u(k) = K_{\mathrm{P}}[e(k) - e(k-1)] + K_{\mathrm{I}}e(k) + K_{\mathrm{D}}[e(k) + e(k-2) - 2e(k-1)] \\ u(k) = u(k-1) + \Delta u(k) \end{cases} \quad (5.50)$$

根据式（5.50）的三次拟合关系式可以得出当前电流状态下的最优输出温度值 T_{ref}，以 T_{ref} 为控制算法的参考值，求得电堆实时温度 T_{fc} 与 T_{ref} 的差值 $e(k)$，之后经 DSP 控制算法运算后求得风扇电压占空比 PWM 信号增量 $\Delta u(k)$，再与（k–1）时刻的风扇 PWM 值 $u(k{-}1)$ 相加得到当前 k 时刻风扇的控制量 $u(k)$，再经过硬件电路将占空比信号放大，从而控制风扇的转速。由于温度具有滞后性且变化较慢，所以选取 0.2s 为一个采样周期。

（2）增量式 PID 试验结果及分析

通过试验控制效果调节上位机面板的离散增量式 PID 的控制参数 K_{P}、K_{I}、K_{D} 以及增量参数 k，在控制效果最优时对分布式燃料电池测控平台进行负载电流变化试验，得到使用离散增量式 PID 控制方法控制下的参数变化，试验结果如图 5.13 所示。

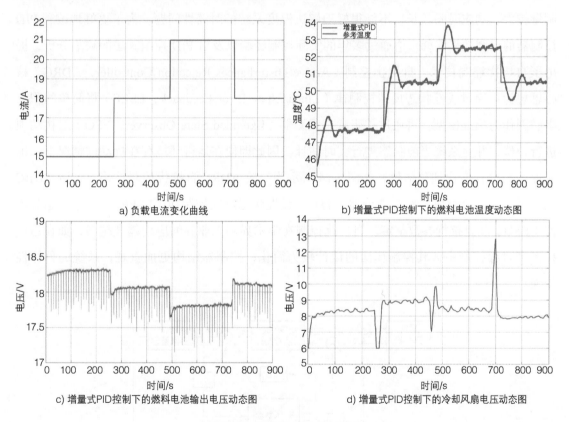

a) 负载电流变化曲线　　　　b) 增量式PID控制下的燃料电池温度动态图

c) 增量式PID控制下的燃料电池输出电压动态图　　　d) 增量式PID控制下的冷却风扇电压动态图

图 5.13　增量式 PID 控制结果

通过试验结果可知，离散增量式 PID 针对 PEMFC 热管理的温度控制稳态误差在 −0.24℃至 0.21℃之间，达到测控平台对燃料电池系统热管理的温度控制要求。如图 5.13b 所示，在运行过程中当负载电流由 15A 上升至 18A 时，燃料电池内部温度的超调量相较于最优温度值差值为 1.29℃；在运行过程中当负载电流由 18A 上升至 21A 时，燃料电池内部温度的超调量相较于最优温度值差值为 0.98℃；在运行过程中当负载电流由 21A 下降至 18A 时，燃料电池内部温度的超调量相较于最优温度值差值为 −0.92℃，减载过程中的超调量小于加载过程中的超调量。如图 5.13c 所示，热管理控制系统处于稳定状态时，燃料电池输出电压较为平缓，仅有吹扫阀排气时对输出带来较小的波动，但很快就趋于稳定。如图 5.13d 所示，在增量式 PID 的控制下，冷却风扇的输出电压在加减载初始响应时刻会有较大的波动，有助于燃料电池温度的上升或下降，在燃料电池内部温度处于稳态时，风扇电压波动较小。

5.5.2　基于二阶 ADRC 的控制方法设计及试验分析

PID 在工业过程控制系统中占据着主导地位，但是根据上一节的试验数据得出 PID 超调量较大、响应时间较长，不能很好地解决温度系统的时滞性问题。为了更好地改善 PID 控制器的控制效果，韩京清通过多年的实际控制经验以及对 PID 控制算法的缺陷分析，提出了自抗扰控制技术。自抗扰控制（Active Disturbances Rejection Controller，ADRC）核心思想为：通过线性状态反馈控制律（Linear State Error Feedback，LSEF）将简单的积分串联型作为标准模型，再通过扩张状态观测器（Extended State Observer，ESO）对扰动项进行补偿，并对系统当前状态进行实时估计。因此即使在运行环境存在扰动的情况下，也能保证跟踪程度达到预估值。如图 5.14 所示为二阶 ADRC 自抗扰控制结构。二阶 ADRC 主要由 4 个部分组成：跟踪微分器（TD）、线性状态反馈控制律（LSEF）、扩张状态观测器（ESO）和自抗扰参数整定。自抗扰控制在学术界和工业界的应用越来越多，如在运动控制和过程控制中，其控制算法的设计较为简化，控制器结构更加直观，系统的鲁棒性较强。

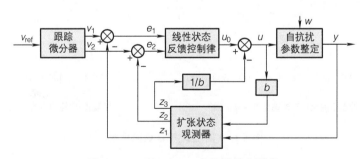

图 5.14　二阶 ADRC 自抗扰控制结构

在图 5.14 中，v_{ref} 是当前负载电流下的最优电压输出温度值，y 为燃料电池电堆的实时温度，u_0 为 LSEF 计算输出的调整量，b 是温控系统已知控制量的增益，而 u 为控制器输出的调整量。LADRC 通过跟踪微分器（TD）先对 v 安排过渡过程 v_1 以及过渡过程的微分信号 v_2，相比于传统算法，系统超调与响应时间的矛盾能够得到很好的解决。扩张状态观测器（ESO）是 LADRC 的核心部分，能够对干扰实现跟踪和补偿。ESO 用燃料电池电堆的实时温度 y 和控制器输出的调整量 u 来对热管理系统的状态和扰动量给出估计，并且把估计值作为 ESO 的输入信号，得到 v_1 的跟踪信号 z_1、v_2 的跟踪信号 z_2 和具有扰动补偿作用的信号 z_3。误差信号 e_1 由 TD 的过渡过程 v_1 和 ESO 的跟踪信号 z_1 形成，e_2 由 TD 的过渡过程微分信号 v_2 和 ESO 的跟踪微分信号 z_2 形成。e_1 和 e_2 作为 LSEF 的输入信号，通过内部线性组合输出 u_0，再结合 z_3，用于改变冷却风扇控制电压的占空比，从而实现燃料电池热管理系统的温度控制。

（1）跟踪微分器（TD）

在实际的工业生产制造中，由于现场工况条件复杂，难免会产生噪声等干扰因素，影响系统的控制效果，目前主流的去除干扰信号装置是线性滤波器或线性微分器，但是由于其结构复杂并且在提取干扰信号的同时也会受到噪声影响，难以达到预期的控制需求。针对这种情况，跟踪微分器能起到很好的噪声抑制效果。跟踪微分器可以理解为一种信号处理环节，作用是安排过渡过程和提取微分信号，当输入信号发生改变时，它会将突变的输入信号变成连续平滑的信号作为系统的输入，柔化了输入信号，抑制了输入的变化率使得系统能更快地跟踪信号，同时也会降低噪声的影响，避免系统发生超调，具有较强的鲁棒性。跟踪微分器写成离散形式如下

$$\begin{cases} v_1(k+1) = v_1(k) + hv_2(k) \\ v_2(k+1) = v_2(k) + hfhan[v_1(k) - v_{\text{ref}}, v_2(k), r, h_0] \end{cases} \quad (5.51)$$

式中，$fhan$ 称为最速控制综合函数，表达式如下

$$d = rh$$
$$d_0 = dh$$
$$y = x_1 + hx_2$$
$$a_0 = \sqrt{d^2 + 8r|y|}$$
$$a = \begin{cases} x_2 + \dfrac{a_0 - d}{2}\text{sign}(y), |y| > d_0 \\ x_2 + \dfrac{y}{h}, |y| \leqslant d_0 \end{cases} \quad (5.52)$$

$$fhan(x_1, x_2, r, h) = -\begin{cases} \dfrac{ra}{d}, |a| \leqslant d_0 \\ r\text{sign}(a), |a| > d_0 \end{cases}$$

式中，r 表示跟踪速度因子，跟踪速度与 r 值成正比；h 表示采样步长；h_0 表示滤波因子，可以有效地过滤干扰噪声。可以通过设置 r 和 h 的值，来实现 TD 对输入值变化量的有效跟踪，降低系统超调。在燃料电池温度控制系统中，负载电流的阶跃变化会导致系统目标参考温度跟随阶跃变化，导致初始误差很大，容易引起超调，所以引入跟踪微分器（TD）。

（2）扩张状态观测器（ESO）

扩张状态观测器（ESO）是整个 ADRC 控制方法的核心，作为一个动态过程，它只使用了原对象的"输入——输出"信息，没有用到描述对象传递关系函数的其他信息，其作用是为了消除内外扰动对系统输出的影响。ESO 是在状态观测器的基础上，对影响系统输出的扰动信号进行提取，并将其作为扩张状态输入到状态观测器中，由此形成的扩张状态观测器具有很强的观测性能，无须对干扰进行直接测量，就能够对系统状态和系统总扰动进行观测和估计，其设计原理如下。

对于一个 2 阶单输入单输出系统

$$\begin{cases} \ddot{x} = f(\dot{x}, x, w(t)) + bu \\ y = x \end{cases} \tag{5.53}$$

式中，u 表示输入量；w 表示扰动量；可以建立如下扩张状态观测器

$$\text{ESO} = \begin{cases} e = z_1 - y \\ \dot{z}_1 = z_1 + h(z_2 - \beta_1 e) \\ \dot{z}_2 = z_2 + h[z_3 - \beta_2 fal(e, 0.5, \delta) + bu] \\ \dot{z}_3 = z_3 - h\beta_3 fal(e, 0.25, \delta) \end{cases} \tag{5.54}$$

式中，y 表示当前电堆内部的温度值；z_1、z_2、z_3 表示 y 的追踪信号系统总扰动的观测值；b 表示扰动补偿因子；β_1、β_2、β_3 表示扩张状态观测器可变参数，其值决定了状态观测器中各状态变量跟踪原系统中状态变量的效果。式（5.54）中所用的 fal 函数为一种非线性函数，可以抑制系统运行过程中的高频振荡，具有很好的滤波效果，表达式如下

$$fal(e, \alpha, \delta) = \begin{cases} |e|^\alpha \cdot \text{sign}(e), |e| > \delta \\ \dfrac{e}{\delta^{1-\alpha}}, |e| > \delta \end{cases} \tag{5.55}$$

式中，α 表示非线性因子，决定了函数的非线性形状；δ 表示滤波因子，决定了函数线性段区间长度。当 $0 < \alpha < 1$ 时，fal 函数实现了大误差小增益、小误差大增益；当 $\alpha > 1$ 时，即微分误差越大，微分增益越大，有利于改善控制系统的性能。

（3）线性状态反馈控制律（LSEF）

线性状态反馈控制律是指在反馈系统中，对于比例项、微分项等项式的求和方法。在控制系统中，实现小误差大增益、大误差小增益的控制效果是系统设计者的追求，在确保控制系统的性能结果使用线性反馈控制利于控制过程参数整定，更容易实现精确控制。使用线性函数对反馈控制率进行设计，其表达式如下

$$\text{LSEF} = \begin{cases} e_1 = v_1 - z_1 \\ e_2 = v_2 - z_2 \\ u_0 = \beta_{01}e_1 + \beta_{02}e_2 \\ u = u_0 - \dfrac{z_3}{b} \end{cases} \quad (5.56)$$

式中，β_{01}、β_{02} 表示反馈控制率调整参数，设置 z_3/b 的目的表示补偿扰动以及未建模的系统动态特性。

（4）自抗扰参数整定

传统 ADRC 算法对于 PID 算法的不足之处有着明显的优势，但是由于其环节数量较多，同时算法中涉及非线性函数，所以参数调整难度较大，调整不好便无法发挥其原有控制性能。LADRC 在此方面有了提升，结合高志强等人研究的基于带宽的方法整定参数 [95-96]，增强了 LADRC 的实用性。二阶 LADRC 算法需整定共有 6 个参数，即 β_1、β_2、β_3、β_{01}、β_{02}、b，根据带宽法，其参数可根据观测器和控制器的带宽调整为

$$\begin{cases} \beta_{01} = 2w_c, \ \beta_{02} = w_c^2, \\ \beta_1 = 3w_0, \ \beta_2 = 3w_0^2, \ \beta_3 = w_0^3 \end{cases} \quad (5.57)$$

式中，w_c 表示 ADRC 内部观测器的带宽；w_0 表示 ADRC 内部控制器的带宽。这样在带宽调整为恰当值后，仅需对参数 b 进行整定，而 b 的大小又与实际物理系统相关性较大，得到不同系统的合适 b 值仅需对实际系统进行调试便可迅速实现。使用带宽法进行参数整定，在采样时间较小的情况下，可以达到与非线性 ADRC 接近的控制效果，极大地缩短了参数整定的时间。

（5）二阶 ADRC 试验结果及分析

通过试验控制效果调节上位机面板的自抗扰控制算法的控制参数 r、h、h_0、b、w_c 和 w_0，在控制效果最优时对分布式燃料电池测控平台进行负载电流变化试验，得到使用自抗扰控制方法控制下的参数变化，试验结果如图 5.15 所示。

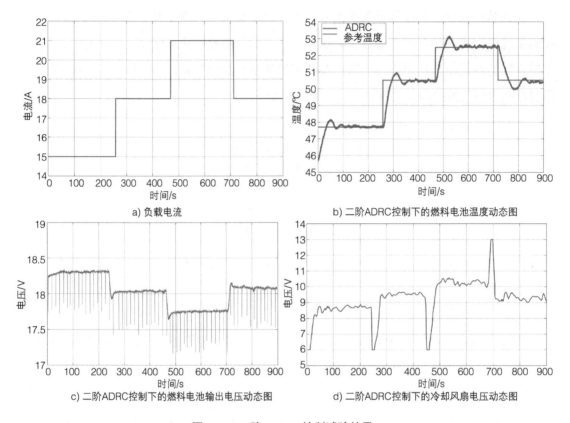

a) 负载电流

b) 二阶ADRC控制下的燃料电池温度动态图

c) 二阶ADRC控制下的燃料电池输出电压动态图

d) 二阶ADRC控制下的冷却风扇电压动态图

图 5.15　二阶 ADRC 控制试验结果

通过试验结果可知，二阶 ADRC 控制算法针对 PEMFC 热管理的温度控制稳态误差在 −0.18℃ 至 0.16℃ 之间，达到测控平台对燃料电池系统热管理的温度控制要求。如图 5.15b 所示，在运行过程中当负载电流由 15A 上升至 18A 加载时，燃料电池内部温度的超调量相较于最优温度值差值为 0.68℃；在运行过程中当负载电流由 18A 上升至 21A 加载时，燃料电池内部温度的超调量相较于最优温度值差值为 0.52℃；在运行过程中当负载电流由 21A 下降至 18A 减载时，燃料电池内部温度的超调量相较于最优温度值差值为 −0.44℃，减载过程中的超调量小于加载过程中的超调量。如图 5.15c 所示，热管理控制系统处于稳定状态时，燃料电池输出电压较为平缓。如图 5.15d 所示，在二阶 ADRC 的控制下，在加减载开始阶段的电堆温度需要快速上升或快速下降，在加载状态时风扇两端的电压较低，仅保证燃料电池所需最低转速，让燃料电池内部温度持续升高；在减载状态时风扇两端的电压较高，有利于带走过多的热量使电堆温度降低；在燃料电池内部温度处于稳态时，风扇电压波动较小。

5.5.3 基于改进 ADRC 的控制方法设计及试验分析

（1）基于改进 ADRC 的控制方法设计

ADRC 不需要精确的数学建模，只需要对输入输出量之间的误差值进行反馈控制。虽然传统的 ADRC 超调较小，但是还有一些缺陷。例如，一般仅要求内部 ESO 渐进稳定，响应速度还有提升的余地；针对快速改变的扰动的参数估计误差较大；对于扰动的估计精度还有提升空间等。针对传统的 ADRC 存在的部分问题众多学者进行了深入研究，如图 5.16 所示。在本节引入高阶滑模观测器替代 ADRC 中的扩张状态观测器来对系统进行观测估计，并通过试验证明相较于使用 ESO 的 ADRC 控制算法提高了响应速度。

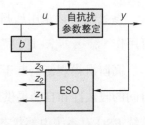

图 5.16　ESO 结构

设有未知外界扰动作用的不确定单输入单输出受控对象，表达式如下

$$\begin{cases} x^{(n)} = f(x, \dot{x}, \cdots, x^{(n-1)}, \omega(t)) + bu \\ y = x \end{cases} \tag{5.58}$$

式中，$f(x, \dot{x}, \cdots, x^{(n-1)}, \omega(t))$ 表示存在外界扰动的未知函数，记 $x_1 = x, x_2 = \dot{x}, \cdots, x_n = x^{(n-1)}$，式（5.58）等价于

$$\begin{cases} \dot{x} = x_2 \\ \vdots \\ x^{(n-1)} = x_n \\ x^{(n)} = f(x_1, x_2, \cdots, x_n, \omega(t)) + bu \\ y = x_1 \end{cases} \tag{5.59}$$

假定系统输出值 y 和控制输入 u 实时可测，未知总和扰动项 $f(x_1, x_2, \cdots, x_n, \omega(t))$ 利普希茨连续，且其利普希茨常数 L > 0 已知，则高阶滑模观测器形式如下所示

$$\begin{cases} \dot{z}_1 = v_1 \\ v_1 = -\lambda_1 L^{\frac{1}{n+1}} \left| z_1 - y \right|^{\frac{n}{n+1}} \operatorname{sign}(z_1 - y) + z_2 \\ \dot{z}_{n-1} = v_{n-1} \\ v_{n-1} = -\lambda_{n-1} L^{\frac{1}{3}} \left| z_{n-1} - v_{n-2} \right|^{\frac{2}{3}} \operatorname{sign}(z_{n-1} - v_{n-2}) + z_n \\ \dot{z}_n = \hat{f} + bu \\ \hat{f} = -\lambda_n L^{\frac{1}{2}} \left| z_n - v_{n-1} \right|^{\frac{1}{2}} \operatorname{sign}(z_n - v_{n-1}) + z_{n+1} \\ \dot{z}_{n+1} = -\lambda_{n+1} L \operatorname{sign}(z_{n+1} - \hat{f}) \end{cases} \tag{5.60}$$

若高阶滑模观测器的参数 λ_i 取适当值且系统输出信号 $y(t)$ 和输入信号 $u(t)$ 有界并且是勒贝格可测的，则在不存在测量噪声的情况下，在有限时间内，如下等式成立

$$\begin{cases} z_i = x_i, \forall i = 1, 2, \cdots, n \\ z_{n+1} = f(\cdot) \end{cases} \tag{5.61}$$

参数 λ_i 可以采用递归的方法来选取。若 $n=k$ 时，选定参数 $\lambda_1, \cdots, \lambda_{k+1}$；则当 $n=k+1$ 时，可用作 $\lambda_2, \cdots, \lambda_{k+1}$，即仅需设计选取新的 λ_1 即可。

高阶滑模观测器基于精确鲁棒微分器设计，在初始误差较小的情况下，能够保证有限时间的收敛性和自动提供最优的渐近精度。引入高阶滑模观测器对 ADRC 进行改进，即将传统 ESO 对系统内部状态和"总和扰动"的观测作用，用收敛速度更快且精度更高的高阶滑模观测器代替，进一步提高了控制器对"总和扰动"的估计精度和跟踪速度，引入高阶滑模观测器改进后的 ADRC 结构图，如图 5.17 所示。

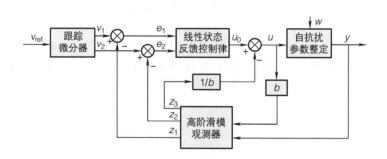

图 5.17　改进后的 ADRC 结构图

在改进 ADRC 中针对高阶滑模观测器进行估计状态和"总和扰动"分析，可将传统 ADRC 中的扩张状态观测器替代

$$\begin{cases} \dot{z}_1 = v_1 \\ v_1 = -\lambda_1 \mathrm{L}^{\frac{1}{3}} \left| z_1 - y \right|^{\frac{2}{3}} \mathrm{sign}(z_1 - y) + z_2 \\ \dot{z}_2 = \hat{f} + bu \\ \hat{f} = -\lambda_2 \mathrm{L}^{\frac{1}{2}} \left| z_2 - v_1 \right|^{\frac{1}{2}} \mathrm{sign}(z_2 - v_1) + z_3 \\ \dot{z}_3 = -\lambda_3 \mathrm{L} \mathrm{sign}(z_3 - \hat{f}) \end{cases} \tag{5.62}$$

式中，z_1 表示燃料电池温度 T 的估计值；z_2 表示燃料电池温度 $\dot{T}$ 的估计值，z_3 表示"总和扰动" $\hat{f}(\cdot)$ 的估计值。

扰动补偿与控制量的形成如下所示

$$\begin{cases} e_1 = v_1 - z_1 \\ e_2 = v_2 - z_2 \\ u_0 = \beta_{01}e_1 + \beta_{02}e_2 \\ u = u_0 - \dfrac{z_3}{b} \end{cases} \tag{5.63}$$

式中，β_{01}、β_{02} 表示反馈控制率调整参数。

（2）改进 ADRC 试验结果及分析

根据上一小节的基于改进 ADRC 的控制算法设计，通过试验控制效果调节改进自抗扰控制算法的控制参数 r、h、h_0、b、w_c 和 λ_1、λ_2 和 λ_3，在控制效果最优时对分布式燃料电池测控平台进行负载电流变化试验，得到使用改进自抗扰控制算法控制下的参数变化，改进 ADRC 试验结果如图 5.18 所示。

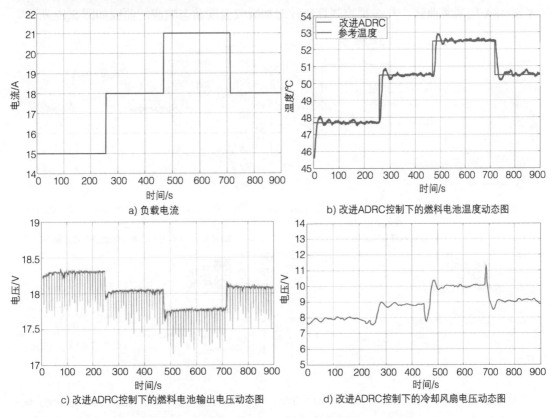

a) 负载电流

b) 改进ADRC控制下的燃料电池温度动态图

c) 改进ADRC控制下的燃料电池输出电压动态图

d) 改进ADRC控制下的冷却风扇电压动态图

图 5.18　改进 ADRC 试验结果

通过试验结果可知，改进 ADRC 控制算法针对 PEMFC 热管理的温度控制稳态误差在 −0.13~0.15℃，达到测控平台对燃料电池系统热管理的温度控制要求。如图 5.18b 所示，在运行过程中当负载电流由 15A 上升至 18A 加载时，燃料电池内部温度的超调量相较于最优温度的差值为 0.42℃；在运行过程中当负载电流由 18A 上升至 21A 加载时，燃料电池内部温度的超调量相较于最优温度的差值为 0.38℃；在运行过程中当负载电流由 21A 下降至 18A 减载时，燃料电池内部温度的超调量相较于最优温度的差值为 –0.32℃，减载过程中的超调量小于加载过程中的超调量。如图 5.18c 所示，热管理控制系统处于稳定状态时，燃料电池输出电压较为平缓，仅受氢气吹扫阀的影响。如图 5.18d 所示，在改进 ADRC 的控制下，冷却风扇电压维持在一个范围内，没有特别大的电压波动。

5.5.4 热管理控制算法结果对比分析

针对本节所设计的 3 种不同控制算法，在相同的环境条件下对不同的控制方法进行测试，探究控制算法对其输出性能的影响。首先让阴极开放式质子交换膜燃料电池运行一段时间，充分活化其性能，探究其 15A 至 18A、18A 至 21A 的加载阶段温度曲线，再探究 21A 至 18A 的减载曲线。其 3 种控制算法针对加减载温度动态响应的曲线如图 5.19 所示。

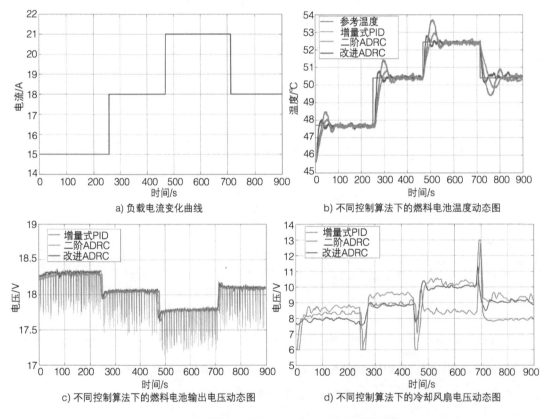

图 5.19　3 种控制算法针对加减载温度动态响应的曲线

针对不同控制算法下的温度动态响应曲线，表 5.2 列出其对应的具体参数表。e 表示稳态误差范围（℃），t_{up} 表示温度上升阶段所用时间（s），T_m 为燃料电池温度相较于最优温度的超调量（℃）。

表 5.2 不同控制算法下的温度动态响应具体参数

负载电流 /A	控制算法	e/℃	t_{up}/s	T_m/℃
15~18	增量式 PID	−0.15~0.20	44.2	1.29
	二阶 ADRC	−0.16~0.19	55.8	0.68
	改进 ADRC	−0.13~0.18	29.8	0.42
18~21	增量式 PID	−0.24~0.21	39.8	0.98
	二阶 ADRC	−0.18~0.16	53.9	0.52
	改进 ADRC	−0.14~0.15	26.7	0.38
21~18	增量式 PID	−0.20~0.16	45.7	−0.92
	二阶 ADRC	−0.16~0.17	62.1	−0.44
	改进 ADRC	−0.12~0.14	32.4	−0.32

根据表 5.2 及图 5.19b 分析可知：从稳态误差 e 来看，整个加减载过程中增量式 PID 的误差范围为 −0.24~0.21℃，二阶 ADRC 的误差范围在 −0.18~0.19℃，改进 ADRC 的误差范围为 −0.14~0.18℃。可见 3 种控制算法均满足稳态误差的要求，但改进 ADRC 相较于其余两种算法误差更小，更有利于稳定的温度控制。从温度上升阶段所用时间 t_{up} 来看，3 种控制方法在加减载过程中最优输出温度变化较大时所用的时间较长，且减载过程中所用的时间均大于加载过程，这是因为电堆响应具有一定的迟滞性，且冷却风扇的散热反馈较慢，从而导致了时间的增加，改进 ADRC 是 3 种控制算法中上升时间最小的，其高阶滑模观测器相较于传统的 ESO 具有更强的鲁棒性，有助于燃料电池的变载快速响应。从超调量 T_m 来看，当最优温度变化量较大时，会导致燃料电池电堆温度控制量的超调增大，如 15A 至 18A 加载过程。而减载过程的温度超调量之所以小于加载过程中的超调量，是因为其响应时间较长导致下降量较低。

图 5.19c 所示为不同控制算法下的燃料电池输出电压动态图分析可知，在燃料电池加减载阶段，因二阶 ADRC 和改进 ADRC 具有很好的跟随性使得系统较快进入稳态，且控制较为稳定，使得输出电压相比于增量式 PID 控制算法控制下的电压值较高，而改进 ADRC 因其滑模观测器的优越性使得输出性能比二阶 ADRC 更优。

由图 5.19d 所示为不同控制算法下的冷却风扇电压动态图分析可知，可以看出在负载电流突变时，电堆的冷却风扇电压会做出相对的调整，从而使得电堆可以在最大功率点附近稳定，由于对冷却风扇输出电压的约束条件，3 种控制算法控制下的冷却风扇控制电压均在区间 [6,13] 中做调整。在负载电流升高时，最优输出温度值也随之升高，冷却风扇电压为最小风扇电压 6V；当系统接近最大功率点时，冷却风扇电压立即向增大方向动作，使得冷却风扇电压升高，带走多余的热量，致使运行温度降低。而在负载电流下降时，冷却风扇电压将处于最大约束电压 13V，实现快速吹扫电堆，降低堆温至最优输出温度。对比 3 种控制算法下的冷却风扇电压可以看出，增量式 PID 的冷却风扇电压波动较大，二阶 ADRC 次之，改进 ADRC 的变化范围最小，而 PID 控制下的冷却风扇电压频繁到达上下限，且需要频繁调整电压，这将影响电堆冷却风扇的控制效果及使用寿命。

5.6 燃料电池的变换器控制

燃料电池通过变换器间接连接在直流母线上，这种连接方式可以通过控制变换器实现燃料电池的输出状态稳定，防止能量倒灌进燃料电池，有效减少了燃料电池输出状态的波动，进而使得电池极化效应的上升速度实现有效地减少，尽可能延长燃料电池的寿命。此外，间接连接的拓扑结构可以降低直流母线的功率等级，降低燃料电池的功率等级，同时可以有效减少系统的运行成本。通过控制变换器的电流，有效调整燃料电池的输出功率，使系统更好的实现能量管理和分配，但随着储能装置能量的不断消耗，直流母线的电压会逐渐降低。在对母线电压要求比较严格的动力系统中，显然是不合适的。本节针对燃料电池变换器的不同应用背景，分别以两相和四相交错为研究对象进行控制研究。

5.6.1 两相交错并联 Boost 变换器控制

本节以普通的两相交错并联 Boost 变换器为研究对象，如图 5.20 所示，对其构建状态空间模型，以便于控制器的设计。

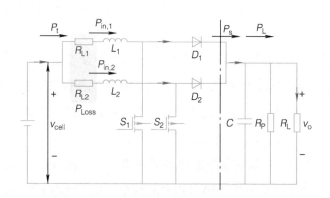

图 5.20 两相交错并联 Boost 变换器拓扑结构图

如图 5.20 所示，两相交错并联 Boost 变换器包含有功率开关器件 S_1 和 S_2，两个输入电感 L_1 和 L_2(mH)，一个输出电容 C(μF)，两个整流二极管 D_1 和 D_2。为了更加详细地对两相交错并联 Boost 变换器模型进行描述，将系统损耗等效为两个电感的寄生电阻 R_{L1} 和 R_{L2} 以及输出电容的并联损耗电阻 $R_p(\Omega)$。

针对燃料电池输出电压和电流之间的非线性特性，且当负载需求功率较高时，电堆的输出电压会出现不同程度的下降，为了保证后级母线电压的稳定，需要在电堆和负载之间级联 DC/DC 变换器。作为重要的功率接口，DC/DC 变换器需要在外部扰动及内部摄动发生的情况下，依旧保持后级母线电压的稳定。为了达到这个目的，需要设计一款可靠的鲁棒控制器。

传统的比例积分（PI）控制方法是一种经典的线性控制理论，在针对 DC/DC 变换器设计 PI 控制器时，需要先构建系统的状态空间模型，再选取系统的稳态工作点，在工作点处对状态空间模型进行小信号线性化，得到功率变换器的开环传递函数，最后利用经典控制理论中的伯德（Bode）图方法设计 PI 控制器参数。由于这种方法是在额定工作点附近进行参数设计，所以当系统面临较大的内外扰动时极易出现不稳定现象，难以实现良好的动静态性能。为了解决这个难题，国内外许多学者展开了大量的相关研究工作，试图以一种全新的角度解决实际控制中的抗扰难题。

在本节中，基于内环微分平坦控制理论和外环自抗扰控制理论的双环控制策略将会被讨论和分析。此外，整个闭环系统的小信号稳定性也将会被分析。

1. 内环微分平坦控制器

微分平坦（differential flatness）是一种较为新型的非线性控制方法，其在使用前对被控系统有一些前提条件需要被满足。

平坦输出变量 y_i 可以由系统状态变量 x_i、控制变量 u_i 以及其有限阶导数来表示，即

$$y = \phi(x, u, \dot{u}, \cdots, u^{\alpha}) \qquad (5.64)$$

所有的系统状态变量 x_i 以及控制变量 u_i，都可以由平坦输出变量 y_i 及其有限阶导数来表示，即

$$\begin{cases} \boldsymbol{x} = \varphi(y, \dot{y}, \cdots, y^{\beta}) \\ \boldsymbol{u} = \psi(y, \dot{y}, \cdots, y^{\chi}) \end{cases} \qquad (5.65)$$

式中，$\phi(\cdot)$，$\varphi(\cdot)$，$\psi(\cdot)$ 表示光滑函数。

对于两相交错并联 Boost 变换器而言，定义其平坦输出变量为系统的输入功率 $y = P_{\text{in},k}$（其中，$k = 1,2$）。输入功率 $P_{\text{in},k}$ 和输入电压 v_{cell} 及输入电感电流 i_{Lk} 之间的关系为

$$i_{Lk} = \frac{P_{\text{in},k}}{v_{\text{cell}}} \qquad (5.66)$$

则输入功率 $P_{\text{in},k}$ 的一阶导数为

$$\dot{y} = \frac{\mathrm{d}P_{\mathrm{in},k}}{\mathrm{d}t} = \frac{\mathrm{d}(v_{\mathrm{cell}} i_{\mathrm{L}k})}{\mathrm{d}t} = i_{\mathrm{L}k} \frac{\mathrm{d}v_{\mathrm{cell}}}{\mathrm{d}t} + v_{\mathrm{cell}} \frac{\mathrm{d}i_{\mathrm{L}k}}{\mathrm{d}t} \tag{5.67}$$

其中，$k = 1, 2$。

在燃料电池实际工作过程中，电堆内部会有不同的物理现象发生，包括电化学反应、流体运动以及热运动等，这些运动具有不同的时间常数。电堆内部热运动所需的时间最长（约几秒），而电化学反应过程所需的时间最短（约几微秒）。当两相交错并联 Boost 变换器以燃料电池为输入源时，相比于其快速变化的电流，电压可以被看作恒定值。因此，式（5.67）也可以表示为

$$\dot{y} = \frac{\mathrm{d}P_{\mathrm{in},k}}{\mathrm{d}t} = v_{\mathrm{cell}} \frac{\mathrm{d}i_{\mathrm{L}k}}{\mathrm{d}t} \Big|_{v_{\mathrm{cell}} \approx \mathrm{Constant}} \tag{5.68}$$

两相交错并联 Boost 变换器的占空比 d_k 可以被描述为

$$d_k = 1 + \left(\dot{y} \frac{L_k}{v_{\mathrm{cell}}} + R_{\mathrm{L}} i_{\mathrm{L}k} - v_{\mathrm{cell}} \right) \frac{1}{v_{\mathrm{o}}} \tag{5.69}$$

其中，$k = 1, 2$。

根据式（5.69），如果每一相电流的输入电感电流 $i_{\mathrm{L}k}$ 被定义为系统状态变量 x_k，且每一相电路中的占空比 d_k 被定义为 u_k。那么由对系统平坦性的定义可知，两相交错并联 Boost 变换器是典型的平坦型系统。

因为在实际系统中实时估计出输入电感的寄生电阻及电路内部的杂散电阻是比较困难的，所以在实际设计内环微分平坦控制器时往往会忽略变换器损耗带来的影响。式（5.69）可以简化为

$$d_k = 1 + \left(\dot{y} \frac{L_k}{v_{\mathrm{cell}}} - v_{\mathrm{cell}} \right) \frac{1}{v_{\mathrm{o}}} = \frac{L_k}{v_{\mathrm{cell}} v_{\mathrm{o}}} \dot{y} + \hat{d} \tag{5.70}$$

式中，$\hat{d}$ 表示根据变换器实时输入及输出电压而估计出来的实时占空比。

为使变换器内环系统对外界扰动及内部参数摄动有较强的鲁棒性，式（5.70）和式（5.71）中平坦输出变量的一阶导数 $\dot{y}$ 可以经过比例积分环节获得，即

$$(\dot{y} - \dot{y}_{\mathrm{ref}}) + k_{ip}(y - y_{\mathrm{ref}}) + k_{ii} \int_0^t (y - y_{\mathrm{ref}}) \mathrm{d}\tau = 0 \tag{5.71}$$

在双环控制策略下，电流内环的参考值是由电压外环提供的，且在实际设计控制器的过程中，为了保证系统的整体性能，电压外环的带宽要远小于电流内环的带宽，因此式（5.71）中平坦输出变量的参考值 y_{ref} 可以被看作常数，则

$$\dot{y} = k_{ip}\left(y_{\mathrm{ref}} - y\right) + k_{ii}\int_0^t \left(y_{\mathrm{ref}} - y\right)\mathrm{d}\tau \tag{5.72}$$

因此，内环被控系统的特征多项式可以选择为

$$p(s) = s^2 + 2\xi\omega_n s + \omega_n^2 k_{ip} = 2\xi\omega_n, k_{ii} = \omega_n^2 \tag{5.73}$$

根据经典控制理论中的劳斯判据可知，当 $k_{ip} > 0$，$k_{ii} > 0$ 时，内环被控系统将具有渐进稳定性。

2. 外环自抗扰控制器

由于系统损耗的存在，仅由电流内环无法保证两相交错并联 Boost 变换器的输出电压是否精确的维持在目标值上。所以设计的电压外环能够实时估计系统总体所需要的功率是非常关键的。

对于两相交错并联 Boost 变换器，其输出电容连接着源端和载荷端，是两者进行电能交互的桥梁，电能的动态变化代表着变换器输出电压的波动。因此，以输出电容为研究对象构建系统的能量方程为

$$\frac{C}{2}\frac{\mathrm{d}v_o^2}{\mathrm{d}t} = P_t - P_{\mathrm{Loss}} - P_{\mathrm{L}} \tag{5.74}$$

式中，P_t 表示整个变换器系统实际所需要的总功率，P_{Loss} 表示整个系统的损耗功率，P_{L} 表示负载实际所需的功率。

对式（5.74）进行拉普拉斯变换，并定义 $v_o^2 = \gamma$，$P_t = u$，则

$$\dot{\gamma} = \frac{\mathrm{d}v_o^2}{\mathrm{d}t} = \frac{2}{C}P_t(t) - \frac{2}{C}P_{\mathrm{Loss}}(t) - \frac{2}{C}P_{\mathrm{L}}(t) = b_0 u + f \tag{5.75}$$

其中，$f = -\dfrac{2}{C}P_{\mathrm{Loss}}(t) - \dfrac{2}{C}P_{\mathrm{L}}(t)$，$b_0 = \dfrac{2}{C}$。

定义状态变量 $\boldsymbol{x} = [x_1 \quad x_2]^{\mathrm{T}} = [\gamma \quad f]^{\mathrm{T}}$，则上述系统可以通过矩阵方式进行描述

$$\begin{cases} \dot{\boldsymbol{x}} = \begin{bmatrix} 0 & 1 \\ 0 & 0 \end{bmatrix}\boldsymbol{x} + b_0\begin{bmatrix} 1 \\ 0 \end{bmatrix}u + \begin{bmatrix} 0 \\ 1 \end{bmatrix}\dot{f} \\ \gamma = [1 \quad 0]\,\boldsymbol{x} \end{cases} \tag{5.76}$$

为了实现对式（5.76）中总扰动 f 的实时估计，可以设计二阶线性扩张状态观测器为

$$\dot{\boldsymbol{z}} = \begin{bmatrix} 0 & 1 \\ 0 & 0 \end{bmatrix}\boldsymbol{z} + b_0\begin{bmatrix} 1 \\ 0 \end{bmatrix}u + \boldsymbol{G}e \tag{5.77}$$

其中，$\boldsymbol{z} = [z_1 \quad z_2]^{\mathrm{T}}$ 是状态变量 $\boldsymbol{x} = [x_1 \quad x_2]^{\mathrm{T}}$ 的观测值，$e = x_1 - z_1 = v_o^2 - z_1$ 是观测误差，

$G = [g_1 \quad g_2]^T$ 是观测器增益。

对式（5.77）进行整理，可得观测变量 z、控制变量 u 和平坦输出变量 γ 之间的传递函数关系式为

$$\begin{cases} z_1(s) = G_1(s)\gamma(s) + G_2(s)u(s) \\ z_2(s) = G_3(s)\gamma(s) - G_4(s)u(s) \end{cases} \quad (5.78)$$

其中，

$$G_1(s) = \frac{g_2 + g_1 s}{s^2 + g_1 s + g_2}, \ G_2(s) = \frac{b_o s}{s^2 + g_1 s + g_2}$$

$$G_3(s) = \frac{g_2 s}{s^2 + g_1 s + g_2}, \ G_4(s) = \frac{g_2 b_0}{s^2 + g_1 s + g_2}$$

对于二阶线性扩张状态观测器，可通过带宽法对其参数进行设计。观测器的特征方程可以表示为

$$s^2 + g_1 s + g_2 = (s + \omega_0)^2 \quad (5.79)$$

其中，$g_1 = 2\omega_0$，$g_2 = \omega_0^2$。

如图 5.21 所示，系统的控制结构为：$u = (u_0 - z_2)/b_0$，$\dot{\gamma} \approx u_0$，为了保证被控系统具有反馈调节能力，比例环节被用作反馈控制器，即

$$u_0 = k_3(v_{oref}^2 - z_1) \quad (5.80)$$

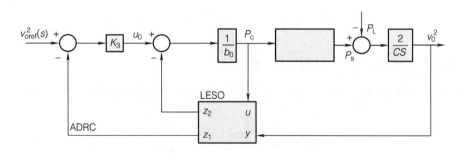

图 5.21　针对两相交错并联 Boost 变换器提出的控制器结构框图

3. 系统小信号稳定性分析

由于电压外环的自抗扰控制器是基于线性扩张状态观测器和比例控制器，电流内环的微分平坦控制是基于比例积分环节来调节误差的，所以整个系统的控制结构可以被等效为线性控制对象。

若定义 x 为输出电压的平方 v_o^2，i_L 为输入电感电流，x_p 为电流内环控制器的积分环节（为方便研究，以两相交错并联 Boost 变换器中的其中一相为研究对象），即

$$x_p = \frac{k_{ii}(P_t - P_{in})}{s} = \frac{k_{ii}(P_t - v_{cell}i_L)}{s} \tag{5.81}$$

很明显，根据电感电流及输出电容电压的动态特性，则状态空间方程可以被重新描述为

$$\begin{cases} \dfrac{dx}{dt} = b_0 P_t + f \\ \dfrac{di_L}{dt} = \dfrac{\dot{y}}{v_{cell}} = \dfrac{1}{L}[v_{cell} - i_L R_L - (1-d)\sqrt{x}] \end{cases} \tag{5.82}$$

其中，占空比 d 由内环控制器生成，平坦输出变量的一阶导数 $\dot{y}$ 为

$$\dot{y} = k_{ip}(P_t - v_{cell}i_L) + x_p \tag{5.83}$$

其中，P_t 则可以通过电压外环获得

$$P_t = u = \frac{1}{b_0}[k_3(v_{oref}^2 - z_1) - z_2] \tag{5.84}$$

根据式（5.77）和式（5.78）可得观测器的观测值 z_1 和 z_2，即

$$\begin{cases} \dot{z}_1 = z_2 + b_0 u + g_1 e \\ \dot{z}_2 = g_2 e \end{cases} \tag{5.85}$$

结合式（5.81）至式（5.85），则闭环系统整体的状态空间方程为

$$\begin{cases} \dfrac{di_L}{dt} = -k_{ip}i_L + \dfrac{k_{ip}}{v_{cell}}P_t + \dfrac{1}{v_{cell}}x_p \\ \dfrac{dP_t}{dt} = -k_3 P_t + \left(\dfrac{g_2 - k_3 g_1}{b_0}\right)z_1 - \dfrac{k_3}{b_0}z_2 - \left(\dfrac{k_3 g_1 + g_2}{b_0}\right)x \\ \dfrac{dx_p}{dt} = -k_{ii}v_{cell}i_L + k_{ii}P_t \\ \dfrac{dz_1}{dt} = b_0 P_t - g_1 z_1 + z_2 + g_1 x \\ \dfrac{dz_2}{dt} = -g_2 z_1 + g_2 x \\ \dfrac{dx}{dt} = b_0 P_t + z_2 \end{cases} \tag{5.86}$$

根据上式可以获得闭环系统的雅可比矩阵

$$\begin{bmatrix}
-k_{ip} & \dfrac{k_{ip}}{v_{cell}} & \dfrac{1}{v_{cell}} & 0 & 0 & 0 \\[2mm]
0 & -k_3 & 0 & \dfrac{g_2-k_3g_1}{b_0} & -\dfrac{k_3}{b_0} & -\dfrac{k_3g_1+g_2}{b_0} \\[2mm]
-k_{ii}v_{cell} & k_{ii} & 0 & 0 & 0 & 0 \\[1mm]
0 & b_0 & 0 & -g_1 & 1 & g_1 \\[1mm]
0 & 0 & 0 & -g_2 & 0 & g_2 \\[1mm]
0 & b_0 & 0 & 0 & 1 & 0
\end{bmatrix} \tag{5.87}$$

根据雅可比矩阵可知，系统的稳定性与系统的内部参数无关，因此在该控制器调节下系统具有很强的鲁棒能力。通过对雅可比矩阵求解可知，当系统内外环控制器的参数均大于 0 时，系统具有全局稳定性。

4. 仿真结果与分析

上一节主要就控制器的设计过程进行了详细的分析，本节主要对控制方法参数的选取、对内部参数的鲁棒性、两相交错并联 Boost 变换器在内外扰动下的均流特性以及抵抗外界扰动的能力等方面展开分析。以下是两相交错并联 Boost 变换器的电路参数，见表 5.3。

表 5.3　两相交错并联 Boost 变换器的电路参数

参数	数值
输入电压（v_{cell}）	$15 \sim 22\text{V}$
输出电压（v_o）	48V
输入电感（L_1, L_2）	$L_1 = L_2 = 400\mu\text{H}$
电感寄生电阻（R_{L1}, R_{L2}）	$R_{L1} = R_{L2} = 0.2\Omega$
输出电容（C_1, C_2）	$C_1 = C_2 = 1000\mu\text{F}$
开关频率（f）	25kHz

为了简化分析，将内环微分平坦控制的电流内环等效为一阶惯性环节

$$T(s) = \frac{P_s(s)}{P_t(s)} = \frac{\eta}{T_c s + 1} \tag{5.88}$$

式中，η 表示系统的能量转换效率，T_c 表示闭环电流内环的等效时间常数。

因为外环线性自抗扰控制可以估算出系统实时实际所需要的能量，所以可以将电流内环的能量转换效率等效为 1，即 $\eta = 1$。图 5.22 所示为所提控制器下的系统控制框图，从图 5.22 中可以总结出 $v_{oref}^2(s)$ 到 $v_o^2(s)$ 以及 $P_L(s)$ 到 $v_o^2(s)$ 的传递函数分别为 $\phi_r(s)$ 和 $\phi_d(s)$。

$$\phi_r(s) = \frac{k_3(s^2 + g_1 s + g_2)}{T_c s^4 + (T_c k_3 + T_c g_1 + 1)s^3 + (k_3 + g_1)s^2 + (k_3 g_1 + g_2)s + k_3 g_2} \tag{5.89}$$

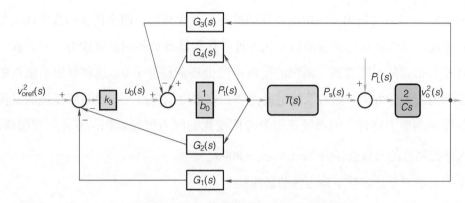

图 5.22　所提控制器下的系统控制框图

$$\phi_{\mathrm{d}}(s)=\frac{T_{\mathrm{c}}b_0 s^3+[b_0+T_{\mathrm{c}}b_0(k_3+g_1)]s^2+b_0(k_3+g_1)s}{T_{\mathrm{c}}s^4+(T_{\mathrm{c}}k_3+T_{\mathrm{c}}g_1+1)s^3+(k_3+g_1)s^2+(k_3 g_1+g_2)s+k_3 g_2}\qquad(5.90)$$

以上推导所得到的两个传递函数将用于控制器的参数设计过程。

（1）控制器参数分析

为了避免系统在外界扰动的作用下输出电容电压出现超调，设计线性自抗扰控制器的带宽值 $\omega_0=500$，外环比例反馈控制器参数为 $k_3=2\omega_0/5=200$。此外由于输出电容中存在寄生电阻和杂散电阻，电流内环的控制带宽限制等因素，设定系统增益 $b_0=2800$。在外环参数确定的情况下，可以由传递函数式（5.89）和式（5.90）来确定内环微分平坦控制器的参数。令两个传递函数中代表内环系统带宽值的参数 T_{c} 不断发生变化，由此可以绘制出其伯德（Bode）图的变化趋势，如图 5.23 所示。

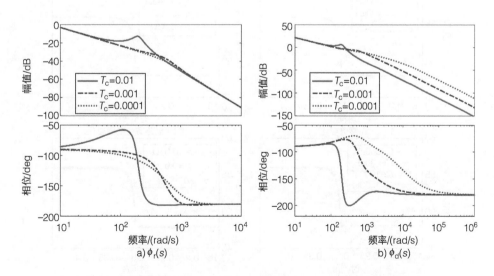

图 5.23　内环带宽值对系统传递函数 Bode 图的影响

从图 5.23 中可以分析出，当电流内环的控制带宽提高时，两个传递函数所代表的稳定裕度都将提高，系统针对电压参考值变化及外界扰动具有更强的鲁棒能力。一方面，随着电流内环控制带宽的不断提高，系统的稳定裕度也逐渐趋近于 0，这将导致系统面临严重的稳定性问题。另一方面，随着系统电流内环控制带宽的提高，导致系统抵抗测试信号中夹杂高频噪声的能力降低，但系统抵御参考值变化的能力更加柔和，不易出现超调现象。因此，内环控制器的参数选择为 $\xi = 1$，$\omega_n = 8000$。

（2）控制器对系统参数不确定性的鲁棒性

在功率变换器的实际工作过程中，其内部参数会随工作时间的延长而有所漂移，这会在一定程度上降低系统的工作性能。为了验证所提控制器的优越性，本节将着重对电感感值变化、电感寄生电阻变化、输出电容容值变化及电容寄生电阻变化对系统性能的影响进行研究。

图 5.24 所示为系统参考电压由 48V 阶跃至 56V 时，各部件内部参数变化对系统工作特性的影响。从图 5.24a）和 b）可以看出，输入电感及其寄生电阻的变化对输出电压的动态特性几乎不产生任何影响；但是从图 5.24c）和 d）中可以看出，输出电压的波形受到一定的影响。这是由于当输出电容容值发生变化时，系统外环线性自抗扰控制器中的参数 b_0 会受到影响，但又无法做到自适应，这会导致控制性能的降低；而在输出电容的寄生电阻发生变化时，对系统的动态响应能力影响不大，主要集中体现在其稳态输出电压纹波的增大（因为输出电容主要包括两个部分：电容和与电容串联的寄生电阻）。

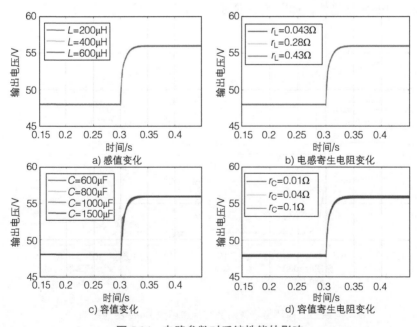

a) 感值变化　　　　　　　　　　b) 电感寄生电阻变化

c) 容值变化　　　　　　　　　　d) 容值寄生电阻变化

图 5.24　电路参数对系统性能的影响

（3）系统均流特性

由于两相交错并联 Boost 变换器是一种典型的多模块能量传输系统，在使用过程中需要保证各个模块能量传输的均衡性，否则将会产生严重的系统故障。对于两相交错并联 Boost 变换器，其各相输入电压一致，当保证各相输入电流均衡时，即可满足传输功率的均衡。

图 5.25 所示为两相交错并联 Boost 变换器在正常参数及极端恶劣参数下的动态响应波形。从图 5.25 中可以看出，在正常参数状态下，两相电感电流的平均值和幅值保持一致；在极端恶劣的参数情况下（L_1=200μH，L_2=600μH，r_{L1}=0.043Ω，r_{L2}=0.43Ω），两相电感电流的幅值虽然不能保持一致，但其平均值却仍能保持一致。此外，两种情况下输出电压的动态特性和稳态特性也都没有明显的差异。当时间在 350ms 时，负载所需要的功率由 288W 变化至 500W，此时，这两种参数的输出电容电压保持相同的效果。这些结果都较为有力地证明了所提控制方法可以很好地保证各相电能均衡。

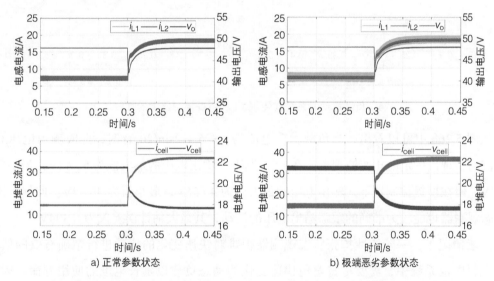

图 5.25　两相交错并联 Boost 变换器均流特性与对应的燃料电池输出电压及输出电流波形

（4）控制器对系统外部扰动的鲁棒性

功率电力电子变换器在实际工作过程中会遇到各种各样的外部扰动，包括负载需求功率扰动和输入电源扰动等。本节将主要对阶跃负载扰动和正弦负载扰动两种情况所提控制器的控制效果进行验证。

图 5.26 所示为两相交错并联 Boost 变换器在负载扰动时的系统动态及稳态性能。从图 5.26a 中可以看出在 250ms 时，负载的需求功率由 288W 突升至 500W，而在 350ms 时，负载的需求功率又由 500W 突降至 288W。在这种工况扰动下，传统 PI 控制下的电感电流

可以在 40ms 之内达到稳态值,且其中的超调过程可以忽略不计;输出的电容电压则跌落 7.96V 且需要 48.34ms 才能无超调的恢复到目标电压。但在所提控制器的作用下,电感电流仅需要 15ms 即可以达到稳定状态,且输出电压下降幅值为 6.82V,仅需要 25.72ms 即可以重新恢复到目标电压从图 5.26 中还可以看出,当稳态工作时,扩张状态观测器可以实时精确的估算出输出电压;当动态阶跃时,需要 6ms 才能跟踪上输出电压的变化。

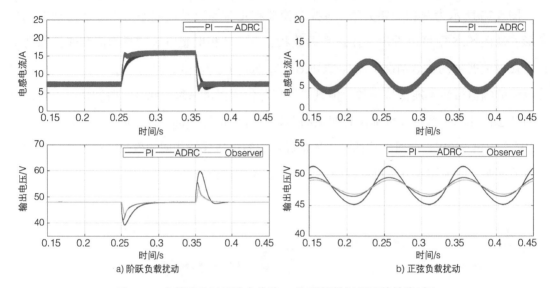

图 5.26 负载扰动时系统在传统 PI 和所提控制器下的性能对比

从图 5.26b 中可以看出,当负载扰动电流为 $i_o = 6 + 2\sin(20\pi t)$ 时,此时输出电压和输入电流均呈现出一定的正弦波现象。在 PI 控制下,输出电压的最大值为 51.42V,最小值为 45.14V。但在所提控制器下,输出电压的最大值为 49.56V,最小值为 46.44V。此外,该扩张状态观测器也能较为准确的跟踪输出电压的波动,其最大估计误差仅为 0.404V。

一般情况下,一阶线性扩张状态观测器很难对快速变化的扰动进行精确有效的估算。但在燃料电池系统中,需要尽量避免快速变化的动态负载以延长电堆的使用寿命。因此,一阶线性扩张状态观测器的应用是适合且简单易行的。

(5)试验结果与分析

在本节中,一套燃料电池电堆系统和两相交错并联 Boost 变换器系统被组合起来以搭建试验测试平台。采用的燃料电池堆为地平线(Horizon)公司的 500W 质子交换膜燃料电池,其详细参数见表 5.4。

整套试验测试平台的架构如图 5.27 所示,从图 5.27a 中可以看出,两相电感电流、输出电压以及燃料电池的输出电压被用来作为控制器所需要的参数;从图 5.27b 中可以看出,试验平台包括燃料电池电堆、两相交错并联 Boost 变换器、dSPACE 控制平台、一套 FPGA （field programmable gate array）开发板、一台直流负载用于模拟不同的工况等。所提控制方法在 dSPACE 实时仿真控制平台中运行。在整个试验过程中，将重点对燃料电池系统的不同工况进行模拟和测试，主要包括稳态负载工况、低动态负载工况以及高动态负载工况 3 种情况。

表 5.4　质子交换膜燃料电池参数

燃料电池参数	数值
单电池数目	24
外部工作温度	5 ~ 30℃
氢气压力	0.45 ~ 0.55bar
氢气浓度	≥ 99.995% 干燥氢气
加湿方式	自加湿方式
冷却方式	空冷（集成冷却风扇）

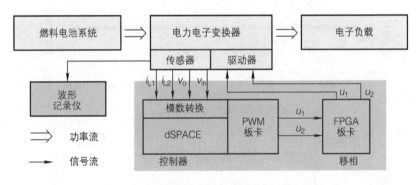

a) 试验平台框图

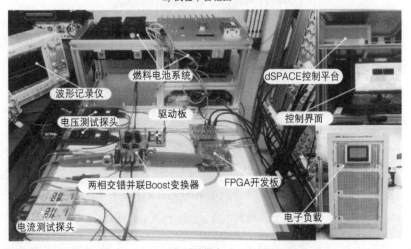

b) 试验平台

图 5.27　整套试验测试平台的架构

1）稳态负载工况。

首先，燃料电池系统工作在稳态情况被测试。图 5.28 所示为燃料电池的输出电压和输出电流在 337s 到 1537s 的时间段内保持稳定。从图 5.28a 中可以看出，当负载的需求功率在 8W 和 200W 之间波动时，燃料电池堆的输出电压则在 16V 和 20V 之间波动。在这组测试中，所提控制器可以保证两相交错并联 Boost 变换器拥有更加平滑的输出电压，其最大相对误差大约为 0.55%。

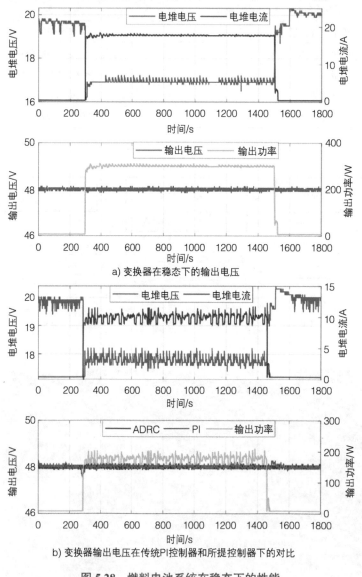

a) 变换器在稳态下的输出电压

b) 变换器输出电压在传统PI控制器和所提控制器下的对比

图 5.28　燃料电池系统在稳态下的性能

图 5.28b 所示为当稳态下负载需求功率稍大时，传统 PI 控制器与所提控制器之间效果的对比。在所提控制器作用下，两相交错并联 Boost 变换器的输出电压基本保持不变，而

在 PI 控制器作用下，两相交错并联 Boost 变换器在 287s 和 1487s 两处有电压超调现象发生。在 287s 到 1487s 这段较为平稳的工作区间内，变换器的输出电压曲线在所提控制器的作用下更加平滑。

2）低动态负载工况。

其次，为了进一步测试所提控制器的性能，低动态负载扰动被执行。如图 5.29a 所示，在整个 1800s 的测试时间内，负载需求功率及燃料电池输出电压一直处于低频率的波动状态。负载需求功率在 8W 到 520W 之间波动，燃料电池输出电压在 15.40V 到 21.10V 之间波动，在所提控制器的作用下，两相交错并联 Boost 变换器的输出依然能够保持稳定，最高的输出电压为 48.17V，最低的输出电压为 47.80V，整个系统输出电压的相对误差为 0.77%。

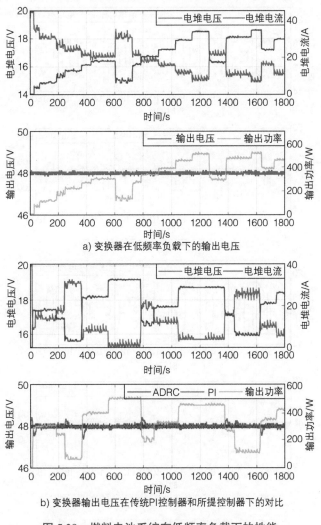

a) 变换器在低频率负载下的输出电压

b) 变换器输出电压在传统PI控制器和所提控制器下的对比

图 5.29　燃料电池系统在低频率负载下的性能

图 5.29b 所示为传统 PI 控制器与所提控制器在低频率负载下的性能对比，从中可以看出，当负载需求功率在 8W 到 510W 之间波动时，所提控制器一直能够保持两相交错并联 Boost 变换器输出电压的稳定。但是，在传统 PI 控制器的作用下，则一直会有电压超调现象发生，且扰动的功率等级越高，电压波动的越剧烈。

3）高频率负载工况。

最后，所提控制器在高频率负载工况下进行测试。图 5.30a 所示的试验结果验证了所提控制器的强鲁棒性能。从中可以看出，负载需求功率及燃料电池输出电压在整个 1800s 内发生了剧烈的波动。虽然负载需求功率在 8W 和 525W 之间剧烈变化，燃料电池输出电压则在 14.10V 和 19.90V 之间剧烈变化，但变换器的输出电压依旧保持稳定。其中，最大的输出电压为 48.20V，最低的输出电压为 47.83V，整个系统输出电压的相对误差为 0.77%。

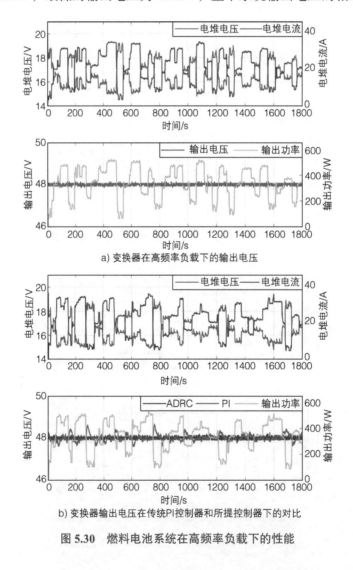

a) 变换器在高频率负载下的输出电压

b) 变换器输出电压在传统PI控制器和所提控制器下的对比

图 5.30 燃料电池系统在高频率负载下的性能

图 5.30b 所示为所提控制器与传统 PI 控制器在高频率负载下的性能对比,从中可以看出,当负载需求功率在 8W 到 533W 之间波动时,所提控制器一直能够保持两相交错并联 Boost 变换器输出电压的稳定。但在传统 PI 控制器的作用下,则一直会有电压超调现象发生,这证明所提控制器具有更优的动态性能。

5.6.2 四相交错并联 Boost 变换器控制

当交错并联 Boost 变换器应用于燃料电池动力系统时,四相交错并联 Boost 变换器需要达到如下要求:具有强抗干扰性,能够在面对不同外部干扰信号的同时,保证母线电流的平稳输出;每一相 Boost 变换器能够实现均流的效果,可以降低开关管承受的应力,提高变换器的瞬态响应,增强可靠性;四路 PWM 交错驱动开关器件,可以降低燃料电池侧的输出电流纹波,最大程度上延缓燃料电池的老化。

1. 四相交错并联 Boost 变换器控制方法的选择

当电能变换器应用在飞机燃料电池动力系统时,在不同的工况下,会面临快速变载或者对功率需求高的情况,因此关键是设计出电能变换器控制策略,用以抵抗外部工况的影响,保证电能变换器的平稳输出。此外,保证燃料电池侧更小的输入电流纹波也是一个重要的电气性能指标,可以保证燃料电池获得更长的使用寿命。使用四相交错并联 Boost 变换器可以减小电流纹波,通过均流控制不仅可以提升效率,还可以避免因电流不均衡带来的不利影响。

(1)电压型控制

电压型控制结构如图 5.31 所示,电能变换器的电压型控制采集输出电压采样信号 v_o 作为反馈信号,计算参考电压与输出电压之间的差值作为误差信号,送入电压控制器,计算得到控制占空比与调制波进行比较,最终产生 PWM 驱动信号,通过不断计算占空比以达到稳定输出电压的目标。电压型控制的设计

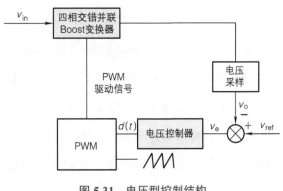

图 5.31　电压型控制结构

相对简单,更易于实现,稳定性更强。但是不能对变换器的电流进行控制,会导致电路发生过载,电压型控制是通过对输出电压的检测和调整来实现控制的,因此其控制的响应速度较慢,控制精度较低,且电压易出现超调现象。

（2）电流型控制

电流型控制可以加快电能变换器的响应速度，其控制结构如图 5.32 所示。电流型控制是一种电压控制与电流控制相结合的双闭环控制方式，相当于在电压控制模式下加入了电流反馈控制作为内环对变换器进行的控制。对于四相交错并联 Boost 变换器，电流型控制通过采集变换器实时的输出电压和电感电流作为反馈信号。电压外环通过采集的输出电压信息与参考电压作差得到误差信号，通过电压控制器计算得到电感电流的参考值，通过与检测的电感电流比较得到电流偏差，通过电流控制器计算得到驱动开关管的占空比，通过与调制波进行比较产生 PWM 驱动信号。与电压型控制相比，电流型控制可以快速响应负载变化，通过调整控制信号来改变功率变换器的输出，使输出电流尽快达到设定值。并且可以通过限制参考电流，防止对变换器和负载造成损害，对系统起到保护作用。电流型控制动态性能和稳态性能更强，通过交错控制降低输入电流纹波以及均流的效果，减小功率器件的应力。

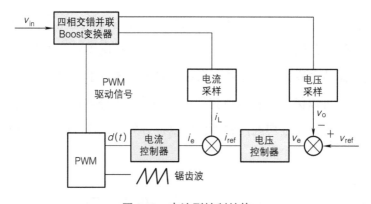

图 5.32　电流型控制结构

基于上述分析，选择电流型控制对四相交错并联 Boost 变换器进行控制，为使设计目标达到控制要求，采取分别对电压外环和电流内环进行设计的控制策略。

2. 四相交错并联 Boost 变换器模型

为了保证控制策略的可靠性及有效性，在设计控制算法之前需要对四相交错并联 Boost 变换器进行数学建模，明确各个变量之间的数学关系。在进行数学建模之前，假设以下条件成立：

1）变换器工作在连续导通模式。

2）所有元器件均为理想的元器件，储能电感和输出电容无寄生电阻。

3）每一相电感感值及流过的电流相同，开关管驱动信号仅存在相位间的差别。

选择状态空间平均法对四相交错并联 Boost 变换器进行数学建模，该方法可以处理非线性和时变系统，并且可以进行更精确的模型预测。将电感电流和电容电压确定为系统状态变量，建立状态方程，用以描述状态变量之间的相互作用，采用状态空间平均法进行控制系统的设计，分析系统的性能和响应时间，确定系统的最优参数。

四相交错并联 Boost 变换器拓扑可以看作由四路单相 Boost 变换器并联组成，且 $L_1 = L_2 = L_3 = L_4 = L$，$i_{L1} = i_{L2} = i_{L3} = i_{L4}$。当变换器的四个开关管 Q_1、Q_2、Q_3、Q_4 开通时，电感 L_1、L_2、L_3、L_4 开始储存能量，输出电容向负载释放能量。当四个开关管关断时，四路电感通过续流二极管 D_1、D_2、D_3、D_4 向负载和输出电容释放能量，同时输入电源也在开关管关断期间向负载和输出电容释放能量，从而起到提升电压的作用。四相交错并联 Boost 变换器的状态空间平均方程表示为

$$\begin{cases} L\dfrac{\mathrm{d}i_{Lk}}{\mathrm{d}t} = v_{\text{in}} - (1-d_k)v_{\text{o}} \\ C\dfrac{\mathrm{d}v_{\text{o}}}{\mathrm{d}t} = \displaystyle\sum_{i=1}^{4}(1-d_i)i_{Li} - \dfrac{v_{\text{o}}}{R} \end{cases} \quad k=1,2,3,4 \tag{5.91}$$

式中，R 表示负载电阻；d_k 表示开关管 Q_1、Q_2、Q_3、Q_4 的状态，用 0，1 分别代表开通和关断。

为了便于后续控制算法的设计，定义变换器状态变量 $x = [i_{L1}, i_{L2}, i_{L3}, i_{L4}, v_{\text{o}}]^{\mathrm{T}}$，开关管的控制变量 $u = [d_1, d_2, d_3, d_4]^{\mathrm{T}}$，则得到四相交错并联 Boost 变换器的状态空间矩阵为

$$\begin{bmatrix} \dfrac{\mathrm{d}i_{L1}}{\mathrm{d}t} \\[6pt] \dfrac{\mathrm{d}i_{L2}}{\mathrm{d}t} \\[6pt] \dfrac{\mathrm{d}i_{L3}}{\mathrm{d}t} \\[6pt] \dfrac{\mathrm{d}i_{L4}}{\mathrm{d}t} \\[6pt] \dfrac{\mathrm{d}v_{\text{o}}}{\mathrm{d}t} \end{bmatrix} = \begin{bmatrix} 0 & 0 & 0 & 0 & -\dfrac{1}{L} \\[6pt] 0 & 0 & 0 & 0 & -\dfrac{1}{L} \\[6pt] 0 & 0 & 0 & 0 & -\dfrac{1}{L} \\[6pt] 0 & 0 & 0 & 0 & -\dfrac{1}{L} \\[6pt] \dfrac{1}{C} & \dfrac{1}{C} & \dfrac{1}{C} & \dfrac{1}{C} & \dfrac{-1}{RC} \end{bmatrix} x + \begin{bmatrix} \dfrac{v_{\text{o}}}{L} & 0 & 0 & 0 \\[6pt] 0 & \dfrac{v_{\text{o}}}{L} & 0 & 0 \\[6pt] 0 & 0 & \dfrac{v_{\text{o}}}{L} & 0 \\[6pt] 0 & 0 & 0 & \dfrac{v_{\text{o}}}{L} \\[6pt] \dfrac{-i_{L1}}{C} & \dfrac{-i_{L2}}{C} & \dfrac{-i_{L3}}{C} & \dfrac{-i_{L4}}{C} \end{bmatrix} u + E \tag{5.92}$$

式中，$E = \begin{bmatrix} \dfrac{v_{\text{in}}}{L} & \dfrac{v_{\text{in}}}{L} & \dfrac{v_{\text{in}}}{L} & \dfrac{v_{\text{in}}}{L} & 0 \end{bmatrix}^{\mathrm{T}}$。

3. 四相交错并联 Boost 变换器 PI 控制

目前电能变换器主要有模拟控制和数字控制两种方案。数字控制由于其具有精度高、稳定性好、响应速度快、可靠性高、易于实现等优点，在实际应用中被广泛使用。其中，

传统的数字型 PID 控制作为一种最早发展起来的控制策略，被广泛应用于工业过程控制。PID 控制由 3 部分组成，分别为比例、积分和微分控制。但是微分控制会引入噪声和干扰，因此在实际应用中，一般只使用比例和积分控制，其本质上是一种偏差控制，比例控制可以加快系统的响应，但是存在稳态误差；积分控制可以消除稳态误差。PI 控制属于线性控制，电能变换器属于非线性系统，因此需要使用小信号建模在低频段把非线性系统等效为线性系统进行分析。在建立四相交错并联 Boost 变换器小信号模型之前，需要做出如下假设：变换器工作在连续导通模式下，变换器的开关频率远大于交流小信号的频率，变换器的开关频率远大于其转折频率，直流分量的幅值远大于交流小信号分量的幅值。

（1）四相交错并联 Boost 变换器小信号模型

假设在理想情况下，变换器的每一相占空比均相同，$d_1 = d_2 = d_3 = d_4 = d$，根据状态空间方程可以得到

$$\begin{cases} L\dfrac{\mathrm{d}i_{Lk}}{\mathrm{d}t} = v_{in} - (1-d)v_o \\ C\dfrac{\mathrm{d}v_o}{\mathrm{d}t} = (1-d)\displaystyle\sum_{i=1}^{4} i_{Li} - \dfrac{v_o}{R} \end{cases} \quad k = 1,2,3,4 \tag{5.93}$$

构建四相交错并联 Boost 变换器的交流小信号模型，在交流小信号模型中，通常将电压和电流表示为正弦波形的函数，并忽略高次谐波分量，从而得到简化的分析表达式。对于变换器的状态变量，可以看作由直流分量与交流分量叠加构成，具体表达式见式 (5.94)。

$$\begin{cases} i_{Lk} = I_{Lk} + i_{Lk}(t) \\ v_{in} = V_{in} + v_{in}(t) \\ v_o = V_o + v_o(t) \\ d = D + d(t) \end{cases} \quad k = 1,2,3,4 \tag{5.94}$$

式中，i_{Lk}、v_{in}、v_o、d 表示变换器状态变量：各相电感电流、输出电压和占空比的稳态值；$i_{Lk}(t)$、$v_{in}(t)$、$v_o(t)$、$d(t)$ 表示各相电感电流、输入电压、输出电压以及占空比的交流小信号分量。将上述扰动式（5.94）带入到式 (5.93)，可以得到变换器在交流小信号扰动下的表达式为

$$\begin{cases} L\dfrac{\mathrm{d}[I_{Lk} + i_{Lk}(t)]}{\mathrm{d}t} = [V_{in} + v_{in}(t)] - \{1 - [D + d(t)]\} \times [V_o + v_o(t)] \\ C\dfrac{\mathrm{d}[V_o + v_o(t)]}{\mathrm{d}t} = \{1 - [D + d(t)]\} \times I_{Lk} + i_{Lk}(t) - \dfrac{V_o + v_o(t)}{R} \end{cases} \quad k = 1,2,3,4 \tag{5.95}$$

利用稳态关系，并使直流分量为零，忽略二阶交流分量，可以得到式（5.95）改写的非线性交流小信号状态方程

$$\begin{cases} L\dfrac{\mathrm{d}i_{Lk}(t)}{\mathrm{d}t} = v_{in}(t) - (1-D)v_o(t) + v_o d(t) \\ C\dfrac{\mathrm{d}v_o(t)}{\mathrm{d}t} = -d(t)\sum_{i=1}^{4} I_{Li} + (1-D)\sum_{i=1}^{4} i_{Li}(t) - \dfrac{v_o(t)}{R} \end{cases} \quad k=1,2,3,4 \qquad (5.96)$$

通过对式（5.96）进行拉普拉斯变换，可以得到四相交错并联 Boost 变换器电流环传递函数 $G_{id}(s)$

$$G_{id}(s) = \frac{\left(Cs + \dfrac{2}{R}\right)v_o}{\dfrac{LCRs^2 + Ls}{R} + 4(1-D)^2} \qquad (5.97)$$

同理，可以得到变换器的电压环传递函数 $G_{vd}(s)$

$$G_{vd}(s) = \frac{4v_o(1-D) - \dfrac{v_o Ls}{R(1-D)}}{LCs^2 + \dfrac{L}{R}s + 4(1-D)^2} \qquad (5.98)$$

联立式（5.97）和式（5.98）可以得到由电感电流到输出电压的传递函数 $G_{vi}(s)$

$$G_{vi}(s) = \frac{4(1-D) - \dfrac{Ls}{(1-D)R}}{Cs + \dfrac{2}{R}} \qquad (5.99)$$

（2）四相交错并联 Boost 变换器 PI 控制器设计及稳定性分析

为了保证系统的动态响应速度及提升其抗扰动能力，采用电压内环结合电压外环的双环控制模式，即电流型控制。为了实现四相电感电流均衡的目标，保证每一相电感电流相同，选择主从均流法。电压外环作为主模块通过 PI 电压外环控制器进行计算，得到电流内环的电感电流参考值。每一相电流内环作为从模块，通过电感电流参考值与实时采集电感电流之间的误差，通过 PI 电压内环控制器处理得到每一相的占空比。每一相电路之间相互独立，系统具有冗余性，其控制策略结构如图 5.33 所示。

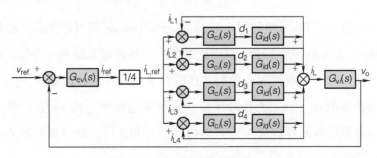

图 5.33　PI 双闭环控制策略结构

对变换器控制系统的设计，要通过其额定工作点进行设计，将电路参数 $L = 200\mu\text{H}$，$C = 220\text{MF}$，$v_{\text{in}} = 24\text{V}$，$v_{\text{o}} = 72\text{V}$，$R = 10\Omega$，$D = 0.667$ 带入式（5.97）可以得到校正前电流内环的开环传递函数

$$G_{id}(s) = \frac{0.01584s + 14.4}{4.4 \times 10^{-8} s^2 + 2 \times 10^{-5} s + 0.4436} \qquad (5.100)$$

因此，可以得到校正后电流内环的开环传递函数

$$G_{io}(s) = G_{ci}(s)G_{id}(s) = \frac{k_{pi}s + k_{ii}}{s} \frac{\left(Cs + \dfrac{2}{R}\right)v_{\text{o}}}{\dfrac{LCRs^2 + Ls}{R} + 4(1-D)^2} \qquad (5.101)$$

在进行电流内环 PI 控制器参数的选取时，其基本原则是需要确定电流内环控制系统的转折频率以及补偿后系统的穿越频率。使补偿后变换器的开关频率 f_{s} 为内环控制系统穿越频率 f_{g} 的 10 倍，即穿越频率选择为 2.5kHz；使控制系统的穿越频率 f_{g} 为转折频率 f_{b} 5 倍，即转折频率选择为 500Hz。由此可以列出方程式（5.102）。

$$\begin{cases} \dfrac{k_{ii}}{k_{pi}} = 2\pi f_{\text{b}} \\[3mm] \left| G_{io}(s) \right|_{s = j2\pi f_{\text{g}}} = \left| \dfrac{k_{pi}s + k_{ii}}{s} \dfrac{\left(Cs + \dfrac{2}{R}\right)v_{\text{o}}}{\dfrac{LCRs^2 + Ls}{R} + 4(1-D)^2} \right|_{j2\pi f_{\text{g}}} = 1 \end{cases} \qquad (5.102)$$

求解方程式（5.102），得到电流内环的参数 $k_{pi} = 0.041$，$k_{ii} = 128.8$。电流内环传递函数

$$G_{ci}(s) = \frac{0.041s + 128.8}{s} \qquad (5.103)$$

电流内环校正前后的 Bode 图如图 5.34 所示。通过 Bode 图可以知道，补偿后的系统相位裕度为 77.1deg，穿越频率为 2.5kHz，因此补偿后内环控制系统是一个稳定的系统。

选用电压外环的方法与电流内环类似，在得到电流内环积分控制和比例控制的参数之后，使补偿后变换器的开关频率 f_{s} 是外环控制系统穿越频率 f_{g} 的 10 倍，即穿越频率 f_{g} 选择为 250Hz；使控制系统的穿越频率 f_{g} 是转折频率 f_{b} 的 5 倍，即转折频率 f_{b} 选择为 50Hz。由此可以列出方程式（5.104）。

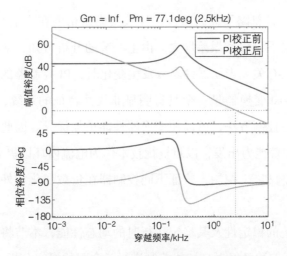

图 5.34　电流内环校正前后的 Bode 图

$$G_{cv}(s) = \frac{0.298s + 46.8}{s} \tag{5.104}$$

电压外环校正前后的 Bode 图如图 5.35 所示。通过 Bode 图可以知道，补偿后的系统穿越频率是 250Hz，相位裕度是 112deg，幅值裕度是 26dB，因此补偿后电压外环控制系统是一个稳定的系统。

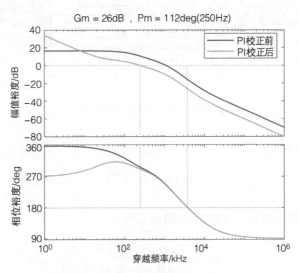

图 5.35　电压外环校正前后的 Bode 图

4. 四相交错并联 Boost 变换器非线性控制

当使用传统的 PI 控制算法对四相交错并联 Boost 变换器进行控制时，需要先推导出变换器的小信号模型，并计算其传递函数来描述系统的动态特性。在进行 PI 控制器设计时，会由于建立小信号模型而导致工作量巨大。另外由于小信号建模通过线性化电路的数学模型来简化分析过程，并且忽略了高阶效应，导致其模型精度在小信号范围内的精度较高，在信号幅度增大的情况下，模型误差增大。由上一节的分析可知，变换器系统的传递函数与其电路元器件的参数有关，当元器件参数发生变化时，PI 控制器的控制性能会变得不理想。四相交错并联 Boost 变换器是一个具有明显非线性特征的系统，设计出鲁棒性更强、跟踪效果更好的非线性控制方法，可以使变换器性能更加优异。因此，本节将考虑从系统的抗扰动能力和电流跟踪能力出发，以自抗扰技术作为电流内环以提高系统的抗扰动能力，电流外环分别为 PI 控制和 ST 控制，验证不同控制器在负载变化和外部扰动情况下的控制能力。

为提高变换器系统的稳定性及其稳定运行时的动态性能，本节将自抗扰控制器作为电流内环进行设计。由于前述已经对自抗扰控制进行了全面的研究分析，在此不再赘述。

（1）PI 外环控制

基于自抗扰控制的电流内环，进行电压外环的设计。电压外环采用 PI 控制，PI+ADRC 控制结构如图 5.36 所示。

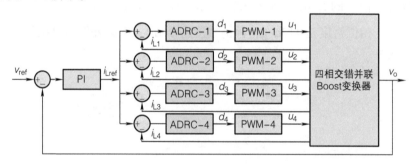

图 5.36　PI+ADRC 控制结构

电压外环控制器的传递函数为

$$G_c(s) = K_p + \frac{K_i}{s} \tag{5.105}$$

由母线输出电压至参考电压的闭环传递函数为

$$G_{ve}(s) = \frac{v_o(s)}{v_{ref}(s)} = \frac{G_c(s)G_{vi}(s)}{1 + G_c(s)G_{vi}(s)} \tag{5.106}$$

通过实际采集的输出母线电压与参考电压作差得到误差信号，误差信号传递到 PI 控制器作为其输入信号，通过比例 - 积分控制可以得到电路内环的电感电流参考值。通过离散化可以得到 PI 的表达式（5.107），即

$$u(k) = K_p e(k) + K_i \sum_{j=0}^{k} e(j) \tag{5.107}$$

式中，$u(k)$ 表示第 k 次采样时的输出；$e(k)$ 表示输入的误差信号；K_p、K_i 分别为比例和积分系数。

以自抗扰控制作为电流内环，PI 控制器作为电压外环的控制系统选择的 PI 控制器参数为 $K_p = 0.25$，$K_i = 145$。

由此可以得到电压外环的传递函数为

$$G_c(s) = 0.25 + \frac{145}{s} \tag{5.108}$$

最后通过 MATLAB 画出电流外环校正前后的 Bode 图，方法与前文所述类似，经过 PI 补偿后，电压外环控制系统具有更好的稳定性。

（2）滑模变结构外环控制

滑模变结构外环控制原理：滑模变结构控制是一种非线性控制方法，其特点在于系统的"结构"可以在动态过程中根据系统当前的状态（如偏差及其各阶导数等）有目的地不断变化，迫使系统按照预定"滑动模态"轨迹运动。由于滑动模态可以进行设计且与对象参数及扰动无关，使得滑模控制具有快速响应、对参数变化及扰动不灵敏、无须系统在线辨识、物理实现简单等优点。滑模控制的运动过程主要分为两个阶段（图 5.37），第一阶段，AB 段表示状态空间趋近于滑模面的趋近过程；第二阶段，BC 段表示到达滑模面 $s(x, t) = 0$ 后的滑动过程。

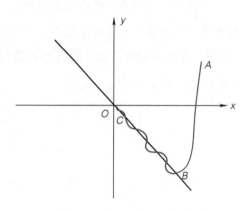

图 5.37　滑模运动的两个阶段

滑模控制的主要设计步骤：

1）定义一个滑模面，通过滑模面将系统状态引入一个本质不变的区域，实现对系统状态的控制。在定义滑模面时，需要使其满足滑动模态存在，满足可达性条件（即滑模面以外的运动点都将在有限时间内到达滑模面），保证滑模运动的稳定性以及达到控制系统的动态品质要求。

2）设计滑模趋近律，根据系统的当前状态和动态特性，改变控制器的输出，使系统状态在有限时间内向滑模面靠近，并沿着滑模面向平衡点滑动，使得系统在达到滑模面的过程中快速、稳定且无抖振。

一般情况下非线性系统的表述形式为

$$\dot{x} = f(x,t,u) \quad x \in R_n, \ u \in R_m \tag{5.109}$$

式中，$x \in R_n$，$u \in R_m$ 分别表示系统的状态变量与控制输入量。

对于非线性系统 $\dot{x} = f(x,t,u)$，其状态空间存在超曲面 $s(x)=0$，如图 5.38 所示。

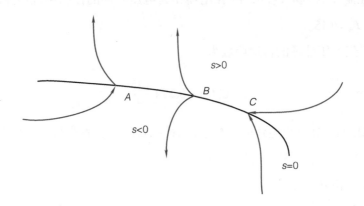

图 5.38　状态空间超曲面

令滑模面 $s(x)=0$，将状态空间分成 $s > 0$ 和 $s < 0$ 两部分，将滑模面上的点分成三类点，分别为 A（普通点）、B（起始点）、C（终止点）。其中终止点趋近于滑模面区域时，将会被"吸引"在该区域内运动。设计控制器时，在有限时间内状态空间的点趋近于滑模面 $s(x) = 0$ 附近时，需要满足以下关系

$$\begin{cases} \dot{s}(x)<0 & s(x) > 0 \\ \dot{s}(x)>0 & s(x) < 0 \end{cases} \tag{5.110}$$

得到滑动模态区域的局部到达条件满足

$$\lim_{s \to 0} \dot{s}s \le 0 \tag{5.111}$$

由于系统的状态可能会出现在距离滑模面任意远的位置，所以滑动模态需要满足的全局到达条件为

$$s\dot{s} \le 0 \tag{5.112}$$

改写为李雅普诺夫（Lyapunov）函数形式为

$$V(x) = \frac{1}{2}s^2 \tag{5.113}$$

对李雅普诺夫函数求导

$$\dot{V}(x) = s\dot{s} \tag{5.114}$$

式中，$V(x)$表示李雅普诺夫函数，根据李雅普诺夫稳定性定义可知，当$V(x)$正定且$\dot{V}(x)$时，基于滑动模态全局到达条件的控制系统将会稳定于$s=0$。

常规的滑模控制律设计方法包括常值切换控制、函数切换控制等。但是在实际的应用中，传统的滑模控制方法由于控制律中含有切换函数产生的不连续性，从而导致产生严重的抖振问题，造成了系统的不稳定。为了降低传统滑模控制的抖振问题，将传统滑模控制向高阶滑模控制进行拓展，通过采取控制量的高阶导数或对其积分等措施，使得控制输出连续，从而降低抖振程度。

关于滑模面$s(t,x)=0$的m阶滑动集表示为

$$s = \dot{s} = \ddot{s} = \cdots = s^{(m-1)} = 0 \tag{5.115}$$

滑模面的m阶滑动集$s = \dot{s} = \cdots = s^{(m-1)} = 0$非空，并假设为菲利波夫（Filippov）下的局部积分集，满足$s = \dot{s} = \cdots = s^{(m-1)} = 0$的相关运动被定义为关于$s(t,x)=0$的m阶滑模。

非线性系统见式（5.116），即

$$\begin{cases} \dot{x} = ax + bu \\ s = s(t,x) \end{cases} \tag{5.116}$$

式中，$x \in R^n$表示系统状态，$x \in R$表示控制输入变量。

如果滑模变量s的相对阶数为2，并且系统的解是Filippov意义下的解，那么求得滑动变量s的二阶导数为

$$\ddot{s} = h(t,x) + g(t,x)u \tag{5.117}$$

式中，$h(t,x) = \ddot{s}|_{u=0}$和$g(t,x) = \frac{\partial}{\partial u}\ddot{s} > 0$且表示未知光滑函数。一般情况下，式（5.117）含有的未知光滑函数符合如下条件

$$\begin{cases} 0 < K_m \leqslant g(t,x) \leqslant K_M \\ 0 < |h(t,x)| \leqslant H \end{cases} \tag{5.118}$$

联立式（5.117）和式（5.118）能够得出

$$\ddot{s} \in [-H, H] + [K_m, K_M]u \tag{5.119}$$

通过上述分析可知，设计控制律$u = \varphi(s, \dot{s})$使得s、$\dot{s}$在有限时间内收敛到0。

基于超螺旋（Super-Twisting）算法的二阶滑模控制策略：Super-Twisting算法即超螺旋滑模控制，通过积分得到实际控制量，没有进行高频切换，相比于螺旋算法、次优算法以及规定收敛律算法等其他二阶滑模算法，超螺旋算法所需要的信息量很少，只要知道滑模

变量 $s(x)$，不用对滑模变量求导数，有效降低了微分控制噪声干扰对系统造成的影响。并且当该算法在系统相对阶数为 1 阶时，不需要引入其他新变量就能够直接使用。为了方便表示，将 Super-Twisting 简称为 ST。ST 算法的控制形式表示为

$$\begin{cases} u = -\lambda |s|^{\nu} \operatorname{sign}(s) + u_1 \\ u_1 = -\alpha \operatorname{sign}(s) \end{cases} \tag{5.120}$$

式中，α 和 λ 表示待求取的控制参数，且都大于 0。

当该算法满足如下的条件时，ST 控制器在有限时间内能够收敛。图 5.39 所示为 ST 算法的相轨迹运动图。

$$\begin{cases} \alpha K_m > H \\ \lambda^2 K_M > 2(\alpha K_M + H) \end{cases} \tag{5.121}$$

结合上述分析，为了保证变换器在外部输入电压扰动和负载变化的情况下，仍然能够保持母线电压的稳定输出，由此引入电压外环。当内环控制系统稳定时，确定在电流内环的控制下，电流内环传递函数为 1。在此基础上设计基于 ST 算法的电压外环，电流内环采用自抗扰控制，ST+ADRC 控制结构如图 5.40 所示。

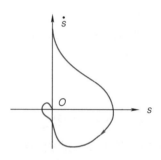

图 5.39 ST 算法相轨迹运动示意图

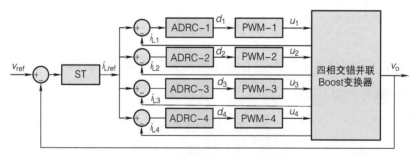

图 5.40 ST+ADRC 控制结构

电压外环的控制对象为受电流内环控制的四相交错并联 Boost 变换器。定义输出为母线侧电压 $y = v_o$，输入变量为电感电流参考值 $u = i_{\text{ref}}$，则有

$$\dot{y} = -cy + bu + a\dot{u} = b_0 u + f(y, u, \dot{u}) \tag{5.122}$$

式中，b_0 表示可根据系统额定工作点进行的计算，f 表示系统的扰动。

受电流内环控制的四相交错并联 Boost 变换器为一阶系统，因此可以直接选择 ST 滑模控制算法进行电压外环的设计。电压外环滑模面定义为

$$s = v_o - v_{ref} \tag{5.123}$$

式中，v_o 表示母线输出电压，v_{ref} 表示输出电压参考值。

根据 ST 滑模控制算法的基本形式，选择参数 $v = \dfrac{1}{2}$，则电压外环的滑模控制律可以表达为

$$u = -\lambda |s|^{\frac{1}{2}} \text{sign}(s) - \alpha \text{sign}(s) \tag{5.124}$$

式中，α 和 λ 表示电压外环待求取的控制参数。

在选取完电压外环的滑模面和控制律之后，下面将基于 Lyapunov 函数进行电压外环的稳定性分析及控制参数 α 和 λ 的选择。基于构建的变换器数学模型，对选取的滑模面进行求导可以得到

$$\dot{s}_1 = i_L = \frac{di_L}{dt} = -\lambda \frac{v_o}{L}|s_1|^{\frac{1}{2}}\text{sign}(s_1) - \alpha \frac{v_o}{L}\int \text{sign}(s_1)dt + \frac{v_{in} - v_o}{L} \tag{5.125}$$

将式（5.125）改写得到状态变换方程表达式

$$\begin{cases} x = s, \quad m_1 = \lambda \dfrac{v_o}{L}, m_2 = \alpha \dfrac{v_o}{L} \\ y = -m_2 \dfrac{v_o}{L}\int \text{sign}(s)dt + \dfrac{v_{in} - v_o}{L} \end{cases} \tag{5.126}$$

将式（5.126）变换成标准形式为

$$\begin{cases} \dot{x} = -m_1|x|^{\frac{1}{2}}\text{sign}(x) + y \\ \dot{y} = -m_2\text{sign}(s_1) + \dot{\phi}(t) \end{cases} \tag{5.127}$$

式中，$\phi(t) = (v_{in} - v_o)/L$，定义 $\dot{\phi}(t)$ 为系统的扰动项，且符合利普希茨（Lipschitz）连续的条件，即

$$|\dot{\phi}(t)| \leq \delta \tag{5.128}$$

根据式（5.127）所表示的扰动系统，所选定的 Lyapunov 函数为

$$V(x,y) = \xi^T P \xi \tag{5.129}$$

式中 $\xi = \begin{bmatrix} \xi_1 \\ \xi_2 \end{bmatrix} = \begin{bmatrix} |x|^{\frac{1}{2}}\text{sign}(x) \\ y \end{bmatrix}$，$P = \dfrac{1}{2}\begin{bmatrix} m_1^2 + 4m_2 & -m_1 \\ -m_1 & 2 \end{bmatrix}$。

通过式（5.129）可以看出，只有满足 $m_2 > 0$，$V(x,y)$ 才能严格正定。

对 $V(x,y)$ 求导可以得到

$$\dot{V}(x,y) = \dot{\xi}^{\mathrm{T}} P \xi + \xi^{\mathrm{T}} P \dot{\xi} = -\frac{1}{|x|^{\frac{1}{2}}} \xi^{\mathrm{T}} A \xi + \dot{\phi}(t) q \xi \qquad (5.130)$$

式中，$A = \dfrac{1}{2}\begin{bmatrix} m_1^3 + 2m_1 m_2 & -m_1^2 \\ -m_1^2 & m_1 \end{bmatrix}$，$q = [-m_1, 2]$。

由式（5.130）可以得到

$$\dot{\phi}(t) q \xi \leqslant \frac{1}{|x|^{\frac{1}{2}}} \xi^{\mathrm{T}} B \xi, \quad B = \begin{bmatrix} m_1 \delta & \delta \\ \delta & 0 \end{bmatrix} \qquad (5.131)$$

联立式（5.130）和式（5.131）可以得到

$$\dot{V}(x,y) \leqslant = -\frac{1}{|x|^{\frac{1}{2}}} \xi^{\mathrm{T}} (A-B) \xi = -\frac{1}{|x|^{\frac{1}{2}}} \xi^{\mathrm{T}} Q \xi \qquad (5.132)$$

式中，$Q = \dfrac{1}{2}\begin{bmatrix} m_1^3 + 2m_1 m_2 - 2m_1 \delta & -m_1^2 - 2\delta \\ -m_1^2 - 2\delta & m_1 \end{bmatrix}$。

通过式（5.132）可以知道当满足 $Q > 0$ 时，$\dot{V}(x,y)$ 负定。满足 $Q > 0$ 的条件为

$$m_1 > \sqrt{2\delta}, m_2 > \frac{3m_1^2 \delta + 2\delta^2}{m_1^2} \qquad (5.133)$$

联立式（5.132）和式（5.133），可以得到控制参数 λ、α，须满足的条件为

$$\lambda > \frac{L\sqrt{2\delta}}{v_o}, \alpha > \frac{3m_1^2 \delta v_o^2 L + 2\delta^2 L^3}{m_1^2 v_o^3} \qquad (5.134)$$

当式（5.113）成立时，可以知道 $\dot{V}(x,y) < 0$；又由于 $V(x,y)$ 正定，根据 Lyapunov 稳定性理论可知系统式（5.127）为渐近稳定的系统，即基于 ST 滑模算法的电压外环系统是稳定的。

5. 控制策略仿真结果与分析

为了验证本章所设计的 PI+PI、PI+ ADRC、ST+ ADRC 3 种算法的抗扰动能力以及动态性能，基于 MATLAB/Simulink 仿真环境搭建四相交错并联 Boost 变换器以及控制器的仿真模型，如图 5.41 所示，对 3 种控制策略进行控制性能分析。

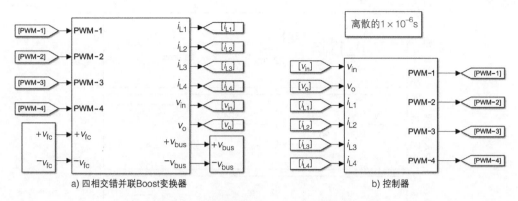

a) 四相交错并联Boost变换器　　　　　　b) 控制器

图 5.41　四相交错并联 Boost 变换器仿真模型

为保证仿真结果尽可能与实际情况接近，需考虑电感和输出电容的寄生电阻：$r_{L1} = r_{L2} = r_{L3} = r_{L4} = 0.25\,\Omega$，$r_C = 0.03\,\Omega$。为实现对变换器的控制，需采集每一路电感电流信号和输出电压信号，其中输出电压采样频率为 5kHz，电感电流采样频率选择为 50kHz。3 种控制器的控制参数分别选择为：PI+PI 控制器内环 $K_p = 0.041$、$K_i = 128.8$，外环 $K_p = 0.298$，$K_i = 46.8$；PI+ADRC、ST+ADRC 的自抗扰内环参数 $r = 50$、$h_0 = 0.001$、$\beta_{01} = 40$、$\beta_{02} = 600$、$\beta_{03} = 1400$、$\beta_1 = 600$、$\beta_2 = 60$；PI 电压外环参数 $K_p = 0.25$、$K_i = 145$，ST 电压外环参数 $\lambda = 5$、$\alpha = 150$；设定输入电压 24V，输出电压参考值 72V，负载电流 6.94A。

（1）输入电压扰动

为了对比 3 种控制器的控制效果，验证不同控制器在输入电压扰动下的鲁棒性，需要分别对输入电压阶跃扰动和正弦扰动进行仿真分析。变换器输出电压参考值设定为 72V，恒流源负载设定为 6.94A。

1）输入电压阶跃扰动。

为了测试控制器对于输入电压阶跃扰动的控制效果，向变换器施加输入电压阶跃扰动，如在 0.1s 输入电压由 24V 降至 20V，0.2s 由 20V 升至 24V，0.3s 由 24V 升至 28V。

PI+PI 控制：PI+PI 控制在输入电压阶跃扰动下的仿真结果如图 5.42 所示，输出电压能够稳定在 72V 左右，电压稳定输出时电压纹波为 0.09V。在 0.1s 时，输入电压由 24V 降至 20V，输出电压会瞬间发生电压跳变，电压跌落幅值为 3.3V，经过 24.8ms 的调节，输出电压逐渐恢复至给定参考电压 72V；在 0.2s 时，输入电压由 20V 升至 24V，输出电压跳变幅值为 3.2V，调节时间 22.7ms；在 0.3s 时，输入电压由 24V 升至 28V，输出电压跳变幅值为 2.7V，经过 18.9ms 的调节时间，输出电压恢复至给定参考电压 72V。根据仿真结果可以看出，PI+PI 控制器在应对输入电压阶跃扰动时具有一定的抗干扰能力，能够在一定时间内恢复至电压参考值，但是存在电压跳变较大，调节时间较慢的问题。

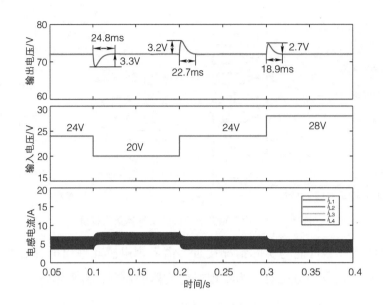

图 5.42　PI+PI 控制在输入电压阶跃扰动下的仿真结果

PI+ADRC 控制：PI+ADRC 控制在输入电压阶跃扰动下的仿真结果如图 5.43 所示，稳态时输出电压能够保持在 72V，电压纹波约为 0.08V。在 0.1s 时，输入电压由 24V 降至 20V，输出电压会瞬间发生电压跳变，电压跌落幅值为 2.6V，经过 14.1ms 的调节，输出电压逐渐恢复至给定参考电压 72V；在 0.2s 时，输入电压由 20V 升至 24V，输出侧电压跳变幅值为 2.4V，调节时间 13.8ms；在 0.3s 时，输入电压由 24V 升至 28V，输出电压跳变幅值为 2.2V，经过 11.5ms 的调节，输出电压恢复至参考电压 72V。根据仿真结果可以看出，

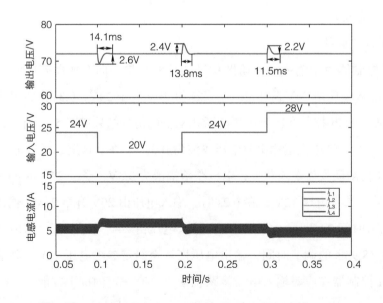

图 5.43　PI+ADRC 控制在输入电压阶跃扰动下的仿真结果

PI+ADRC 控制器相比于 PI+PI 控制器，将内环改为自抗扰控制，在应对输入电压阶跃扰动时其鲁棒性相对更好一些，能够在较短的时间内恢复至电压参考值。

ST+ADRC 控制：ST+ADRC 控制器在输入电压阶跃扰动下的仿真结果如图 5.44 所示，稳态时输出电压能够保持在 72V，电压纹波约为 0.32V。在 0.1s 时，当输入电压由 24V 降至 20V 时，输出电压发生电压跳变，电压跌落幅值为 0.8V，经过 7.1ms 的调节，输出电压很快恢复至给定参考电压 72V；在 0.2s 时，输入电压由 20V 升至 24V，输出侧电压跳变幅值为 0.75V，调节时间 6.9ms；在 0.3s 时，输入电压由 24V 升至 28V，输出侧电压跳变幅值为 0.48V，经过 4.7ms 的调节，输出电压恢复至参考电压 72V。根据仿真结果可以看出，ST+ADRC 控制器相比于前两种控制策略，其抗输入电压阶跃扰动能力更强，调节时间更短，但是存在一定的抖振问题，输出电压纹波较大，会对系统带来一定的影响。

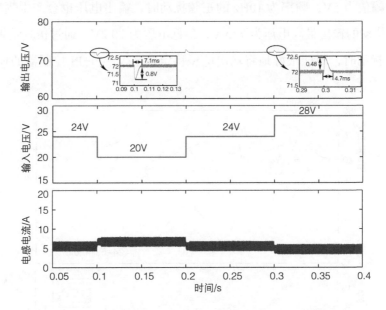

图 5.44 ST+ADRC 控制器在输入电压阶跃扰动下的仿真结果

根据仿真结果及上述分析，当输入电压发生阶跃扰动时，3 种控制器都具有一定的抗扰动能力，均能将输出电压稳定在电压参考值 72V，但是不同控制器的实际控制效果不同，PI+PI 控制器控制能力最差，发生扰动时电压跳变量最大，且其调节时间最长；PI+ADRC 控制器相比于 PI+PI 控制器，其输出电压和跳变幅值更小，且调节时间也有所改善；当输入电压发生阶跃扰动时，ST+ADRC 控制器在 3 种控制器中的抗扰动能力最强，电压变化量最小，调节时间也最短，但是该控制器输出电压纹波较大，存在一定的抖振问题。3 种控制器的分析结果见表 5.5。

表 5.5　不同控制器对于输入电压阶跃扰动的分析结果

输入电压扰动 /V	电压跳变幅值 /V			恢复时间 /ms		
	PI+PI	PI+ADRC	ST+ADRC	PI+PI	PI+ADRC	ST+ADRC
$24 \rightarrow 20$	3.3	2.6	0.8	24.8	14.1	7.1
$20 \rightarrow 24$	3.2	2.4	0.75	22.7	13.8	6.9
$24 \rightarrow 28$	2.7	2.2	0.48	18.9	11.5	4.7

2）输入电压正弦扰动。为了测试控制器对输入电压正弦扰动的控制效果，向变换器输入端施加的输入电压正弦扰动为 $24+5\sin(20\pi t)$，该正弦扰动频率为 10Hz，电流 6.94A 恒定不变，输出电压的参考值设定为 72V。

PI+PI 控制：图 5.45 所示为 PI+PI 控制器在输入电压正弦扰动下的仿真结果，当给定输入电压叠加幅值为 5V，频率为 10Hz 的正弦扰动时，输出电压也会产生频率为 10Hz 输出波动，正弦扰动的输出最高电压为 73.9V，最低电压为 70.2V。通过仿真结果可知当输入电压发生正弦扰动时，不能很好地将输出电压稳定在 72V，PI+PI 控制器的控制能力是有限的。

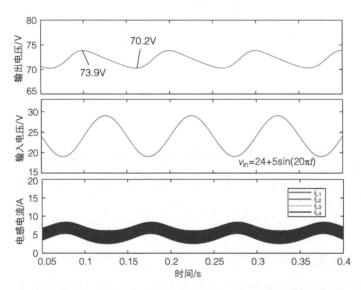

图 5.45　PI+PI 控制器在输入电压正弦扰动下的仿真结果

PI+ADRC 控制：图 5.46 所示为 PI+ADRC 控制器在输入电压正弦扰动下的仿真结果，当给定输入电压叠加幅值为 5V，频率为 10Hz 的正弦扰动时，输出电压也会产生频率为 10Hz 的输出波动，正弦扰动的输出最高电压为 73.5V，最低电压为 70.7V。相比于 PI+PI 控制器，电流内环采用了自抗扰控制算法，其控制效果有所改善，但仍然呈现正弦波动的趋势，输出电压不能稳定在给定的参考电压 72V。

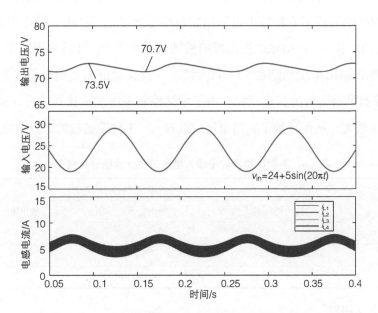

图 5.46 PI+ADRC 控制器在输入电压正弦扰动下的仿真结果

ST+ADRC 控制：图 5.47 所示为 ST+ADRC 控制器在输入电压正弦扰动下的仿真结果，当给定输入电压叠加幅值为 5V，频率为 10Hz 的正弦扰动时，输出电压基本稳定在 72V。相比于另外两种控制器，ST+ADRC 控制器内环采用自抗扰控制算法，外环采用 ST 滑模控制算法，在输入电压正弦扰动的干预下，输出电压可以稳定在给定参考电压 72V，控制效果有了较大的提升，但是输出电压伴随着抖振问题，输出纹波较大，约为 0.13V。

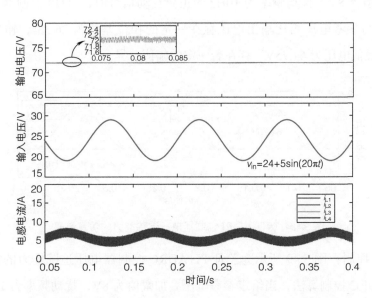

图 5.47 ST+ADRC 控制器在输入电压正弦扰动下的仿真结果

通过对上述 3 种控制器的分析，当变换器输入端施加输入电压正弦扰动时，PI+PI 控制器和 PI+ADRC 控制器不能将输出电压稳定在给定参考电压 72V，输出电压呈现频率为 10Hz 的正弦波动，其中 PI+ADRC 控制器的波动范围小于 PI+PI 控制器。但 ST+ADRC 控制器可以很好地将输出电压稳定在 72V 且无波动，抗扰动能力要明显高于另外两种算法。由于 ST 滑模控制策略固有的抖振现象，为了增强控制系统的抗扰动能力，ST 滑模控制器的切换增益会比较大，从而导致了输出电压纹波较大。3 种控制器的分析结果见表 5.6。

表 5.6 不同控制器对于输入电压正弦扰动的分析结果

控制器	输入电压 24+5sin(20πt)		
	输出电压最大值 /V	输出电压最小值 /V	输出电压波动频率 /Hz
PI+PI	73.9	70.2	10Hz
PI+ADRC	73.5	70.7	10Hz
ST+ADRC	72.15	71.82	—

（2）参考电压跟踪

为了提升燃料电池的利用效率，在某些场合要求 DC/DC 变换器能工作在最大功率点跟踪（MPPT）模式下，该模式主要要求控制器具有较强的电压跟踪性能。为了验证 3 种控制器的电压跟踪能力，在给定参考电压 72V 的基准上叠加幅值为 8V，扰动频率为 10Hz 的正弦扰动信号，即 $v_{ref}= 72+8\sin(\pi t)$，输入电压保持在 24V 恒定不变，负载电流为 6.94A。

PI+PI 控制：图 5.48 所示为验证 PI+PI 控制器电压追踪能力的仿真结果，当给定参考电压叠加幅值为 8V，扰动频率为 10Hz 的正弦扰动信号时，PI+PI 控制器不能较好的跟踪参考电压，与参考电压相比输出电压存在一定的相位差约为 26.28°，输出最高电压为 79.73V，输出最低电压为 64.75V，存在着一定的幅值差异。

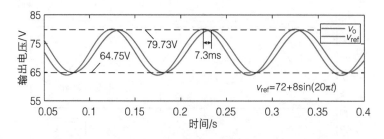

图 5.48 验证 PI+PI 控制器电压追踪能力的仿真结果

PI+ADRC 控制：图 5.49 所示为验证 PI+ADRC 控制器电压追踪能力的仿真结果，内环控制器为 ADRC 控制算法，当给定参考电压叠加幅值为 8V，扰动频率为 10Hz 的正弦扰动信号时，PI+ADRC 控制器的电压跟踪效果高于 PI+PI 控制器，但是仍然存在着一定的幅值偏差与相位偏差。其中输出电压相较于给定的参考电压存在 21.24° 的相位偏差，变换器的输出最高电压为 79.85V，输出最低电压为 64.49V。相比于 PI+PI 控制器，电流内环改用自抗扰控制策略，提高了电压跟踪性能。

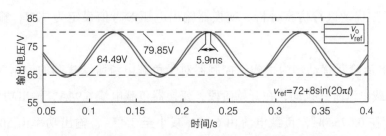

图 5.49　验证 PI+ADRC 控制器电压追踪能力的仿真结果

ST+ADRC 控制：图 5.50 所示为验证 ST+ADRC 控制器电压追踪能力的仿真结果，内环控制器为 ADRC 控制算法，外环为 ST 滑模控制算法，根据仿真结果得出，当给定参考电压叠加幅值为 8V，扰动频率为 10Hz 的正弦扰动信号时，ST+ADRC 控制器的电压跟踪效果高于另外两种控制器，基本上没有幅值偏差与相位偏差，可以较好地跟踪给定参考电压，但是由于 ST 滑模控制算法自身的抖振问题，输出纹波相较于另外两种控制器偏大。

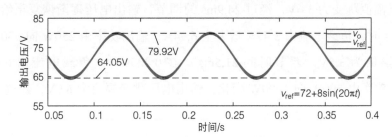

图 5.50　验证 ST+ADRC 控制器电压追踪能力的仿真结果

参考电压 v_{ref} 为正弦扰动信号时，3 种控制器的电压跟踪能力有所差异，具体分析数据见表 5.7。当给定参考电压叠加幅值为 8V，扰动频率为 10Hz 的正弦扰动信号时，PI+PI 控制器与 PI+ADRC 控制器在电压跟踪能力上相对较差，存在着一定的幅值衰减和相位差。ST+ADRC 控制器内环为 ADRC 控制算法，外环为 ST 滑模控制算法，可以很好地跟踪给定参考电压 v_{ref}，不存在幅值衰减和相位差，但是存在输出电压纹波大的问题。

表 5.7　不同控制器对于给定参考电压的跟踪效果

控制器	参考电压 $72+8\sin(20\pi t)$		
	输出电压最大值 /V	输出电压最小值 /V	输出电压相位 /(°)
PI+PI	79.73	64.75	滞后 26.28°
PI+ADRC	79.85	64.49	滞后 21.24°
ST+ADRC	79.92	64.05	无滞后

（3）负载电流阶跃扰动

燃料电池工作在不同的负载工况下，要求控制器具有一定的鲁棒性，为了对比 3 种控制器的控制效果，验证不同控制器在负载扰动下的鲁棒性，分别对输出电流阶跃扰动和输出电流正弦扰动进行仿真分析。变换器输出电压参考值设定为 72V，输入电压设定为 24V。

1）负载电流阶跃扰动。为了测试控制器对于负载电流阶跃扰动的控制效果，向变换器施加 4 组负载电流阶跃扰动，在开始阶段，变换器负载电流 6.94A，输出功率处于 500W 的工作状态，在 0.075s 时，负载电流由 6.94A 减小至 3.47A，输出功率由 500W 向 250W 突变；在 0.15s 时，负载电流由 3.47A 增大至 6.94A，输出功率由 250W 向 500W 突变；在 0.225s 时，负载电流由 6.94A 增大至 13.88A，输出功率由 500W 向 1000W 突变；最后在 0.3s 时，负载电流由 13.88A 减小至 6.94A，输出功率由 1000W 恢复至 500W。

PI+PI 控制：PI+PI 控制器在负载电流阶跃扰动下的仿真结果如图 5.51 所示，在开始的稳态阶段输出电压能够稳定在 72V 左右，电压稳定输出时电压纹波为 0.09V。在 0.075s 时，负载电流由 6.94A 减小至 3.47A，输出功率由 500W 向 250W 变化，输出电压瞬间发生电压跳变，电压幅值跳变为 3.6V，经过 24.9ms 的调节，输出电压逐渐恢复至给定参考电压 72V；在 0.15s 时，负载电流由 3.47A 增大至 6.94A，输出功率由 250W 向 500W 变化，输出电压跳变幅值为 3.5V，调节时间 21.5ms；在 0.225s 时，负载电流由 6.94A 增大至 13.88A，输出功率由 500W 向 1000W 变化，输出电压跳变幅值为 6.9V，经过 26.3ms 的调

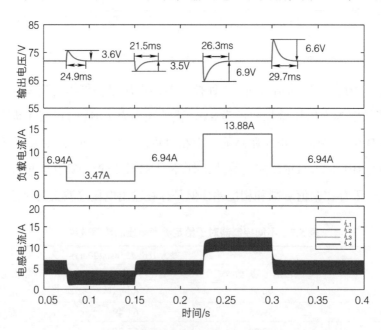

图 5.51 PI+PI 控制器在负载电流阶跃扰动下的仿真结果

节时间，输出电压恢复至给定参考电压 72V；最后在 0.3s 时，负载电流由 13.88A 减小至 6.94A，输出功率由 1000W 恢复至 500W，输出电压跳变幅值为 6.6 V，调节时间 29.7ms。根据仿真结果得出，PI+PI 控制器在应对负载电流阶跃扰动时，电压跳变幅值较大，恢复时间较长。

PI+ADRC 控制：PI+ADRC 控制器在负载电流阶跃扰动下的仿真结果如图 5.52 所示，稳态时输出电压能够保持在 72V，电压纹波约为 0.08V。在 0.075s 时，负载电流由 6.94A 减小至 3.47A，输出功率由 500W 向 250W 变化，输出电压瞬间发生电压跳变，电压幅值跳变为 2.8V，经过 15.2ms 的调节，输出电压逐渐恢复至给定参考电压 72V；在 0.15s 时，负载电流由 3.47A 增大至 6.94A，输出功率由 250W 向 500W 变化，输出电压跳变幅值为 2.8V，调节时间 14.9ms；在 0.225s 时，负载电流由 6.94A 增大至 13.88A，输出功率由 500W 向 1000W 变化，输出电压跳变幅值为 5.7V，经过 18.8ms 的调节时间，输出电压恢复至给定参考电压；最后在 0.3s 时，负载电流由 13.88A 减小至 6.94A，输出功率由 1000W 恢复至 500W，输出电压跳变幅值为 5.8 V，调节时间 19.7ms。根据仿真结果得出，相较于 PI+PI 控制器，PI+ADRC 控制器在应对负载电流阶跃扰动时，控制效果有所改善，抗扰动性能和动态响应能力均有所提升。

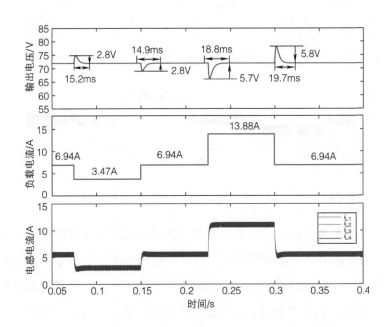

图 5.52　PI+ADRC 控制器在负载电流阶跃扰动下的仿真结果

ST+ADRC 控制：ST+ADRC 控制器在负载电流阶跃扰动下的仿真结果如图 5.53 所示，稳态时输出电压能够保持在 72V，电压纹波约为 0.32V。在 0.075s 时，负载电流由 6.94A

減小至 3.47A，輸出功率由 500W 向 250W 變化，輸出電壓瞬間發生電壓跳變，電壓幅值跳變為 1.9V，經過 7.8ms 的調節，輸出電壓逐漸恢復至給定參考電壓；在 0.15s 時，負載電流由 3.47A 增大至 6.94A，輸出功率由 250W 向 500W 變化，輸出電壓跳變幅值為 1.8V，調節時間 7.9ms；在 0.225s 時，負載電流由 6.94A 增大至 13.88A，輸出功率由 500W 向 1000W 變化，輸出電壓跳變幅值為 4.5V，經過 11.2ms 的調節時間，輸出電壓恢復至給定參考電壓；最後在 0.3s 時，負載電流由 13.88A 減小至 6.94A，輸出功率由 1000W 恢復至 500W，輸出電壓跳變幅值為 4.6V，調節時間 11.3ms。根據仿真結果得出，ST+ADRC 控制器相比於另外兩種控制器，其抗負載電流階躍擾動能力更強，調節時間更短，但是由於 ST 滑模控制算法存在抖振問題，使得輸出電壓紋波較大。

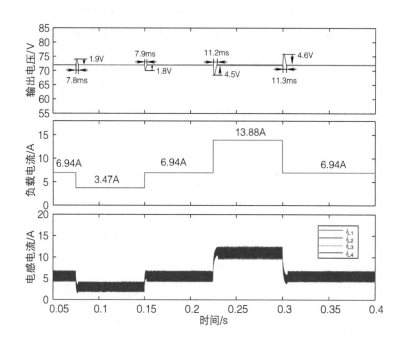

图 5.53　ST+ADRC 控制器在负载电流阶跃扰动下的仿真结果

根據仿真結果及上述分析，當負載電流發生階躍擾動時，3 種控制器都具有一定的抗擾動性能和動態響應能力，均能將輸出電壓穩定在電壓參考值，但是不同控制器的實際控制效果不同，PI+PI 控制器的控制能力不足，發生擾動時的電壓跳變幅值最大且調節時間最長；PI+ADRC 控制器相比於 PI+PI 控制器，其控制效果有所改善，輸出電壓的跳變幅值更小，調節時間更短；當負載電流階躍擾動時，ST+ADRC 控制器在 3 種控制器中的抗擾動能力最強，電壓變化量最小，調節時間最短，但是該控制器輸出電壓紋波較大，存在一定的抖振問題。3 種控制器的分析結果見表 5.8。

表 5.8   不同控制器对于负载电流阶跃扰动的控制效果

负载电流 /A	电压跳变幅值 /V			恢复时间 /ms		
	PI+PI	PI+ADRC	ST+ADRC	PI+PI	PI+ADRC	ST+ADRC
$6.94 \rightarrow 3.74$	3.6	2.8	1.9	24.9	15.2	7.8
$3.74 \rightarrow 6.94$	3.5	2.8	1.8	21.5	14.9	7.9
$6.94 \rightarrow 13.88$	6.9	5.7	4.5	26.3	18.8	11.2
$13.88 \rightarrow 6.94$	6.6	5.8	4.6	29.7	19.7	11.3

2）负载电流正弦扰动。为了测试控制器对于负载电流正弦扰动的控制效果，向变换器输出端施加的负载电流正弦扰动为 $6.94+3\sin(20\pi t)$，该正弦扰动频率为 10Hz，保持输入电压 24V 恒定不变，输出电压的给定参考值设定为 72V。

PI+PI 控制：图 5.54 所示为 PI+PI 控制器在负载电流正弦扰动下的仿真结果，当给定输出电流叠加幅值为 3A，频率为 10Hz 的正弦扰动时，输出电压会产生频率也为 10Hz 的输出波动，正弦波动的输出最高电压为 77.4V，最低电压为 67.1V。根据仿真结果得出，当负载电流发生正弦扰动时，不能很好地将输出电压稳定在 72V，PI+PI 控制器的控制能力有限。

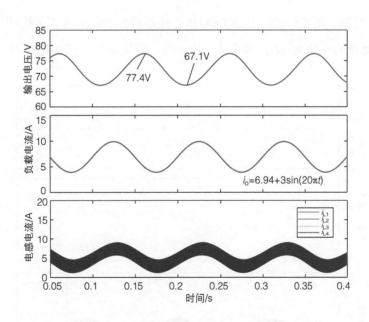

图 5.54   PI+PI 控制器在负载电流正弦扰动下的仿真结果

PI+ADRC 控制：图 5.55 所示为 PI+ADRC 控制器在负载电流正弦扰动下的仿真控制效果，当给定负载电流叠加幅值为 3A，频率为 10Hz 的正弦扰动时，输出电压会产生频率为

10Hz 的输出波动，正弦波动的输出最高电压为 73.6V，最低电压为 70.5V。相比于 PI+PI 控制器，电流内环采用了自抗扰控制算法，其控制效果有所改善，但仍然呈现正弦波动的趋势，输出电压难以稳定在给定参考电压 72V。

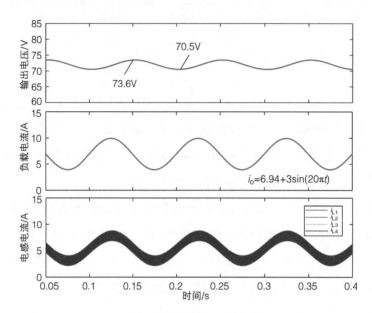

图 5.55　PI+ADRC 控制器在负载电流正弦扰动下的仿真控制效果

ST+ADRC 控制：图 5.56 所示为 ST+ADRC 控制器在负载电流正弦扰动下的仿真结果，当给定负载电流叠加幅值为 3A，频率为 10Hz 的正弦扰动时，输出电压基本稳定在 72V。

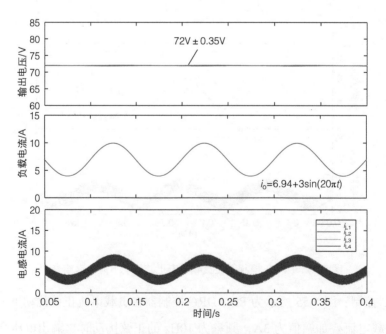

图 5.56　ST+ADRC 控制器在负载电流正弦扰动下的仿真结果

相比于另外两种控制器，ST+ADRC 控制器内环采用自抗扰控制算法，外环采用 ST 滑模控制算法，在输入电压正弦扰动的干预下，输出电压可以稳定在给定参考电压 72V，控制效果有了较大的提升，从图 5.56 中可以看出，在 ST+ADRC 控制器的作用下，变换器的输出电压纹波较大，约为 0.15V。

根据上述对 3 种控制器的分析，当变换器输出端负载电流发生正弦扰动时，PI+PI 控制器和 PI+ADRC 控制器不能将输出电压稳定在给定参考电压 72V，输出电压呈现频率为 10Hz 的正弦波动，其中 PI+ADRC 控制器的电流内环改为自抗扰控制算法，其控制能力有所改善，波动范围要小于 PI+PI 控制器。ST+ADRC 控制器在 PI+ADRC 的基础上，将 ST 滑模控制算法应用于电压外环，可以很好地将输出电压稳定在 72V 且无波动，抗扰动能力明显高于另外两种算法，但是由于 ST 滑模控制算法存在抖振问题，导致了输出电压纹波较大。3 种控制器的分析结果见表 5.9。

表 5.9　不同控制器对于负载电流正弦扰动的控制效果

控制器	负载电流 $6.94+3\sin(20\pi t)$		
	输出电压最大值 /V	输出电压最小值 /V	输出电压波动频率 /Hz
PI+PI	77.4	67.1	10Hz
PI+ADRC	73.6	70.5	10Hz
ST+ADRC	72.35	71.65	—

第6章

燃料电池系统健康管理

质子交换膜燃料电池具有能量转化率高、环境友好、工作温度低和启动速度快等特点，但存在成本高、可靠性差和寿命短等问题，制约了其大规模的商业化应用。为了解决这些问题，燃料电池系统的健康管理成为燃料电池领域的关键技术之一。燃料电池系统健康管理负责监测燃料电池的健康状态，通过分析和决策，以保证燃料电池的运行安全和延长燃料电池的寿命。

本章主要讲述在燃料电池系统健康管理中三个较为重要的环节：老化预测、故障诊断以及容错控制。本章在明晰燃料电池系统机理的情况下，建立燃料电池模型，深入分析燃料电池的故障机理，研究故障发生的原因以及故障发生后影响到的变量，提取故障因子。在此基础上，提出一种基于主成分分析（PCA）和多粒度级联森林（GcForest）的燃料电池系统故障诊断方法，能够在线识别燃料电池系统的多种健康状态，针对不同的健康状态进行容错控制，以确保燃料电池系统能够持续地安全、高效、可靠运行，最后通过仿真和试验相结合的方式验证诊断方法和容错控制方法的准确性以及可靠性。

6.1 燃料电池系统健康管理框架

燃料电池系统健康管理的主要思想是在目标系统的整个生命周期中实时监测其健康状态（State of Health，SOH），在合适的时间内做出正确的决策，并采取相应的维护措施来改善目标系统的可靠性和耐久性，从而延长其使用寿命。健康管理由 3 个阶段（分别是观测、分析和决策）和 7 个步骤组成，典型的燃料电池系统健康管理结构如图 6.1 所示，7 个步骤分别是数据采集、数据处理、状态评估、故障诊断、老化预测、容错控制和人机交互。其中老化预测是为了在故障发生之前预测其剩余寿命（Remaining Useful Life，RUL）并及时安排对燃料电池系统进行维修以延长其使用寿命；故障诊断是在燃料电池实际运行过程中及时有效地对故障进行检测；容错控制（FTC）是在检测到故障时，对故障进行隔离及规避以保障燃料电池系统的安全平稳运行。通过故障诊断和老化预测两个关键步骤得到 SOH 信息，再通过容错控制实现对燃料电池系统的健康管理。这 3 个步骤是燃料电池系统健康管理中的重要部分，对系统寿命的提升有着至关重要的影响。

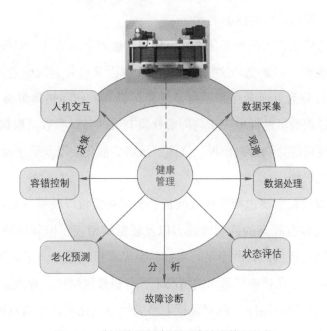

图 6.1　典型的燃料电池系统健康管理结构

6.2　燃料电池老化预测

老化预测作为燃料电池系统健康管理最关键的步骤之一，能够预测目标系统的老化趋势、失效时间和风险，是将系统维护从传统的"失效和修复"转变为"预测和预防"的关键技术。其定义是对目标系统未来失效时间的估计以及预测一种或多种现有和未来失效模式的风险。有效的老化预测方法不仅可以提高质子交换膜燃料电池的使用寿命、可靠性和安全性，还能同时降低使用成本和停机时间。因此，老化预测是改善燃料电池系统使用寿命短和使用成本高的有效解决方案之一。

6.2.1　燃料电池老化机理

燃料电池在运行过程中内部的组件随着时间的推移会出现损伤，导致燃料电池的整体性能下降。质子交换膜燃料电池机理复杂，引起 PEMFC 性能衰退的影响因素较多，主要可分为 PEMFC 的本征因素、系统因素及环境因素。其中，本征因素主要指燃料电池本体设计、制造与装配过程中存在的缺陷，如密封性差、单体一致性差等问题；系统因素主要指燃料电池系统的子系统（氢气供应系统，空气供应系统，水热管理子系统）未能配合好电堆工作需求，从而造成水淹、膜干、氧饥饿等问题；环境因素主要包括高低温、启停、变载、怠速、空载、过载等工况。系统因素与环境因素相互耦合，环境的变化会造成系统控制上的困难，从而导致燃料电池的老化。

上述 3 种因素造成燃料电池的老化最终可体现为燃料电池部件（双极板、气体扩散层、催化层以及质子交换膜）的老化。这些部件的老化原因又可分为机械老化、化学老化或热老化。另外，老化可分为可逆老化和不可逆老化。机械损伤和热降解会导致不可逆老化。对于化学降解，该过程的可逆性取决于与降解性质有关的各种参数。根据文献 [101]，燃料电池部件老化的重要程度分别为双极板、气体扩散层、催化层以及质子交换膜。

（1）双极板老化机理

目前燃料电池双极板主要包括石墨双极板、金属双极板以及模压复合双极板，石墨双极板和模压复合双极板有较高的抗腐蚀能力以及较低的密度，但其抗冲击性能、气密性、体积密度相较于金属双极板都有所不足。目前，金属双极板是动力系统用燃料电池的最佳选择，其老化机制包括：在长期接触水的情况下，双极板被腐蚀，导致多价阳离子的产生，严重影响膜和催化剂层的耐蚀性；在双极板上形成抗电氧化膜，导致双极板与气体催化层的接触电阻变大；高压密封、热循环、温度分布不良或电流不均匀等操作因素导致板块断裂或变形。

综上，双极板的老化机理如图 6.2 所示。

图 6.2　双极板的老化机理

（2）气体扩散层老化机理

气体扩散层（GDL）是一种双层碳基多孔材料，其降解可分为机械降解和化学降解。机械降解实际上是物理损伤，包括压缩造成的机械破坏、冻结 / 解冻、水中的溶解和气体流动的侵蚀。GDL 是燃料电池组件中最易压缩的结构，因此它吸收了大部分夹紧力，容易遭受结构损伤。此外，通过加湿器外部供水和电化学生产水会逐渐溶解 GDL。连续供应的气体流量也会导致 GDL 的机械降解。化学降解的主要原因是碳腐蚀。GDL 由碳组成，在特殊条件下，如启动、停止或局部燃料短缺，碳会与水发生反应并被冲走，导致其结构崩溃。

压缩压力强烈影响 GDL、GDL/催化剂层界面和双极板界面的支撑性，这些变化进而影响整个电池的性能。随着压缩压力的增大，GDL 整体孔隙体积和渗透率减小，导致传质过电势增大。与此同时，压缩 GDL 改善了碳纤维之间以及与其他成分之间的接触。这些接触增强了其导电和导热性，降低了欧姆过电位。即压缩 GDL 对传质损耗和欧姆过电位都有影响，但它们表现出一个相反的趋势。研究表明当碳纸被压缩到其总厚度的 50% 时，渗透率将下降到初始渗透率的 10%。NITTA 等人[102] 也证实，当 GDL 被压缩到初始厚度的 65% 时，GDL 渗透率下降了一个数量级。对于动力系统用燃料电池，PEMFC 在冬季会暴露在寒冷的环境中，当 PEMFC 的温度降至水的冰点以下时，燃料电池停机后留下的剩余水或冷启动过程中产生的水都可能被冻结。在水变成冰的相变过程中，会发生相当大的体积膨胀，并对质子交换膜、催化层和 GDL 等组分产生机械应力。在 PEMFC 运行过程中，GDL 暴露在水或氧化环境中，其碳物质会被水溶解并生成氢氧化物和其他物质。

GDL 的化学降解主要为过电势引起碳腐蚀。在 PEMFC 运行的启停、关闭和局部氢饥饿条件下，由于泄漏或膜穿透，空气可能存在于阳极和阴极。在这种条件下，氢的供给只能占据阳极的一部分，在没有氢的区域会造成高的界面电势差，相应的阴极区域也具有较高的电势差，导致阴极电极上的碳腐蚀和氧离子析出反向电流，使阴极的界面电势差为 1.44V。因此，在电池内电压超过 1.44V 的条件下，可能会发生碳腐蚀，导致电池的耐久性下降。

综上，气体扩散层的老化机理如图 6.3 所示。

（3）催化层老化机理

催化层主要由催化剂与碳载体构成，因此其老化也可分为催化剂耐久性的衰减以及碳载体耐久性的衰减。

PEMFC 的电催化剂包括铂（Pt）和二元、三元甚至四元铂合金，如 Pt-Co，Pt-Cr-Ni 等。Pt 的降解可分为铂的溶解、铂的剥离与铂

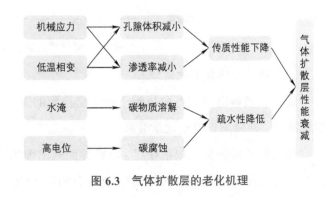

图 6.3　气体扩散层的老化机理

的烧结。Pt 的溶解由 Pt 氧化成 PtO 或 PtO$_2$ 溶于水中形成 Pt 离子所引起，是催化剂损失的主要原因之一。燃料电池电化学反应速率及产生电流的大小与阴极催化剂提供的电化学活性面积（ECSA）密切相关。铂的溶解将不可避免地导致 ECSA 的损失，从而降低单体的性能。值得注意的是，由于在膜中形成 Pt，适当的 Pt 溶解量可能对膜的耐久性和稳定性产生积极的影响。但是，膜中形成的 Pt 如果过量会显著增加膜的质子电阻，导致单体性能变差。Pt 从支撑材料表面脱落是催化层的另一种降解模式，脱落的 Pt 可能导致催化剂永久丢失或 Pt 烧结。Pt 烧结（又称聚集或增长）指 Pt 纳米粒子的增长，催化剂烧结会导致 ECSA 降低，而 ECSA 降低被认为是导致单体性能长期下降最重要的降解机制之一。在实际的燃料电池中，ECSA 是反应位点和催化剂活性的重要指标。在整个电池运行过程中，会通过两种主要机制降低 ECSA：Ostwald 熟化（OR）、颗粒迁移和聚结（PMC）。一方面，OR 是 Pt 纳米粒子首先分裂成原子或带电种，这些原子或带电种被相对较大的粒子收集，导致粒子出现尺寸增大的现象。另一方面，PMC 涉及小颗粒的布朗运动，随后相互合并，导致催化剂沉降。

催化层的另一个老化因素是碳腐蚀，碳腐蚀会加速 Pt 的团聚，导致粒子间连通性的丧失和 ECSA 的减小，和 GDL 碳腐蚀衰减的机理一致。碳腐蚀的反应机理如下。

$$C+2H_2O \longrightarrow CO_2+4H^++4e^-$$

综上，催化层的老化机理如图 6.4 所示。

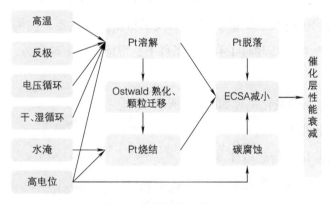

图 6.4　催化层的老化机理

（4）质子交换膜老化机理

通常，燃料电池的寿命依赖于质子交换膜的寿命。质子交换膜的衰减机制分为 3 种：机械降解、热降解以及电化学衰减。

膜的机械降解模式包括在膜 - 电极界面处出现的针孔、裂纹和分层。该类型的降解模式通常发生在 PEMFC 运行的早期，通常是由膜、CL 和膜电极（MEA）制造过程中的制造缺陷造成的。此外，温度和湿度循环、阴阳极压差、操作参数随着流场的空间分布，都会引起质子交换膜的机械降解。针孔和裂纹可能导致反应物的交叉，它们对应的电极和交叉可能导致水和热管理严重恶化或直接燃烧氢和氧，这可能导致灾难性的安全问题。膜以及电极界面的分层将导致界面阻力的显著增大、性能急剧下降。

材料在高温下分解所引起的热降解是膜降解的另一个重要机制。PEMFC 的工作温度通常在 60 ~ 80℃，传统的全氟磺酸（PFSA）膜可能在 80℃左右分解，当温度超过 280℃时，具有聚四氟乙烯（PTFE）分子背骨的 PFSA 膜会通过其侧磺酸基发生分解。研究表明当温度高于 150℃时，Nafion 膜的结构将受到明显影响。通常，动态响应过程中发生的燃料饥饿或氧饥饿会产生高电位从而导致出现局部热点。膜的热降解会造成氢气渗透到阴极，在局部燃烧并造成局部热点。

膜的电化学衰减主要包括膜的变薄以及膜内 Pt 带的形成。膜材料在阳极和阴极反应过程中产生过氧化物和过氧化氢（H_2O_2）自由基，从而分解聚合物。值得注意的是，分布板或端板的金属腐蚀产生的 Fe^{3+} 和 Cu^{2+} 等金属离子可以加速自由基的形成。物质的分解会导致膜的厚度减少（又称膜变薄）。一方面，膜变薄会导致气体渗透率加剧，严重时可能引起电路短路。另一方面，在电池运行期间，Pt 可以被阴极 CL 中的过量氧气氧化成 PtO 或 PtO_2，并以 Pt^{2+} 或 Pt^{4+} 的形式溶解在水中，从阴极迁移至膜，然后通过阳极的氢还原而重新沉积为 Pt 晶体。因此，在长时间运行 PEMFC 后，可以观察到 Pt 带，这将大大降低膜的稳定性和电导率。

综上，质子交换膜的老化机理如图 6.5 所示。

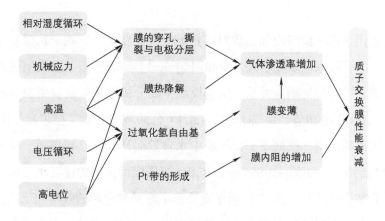

图 6.5　质子交换膜的老化机理

上述分析燃料电池各层级的老化只是进行了定性的分析，表 6.1 列出了不同因素对燃料电池各层级的老化影响程度。

表 6.1　不同因素对燃料电池各层级的老化影响程度

类别	影响因素	质子交换膜	催化层	气体扩散层	双极板
机械	振动	↓	↓	—	↓
循环操作	冻/解循环	↓$^{++}$	↓$^{++}$	—	↓
	零下冷启动	↓$^{++}$	↓$^{++}$	—	—
	启停循环	↓$^{+}$	↓$^{+}$	↓$^{+}$	—
	载荷循环	↓$^{+}$	↓	↓$^{+}$	—
	湿热循环	↓	—	—	—
异常操作	供气不足	—	↓	↓	—
	脱水	↓	↓	↓	—
	水淹	—	↓	↓	↓
	过载工作	↓	↓	—	—
	开路工作	↓	↓	—	—

注："↓"表示对性能衰减产生了明显影响，"↓$^{++}$"表示对性能衰减产生了剧烈影响，"—"表示其影响可以忽略。

根据上述分析，燃料电池堆的老化是由于电堆内部各层如质子交换膜、催化层、气体扩散层、双极板等引起的。这些老化现象会造成燃料电池输出特性的劣化，如输出电压的降低。对应到上文所建的模型中可发现，燃料电池内阻 R_{cell} 反映的是质子交换膜传导离子以及双极板传导电子的能力，交换电流密度 j_0 能反映化学反应速率的快慢、催化层 ECSA 的大小，极限电流密度 j_L 是由扩散层的扩散系数得出的，因此其可以反映气体扩散层的扩散能力。

6.2.2　燃料电池老化模型

为了研究老化过程中模型内部参数对燃料电池性能变化的影响，构建基于电化学、热力学、流体力学的燃料电池多场物理（Multi-Physical）动态模型。该模型应该充分考虑电场、流场和热场之间的相互耦合关系。电场模型主要分析电化学反应中由吉布斯自由能带来的能斯特（Nernst）电动势、由塔非尔（Tafel）公式或巴特勒-福尔默（Butler-Volmer）方程建立的活化损耗模型、根据质子交换膜中水含量而计算的欧姆损耗。基于菲克定律或麦克斯韦-斯特藩模型（Maxwell-Stefan）定律，流场模型主要关注各类气体在扩散层中的分压梯度分布（浓差损耗），同时关注质子交换膜中常见的电渗透效应和反向扩散效应。热场模型通过能量平衡方程模拟燃料电池的温度变化，分析的热源有催化层电化学反应释放的热量和由于膜电阻产生的焦耳热量，热量扩散有材料热传导、强制对流、流量热传输、热辐射，通过傅里叶定律和牛顿冷却定律对热量扩散进行建模、分析。电场、流场和热场中的模型参数相互传递，互为变量。由于燃料电池老化最直接地体现为电压跌落，通过多参数敏感性分析法则，可以大致判定出机理模型中影响老化的变化趋势。模型中包含的主要公式如下：

$$V_{cell} = E_{ele} - V_{act} - V_{ohm} \tag{6.1}$$

$$E_{ele} = E_{rev} - 0.00085(T - 298.15) + \frac{RT}{2F} \ln\left(P_{H_2}\sqrt{P_{O_2}}\right) \tag{6.2}$$

$$V_{ohm} = iR_{cell} \tag{6.3}$$

$$\begin{cases} \dfrac{\mathrm{d}}{\mathrm{d}t}V_{act} = \dfrac{i}{C_{dl}}\left(1 - \dfrac{1}{\eta_{act}}V_{act}\right) \\ i = j_0 A_{el}\left[\exp\left(\dfrac{\alpha n_e F}{RT}\eta_{act}\right) - \exp\left(\dfrac{\beta n_e F}{RT}\eta_{act}\right)\right] \end{cases} \tag{6.4}$$

$$\begin{cases} \Delta P_x = \dfrac{N_{x,GDL}\delta_{GDL}RT}{A_{el}D_{x,eff}} \\ \dfrac{\mathrm{d}}{\mathrm{d}t}P_{ch} = \dfrac{RT}{M_{gas}V_{ch}}\sum_{\substack{in \\ out}}^{ch}q_{gas} \end{cases} \tag{6.5}$$

式中，V_{cell} 表示电池输出电压；E_{ele} 表示可逆能斯特电势和浓差损耗；V_{ohm} 表示欧姆过电势；V_{act} 表示活化过电势；R 表示理想气体常数；F 表示法拉第常数；T 表示反应温度；P_{O_2} 表示氧气压强；P_{H_2} 表示氢气压强；i 表示电堆电流；C_{dl} 表示层间电容；η_{act} 表示稳态活化损耗；j_0 表示交换电流密度；A_{el} 表示膜面积；α、β 表示对称系数；n_e 表示反应转移电子数；R_{cell} 表示膜内阻和层间接触电阻；$D_{x,eff}$ 表示气体扩散常数；M_{gas} 表示气体摩尔质量；q_{gas} 表示气体质量流。

6.2.3 燃料电池老化预测方法

动力系统用燃料电池在运行过程中受到机械应力、热应力以及变工况条件（加减载、频繁启停、怠速、低载荷运行等）等不确定性的影响，导致燃料电池内部参量的大范围动态变化，其性能退化往往十分迅速且难以预测。在相关机理尚未完全明晰的前提下，中国科学院衣宝廉院士指出可通过对燃料电池性能退化的预测，使系统能够有效避开不利工况和减少在不利工况下的运行时间，是延长燃料电池耐久性的有效方法。为延长燃料电池寿命，国内外学者针对燃料电池老化预测已做了大量的研究工作。

燃料电池的老化预测是指根据燃料电池的历史退化数据来预测短期内的退化或长期剩余寿命（RUL）的一个回归过程（图 6.6）。

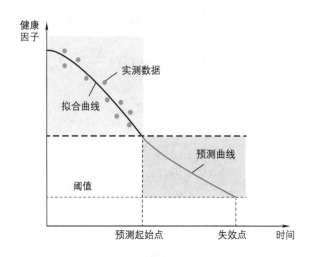

图 6.6　燃料电池老化预测示意图

目前，燃料电池老化预测的算法可分为 3 类：模型主导、数据驱动主导以及二者共同的方法，其基本方法构成如图 6.7 所示。各种寿命预测方法的对比见表 6.2。

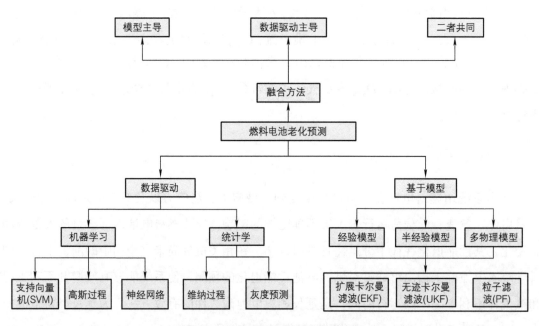

图 6.7　燃料电池老化预测的算法

表 6.2　各种寿命预测方法的对比

方法	优势	劣势	适用场合
基于模型的方法	训练数据少、精度高、通用性强	模型复杂、需深刻理解退化机理、计算负担大、需要较强的建模能力和经验	某些方法不能在线应用，适用于所有工况条件
基于数据驱动的方法	可以简单实现精准的预测，无须了解退化机理、实施简单，适合在线应用且有良好的通用性	无法观察和关联系统内部状态参数的变化，且需要训练大量数据	可用于在线应用，大多数方法适用于恒定操作条件
混合方法	精度高、计算量小，适用于在线应用且有良好的通用性	了解降解机制、复杂的结构需要良好的建模技巧和经验，仍然需要训练数据	可用于在线应用，大多数方法适用于所有工况条件

1. 基于模型的方法

基于模型的方法通常利用机理模型、经验模型或是半经验模型来预测燃料电池的老化。目前老化预测的机理模型主要针对燃料电池层级老化的预测（如膜、催化层），无法反映燃料电池的整体老化。另外，燃料电池是一个强非线性系统，耦合多物理场（电化学场、流体力学场、热力学场），老化机理尚未完全明晰。因此，目前并没有能完全描述燃料电池老化的机理模型。为避开复杂的老化机理建模，部分学者利用经验公式来预测燃料电池的老化。基于模型的方法主要包括粒子滤波（Particle Filter，PF）、卡尔曼滤波（Kalman Filter，KF）、老化机理模型和经验老化模型。

（1）粒子滤波

粒子滤波是基于蒙特卡洛仿真（Monte Carlo Simulation，MCS）的近似贝叶斯滤波方法，不受噪声和系统模型限制，粒子集合通过贝叶斯准则（Bayesian Criterion，BC）实现递归传播。粒子滤波通过计算粒子集合的样本均值估计被辨识的参数，是一种概率统计方法；通过离散的随机数据采样点估计系统随机变量的概率密度函数（Probability Density Function，PDF），使用样本均值代替积分运算，以获得最小方差估计。JOUIN 等人[103] 利用线性、指数、对数等公式以及粒子滤波算法来预测燃料电池的剩余寿命（RUL），如图 6.8 所示，并在稳态和动态数据下得到验证。

（2）卡尔曼滤波

卡尔曼滤波是时域滤波方法，将状态空间引入随机估计理论中，把信号过程作为白噪声下的线性输出，利用状态方程表达各种输入 - 输出关系。卡尔曼滤波具有数据存储量小、可估计平稳一维随机过程和非平稳多维随机过程等特点。BRESSEL 等[104] 提出半经验模型预测燃料电池的老化，并将极限电流密度和电堆的内阻选取为健康因子，利用扩展卡尔曼滤波（EKF）实现模型参数的辨识，其剩余寿命预测方法如图 6.9 所示。

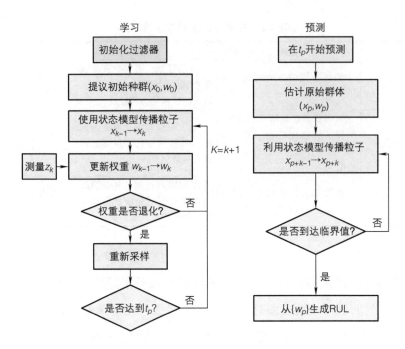

图 6.8　基于粒子滤波的 PEMFC 预测

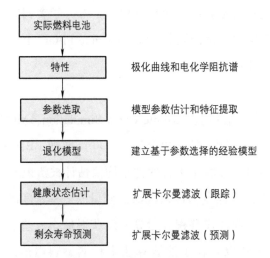

图 6.9　基于扩展卡尔曼滤波的 PEMFC 预测

（3）老化机理模型

老化机理模型从燃料电池电化学机理的角度分析 PEMFC 运行过程中的性能老化规律，充分考虑各种老化因素对 PEMFC 内、外部状态变量（温度、电压、电流、压力和流速等）的影响，建立 PEMFC 老化模型。一方面需要研究燃料电池正常工作状态下的运行机理模型；另一方面需要研究老化过程对燃料电池内、外部状态参数影响的老化模型，并将其应用于 PEMFC 剩余寿命预测。

（4）经验老化模型

老化机理模型需要考虑燃料电池内部的物理化学特性，但是很难建立准确的老化机理模型。通过研究能体现 PEMFC 老化的燃料电池内部变量随时间的变化关系，可完成 PEMFC 经验老化模型的构建。HU 等人[105]考虑了燃料电池在不同工况下的老化速率，提出一个结合各个工况的老化公式用于预测燃料电池在动态工况下的老化。CHEN 等[106]提出了一个车用燃料电池性能退化的经验模型，能根据外界的工况在线预测出燃料电池的耐久性。ZHANG 等[107]提出汽车用 PEMFC 经验寿命预测模型，将老化项和负荷曲线项分别引入活化损耗、欧姆损耗和浓度损耗中，使用负荷电流和负荷电压定义特征值，将电压老化率建模为负荷曲线特征值的线性函数，利用试验数据拟合系数并对模型进行验证。

2. 基于数据驱动的方法

数据驱动的模型通常是经验、统计或数学模型，依赖于试验和数据分析。通常，它们都是基于等效电路模型或机器学习工具来构建黑匣子模型。数据驱动的方法可以分为长期预测和短期预测。短期预测指预测步长在 50h 内，通常用于预测燃料电池的短期非线性过程。而长期预测的预测步长大于 50h，通常用于燃料电池的剩余寿命预测，该方法不需要深入了解系统的老化机理。但是，一个主要缺点是无法观察 PEMFC 系统内部状态参数的变化，可能导致缺乏用于诊断和决策目的的重要信息；另一个主要缺点是这些方法需要大量的代表性训练数据来构建模型。

（1）灰色模型

灰色模型主要针对的也是小样本数据集，它利用较少或者不确切的能够表示灰色系统行为特征的原始数据序列做生成变换，来描述灰色系统内部变换的过程。灰色系统的灰色性指这种系统结构的模糊性、动态变化的随机性及原始数据序列的不确定、不完备性。

文献 [108] 针对灰色模型预测精度不高的问题，通过引入修正因子 Ψ 降低偏差，对燃料电池的试验结果表明，改进灰色模型与传统灰色模型相比，其精度提高了大约 10%，并且计算的时间复杂度更低，收敛更快。文献 [109] 将灰色模型和粒子群优化算法相结合，预测燃料电池在不同外部条件下的老化过程，文中建立了一种灰色模型，然后利用粒子群优化算法调整模型的各种权值与阈值，粒子群优化灰色神经网络模型（PSO-GNNM）原理图如图 6.10 所示。最后，在 3 种不同型号的燃料电池上进行试验，证明了此方法的有效性。

灰色模型尽管在燃料电池寿命预测这个领域有所应用，但是与其他的预测方法相比较，它的预测精度偏低，所以这种方法也仅仅适合初始运行数据比较少的燃料电池老化预测，对于数据量比较大的情况，还是推荐优先选择其他方法。

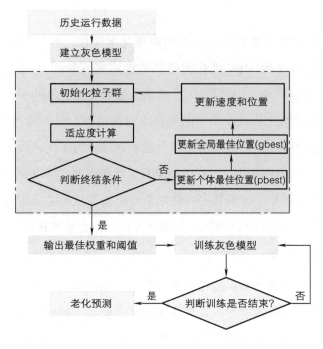

图 6.10　PSO-GNNM 原理图

（2）循环神经网络

循环神经网络（RNN）是具有树状阶层结构且网络节点按其连接顺序对输入信息进行递归的人工神经网络，具有记忆性，其在处理序列具有非线性特征的数据时非常有优势，并且已有证明其在剩余寿命预测领域是一种强大的方法[110]。但是普通的 RNN 具有梯度爆炸、梯度消失的缺陷，不具备捕捉较长时间数据依赖关系的能力，所以长短期记忆网络（LSTM）模型和门控循环单元（GRU）模型被开发用来解决这两个问题。现阶段而言，序列数据预测领域应用得比较多的是基于 LSTM 网络模型及它的一些变体。

文献 [111] 提出了一种使用网格长短期记忆（G-LSTM）循环神经网络（RNN）的燃料电池老化预测方法。所提出的预测模型通过 3 种不同类型的 PEMFC 进行试验验证，结果表明，所提出的长短期记忆网络可以精确地预测燃料电池的老化。文献 [112] 提出使用 LSTM 解决燃料电池的短期寿命预测问题，利用恒定条件下测量长达 1154h 的燃料电池老化数据进行分析。结果表明，使用 LSTM 的预测精度能够达到 99.23%，这比使用 BP 神经网络的预测精度高 28.46%。文献 [113] 提出使用堆叠长短期记忆网络（Stacked LSTM，S-LSTM）预测动态条件下燃料电池的短期老化趋势，S-LSTM 在 LSTM 的基础上，使用了差分进化算法优化 LSTM 中的各种参数，与一般的 LSTM 相比，预测的精度大概提高了 20%。

（3）回声状态网络

回声状态网络（Echo State Network，ESN）是 Jaeger 等人提出的一种新的设计和训练结构，与常规 RNN 模型不同的是，该结构将输入层与隐藏层，隐藏层与隐藏层相互之间的连接权值随机初始化并固定，类似于"储备池"，这种结构代替了传统神经网络中的隐藏层。ESN 只需要训练输出权重矩阵，并且不需要反向传播。ESN 的这个特点克服了传统循环神经网络转换器（RNNT）训练相对较慢的缺点。该结构让神经网络在保证预测精度的同时，大大减少了计算量。

LI 等 [114] 利用一系列变参数模型提取燃料电池的健康因子，并利用集成回声状态网络（ESN）进行预测，如图 6.11 所示。MORANDO 等 [115] 提出基于回声状态网络的 PEMFC 老化预测算法。将短时傅里叶变换预处理后的电堆电压数据输入 ESN 中，利用神经元池代替原来隐藏层的神经网络，采用 PEMFC 已有的电压老化数据训练网络参数，使用迭代结构预测 PEMFC 电堆电压，以此估计 PEMFC 的剩余寿命。

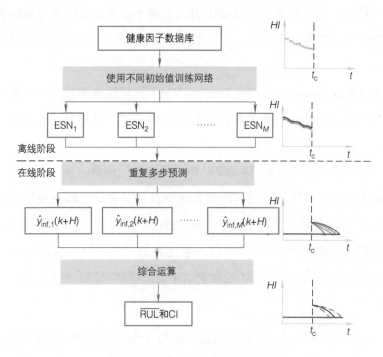

图 6.11 集成 ESN 的预测实现

（4）自适应神经模糊推理系统

自适应神经模糊推理系统（Adaptive Neuro-Fuzzy Inference Systems，ANFIS）是前馈神经网络和模糊逻辑系统的结合。采用基于反向传播算法和最小二乘法的混合算法调整前提参数和结论参数，并能自动产生 If-Then 规则。自适应神经网络 - 模糊推理系统将神经网络络与模糊推理有机地结合起来，不但能发挥二者的优点，而且能弥补各自的不足。

文献 [116] 将 ANFIS 与其他 5 种神经网络模型相比较，试验结果表明，在燃料电池的短期预测方面，ANFIS 具有相对较高的精度。文献 [117] 利用 ANFIS 预测燃料电池的寿命，文中首先将输出电压分为两部分，一部分是正常电压，另一部分由于受到了外部的扰动，再基于第一部分的数据预测燃料电池的剩余寿命。其中一号电池堆的预测均方根误差为 0.158，而不对数据进行分离处理的预测均方根误差为 0.263，相比之下 ANFIS 大大提高了精度。文献 [118] 也使用 ANFIS 来预测燃料电池的剩余寿命，文中分两个步骤进行电池的寿命预测。首先是利用 ANFIS 预测电池长期的老化趋势，再借助卡尔曼滤波处理之前所得的数据，以得到最终的预测结果。其中，第二阶段的处理让这种方法的精度比只采用 ANFIS 的精度高 5% ~ 10%。这种分步预测数据的方法比较常见，首先使用基于数据的方法，如 ANFIS、LSTM、ESN 等，对电池的寿命直接进行估计，再使用卡尔曼滤波等方法，对预测后的曲线做出修正。文献 [119] 提出了两种预测方法，第一种是将 ANFIS 与小波分解相结合，第二种是在第一种方法的基础上引入了粒子群算法，以实现算法参数的自动调整，这两种方法的预测精度都比较高，运算时间比较短，完全能够应用于在线预测。

（5）相关向量机

相关向量机（Relevance Vector Machine，RVM）可提供概率性预测结果，能实现参数自动设置并人为选取核函数，其高稀疏性的特点可有效减少计算量。在预测分析时，可通过调整参数控制欠拟合和过拟合过程。

WU 等 [120] 提出基于自适应 RVM 的 PEMFC 性能退化预测方法。在训练期间，为了获取 PEMFC 老化数据的行为特征，通过附加非核列以扩展设计矩阵，使用自适应核宽度确定算法使训练或学习过程更智能和有效，利用来自两个不同 PEMFC 电堆（1.2kW Ballard PEMFC 和 8kW PM 200PEMFC）的试验电压老化数据训练并测试自适应 RVM。5 种不同运行条件下的结果表明：自适应 RVM 的预测结果与试验结果拟合效果较好。

3. 混合方法

目前，混合方法是 RUL 预测的热点问题，即组合或融合多种策略的混合模型，弥补单一方法的不足，这样能充分发挥不同模型的各自优势，以获得最佳的性能。

CHENG 等 [121] 提出了一种基于最小二乘支持向量机（LSSVM）和规则化粒子滤波（RPF）的 PEMFC 混合预测方法。在训练阶段，二者同时进行训练，在预测阶段，LSSVM 预测下一步的电压，并将其作为 RPF 的观测值，最终用 RPF 的滤波值作为预测结果。与

PF 以及无迹卡尔曼滤波（UKF）相比，该方法能更为准确地预测燃料电池的 RUL，但该算法只在稳态工况下能被验证。LIU 等[122]混合了 ANIFS 以及自适应无迹卡尔曼滤波（AUKF）预测燃料电池 RUL。算法实现步骤如下：首先利用粒子群优化算法和 ANIFS 预测长期老化趋势，再利用 AUKF 估计 RUL。稳态及动态试验结果表明，该方法能准确地预测燃料电池的 RUL，但 RUL 的预测精度取决于长期预测的精度。PAN 等[123]结合自适应扩展卡尔曼滤波（AEKF）以及非线性自回归（NARX）循环神经网络进行 RUL 预测。在训练阶段，利用 AEKF 所得电压与测得电压的残差训练 NARX，并在预测阶段利用 NARX 预测的残差来修正 AEKF 的预测值，二者结合预测燃料电池的电压恢复现象。与上述 3 种方法不同的是，ZHOU 等[124]利用了基于模型和基于数据的方法同时来进行老化预测：在预测阶段，将两种方法的结果加权以获得最终结果；在验证阶段，根据两种算法的预测效果来分配权重因子。

6.2.4 燃料电池老化预测实例

为了实现燃料电池的老化预测，下面将构建其老化预测算法。首先构建基于模型的老化预测算法，并利用粒子滤波来辨识模型的参数。粒子滤波（PF）是一种基于蒙特卡洛方法（Monte Carlo Method）的贝叶斯状态估计算法，其核心思想是通过从后验概率中抽取的随机状态粒子来近似系统随机变量的概率密度函数，以样本均值来替代积分运算，从而获得最小方差估计。相比于卡尔曼滤波（KF）只能处理高斯噪声模型，粒子滤波却可以估计任意形式噪声干扰过的数据。此外，KF 无法处理非线性系统，只能借助其变种扩展卡尔曼滤波（EKF）以及无迹卡尔曼滤波（UKF）处理非线性系统。对于燃料电池这种高度的非线性系统，采用粒子滤波对其进行寿命预测能提高其预测精度。粒子滤波实现预测的原理是在训练阶段能利用数据和老化模型估计出模型的参数，从而作为预测阶段的参数进行预测。

1. 贝叶斯滤波原理

对于一个系统，其状态方程与观测方程可表示为

$$\begin{cases} x_k = f_k(x_{k-1}, v_k) \\ y_k = h_k(x_k, n_k) \end{cases} \tag{6.6}$$

式中，x_k 表示系统状态；y_k 表示测量值；f_k 表示状态转移函数；h_k 表示观测函数；v_k，n_k 表示过程噪声和测量噪声，独立且同分布。

从贝叶斯滤波理论来看，状态估计问题是根据一系列的已有数据 $y_{1:k}$ 递推计算出当前系统状态 x_k 的可信度，即求出概率密度函数 $p(x_k | y_{1:k})$。通常可以通过预测与更新两个步骤来实现。预测过程是利用当前状态预测下一步的状态，通过状态方程实现。预测过程的实现是假设当前时刻的状态只与上一时刻有关，即假设系统状态转移服从一阶马尔可夫模型。更新过程是利用当前的观测值对预测值进行修正。假设（$k-1$）时刻的概率密度函数为 $p(x_{k-1} | y_{1:k-1})$，根据贝叶斯公式以及马尔可夫假设可推导出式（6.7）。

$$p(x_k | y_{1:k-1}) = \int p(x_k, x_{k-1} | y_{1:k-1}) \mathrm{d}x_{k-1} = \int p(x_k | x_{k-1}, y_{1:k-1}) p(x_{k-1} | y_{1:k-1}) \mathrm{d}x_{k-1} \\ = \int p(x_k | x_{k-1}) p(x_{k-1} | y_{1:k-1}) \mathrm{d}x_{k-1}$$

（6.7）

更新步：假设当前的观测值已知，则可以对上述的预测值进行修正，得到后验概率密度 $p(x_k | y_{1:k})$。

$$p(x_k | y_{1:k}) = \frac{p(y_k | x_k, y_{1:k-1}) p(x_k | y_{1:k-1})}{p(y_k | y_{1:k-1})} = \frac{p(y_k | x_k) p(x_k | y_{1:k-1})}{\int p(y_k | x_k) p(x_k | y_{1:k-1}) \mathrm{d}x_k}$$

（6.8）

其中，$p(y_k | x_k)$ 为似然函数，由观测方程决定。后验概率密度可以用于下一步的预测，形成递推。

$$p(x_1 | y_{1:1}) \xstackrel{预测}{\Longrightarrow} p(x_2 | y_{1:2}) = \int p(x_2 | x_1) p(x_1 | y_{1:1}) \mathrm{d}x_{k-1} \xstackrel{观测更新}{\Longrightarrow} p(x_2 | y_{1:2}) = \eta_1 p(y_2 | x_2) p(x_2 | y_1) \\ \xstackrel{预测}{\Longrightarrow} p(x_3 | y_{1:2}) = \int p(x_3 | x_2) p(x_2 | y_{1:2}) \mathrm{d}x_{k-1} \xstackrel{观测更新}{\Longrightarrow} \eta_2 (y_3 | x_3) p(x_3 | y_{1:2}) \\ \cdots \\ \xstackrel{预测}{\Longrightarrow} p(x_k | y_{1:k-1}) = \int p(x_k | x_{k-1}) p(x_{k-1} | y_{1:k-1}) \mathrm{d}x_{k-1} \xstackrel{观测更新}{\Longrightarrow} \eta_{k-1} (y_k | x_k) p(x_k | y_{1:k-1})$$

（6.9）

其中，

$$\eta_{k-1} = \int p(y_k | x_k) p(x_k | y_{1:k-1}) \mathrm{d}x_k$$

（6.10）

至此，贝叶斯滤波的基本推导过程完成。

2. 粒子滤波

上文推导的贝叶斯滤波，在递推的过程中涉及概率密度函数的积分，对于非线性、非高斯系统，大多数情况下无法得到解析解。为解决这个问题，引入了蒙特卡洛采样。蒙特卡洛方法最早由 Metropolis 等人于 1949 年提出，其基本思想是利用随机抽样统计来估算结果的计算方法。因此，蒙特卡洛方法能为贝叶斯滤波里的无穷积分提供一个数值的近似解。假设能从目标概率密度分布 $p(x)$ 中采样到一系列的样本（粒子）$x_1, \cdots, x_N$，则可以利用这

些样本去估计这个分布的函数期望值。通常，对于一个函数$f(x)$，其期望值为

$$E[f(x)] = \int_a^b f(x)p(x)\mathrm{d}x \qquad (6.11)$$

而采用蒙特卡洛方法，则可以用一系列样本的平均值代替积分

$$E[f(x)] \approx \frac{f(x_1) + \cdots + f(x_N)}{N} \qquad (6.12)$$

根据大数定律可知，样本数n的值越大，则样本的均值越接近真实的期望值。假设可以从后验概率中采集到N个样本，则后验概率的计算可表示为

$$\hat{p}(x_n \mid y_{1:k}) = \frac{1}{N}\sum_{i=1}^N \delta(x_n - x_n^{(i)}) = p(x_n \mid y_{1:k}) \qquad (6.13)$$

其中，$\delta(x_n - x_n^{(i)})$表示狄拉克函数；当$x_n = x_n^{(i)}$时，$\delta(x_n - x_n^{(i)}) = 1$；当$x_n \neq x_n^{(i)}$时，$\delta(x_n - x_n^{(i)}) = 0$，其无穷积分$\int \delta(x_n - x_n^{(i)})\mathrm{d}x_n = 1$。根据上式可得出当前状态的期望值

$$E[f(x_n)] = \int f(x_n)\hat{p}(x_n \mid y_{1:k})\mathrm{d}x_n = \frac{1}{N}\sum_{i=1}^N \int f(x_n)\delta(x_n - x_n^{(i)})\mathrm{d}x_n = \frac{1}{N}\sum_{i=1}^N f(x_n^{(i)}) \quad (6.14)$$

根据式（6.14）可知，可利用一系列样本均值（粒子）作为函数期望值（滤波后的值），其中$f(x)$为每个粒子的状态函数。该前提的成立是假定能在后验概率分布中采样，但在实际应用中后验概率是未知的，所以得从已知的分布中如$q(x \mid y)$去采样。上述的函数期望值可改写为

$$\begin{aligned}
E[f(x_k)] &= \int \frac{f(x_k)p(x_k \mid y_{1:k})}{q(x_k \mid y_{1:k})} q(x_k \mid y_{1:k})\mathrm{d}x_k \\
&= \int f(x_k) \frac{p(y_{1:k} \mid x_k)p(x_k)}{p(y_{1:k})q(x_k \mid y_{1:k})} q(x_k \mid y_{1:k})\mathrm{d}x_k \\
&= \int f(x_k) \frac{W_k(x_k)}{p(y_{1:k})} q(x_k \mid y_{1:k})\mathrm{d}x_k
\end{aligned} \qquad (6.15)$$

其中

$$W_k(x_k) = \frac{p(y_{1:k} \mid x_k)p(x_k)}{q(x_k \mid y_{1:k})} \propto \frac{p(x_k \mid y_{1:k})}{q(x_k \mid y_{1:k})} \qquad (6.16)$$

由于

$$p(y_{1:k}) = \int p(y_{1:k} \mid x_k)p(x_k)\mathrm{d}x_k \qquad (6.17)$$

因此有

$$E[f(x_k)] = \frac{1}{p(y_{1:k})} \int f(x_k) W_k(x_k) q(x_k \mid y_{1:k}) \mathrm{d}x_k$$
$$= \frac{\int f(x_k) W_k(x_k) q(x_k \mid y_{1:k}) \mathrm{d}x_k}{\int p(y_{1:k} \mid x_k) p(x_k) \mathrm{d}x_k} = \frac{\int f(x_k) W_k(x_k) q(x_k \mid y_{1:k}) \mathrm{d}x_k}{\int W_k(x_k) q(x_k \mid y_{1:k}) \mathrm{d}x_k} \qquad (6.18)$$

上述计算可以通过蒙特卡洛方法解决，通过采样服从 $q(x_k \mid y_{1:k})$ 分布的 N 个样本来求取上式的期望。上式可近似为

$$E[f(x_k)] = \frac{\frac{1}{N} \sum_{i=1}^{N} W_k(x_k^{(i)}) f(x_k^{(i)})}{\frac{1}{N} \sum_{i=1}^{N} W_k(x_k^{(i)})} = \sum_{i=1}^{N} \hat{W}_k(x_k^{(i)}) f(x_k^{(i)}) \qquad (6.19)$$

$$\hat{W}_k(x_k^{(i)}) = \frac{W_k(x_k^{(i)})}{\sum_{i=1}^{N} W_k(x_k^{(i)})} \qquad (6.20)$$

其中，$\hat{W}_k(x_k^{(i)})$ 表示归一化后的权重，通过上式可解决后验概率采样，但这种方法每个粒子的权重都需要直接计算，效率较低。为了提高效率，引入序贯重要性采样（SIS），采用递推的形式来计算权重。权重的更新递推过程如下。

假设重要性概率密度函数 $q(x_{0:k} \mid y_{1:k})$，可分解为

$$q(x_{0:k} \mid y_{1:k}) = q(x_{0:k-1} \mid y_{1:k-1}) q(x_k \mid x_{0:k-1}, y_{1:k}) \qquad (6.21)$$

式中，$x_{0:k}$ 表示粒子滤波是估计过去所有时刻状态的后验。后验概率密度函数的形式可表示为

$$p(x_{0:k} \mid y_{1:k}) = \frac{p(y_k \mid x_{0:k}, y_{1:k-1}) p(x_{1:k} \mid y_{1:k-1})}{p(y_k \mid y_{1:k-1})}$$
$$= \frac{p(y_k \mid x_{0:k}, y_{1:k-1}) p(x_k \mid x_{0:k-1}, y_{1:k-1}) p(x_{0:k-1} \mid y_{1:k-1})}{p(y_k \mid y_{1:k-1})} \qquad (6.22)$$
$$= \frac{p(y_k \mid x_k) p(x_k \mid x_{k-1}) p(x_{0:k-1} \mid y_{1:k-1})}{p(y_k \mid y_{1:k-1})} \propto p(y_k \mid x_k) p(x_k \mid x_{k-1}) p(x_{0:k-1} \mid y_{1:k-1})$$

粒子权值的递归形式为

$$\tilde{W}_k^{(i)} \propto \tilde{W}_{k-1}^{(i)} \frac{p(y_k \mid x_k^{(i)}) p(x_k^{(i)} \mid x_{k-1}^{(i)})}{q(x_k^{(i)} \mid x_{k-1}^{(i)}, y_k)} \qquad (6.23)$$

基于上述推导，一个简单的序贯重要性粒子滤波算法流程为

For $i = 1:N$

　1）采样 $x_k^i \sim q(x_k^{(i)} \mid x_{k-1}^{(i)}, y_k)$。

　2）根据 $\tilde{W}_k^{(i)} \propto \tilde{W}_{k-1}^{(i)} \dfrac{p(y_k \mid x_k^{(i)}) p(x_k^{(i)} \mid x_{k-1}^{(i)})}{q(x_k^{(i)} \mid x_{k-1}^{(i)}, y_k)}$ 递推计算各个粒子的权重。

End for

在 SIS 滤波的应用过程中存在粒子退化现象，权重的分配随着时间的推进而倾斜，严重时会导致粒子的权重无法更新，如图 6.12 所示。为解决该问题，不同的方法被学者们提出，其中应用最广的是重采样。重采样的中心思想是按照概率进行粒子的复制与淘汰，权重高的粒子有更高的可能被复制，从而保证整个粒子数的不变，用式（6.24）表示为

$$p(x_k \mid y_{1:k}) = \sum_{i=1}^{N} W_k^{(i)} \delta(x_k - x_k^{(i)}) \tag{6.24}$$

通过重采样后有

$$\tilde{p}(x_k \mid y_{1:k}) = \sum_{j=1}^{N} \frac{1}{N} \delta(x_k - x_k^{(j)}) = \sum_{i=1}^{N} \frac{n_i}{N} \delta(x_k - x_k^{(i)}) \tag{6.25}$$

式中，$x_k^{(i)}$ 表示第 k 时刻粒子；$x_k^{(j)}$ 表示 k 时刻重采样后的粒子；n_i 表示粒子 $x_k^{(i)}$ 在产生新粒子集 $x_k^{(j)}$ 时被复制的次数。粒子滤波重采样的过程示意图如图 6.13 所示。

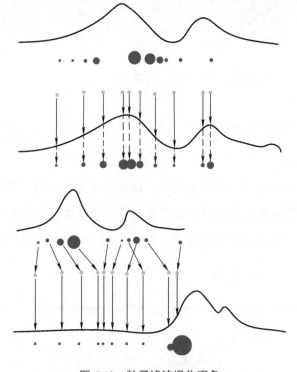

图 6.12　粒子滤波退化现象

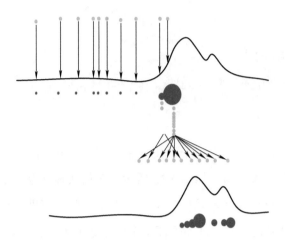

图 6.13　粒子滤波重采样的过程示意图

将重采样带入之前的 SIS 滤波算法中，构成了基本的粒子滤波算法，其算法流程为

1）粒子集初始化：由先验 $p(x_0)$ 生成采样粒子 $\left\{x_0^{(i)}\right\}_{i=1}^{N}$，权重 $\tilde{W}_0^{(i)} = \dfrac{1}{N}$。

2）预测步：$x_k^{(i)} = f_k(x_{k-1}^{(i)}, v_{k-1})$。

3）更新步：设置观测值为 y，生成 $\tilde{W}_k^{(i)} \propto \tilde{W}_{k-1}^{(i)} \dfrac{p(y_k|x_k^{(i)})p(x_k^{(i)}|x_{k-1}^{(i)})}{q(x_k^{(i)}|x_{k-1}^{(i)}, y_k)}$。

4）归一化：$\tilde{W}_k^{(i)} = \dfrac{\tilde{W}_k^{(i)}}{\sum_{i=1}^{N} \tilde{W}_k^{(i)}}$。

5）重采样：$\tilde{W}_k^{(i)} = \dfrac{1}{N}$。

6）输出：计算 k 时刻的状态估计值 $\hat{x}_k = \sum_{i=1}^{N} \tilde{x}_k^{(i)} \tilde{W}_k^{(i)}$。

3. 基于粒子滤波的老化预测分析

（1）老化模型构建

燃料电池老化过程的时间常数为小时级，在建立老化模型时，燃料电池的动态响应可以被忽略。在预测燃料电池的老化时，燃料电池的电压及电流是最容易获取的量，而电压的跌落也可用来反映燃料电池的老化程度，因此在建立稳态模型时主要关注电压的变化，稳态模型为

$$V_{stack} = n_{cell} \left(\begin{array}{c} E_{thermo} - \dfrac{RT}{\lambda nF} \ln\left(\dfrac{i_{stack} + i_{loss}}{i_0} \right) \\[3mm] -R_{cell} i_{stack} - \left(1 + \dfrac{1}{\lambda}\right) \dfrac{RT}{nF} \ln\left(\dfrac{i_L}{i_L - i_{stack}} \right) \end{array} \right) \tag{6.26}$$

式中，n_{cell} 表示单电池个数；i_{loss} 表示杂散损耗电流；i_0 表示交换电流；i_L 表示极限电流。这里用电流代替了电流密度，但不对式（6.26）本身产生影响。

从式（6.26）可以看出，燃料电池电压的跌落受到 4 个部分的影响，而 E_{thermo} 在燃料电池的老化过程中可视为不变，因此电压的变化可以追溯至三段电压的变化。根据老化分析，老化因子主要为 R_{cell}、i_0 以及 i_L，其中，膜电阻和双极板电阻是影响 R_{cell} 性能的主要原因；i_0 反映的是电化学反应速率，与燃料电池催化层的性能有关；i_L 和燃料电池气体扩散层的扩散能力相关。与燃料电池输出电压不同的是，老化参数能够反映电池内部部件的老化情况，可以为故障预诊决策提供更多的有效信息。根据上式以及测试的 I-V 曲线，利用列文伯格-马夸尔特（Levenberg-Marquardt）算法进行曲线拟合可以得到参数的变化趋势，如图 6.14 所示。考虑到简单性和清晰性，图 6.14 中只给出了在 0h 时的 I-V 曲线拟合结果（图 6.14a），提取的参数变化趋势如图 6.14b、c、d 所示。在这 3 个参数中，极限电流 i_L 变化很小，不到 7%。结果表明，气体扩散层的传质能力没有受到太大影响；交换电流 i_0 和单体内阻 R_{cell} 变化较大，分别变化了近 30% 和 25%。这些变化是由于催化剂活性的降低或膜的降解引起的。可以看出，这 3 个参数的退化率并不相同，它们与电堆中不同组件的老化有关。因此，为了延长燃料电池的使用寿命，应根据这些参数的降解速率采取不同的措施。

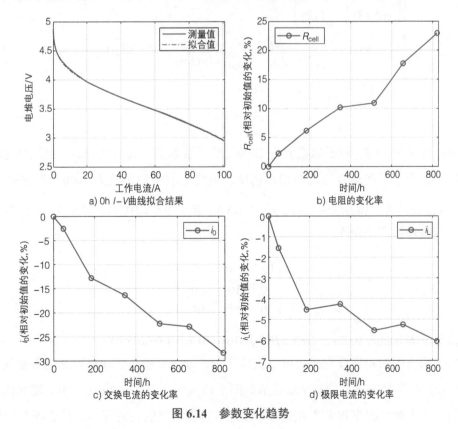

图 6.14　参数变化趋势

燃料电池的老化表现出高度非线性，其受到许多因素的影响，如机械和热应力、高湿度、负载循环和启动/停止条件等。但降解趋势在一定程度上可以看作是线性的。因此，根据 $I\text{-}V$ 曲线拟合结果，将 R_{cell}、i_0 以及 i_L 的变化趋势作为相对于时间的线性函数。3 个参数的变化关系为

$$\begin{cases} R_{cell}(t) = R_{cell}^0(1+\alpha t) \\ i_0(t) = i_0^0(1-\beta t) \\ i_L(t) = i_L^0(1-\gamma t) \end{cases} \quad (6.27)$$

其中，R_{cell}^0、i_0^0、i_L^0 分别为 R_{cell}、i_0 以及 i_L 的初值，可由在 0h 的 $I\text{-}V$ 曲线拟合中得出；α、β、γ 分别为 R_{cell}、i_0、i_L 三个参数的老化速率。在进行老化预测时，不是利用 $I\text{-}V$ 曲线拟合，而是利用粒子滤波的方法，这是由于 $I\text{-}V$ 曲线的测试非常耗时，当电堆运行在特定工况下时是无法进行 $I\text{-}V$ 曲线测试的。为了实时地检测燃料电池内部的变化，采用滤波的方法对其状态进行估计。针对燃料电池的老化预测模型，其观测方程及状态转移方程见式（6.28），即

$$\begin{cases} \begin{bmatrix} \alpha(k+1) \\ \beta(k+1) \\ \gamma(k+1) \end{bmatrix} = \begin{bmatrix} \alpha(k) \\ \beta(k) \\ \gamma(k) \end{bmatrix} + v_k \\[4mm] V_{stack}(k) = n_{cell}\left(E_{ele} - \dfrac{RT}{\lambda nF}\ln\left\{ \dfrac{i_{stack}}{i_0^0[1-\beta(k)t]} \right\} - i_{stack}R_{cell}^0[1+\alpha(k)t] - \\[4mm] \left(1+\dfrac{1}{\lambda}\right)\dfrac{RT}{nF}\ln\left\{ \dfrac{i_L^0[1-\gamma(k)t]}{i_L^0[1-\gamma(k)t]-i_{stack}} \right\} \right) + n_k \end{cases} \quad (6.28)$$

在进行仿真过程时，粒子数选取为 1000，粒子数越多，其精度越高，但运算速度也会降低。因此，为了平衡运算速度与预测精度，最终选取的粒子数为 1000。根据初值为 0h 时 $I\text{-}V$ 曲线拟合结果，得到 $\lambda = 0.42$，$i_{loss} = 0.1\text{A}$，$R_0 = 9.5 \times 10^{-4}\Omega$，$i_0^0 = 4.2 \times 10^{-4}\text{A}$，$i_L^0 = 110\text{A}$。过程噪声协方差矩阵为

$$\begin{bmatrix} 10^{-4} & 0 & 0 \\ 0 & 10^{-4} & 0 \\ 0 & 0 & 10^{-4} \end{bmatrix}$$

观测噪声协方差为 0.001，$[\alpha(0),\beta(0),\gamma(0)] = [0.2, 0.4, 0.06] \times 10^{-3}$。

待粒子滤波的初始设置完成后可以执行算法，分别对稳态、动态以及频繁变载工况进行滤波处理，得到稳态工况的粒子滤波值如图 6.15 所示。从图 6.15 可看出，滤波值较为贴合实际值，大多数情况下误差不超过 0.02V，不同于实测值在特征测试后有明显的恢复现

象，滤波后的曲线相对较为平滑，因此老化模型中 3 个老化参数的变化是一定衰减速率的线性变化。

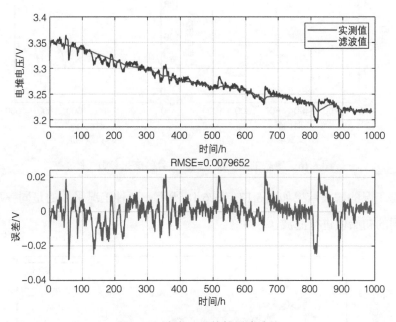

图 6.15 稳态工况的粒子滤波值

粒子滤波辨识出的 3 个老化参数如图 6.16 所示：图 6.16a 所示为粒子滤波后的电压，图 6.16b 为单体内阻，图 6.16c 所示为交换电流，图 6.16d 所示为极限电流。从图 6.16 可看出 3 个老化因子 R_{cell}、i_0、i_L 的变化趋势基本呈线性，这和 I-V 曲线拟合的结果基本符合，从变化速率上来看，交换电流 i_0 变化是最大的，其次是单体内阻 R_{cell} 的变化，最后是极限电流 i_L。与 I-V 曲线拟合结果不同的是，粒子滤波辨识出来的老化因子在某时段呈现非线性化，这些差别出现的原因主要是由可逆老化引起的。

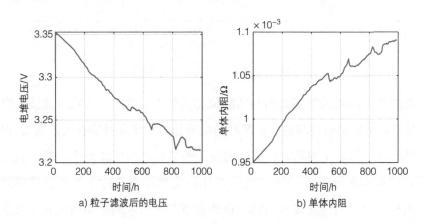

a) 粒子滤波后的电压　　　　　　　　b) 单体内阻

图 6.16 稳态工况下粒子滤波估计的老化参数

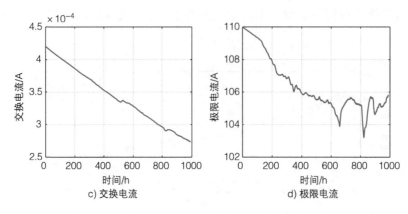

c) 交换电流　　　　　　　　　　d) 极限电流

图 6.16　稳态工况下粒子滤波估计的老化参数（续）

针对动态工况的滤波结果如图 6.17、图 6.18 所示。两种工况采用的是同一型号的电堆，因此设定相同的初始值进行滤波。

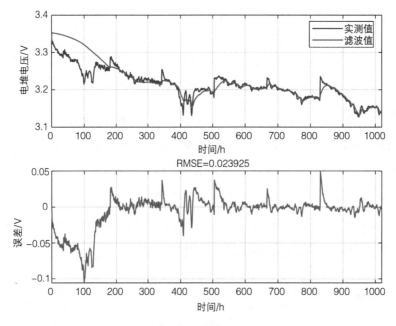

图 6.17　动态工况粒子滤波处理

值得注意的是，200h 前的滤波值与实际值相差较大，这是因为粒子滤波需要一定的时间来收敛，虽然给定的初始值与稳态情况的初始值相同（实际可能有所差别），但这不影响老化预测结果。在进行老化预测时，采用的是训练最后时刻的滤波值，通常训练时长为数据的 50%，具体到本次预测为 550h 左右。对比稳态和动态条件下的预测结果可发现，老化因子 i_0 在两种工况下的变化基本相同，在动态情况下电堆的单体内阻 R_{cell} 以及极限电流 i_L 的变化较大。这表明在该工况下，膜及气体扩散层的老化速率相对稳态工况下更为迅速。

极限电流密度的变化在最后又出现明显的回升，甚至超过初始值，这是由于两次故障的发生使得其下降迅速，但在后期采取了一定的措施使其有了一定的恢复。

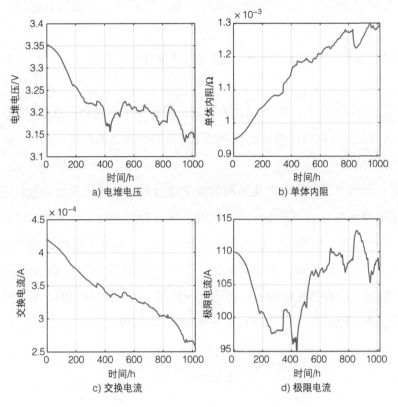

图6.18　动态工况下粒子滤波估计的老化因子

根据式（6.28）以及测试电压、电流的数据，利用粒子滤波算法可以确定模型中α、β、γ的值，并利用式（6.27）可得出3个老化参数的变化。利用滤波阶段最后得到的α、β、γ作为预测阶段的最终值，从而带入老化模型中实现预测。基于粒子滤波的燃料电池老化预测流程如图6.19所示。

基于粒子滤波进行老化预测算法的详细执行过程如下。

1）提取燃料电池老化测试数据，主要包括电压、电流、时间等，并对数据以合适的采样时间重新采样，针对动态及稳态工况下的数据采样时间设为0.5h或1h，频繁变载工

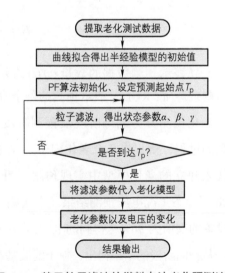

图6.19　基于粒子滤波的燃料电池老化预测流程

况下的数据采样间隔为 75s。

2）利用模型对在 0h 或测试初期的 I-V 曲线数据进行拟合，得到模型的初始值。

3）初始化粒子滤波算法，设定噪声大小、粒子权重等，并根据数据的长度设定预测起始点 T_p。

4）根据老化模型以及数据进行粒子滤波，获取逐个时间点下 α、β、γ 的值，直至到达预测起始点。

5）将最后一步得到的 α、β、γ 值代入模型，得到电压、老化参数随时间的变化曲线。

6）输出预测起始点到测试时长的预测结果，并得到预测的精度值。

（2）老化预测结果

在进行老化预测之前，先对老化预测的概念进行介绍。老化预测分为长期预测与短期预测，长期预测指预测时长大于 50h，一般用于剩余寿命（RUL）预测，短期老化预测指预测时长小于 50h。基于模型的方法通常用作长期预测，而基于数据驱动的方法既可用于长期预测，又可用于短期预测。本章主要针对燃料电池的长期预测（剩余寿命预测）。剩余寿命（RUL）的定义为在额定电流下，初始电压跌落 10% 所用的时间。老化预测的评判标准包括均方根误差（RMSE）、平均绝对百分比误差（MAPE）和百分比误差（E_r）：

$$\text{RMSE} = \sqrt{\frac{1}{M} \sum_{1}^{M} (Y(t) - \tilde{Y}(t))^2} \tag{6.29}$$

$$\text{MAPE} = \frac{1}{M} \sum_{1}^{M} \frac{\left| Y(t) - \tilde{Y}(t) \right|}{\left| Y(t) \right|} \tag{6.30}$$

$$E_r = \frac{\text{RUL}_{\text{act}} - \text{RUL}_{\text{Prdt}}}{\text{RUL}_{\text{act}}} \tag{6.31}$$

式中，M 表示预测数据的数量；$Y(t)$ 表示预测目标数据；$\tilde{Y}(t)$ 表示预测数据；RUL_{act} 表示实际剩余寿命；RUL_{Prdt} 表示预测的剩余寿命。

老化预测分为训练阶段及预测阶段。当利用粒子滤波进行预测时，训练阶段是辨识参数的过程，辨识出 3 个老化因子，并作为预测阶段的最终值。在预测阶段，利用辨识的值代入建立的老化模型中实现预测。图 6.20 所示是在训练时长（Training Phase，TP）为 600h 下稳态工况电压预测结果。本次测试的时长为 1000h 左右，并未到达其剩余寿命，因此设置的阈值为 96%（得到的 RUL 点接近其测试时长）。

从预测阶段的结果得出，粒子滤波基本能预测出老化的大体趋势，但是其预测值基本呈线性变化，无法预测出燃料电池电压的非线性波动及可逆老化现象。粒子滤波的优点是能预测燃料电池老化参数的变化，如图 6.21 所示。根据老化模型，粒子滤波辨识的参数能很好地反映膜内阻和交换电流密度的变化趋势，但对极限电流变化的预测效果不是很理想。这是由于极限电流密度反映的是气体扩散层的传质能力，而在燃料电池测试过程中，发生了多次的可逆老化，这些可逆老化很可能是由于不良水管理导致的，所以会极大地影响极限电流的变化。粒子滤波由于在预测阶段无观测值进行参数的更新，会出现无法预测非线性变化的结果。

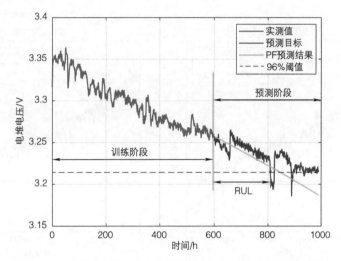

图 6.20　训练时长为 600h 下粒子滤波电压预测（稳态工况）

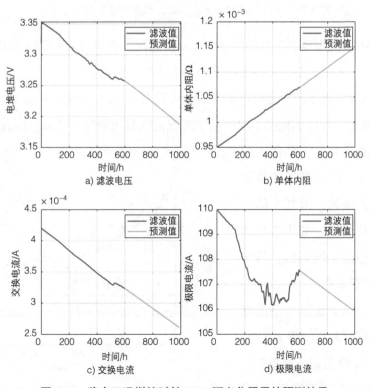

图 6.21　稳态工况训练时长 600h 下老化因子的预测结果

为验证粒子滤波预测的适应性，对其在不同训练时长下进行了预测，得到的预测结果如图 6.22 所示。训练时长为 550h、600h、650h、700h、750h、800h。从预测结果得出，在不同时长下的预测结果呈线性变化趋势，这是由滤波算法特性所决定的。另外，滤波算法的预测结果与预测的起点有很大关系。在训练时长为 650h 时，其预测结果较之其他起点下的预测值，明显偏离实测值。

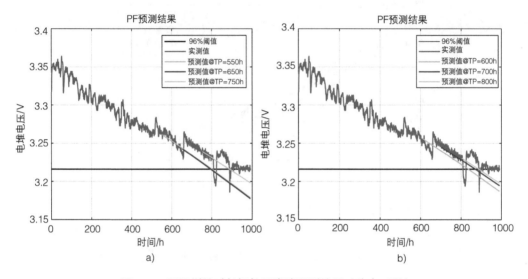

图 6.22　不同训练时长下粒子滤波预测结果（稳态工况）

训练时长为 600h 下动态工况的滤波电压以及老化参数预测结果分别如图 6.23、图 6.24 所示。不同于稳态工况的是，动态工况下燃料电池的衰减速率更快，选取的阈值为 94.5%。另外，动态工况时出现了两次燃料电池失效，可以在图 6.23 中看到 100h 和 400h 左右电压出现了明显的跌落。相比于稳态工况，动态工况的恢复现象更为明显。因此，动态工况下的预测难度会有所提升。从图 6.24 的预测效果得出，虽然粒子滤波预测和实际值相差较远，但其大体的老化趋势仍能被预测。老化参数的变化趋势也和稳态工况类似，其多了些许非线性变化波动。

动态工况下粒子滤波在不同训练时长下的预测结果如图 6.25 所示。在训练时长较短时（如 550h，600h），预测结果偏离实际值较高。

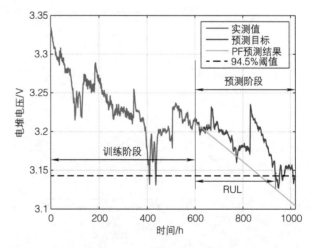

图 6.23　训练时长为 600h 下粒子滤波电压预测（动态工况）

但随着训练时长的增加，预测值更为贴近实测值。

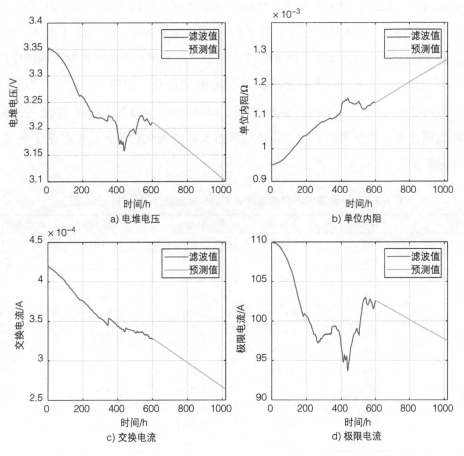

a) 电堆电压

b) 单位内阻

c) 交换电流

d) 极限电流

图 6.24　训练时长 600h 下老化参数的预测结果（动态工况）

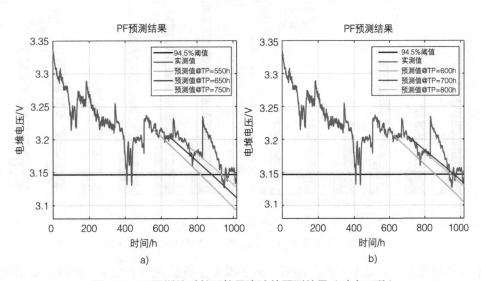

a)

b)

图 6.25　不同训练时长下粒子滤波的预测结果（动态工况）

稳态与动态工况的 RMSE、MAPE 以及 RUL 预测误差见表 6.3。稳态工况下，PF 预测的 RMSE 小于 0.0237，MAPE 小于 0.0068。动态工况下，PF 预测的 RMSE 小于 0.0438，MAPE 小于 0.0115。可以看出，稳态工况下的 RMSE 与 MAPE 小于动态工况下，这是由于稳态工况电堆电压的波动比动态工况下的波动更小。为了观察训练时长对预测精度的影响，拟合出不同训练时长下的 PF 预测 RMSE 及 MAPE 的变化，如图 6.26 所示。从图 6.26 可以看出，当训练时长大于 700h 时，预测结果的 RMSE 小于训练时长不足 700h 的预测结果。因此说明数据越多，其预测的老化趋势也越接近实际的老化趋势，数据对基于模型的方法也具有一定影响。

表 6.3　粒子滤波在不同训练时长下的预测结果（稳态与动态工况）

工况	TP/h	RMSE	MAPE	E_r（%）	RUL 预测误差 /h
稳态	550	0.0200	0.0053	3.9	10
	600	0.0159	0.0043	−12.56	−26
	650	0.0237	0.0068	9.53	15
	700	0.0131	0.0034	−55.71	60
	750	0.0125	0.0032	−134.42	−78
	800	0.0140	0.0038	−920.55	−77
动态	550	0.0438	0.0115	30.66	117
	600	0.0350	0.0089	23.8	79
	650	0.0323	0.0082	19.5	55
	700	0.0212	0.0048	−10.3	−24
	750	0.0258	0.0063	0.55	−1
	800	0.0265	0.0067	−3.75	−5

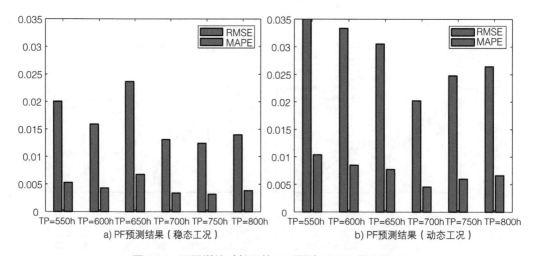

a）PF 预测结果（稳态工况）　　b）PF 预测结果（动态工况）

图 6.26　不同训练时长下的 PF 预测 RMSE 及 MAPE

不同于稳态工况和动态工况，频繁变载工况由于负载的频繁变动，使得采集相同电流下的电压变得尤为困难。但是在燃料电池老化的过程中，其内部参数的变化与电压跟随电流的明显变化不同。如果能够观测出内部参数的变化，再将不同时间下的参数代入模型中，即可得到相同电流下的虚拟电压变化。通过粒子滤波的方式将内部参数辨识出来再进行预测是针对动态工况下老化预测的较好方式。由于没有连续相同电流下的电压数据，无法确定实际的剩余寿命，所以针对频繁变载工况的预测评判主要根据其预测值与滤波值的误差。与稳态工况及动态工况的初始值选取方法相同，可以通过 $I\text{-}V$ 曲线拟合的方式得到。仿真过程中的粒子数选取为 100，初值为 0h 时的 $I\text{-}V$ 曲线拟合结果，其中 $\lambda = 0.3$，$i_{loss} = 0.1\text{A}$，$R_0 = 3 \times 10^{-4}\Omega$，$i_0^0 = 3.5 \times 10^{-3}\text{A}$，$i_L^0 = 200\text{A}$。过程噪声协方差矩阵为

$$\begin{bmatrix} 10^{-6} & 0 & 0 \\ 0 & 10^{-6} & 0 \\ 0 & 0 & 10^{-6} \end{bmatrix}$$

观测噪声协方差为 0.00001，$[\alpha(0), \beta(0), \gamma(0)] = [0.2, 0.4, 0.06] \times 10^{-3}$。利用粒子滤波对频繁变载工况电堆电压进行参数辨识，得到滤波后的电堆电压和实际电堆电压对比如图 6.27 所示。

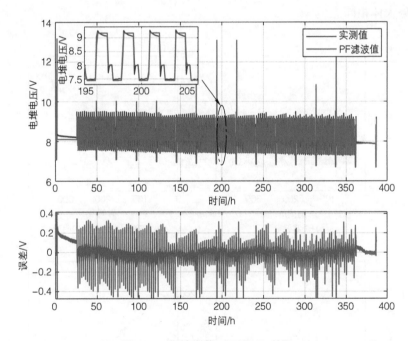

图 6.27　频繁变载工况下 PF 效果

图 6.27 所示蓝线为实测值，红线为滤波值。从图 6.27 中可看出，在 100h 前滤波值与实际值有一定的差别，这是因为 PF 是一个迭代型的算法，如果给定初值和实际差别较大，其收敛时间相对会慢一些，但 100h 之后的滤波值能较好地贴合实际值。此外，由于层间电容的存在，在负载快速变化的过程中会出现电压过冲的现象，使得其电压在相同工作电流

下比稳态情况更高或更低，这样不利于探究燃料电池的老化过程。从图 6.27 放大部分可以看出，利用粒子滤波能较好地消除该现象，能更好地辨识出燃料电池内部参数的缓慢老化过程。

利用 PF、老化模型及频繁变载情况下的电压、电流得到内部参数的情况，如图 6.28 所示。从图 6.28 中可以看出，PF 辨识出的单体内阻、交换电流、极限电流的变化大体呈线性，但是在局部有着较多非线性的波动，这与稳态及动态工况有着较大的不同。此外，3 个参数的变化中单位内阻变化较小，交换电流以及极限电流都有着较大的变化。为验证滤波的预测效果及辨识参数的正确性，将辨识的参数代入式（6.26）中，并将电流假定为恒定电流工作，得出一个虚拟电压。图 6.29 所示为验证虚拟电压正确性的方法，采用的电流为 20A、70A、100A、130A，这几个电流点每 24h 都会进行一次测量，通过一定的实测数据量来对滤波算法进行验证。如果在不同运行工况下的预测值都能较为贴近实际值，则能证明利用粒子滤波提取参数和将参数代回模型的方法是有效的。利用 PF 辨识的 3 个参数 α、β、γ 代入老化模型之后的虚拟电压变化如图 6.29 所示。总之，在不同工作电流下的虚拟电压的变化趋势大体相同。

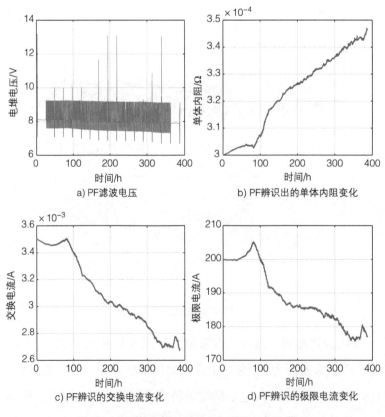

图 6.28　频繁变载工况下 PF 辨识各参数情况

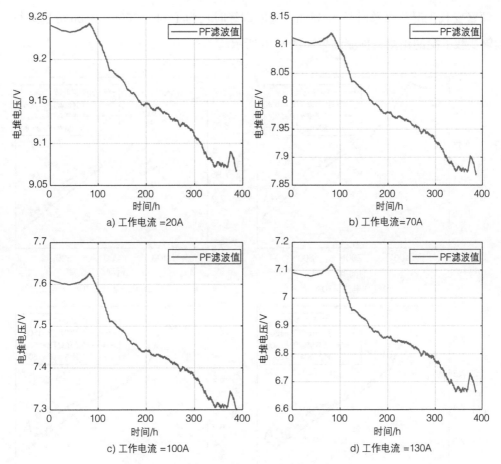

图 6.29 PF 在不同工作电流下得到的虚拟电压

表 6.4 列出了滤波初始电压、最终电压与实际电压的对比。可以得出，PF 电压在初始阶段与实际电压相差较大，约 0.3 ~ 0.4V 的差距，这是由于给定的初始条件不符合实际值，且滤波算法本身需要一定的时间来收敛。但随着时间的增加，滤波电压越来越接近实际电压，滤波电压和实际电压相差在 0.15V 以内。这意味着通过 PF 辨识的参数在一定程度上能反映燃料电池内部真实参数的变化趋势，所以可以利用 PF 还原的虚拟电压（以下统称 PF电压）作为评判预测效果的指标。另外，由于测试时间过短，针对频繁变载工况下的数据不再以 RUL 作为评判指标，仅以 RMSE、MAPE 作为判断其预测精度的评判指标。

表 6.4 实际电压与 PF 估计电压对比

电流 /A	初始电压 /V		最终电压 /V	
	实际电压	PF 估计电压	实际电压	PF 估计电压
20	9.527	9.241	9.200	9.067
70	8.454	8.113	8.013	7.870
100	7.984	7.610	7.430	7.302
130	7.548	7.093	6.896	6.666

频繁变载工况测试总时长为 386h，选取训练时长为 150h、200h、250h 分别进行了 PF 对频繁变载工况的预测，预测结果如图 6.30 所示。

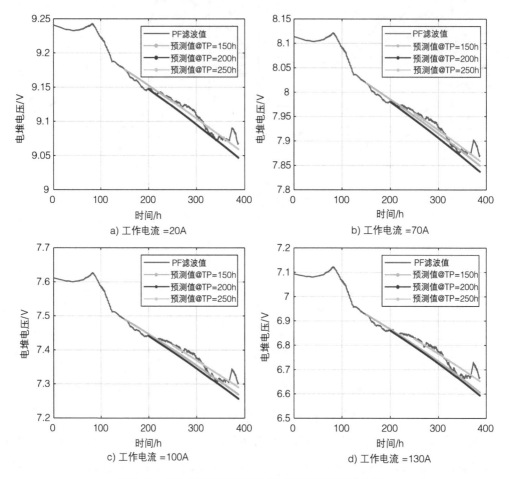

图 6.30　不同训练时长下 PF 对频繁变载工况的预测

图 6.30 中红色线为训练阶段利用 PF 得到的滤波电压。从预测的结果得出，预测的最终时刻电压接近实际电压，且在不同训练时长下的预测结果也相近。有趣的现象是，预测的最终值都稍低于滤波的最终值。不同训练时长下的 RMSE 以及 MAPE 见表 6.5。预测的 RMSE 在不同训练时长、不同工作电流下都小于 0.0365，MAPE 值小于 0.0054。

表 6.5　不同训练时长下 PF 的预测精度对比

电流 /A	150h		200h		250h	
	RMSE	MAPE	RMSE	MAPE	RMSE	MAPE
20	9.96×10^{-6}	6.2×10^{-4}	0.0106	0.0012	0.0028	7.0358×10^{-4}
70	0.0046	0.0012	0.0171	0.0022	0.0027	0.0011
100	0.0093	0.0020	0.0236	0.0032	0.0018	0.0016
130	0.0186	0.0037	0.0365	0.0054	0.0013	0.0027

6.3 燃料电池系统故障诊断

故障诊断作为决策燃料电池系统健康状态的重要手段之一，要求具备故障检测、识别以及定位的能力，其中故障检测指通过实际测量数据与系统健康状态值进行比较以判断系统设备或组件是否存在故障；故障识别的作用是准确快速地识别出故障类型，既需要具备区分非故障扰动和避免出现故障的虚警，又要有准确识别各种潜在故障的能力，为故障容错控制提供决策依据；完成故障识别后则需要进一步对故障进行定位，以确定故障发生部位，便于后续的维修与保养。有效的故障诊断方法可以显著提升燃料电池的使用性能和降低其运维成本。

6.3.1 燃料电池系统故障分类

质子交换膜燃料电池系统由电堆本体与辅助系统构成，本节按照故障发生位置的不同将燃料电池系统故障分为电堆故障、空气供应系统故障、氢气供应系统故障、水热管理系统故障以及其他系统故障，如图 6.31 所示。电堆故障包括质子交换膜破损、电极穿孔、双极板损坏、电堆短路、电极水淹、膜干、电堆过载、催化剂中毒和氢氧混合等。空气供应系统故障主要有空压机喘振、空气管道泄漏、空气过滤器堵塞和风扇停转等。氢气供应系统故障包括高压储氢瓶内氢气压力过低、氢气泄漏、高压氢气阀故障、氢气管堵塞、氢气循环泵和尾气阀故障等。水热管理系统故障包括水泵压力过低或损坏、管道堵塞、循环水电导率过高、水量不足、冷却风扇损坏和散热器损坏等。其他系统故障主要有数据采集和控制系统以及电能变换器故障等。对不同位置发生的故障进行机理分析，研究故障形成的原因、造成的后果以及解决措施。

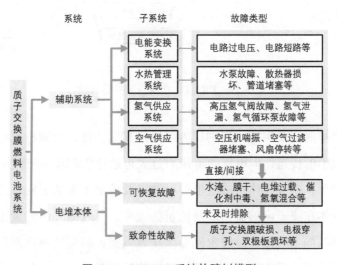

图 6.31 PEMFC 系统故障树模型

1. 电堆故障

（1）燃料电池水淹和膜干故障

在质子交换膜燃料电池运行的过程中，质子传导率与质子交换膜的含水量密切相关，只有充分湿润的质子交换膜才能使得燃料电池具有良好的输出性能，但是当电池内部的含水量过高或不足时，会分别造成燃料电池出现水淹和膜干故障，从而影响电堆的性能以及寿命。

燃料电池水淹和膜干故障常见的影响因素包括电堆输出电流、电堆温度、电堆阴阳极进气压力、流量、湿度等。质子交换膜燃料电池在大电流密度下，随着输出电流的增大会导致电堆内部电荷迁移增加，反应生成的水较多，如果电堆排水效果不好会导致阴极侧由于水量积聚而导致水淹（图 6.32）。质子交换膜燃料电池电堆温度会影响水蒸气析出的液态水量，当电堆电流较小而电堆温度较高时，燃料电池质子交换膜会出现脱水，甚至膜干故障，如图 6.33 所示。

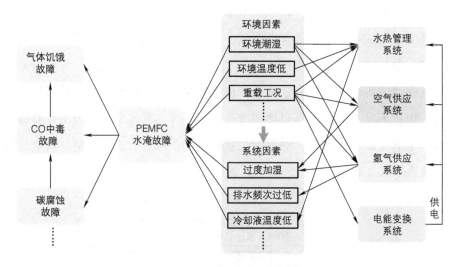

图 6.32　PEMFC 水淹故障机理分析

燃料气体进电堆时需要保持一定的压力以维持其流动性，两侧压力差会加快水的压力迁移，推动水在膜中的传递，但电堆内部压力过大可能会引起反应气流分布不均匀，从而导致流道内阻力变化，造成气体扩散电极的腐蚀以及排水不流通引发水淹现象。阴阳极的过量系数决定了气体在流道内的流速以及流量的大小，空气侧气体流量比氢气侧大，将内部液态水带出电堆的能力较强，一般水淹发生在氢气侧，当氢气侧液态水逐渐积聚至堵塞流道时会发生水淹故障。研究发现，如果燃料电池操作条件不当，会打破电堆水含量的平衡，导致电堆出现水淹或膜干现象，通过试验得出各参数对质子交换膜燃料电池内部湿度的影响占比，最终发现温度对电堆内部含水量的影响最大。

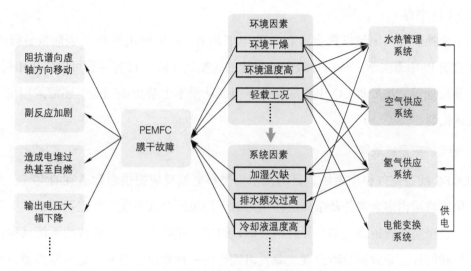

图 6.33　PEMFC 膜干故障机理分析

综上所述，电堆的水淹和膜干主要受电流、温度、气体压力及过量系数等因素影响。当操作参数设置不当导致热管理和水管理出现失衡时，会出现液态水积聚在电堆流道及气体扩散层内无法排出或者质子交换膜由于水分太少而影响质子传导的故障，因此质子交换膜燃料电池进入水淹和膜干状态。

当质子交换膜燃料电池出现水淹和膜干故障时，及时处理可以回到正常运行状态，否则会对电堆造成不可逆的损伤。水淹时，随着液态水的不断积聚，导致燃料气体穿过扩散层到达催化层的传质阻力增大，最终会覆盖在气体扩散层和催化层的表面，降低催化层活性，加剧材料的腐蚀和催化剂的流失，甚至会出现液态水堵塞气体流道，导致气体流通不畅，严重影响电池性能和寿命的问题。当出现膜干时，质子交换膜燃料电池传导质子的能力会大幅下降，影响电池正常运行，且膜的电阻也会随之增大，严重时会导致局部过热而烧坏质子交换膜。如果长期运行在膜干状态，随着干燥区域不断扩大，最终将导致整个质子交换膜发生干化破裂，对 PEMFC 造成不可逆的损害。

燃料电池水热管理不当会导致电堆出现水淹和膜干故障，常见的水淹和膜干缓解措施主要有优化操作条件、更新材料技术和改变流道设计结构等。优化操作条件主要采用脉冲排气结合改变操作条件的方法，在水淹的情况下，进行短时间的脉冲排气，或是设置电堆的阳极压力降和欧姆阻抗阈值。当压力降达到阈值时，使用脉冲排气的方法来缓解水淹，当欧姆阻抗大于阈值时，通过增加空气进气湿度来缓解膜干。修改流道的形状设计，也可以让电堆性能达到最佳，使电堆在高湿度的情况下保持较好的性能，加强水从阴极到阳极的反渗作用，有助于膜的水合作用和提高膜的电导率。

（2）CO中毒

质子交换膜燃料电池以贵金属Pt作为电催化剂，而电催化剂Pt的表面极易吸附CO，使电催化剂Pt中毒失活，从而导致电池性能的大幅度下降。目前尽管可以采用阳极注氧、重整气预处理等方法处理CO中毒的问题，但要从根本上解决该问题，还需采用抗CO中毒的电催化剂。

2. 空气供应系统故障

PEMFC配备空气供应系统，目的在于为燃料电池反应提供参数适宜的空气，同时兼备吹扫阴极流道内多余水分及杂质的作用。对于阴极闭合式系统，过滤器堵塞、空压机压力过低，甚至空气管道漏气都会导致电堆氧气饥饿。相应地，阴极开放式系统风扇转速过低甚至停转同样会导致该故障出现。氧气饥饿作为一种常见的燃料电池故障类型，不仅会降低电堆工作电压，同时也会严重缩短其剩余寿命。空压机喘振也是空气供应系统工作中常见的故障类型之一。

（1）氧气饥饿

通常在恶劣的运行条件下，如在0℃以下启动、负载快速变化、发生水淹故障时，供应的氧气不足以维持电堆电流，可能会导致燃料电池出现氧气饥饿现象。当发生氧气饥饿时，可能的反应式异常为$2H^+ + 2e^- \longrightarrow H_2$。大量的燃料电池饥饿试验证实，催化层的碳载体参与反应生成CO_2，会减缓电堆反应速率，降低电堆工作电压。有文献通过试验观察发现，在氧气饥饿的情况下，燃料电池会出现碳骨架腐蚀、电极反转和不均匀电流分布等现象，同时也会加快催化剂流失，对电堆产生不可逆的损害，严重缩短其剩余寿命。

（2）空压机喘振

质子交换膜燃料电池低功率运行时，阴极所需的空气流量降低，空压机转速降低，导致空压机工作点进入喘振区，系统发生喘振现象，这是由于在离心式空压机低速运行时，排出压力产生大幅度脉动，气体忽进忽出，机器出现周期性吼声以及强烈振动。喘振现象对燃料电池系统有很大危害，首先，喘振时由于气流产生强烈的脉动和周期性振荡，会使叶片强烈振动，叶轮应力增加而导致噪声加剧，并可能损坏轴承密封造成严重的恶性事故；其次，当喘振故障发生时，燃料电池阳极流道中的压力和流量会呈现周期性的上下波动，阴极流道中的压力和流量不变，导致阴阳极之间压力差变大，造成燃料电池阴阳极的压力出现不平衡，易引发膜穿孔事故，另外流量在周期性脉动过程中也会引发氧气饥饿故障。因此空压机喘振将严重影响燃料电池系统性能，甚至引发安全事故。

3. 氢气供应系统故障

氢气供应系统故障有高压储氢瓶内氢气压力过低、氢气泄漏、高压氢气阀故障、氢气管堵塞、氢气循环泵和尾气阀故障等。

氢气压力过低、氢气泄漏、高压氢气阀故障、氢气管堵塞都会导致质子交换膜燃料电池在负载电流下由于不能获得足够的燃料供应而引发故障。当燃料电池正常工作时，阳极的化学反应为 $H_2 \longrightarrow 2H^+ + 2e^-$，阴极的化学反应为 $O_2 + 4H^+ + 4e^- \longrightarrow 2H_2O$。在氢气匮乏的情况下，可能的异常反应为 $2H_2O \longrightarrow O_2 + 4H^+ + 4e^-$ 和 $C + 2H_2O \longrightarrow CO_2 + 4H^+ + 4e^-$，从而导致催化层的碳载体降解。当氢气供应严重不足时，质子交换膜燃料电池电压逐渐降为0V后变为负数，会引起"反极"现象。若质子交换膜燃料电池出现"反极"时仍然继续运行，则阳极单电池可能会析出氧气，经电池气体管路进入相邻的单电池，大幅降低质子交换膜燃料电池电压。氢氧混合可能使氢气和氧气在阴极催化剂上直接反应燃烧，造成燃料电池内部发生爆炸，降低质子交换膜燃料电池的开路电压，加速膜电极退化并降低质子交换膜燃料电池的剩余寿命，严重的氢气泄漏会损害电堆。

氢气循环泵故障也是常见的系统故障，氢气循环泵的作用是将燃料电池堆出口未反应的氢气再循环至燃料电池堆入口，提高氢气的利用率以及用氢安全。将燃料电池堆内部由于电化学反应生成的水循环至氢气入口，起到给进气加湿的作用，改善燃料电池堆内的水润水平，提高了水管理能力，进而提升了燃料电池堆的输出特性。由于氢气循环泵对进气的加湿作用，使得氢气入口省去了额外的加湿系统，使得燃料电池系统更加精简。氢气循环泵发生故障会导致氢气泄漏，并且会影响电堆内部的水平衡。

4. 水热管理系统故障

水在燃料电池运行过程中扮演着重要的角色，一方面质子在传输过程中需结合水分子形成水合氢离子（H_3O^+），加速其传输速率；另一方面水对电堆的散热具有辅助作用，并由此降低电堆的寄生功耗，因此合理的水热管理对于电堆正常运行至关重要。

燃料电池水热管理系统故障有水泵压力过低或损坏、管道堵塞、循环水电导率过高、水量不足、冷却风扇损坏和散热器损坏等。对于阴极闭合式系统，其水热管理主要靠冷却循环系统以及供气系统中的加湿器/散热器实现，而阴极开放式系统的水热管理则主要靠电堆阴极供气风扇以及吹扫阀，当这些设备出现上述故障时会引发电堆水淹或膜干。

作为燃料电池运行中最常见的两种故障，水淹常发生在电堆催化层、气体扩散层及双极板流道中，该故障会阻碍反应气体的流通，导致电堆输出电压出现剧烈抖动，同时也会加速碳载体腐蚀，造成催化剂脱落。而膜干则会降低质子交换膜的离子传导效率，导致活化损耗增加以及质子交换膜损伤，持续的膜干故障将会造成电堆局部温度过高，甚至引发电堆自燃。在燃料电池运行过程中，电堆内部的水易与碳基物质产生化学反应形成一氧化碳（CO），CO 比氢气更易吸附在阳极催化层的表面，过量的 CO 会导致氢气氧化过程受阻，从而引发电堆中毒，电堆输出性能将出现明显下降。综上所述，快速有效地诊断膜干和水淹故障，并通过容错控制予以缓解甚至消除对提升电堆性能、延长其使用寿命具有重要意义。

5. 电能变换系统故障

电能变换系统作为连接电堆与载荷间的纽带，能够通过控制电力电子器件对电堆输出电能进行调节和变换以满足载荷需求，易出现由于电力电子器件损坏、控制算法失效等原因导致的短路或过电压故障。当短路故障发生时，过大的电堆电流密度将造成电堆短时水淹及温度的骤升，期间水的饱和分压也会进一步提高，大量液态水的蒸发使得电堆故障由水淹快速转变为膜干，如果持续发展将摧毁整个电堆。电堆过电压（一般指单电池电压 >0.8V），则会加速碳腐蚀及催化剂氧化的速率；当电压持续增加至一定范围时（一般指单电池电压 >1.6V），将导致铂颗粒脱落，致使催化剂大量流失，这将严重缩短电堆的使用寿命。

铂在参与电堆氢氧电化学反应中的催化机理如下式所示。

吸附过程：

$$2Pt + O_2 \longleftrightarrow Pt_2O_2 \tag{6.32}$$

分解过程：

$$Pt_2O_2 \longleftrightarrow 2PtO \tag{6.33}$$

还原过程：

$$PtO + H^+ + e^- \longleftrightarrow PtOH \tag{6.34}$$

$$PtOH + H^+ + e^- \longleftrightarrow PtH_2O \tag{6.35}$$

解吸过程：

$$PtH_2O \longleftrightarrow Pt + H_2O \tag{6.36}$$

氧化铂在反应中作为中间产物，当电堆过电压时会加速铂的氧化速率，大量氧化铂附着在催化剂表面将降低反应的活化面积，阻碍燃料电池的电化学反应进程。针对该问题现阶段普遍采取的解决方案是通过周期性短路来打破氢氧电化学反应的动态平衡，使氧化铂重新还原至铂单质，从而达到降低氧化铂浓度、提升电堆动态性能的目的。另外对于阴极开放式电堆，周期性短路还可以在短时间内充分消耗电极周围的氢气与氧气，产生的水分能够达到自增湿的效果，目前新加坡的 Horizon、加拿大的 Ballard 公司等生产的阴极开放式质子交换膜燃料电池系统均采用的是这种自增湿方法。

针对 DC/DC 变换器，除了需要满足鲁棒控制，还需着重关注系统的可靠性问题，从元器件本身层面保证电力系统的安全稳定运行。当 DC/DC 变换器中任意一个功率开关元器件发生故障时，整个功率变换器将很快崩溃而无法满足后级负载的正常工作需求。在故障发生时，有必要针对功率开关元器件设计在线故障诊断器，并在检测出故障后及时触发相应的系统重构策略，以保证在故障发生时整个系统依然能够保持安全稳定的工作。

根据已有研究，最常见的 PEMFC 故障发生比例如图 6.34 所示，水淹故障和膜干故障比例分别为 33% 和 19%，其次是老化、氢气泄漏、CO 中毒及其他故障。

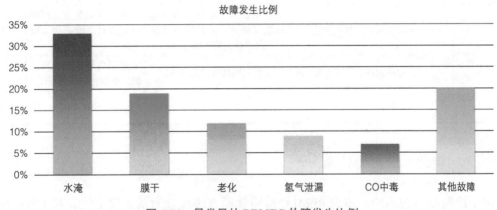

图 6.34　最常见的 PEMFC 故障发生比例

表 6.6 所列总结了燃料电池系统主要故障的原因、影响、可恢复性以及严重程度，严重程度可以分为高、中高、中等、中低、低五个等级。如上所述，质子交换膜燃料电池系统电堆故障与辅助系统故障之间具有强耦合关系，辅助系统故障往往会引发电堆故障，而单一故障又会增加其他故障并发的概率，造成连锁反应并最终导致系统崩溃。如果电堆结构设计不当、频繁启停 / 怠速以及外部环境恶劣（如低温、雾霾等）等也容易引发电堆故障，加速电堆使用性能的衰退，由此可见可靠有效的故障诊断方法是保证系统稳定高效运行的前提，因此有必要对现有质子交换膜燃料电池系统的故障诊断方法展开详细讲解。

表 6.6　燃料电池系统主要故障总结

故障位置	故障类型	原因	影响	可恢复性	严重程度
电堆	水淹	高电流密度、低电池温度、高入口湿度、低化学计量流量	性能下降、加速系统老化	及时处理，可逆	中低
	膜干	与导致水淹故障的条件刚好相反	性能下降、膜的性能损失，形成针孔	若形成针孔，则不可逆转	中高
	CO 中毒	入口氢气纯度低	性能下降，并且造成饥饿	取决于暴露时间、进气成分	中高
氢气供应系统	氢气饥饿（局部）	氢气分布不均匀	阴极电极损坏、电堆性能下降、可能会出现电极反转	及时处理，可逆	中等
	氢气饥饿（全局）	氢气供应被完全切断	性能下降、碳腐蚀、电极反转可能引发爆炸	电极反转会对燃料电池造成不可逆的损害	高
	氢气泄漏	元器件故障、密封故障	性能下降、流速降低	取决于泄漏时间、泄漏位置	中低
	管道堵塞	元器件故障、水管理问题	性能下降	及时处理，可逆	中等
空气供应系统	氧气饥饿	0℃以下启动、负载快速变化、发生水淹时	电堆电压可能会反转、性能下降、碳骨架腐蚀、催化剂流失	若不及时处理、可能会对燃料电池造成不可逆的损害	中高
	空压机喘振	低功率运行时，空压机转速降低，会导致空压机工作点进入喘振区	性能下降、阴阳极反应物不平衡	及时处理，可逆	中等
电能变换系统	短路	元器件损坏、算法失效	大电流造成电堆短时水淹和温度骤升，随后液态水蒸发，水淹快速转为膜干	若不及时处理、可能会对燃料电池造成不可逆的损害	高
	控制器故障	元器件损坏、算法失效	运行可能性和耐久性下降	可逆性取决于故障控制器的角色与损坏程度	中高
冷却系统	冷却系统故障	元器件损坏	水淹	及时处理，可逆	中低

6.3.2　燃料电池系统故障诊断方法

由于诊断原理的不同，现有 PEMFC 故障诊断方法可分为基于模型法、基于数据驱动法和基于试验测试法，每类方法都包含了多种子方法，如图 6.35 所示。

1. 基于模型法

基于模型法又称基于残差法，其诊断原理是通过决策评估燃料电池系统实际测量值与模型估计值之间的残差来对故障类型进行判定，诊断流程如图 6.36 所示。可以发现，决定该方法诊断性能优劣的关键因素主要有两个：一是建模，模型精度决定了残差的质量；二是决策，良好的决策规则可以提升故障识别的成功率。目前常用的模型类别主要包括解析模型、灰箱模型以及黑箱模型。以下将按照这 3 种模型类别，对基于模型法在 PEMFC 系统故障诊断中的应用展开详细的讲述。

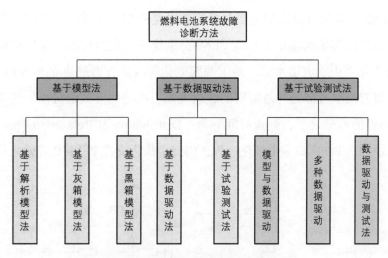

图 6.35 燃料电池系统故障诊断方法

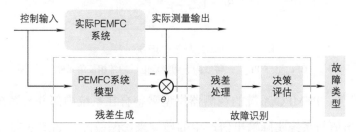

图 6.36 基于模型法的 PEMFC 系统故障诊断流程

（1）解析模型与灰箱模型

作为一种数学模型，解析模型是在深刻理解 PEMFC 内部反应机理的基础上建立起来的，能够通过一些基本的物理化学方程，如菲克定律、能斯特方程等较为准确地表述 PEMFC 内部的运行状态，目前已广泛应用于燃料电池系统测试、实时仿真以及故障诊断中。由于解析模型所具备的优势，基于解析模型的故障诊断方法不仅具有诊断精度高、可解释性强且无须额外设备等优点，而且也有助于对电堆内部故障机理的探究。解析模型在具备高精度的同时，也具有模型结构复杂、难以实现在线化应用等弊端，导致其应用受到限制。

为了解决解析模型的弊端问题，可以通过建立经验公式或映射关系来替代解析模型中较为复杂的数学关系式，以达到简化模型的目的，由此构建出来的模型统称为灰箱模型。灰箱模型的计算成本更低，诊断效率更高。根据相关文献，目前 PEMFC 系统故障诊断中常见的灰箱模型包括参数辨识模型、观测器模型以及等价空间模型。

1）参数辨识模型。参数辨识模型的模型参数是反映 PEMFC 系统状态行为重要的参照量，通过检测模型参数是否超出预先设定的阈值范围，即可识别出相应的故障类型。

现有的 PEMFC 参数辨识模型主要包括等效电路模型和等效阻抗模型。在对质子交换膜燃料电池系统深度理解的基础上建立 PEMFC 系统等效电路模型，通过辨识特定电阻电容等电气量的变化来识别电堆水淹、膜干及膜老化等故障。通过建立 PEMFC 等效阻抗模型（图 6.37）研究模型各部分与故障间的映射关系，准确的等效阻抗模型建立在深入理解 PEMFC 阻抗特性的基础之上，弛豫时间分布（Distribution of Relaxation Times，DRT）分析法可有效识别 PEMFC 内部多个极化过程，因此常作为支撑 PEMFC 等效阻抗模型开发的辅助工具。

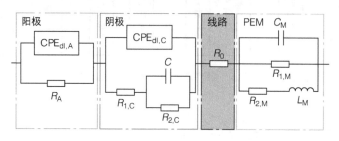

图 6.37　PEMFC 等效阻抗过程模型

$CPE_{dl,A}$、$CPE_{dl,C}$—等效阳、阴极双电层的常相位角元件

2）观测器模型。PEMFC 系统的观测器模型需整合在系统内部并与系统同步运行，通过分析观测器输出值与系统实际输出值产生的残差来诊断故障，如图 6.38 所示，其具有构建方式灵活、鲁棒性强等特点。文献 [125] 提出一种基于改进型超螺旋（Super-Twisting）滑模算法建立的非线性观测器来对 PEMFC 空气供应系统的健康状态进行监测，该方法可以有效诊断出系统的气体泄漏故障，并在动态变载条件下仍可以保证诊断的有效性。文献 [126] 在已建立的 PEMFC 模型基础上提出了基于未知输入观测器（Unknown Input Observer，UIO）的故障

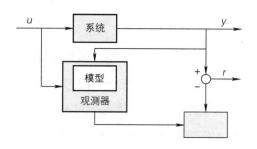

图 6.38　基于观测器的残差产生器设计

u—系统输入　y—系统输出　r—产生残差

诊断方法，利用李雅普诺夫稳定性判据验证了该观测器的强鲁棒性，仿真结果表明该方法可以准确诊断出 PEMFC 系统空压机出口流量异常及歧管出口执行机构异常等故障，并且能够估算出故障所发生的时间，有助于后续 PEMFC 系统的维护与保养。

3）等价空间模型。其诊断的基本思想是利用 PEMFC 系统输入输出实际测量值来验证模型等价性以诊断和分离故障。该方法建立 PEMFC 系统健康状态下的等价空间模型，并对产生的残差进行识别和分类，目前也已广泛应用于 PEMFC 系统故障诊断中。文献 [127] 利用线性规范变量分析（Canonical Variate Analysis，CVA）方法构建出 PEMFC 状态空间

模型，并分别结合逆模型与卡尔曼滤波对 PEMFC 氧气输入量进行估计，根据估计出来的氧气输入量对氧气饥饿及氧气饱和故障进行诊断，结果表明文中所提出的"CVA+逆模型"诊断方法可以有效识别这两类故障，且诊断效果优于卡尔曼滤波。

综上所述，虽然当前基于灰箱模型的诊断方法已取得了长足的发展，诊断性能得到了显著提升，但由于缺乏对 PEMFC 系统内部故障机理更深层次的理解，使其在模型精度及完整度方面有待进行进一步的突破和完善。

（2）黑箱模型

黑箱模型通过数据训练方式来构建燃料电池系统输入输出之间的非线性关系，不需要深刻理解电堆内部的反应机理，摆脱了物理参数在传统建模过程中的限制。目前 PEMFC 系统故障诊断中常用的黑箱模型包括神经网络模型、模糊逻辑模型和支持向量机模型。

1）神经网络模型。神经网络能够通过自学习的方式来完成对系统模型的构建，模型由输入层、隐藏层及输出层三部分组成，内部包含有大量彼此相互连接的神经元，通过反向传播方式对其内部参数进行迭代更新，以达到无限逼近真实 PEMFC 系统的目的。按照拓扑结构特点可以分为单层前馈网络、多层前馈网络以及递归网络。文献 [128] 基于 Elman 神经网络构建了 PEMFC 正常状态下的模型，并通过对比模型电压、压力降输出值与实际测量值产生的残差，对水管理故障进行诊断，其诊断流程如图 6.39 所示。

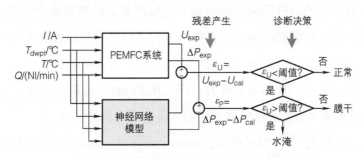

图 6.39　基于神经网络的故障诊断流程

文献 [129] 基于双层前馈神经网络构建了 PEMFC 的阻抗模型，该模型输入量为时间和相对湿度，输出为膜电阻 R_m、扩散电阻 R_d、极化电阻 R_p、双电层电荷量 Q 及扩散时间常数 τ_d，借助式（6.37）求取燃料电池阻抗值并绘制阻抗频谱图，最后利用参数辨识实现对膜干及水淹故障的诊断。相比上文介绍的两种分析模型，神经网络模型的开发周期相对较短，且具备出色的非线性拟合能力，但大量的数据采集测试会加速燃料电池的老化，导致诊断成本上升。另外神经网络模型的泛化能力相对较差，易出现过拟合问题，随着近年来人工智能领域的发展，以深度学习为代表的新一代神经网络具备深层非线性网络结构，神经网络模型现存的问题将会得到极大的改善，性能也会得到质的提升。

$$Z_{\mathrm{T}}(j\omega) = R_{\mathrm{m}} + \cfrac{1}{Z_{\mathrm{CPE}} + \left(\cfrac{1}{R_{\mathrm{p}} + Z_{\mathrm{w}}} \right)} \qquad (6.37)$$

2）模糊逻辑模型。不同于经典布尔逻辑"非是即否"的逻辑规则，模糊逻辑是通过模仿人脑对模糊性对象的推理逻辑来构建燃料电池系统输入输出之间的关系，可以处理故障诊断中出现的不确定性、歧义性及非线性问题。文献 [130] 构建了一种基于高木 - 关野（Takagi-Sugeno，T-S）的 PEMFC 模糊逻辑模型，通过蚁群算法对模型参数进行寻优，并结合电堆正常工作率（PN）的阈值及变化率对电极水淹及膜干故障进行在线诊断。为了提升燃料电池可靠性，文献 [131] 从氢安全角度建立以氢气泄漏为顶事件的故障树模型，传统故障树分析将顶事件与底事件发生的概率确定为一个精确值，但在实际工况中导致燃料电池系统氢气泄漏的因素有很多，很难将故障概率精确化，因此文献 [131] 中通过模糊逻辑对故障发生的概率模糊化和采用模糊数中值法对各底事件进行模糊重要度分析，找到薄弱环节并加以改进，以此提高燃料电池系统的可靠性。

相比于神经网络，模糊逻辑仅需在运行经验或专家知识的基础上考虑所选择的特征、最佳聚类数以及目标函数，具有简单易实现的优点，但缺点是缺乏有效的学习机制，而神经网络在具备自学习能力的同时却缺少模糊逻辑所具备的逻辑推理能力，因此 J-S.Jang 等人将模糊逻辑与神经网络有机地结合，提出了自适应神经模糊推理系统（Adaptive Network-based Fuzzy Inference System，ANFIS），该系统在继承两者优点的同时也克服了各自的缺点，使其具备自适应、自学习的能力，目前在 PEMFC 建模、老化预测等方面有广泛的应用，并且也会成为未来故障诊断发展中的一种不可或缺的方法。

3）支持向量机模型。支持向量机（Support Vector Machine，SVM）是一种基于统计学理论发展起来的机器学习算法，主要用于解决分类和回归问题，而 PEMFC 系统建模是一种典型的回归问题，由 SVM 引申出的支持向量回归方法具有出色的非线性拟合能力，因此通过训练能够建立 PEMFC 系统输入输出之间的映射关系，完成模型的构建。

文献 [132] 基于 SVM 构建了 PEMFC 系统黑箱模型，并选取了高斯径向基核函数 (RBF) 来提升模型非线性拟合能力，试验结果表明该模型比神经网络模型的精度更高，拟合效果更好。文献 [133] 基于 SVM 构建了 PEMFC 功率密度模型，并在此基础上开展参数敏感性分析，探究了电堆运行温度、阴阳极气体相对湿度等 6 个变量对输出功率密度的作用程度，试验结果表明气体压强和气体传导率是影响 PEMFC 输出功率最主要的两个因素。

综上所述，相比于神经网络模型，SVM 模型的泛化能力更强，并且不受输入向量维度约束，虽然在建模过程中存在核函数选取受限、算法收敛速度较慢等问题，但 SVM 所具备的优良性能仍使其在 PEMFC 建模及故障诊断中具有广阔的应用前景。

（3）基于模型法小结

综合分析，目前限制基于模型法诊断性能提升的因素主要有两方面：一方面是模型精度，构建准确全面的 PEMFC 系统仿真模型，不仅要实现电堆本体及各子系统的精确建模，同时还要充分考虑各组件之间不同程度的耦合关系，这要求对系统内部运行机理有极为深刻的理解，虽然目前相关研究还无法达到这一水平，但随着数字孪生等新兴技术的发展以及对系统内部运行机理更为深入的探究，在可预见的未来质子交换膜燃料电池系统仿真模型的性能将会得到很大的提升；另一方面是诊断决策，该环节是决定诊断性能的关键一步，传统基于线性规则或阈值的决策方法较为粗糙，抗非故障扰动的能力较差，难以满足当今精细化诊断的发展要求，随着新一代人工智能技术的发展与普及，有望协助实现一套精细完备的诊断决策规则。综上所述，基于模型法在当前仍有较大的提升空间，值得做更进一步的研究。

2. 基于数据驱动法

基于数据驱动法通过分析、学习和挖掘系统历史数据中包含的故障信息来建立有效的诊断机制，其故障诊断的思路如图 6.40 所示，该方法可以有效避免系统建模难题及专家先验知识欠缺等问题，缺点是其诊断性能高度依赖数据质量。为了更清晰的表达各诊断环节的功能作用，下面将从数据预处理、故障特征提取及故障类型识别 3 个环节切入，对数据驱动的方法展开详细综述。

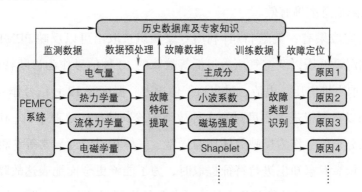

图 6.40　基于数据驱动法故障诊断的思路

（1）数据预处理环节

由于在对原始数据的采集过程中往往会受到各种复杂因素的影响，直接采集得到的数据集一般较为杂乱，各类数据的质量不统一，难以直接应用，所以需要通过数据预处理环节来对原始数据集进行加工和优化。

一般数据预处理过程包括数据选取、数据清理及数据变换三个步骤。数据选取作为第一步，其目的是选取与诊断目标相关的数据，并对一些冗余数据进行剔除；数据清理作为第二步，其目的是处理数据集中的缺失数据和噪声数据，对于缺失数据的处理一般是通过依靠现有数据信息来对缺失值进行推测，主要方法有回归、贝叶斯等，而对于噪声数据的处理一般是通过依靠平滑技术实现的，主要方法有聚类、回归等；数据变换作为第三步，其目的是消除数据之间不同量纲的影响，使数据处于同一量级以便于分析和评价，主要方法有 min-max 标准化、Z-score 标准化等，以上数据预处理方法可以根据数据质量及诊断需求单独或综合使用。随着测试设备性能的提升，目前数据质量已经能够得到保障，但由于测试信号种类增多导致的量纲不一致问题较为严重，现阶段基于数据驱动法在数据预处理环节中对数据变换的应用较多。

（2）故障特征提取环节

故障特征提取是为了从原始数据集中提取出与目标故障相关的特征，剔除一些冗余数据以降低特征参数维度，达到简化诊断算法、缩短诊断时间的目的。该过程可以有效提升诊断效率，并且故障特征的质量很大程度上影响了诊断的效果，根据相关文献，目前采用的故障特征提取方法主要包括基于专家知识、基于信号处理、基于特征降维以及基于 PCA进行故障特征提取等。

1）基于专家知识进行故障特征提取，主要是借助专家在故障诊断领域积累的故障分析经验和理论知识对与目标故障相关的系统信号（如电压、温度、气压等）进行选取，以保证获取到的故障信息准确有效。

其代表性研究成果有：文献 [134] 利用专家知识选取出可以反映 PEMFC 系统氢气泄漏、去离子水加湿泵低压以及空气压力过低等故障的 13 种信号作为诊断特征；文献 [135]利用专家知识选取电堆电压、电流，进出口气体压力、温度等 12 种信号作为反映空气压力过低、氢气泄漏以及阴极进气温度过高 3 种故障的诊断特征；文献 [136] 利用专家知识选取电堆外部磁场分布信号作为反映气体压力异常、气体相对湿度异常等 7 种故障的诊断特征。可以发现，依靠专家知识进行特征提取时，为了能够更全面地表达故障信息，选取的诊断特征维度较高，需借助特征降维方法对诊断特征进行再提取，以进一步缩减诊断时长，提高诊断效率。

2）基于信号处理进行故障特征提取，主要是利用相关信号处理方法对目标信号进行解析，以从时域、频域以及时频域中提取出能够反映目标故障的特征信息，目前基于信号处理进行故障特征提取方法主要有傅里叶变换、小波变换、经验模态分解以及形态信号处理法等。

通过傅里叶变换可以得到故障信号在频域下的幅值、相角等特征，并将这些特征作为故障诊断的依据。文献 [137] 利用快速傅里叶变换 (FFT) 探究了 PEMFC 电极压降信号与电堆电压之间的关系，并通过提取阴极压降信号的主频成分幅值作为电堆水淹故障的诊断特征，但是傅里叶变换仅适用于分析平稳信号，对于非平稳信号则无法提取出有效的故障特征。

小波变换通过伸缩或平移等方法对信号进行多尺度细化分析，可以将信号的时域、频域信息联系起来，适用于研究具有显著局部特征性的非平稳信号。借助这一特性，文献 [138] 通过小波变换所获取的重构波动电压能量强度作为 PEMFC 水淹故障的诊断特征；文献 [139] 通过对 PEMFC 输出电压信号进行离散小波变换分析来识别其健康状态；文献 [140] 通过小波变换对 PEMFC 的水管理故障进行诊断，对比结果显示离散小波变换相比连续小波变换提取的 PEMFC 系统故障特征更加有效，但是小波变换的基函数选取通常较为困难，一般需要根据经验进行设定。

经验模态分解作为另一种分析处理非平稳性信号的有力工具，其优势在于基函数是在分析过程中获取的，无须预先设置，因此经验模态分解也是一种自适应的信号处理方法，文献 [141] 通过经验模态分解将 PEMFC 输出电压信号分解为 14 个本征模态函数 (Intrinsic Mode Function，IMF)，判别每个 IMF 在总能量中所占的比重来对故障进行诊断，经试验表明该方法的正判率可以达到 98%，并且易于在线化应用。

形态信号处理法主要通过捕捉故障信号中具有代表性信号片段的形状作为故障的诊断特征，目前应用于 PEMFC 系统故障诊断的形态信号处理法主要是小形状（Shapelet）变换。文献 [142] 通过对电堆单体电压信号进行 Shapelet 变换来提取故障特征，并从时间序列角度对 PEMFC 系统气体供压异常、膜干以及氧气饥饿故障进行诊断，Shapelet 变换可以有效解决小波变换、经验模态分解等方法在信号突变情况下出现的"提取失效"问题，但缺点是其特征提取过程缓慢，时间成本较高。

3）基于特征降维进行故障特征提取，主要是通过降维将高维空间中的故障数据映射至低维空间以剔除冗余数据，获取更高质量的故障特征。现阶段的特征降维方法种类繁多，文献 [143] 通过主成分分析 (PCA) 对多维传感器信号进行降维处理以达到快速诊断 PEMFC 系统故障的目的；文献 [144] 通过 PCA 将监测到的 20 维故障数据降至 2 维，大幅缩短了诊断时间；文献 [145] 通过线性判别分析 (LDA) 将 30 个电磁传感器测取的 30 维故障数据降至 4 维，累计贡献率为 94%，在保留故障信息的同时缩短了诊断时间；文献 [146] 针对 LDA 处理散布矩阵奇异无效时的情况，提出了基于正交线性判别分析的特征降维方法，并将其应用于 PEMFC 系统在线自适应诊断中；文献 [147] 利用 t 分布随机邻近嵌入 (t-SNE) 对输入的 14 维信号进行降维，在降低算法复杂度的同时，提升了诊断效果。上述成果表明，基于特征降维进行故障特征提取对于 PEMFC 系统故障诊断性能的提升意义深远，并为故障诊断的在线化应用奠定了相应的基础。

4）基于 PCA 进行故障特征提取。燃料电池系统的健康监测通常需要同时采集多种状态量，产生的高维数据会使燃料电池故障诊断识别变得迟滞，并且会占用大量计算资源。

主成分分析 (Principal Component Analysis，PCA)，也称为主量分析、主轴分析，是使用最广泛的数据降维算法之一，同时可以看作是一种掌握数据主要矛盾来描绘事物多元统计分析的方法，该方法通常被用来提取关键特征。通过 PCA 对燃料电池采集到的高维原始数据进行降维处理，提取燃料电池故障的关键特征，降低故障诊断的复杂度，并提升燃料电池故障识别的速度。

PCA 可将有相关性的多维数据映射到低维数据上，这些低维数据被称为主成分，主成分可以反映原始变量的大部分信息，如图 6.41 所示，以两维原始数据映影到投射方向 1 上为例。该方法可以实现对数据特征的降维处理并且减小了噪声对数据的影响，改善了原始数据的抗干扰能力，降低了计算强度，从而降低了诊断过程的复杂性。

PCA 的基本思想为将原来具有相关性的多维数据（假设为 n 维）进行重新组合，形成一组新的互相无关的低维数据，新数据是原有 n 维数据的线性组合，用这组新数据来代替原有数据进行后续的分析，该组新数据

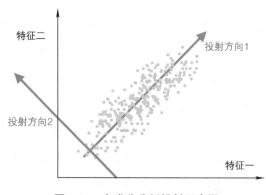

图 6.41　主成分分析投射示意图

可以反映原有数据的大部分信息。从概率统计学的角度来看，选取第一个线性组合的方差来表达其包含的信息，方差越大，包含的信息就越多，将方差最大的线性组合称为第一主成分。倘若第一主成分不能代表原来的 n 维数据，可继续考虑选取第二个线性组合，第二个线性组合中应把第一个线性组合的信息去除，这样可以有效减少数据冗余，将其称为第二主成分，同理可以继续构造第三、第四、……、第 P 个主成分。虽然原始数据通过主成分分析得到的低维数据互不相关，但却是在此意义上对原始数据的一种优化，同时该方法避免了变量选取过程中的主观性。主成分的确定是以最大方差准则为基础，通过基变换对变换后的协方差矩阵进行优化，找到相关"主元"。

由 m 个 n 维数据组成的样本集，可以表示为

$$X = \begin{bmatrix} x_{11} & x_{12} & \cdots & x_{1n} \\ x_{21} & x_{22} & \cdots & x_{2n} \\ \vdots & \vdots & & \vdots \\ x_{m1} & x_{m2} & \cdots & x_{mn} \end{bmatrix}_{m \times n} = \begin{bmatrix} X_1 & X_2 & \cdots & X_n \end{bmatrix} \tag{6.38}$$

主成分分析的计算步骤如下。

1）数据标准化

$$x_{ij}^* = \frac{x_{ij} - \bar{X}_j}{S_j} \tag{6.39}$$

$$\bar{X}_j = \frac{\sum_{i=1}^{m} x_{ij}}{m} \tag{6.40}$$

$$S_j = \sqrt{\frac{\sum_{i=1}^{m}(x_{ij} - \bar{X}_j)^2}{m-1}} \tag{6.41}$$

式中，$i = 1, 2, \cdots, m$；$j = 1, 2, \cdots, n$；S_j 和 $\bar{X}_j$ 为别表示第 j 个变量的标准差和样本均值。该步骤是对于原始样本的数据标准化，可以简化计算，消除数据大小及维度对于后续数据处理的影响。

2）计算相关系数矩阵 R

$$R = \frac{1}{m-1}(X^*)^{\mathrm{T}}(X^*) \tag{6.42}$$

式中，X^* 表示标准化后数据集矩阵，而 R 可以表示为

$$R = \begin{bmatrix} r_{11} & r_{12} & \cdots & r_{1n} \\ r_{21} & r_{22} & \cdots & r_{2n} \\ \vdots & \vdots & & \vdots \\ r_{n1} & r_{n2} & \cdots & r_{nn} \end{bmatrix}_{n \times n} \tag{6.43}$$

式中，$r_{ij} = r_{ji}$，$r_{ii} = 1$。

3）计算相关系数矩阵 R 的特征值和特征向量

$$|R - \lambda E| = 0 \tag{6.44}$$

其中，R 的特征值，$\lambda_1 \geq \lambda_2 \geq \cdots \geq \lambda_n \geq 0$，对应的特征向量矩阵为 U。

4）计算主成分个数 P

$$n_j = \frac{\lambda_j}{\sum_{j=1}^{n} \lambda_j} \qquad\qquad (6.45)$$

$$n_{\Sigma}(P) = \frac{\sum_{j=1}^{p} \lambda_j}{\sum_{j=1}^{n} \lambda_j} (P < n) \qquad\qquad (6.46)$$

式中，n_j 表示方差贡献率，第 j 个主成分对应的特征值在协方差矩阵的全部特征值之和中所占的比重，比重越大，说明第 j 个主成分包含原始数据信息的能力越强；n_{Σ} 表示累积方差贡献率，前 P 个主成分的特征值之和在全部特征值总和中占有的比重，比重越大，代表前 P 个主成分越可以代表原始数据所拥有的信息。

可以通过设置累积方差贡献率来提取主成分的个数，提取的主成分可以写为

$$Y = XU \qquad\qquad (6.47)$$

其中，$U = (U_1, U_2, \cdots, U_m)$。一般累积方差贡献率在 80% 以上，对应的 P 个主成分包含原始数据的大部分信息，以实现数据的降维，这是一种特征提取。

（3）故障类型识别环节

现有的故障类型识别方法主要是通过结合机器学习实现对故障特征的分类与识别，其基本原理是利用系统历史样本数据对分类器进行训练以使其具备识别相应故障的能力，按照分类器的训练方式可以分为监督学习和无监督学习两类。

1）监督学习指通过带有标签的训练数据集来训练分类模型的一类机器学习问题，现阶段在处理 PEMFC 系统故障识别问题中主要有神经网络、支持向量机、决策树和多粒度级联随机森林（GcForest）等方法。

① 神经网络方法具有良好的学习能力，通过迭代训练能够建立故障特征与类别之间的映射关系，故障数据进入输入层后经过隐藏层计算后，传递至输出层输出得到数据标签类型，完成对故障类型的识别，目前已广泛应用于 PEMFC 系统的故障诊断中。之前有人提出了一种 PEMFC 热管理系统组件级别检测故障的诊断方法，并在考虑到燃料电池老化的情况下诊断故障组件的严重性。在模型开发过程中，将单任务学习技术应用于神经网络诊断，与传统的多任务学习技术相比，具有更高的诊断精度。

文献 [148] 通过参数敏感性分析选取出可以反映冷却系统故障、氢氧混合以及供气系统故障的诊断特征，并利用 BP 神经网络集成的方法对以上故障类型进行诊断，诊断结果显示良好。然而 BP 神经网络存在收敛速度慢且容易发生"过拟合"等问题，文献 [149] 中提出了基于超限学习机（Extreme Learning Machine，ELM）的 PEMFC 系统故障识别方法，

有效避免了传统 BP 神经网络在训练过程出现的数据重复训练情况，具有训练速度快、泛化能力强等优势；文献 [150] 提出基于长短期记忆（Long Short-Term Memory，LSTM）的 PEMFC 故障识别方法，并通过贝叶斯算法对模型参数进行寻优，诊断结果显示该方法具有比传统 BP 神经网络更强的故障识别能力，且泛化能力更好。

② 支持向量机（SVM）方法作为监督学习范畴内的一种线性分类器，其学习策略是使分类间隔最大化，借助"核方法"将数据映射至更高维的希尔伯特（Hilbert）空间中可以解决非线性分类问题，SVM 比较适合处理样本量较小的分类问题，并且可有效避免维数灾难、局部极小以及过拟合问题。针对系统出现未知故障的情况，文献 [151] 提出采用基于球型多分类支持向量机（Spherical-shaped Multiple-class SVM，SSM-SVM）的方法予以解决，取得了良好的识别效果。而 RVM 与 SVM 不同的是该算法是在贝叶斯架构下进行训练的，它不受 Mercer 条件限制，并且可以估计出不同输出发生的概率，因此相比 SVM 更适用于 PEMFC 系统的在线故障诊断。

③ 决策树方法作为基本分类器之一，具有可读性高、分类速度快等优势，目前主要以集成的方式应用于 PEMFC 系统故障诊断中，通过集成可以提高分类准确度及稳定性，同时也能避免出现过拟合问题，典型的集成方法包括装袋算法（Bagging）与提升算法（Boosting）两种。随机森林算法是由多个决策树按照 Bagging 集成的分类算法，其输出类别是由多个决策树预测值的众数决定，文献 [152] 通过对比支持向量机、神经网络等 5 种经典机器学习算法，验证了随机森林算法出色的分类能力；文献 [153] 首次将随机森林算法应用于有轨电车用大功率 PEMFC 系统的在线故障诊断中，并取得良好的诊断效果。Boosting 算法同样作为一种集成学习算法，其内部也是由多个基础分类器组合构成的，与 Bagging 算法不同的是这些基础分类器是相互关联的，并按照顺序逐一构建。其核心思想结合基础分类器的力量一次次地对难以分类的样本进行预测，从而构成一个强分类器。本节根据一组故障数据集进行分析，首先对数据进行 PCA 降维处理，PCA 降维结果如图 6.42 所示，20 维的数据在主成分个数为 5 时能够囊括原始数据 96.7% 的信息，在利用

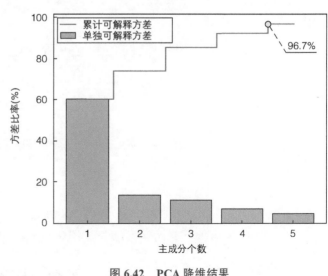

图 6.42　PCA 降维结果

极限梯度提升（XGBoost）算法进行故障识别，准确率可达 99.72%，混淆矩阵如图 6.43 所示。

④ 多粒度级联随机森林（GcForest）方法。多粒度级联随机森林（GcForest）是将随机森林堆叠多层，以得到一种深度结构的级联随机森林，从而获得更好的学习性能，灵感是起源于深度神经网络（DNN）。深度神经网络为了获得更好的泛化性能，通常需要大量带有标签的数据，并且附带有大量参数，大大加剧了计算的复杂度。而 GcForest 算法使用的是级联的随机森林结

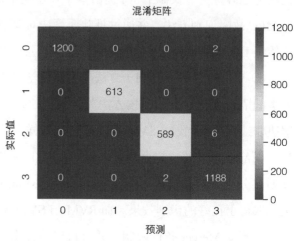

图 6.43　所提出算法的诊断结果

构，相比于深度神经网络，该结构所需的训练数据少，非常符合基于数据的燃料电池故障诊断策略的要求，无须大量的故障数据，避免给燃料电池带来不可逆损耗，并且该算法无须繁琐的调节超参数亦可获得很好的性能。

级联随机森林结构是由多层随机森林堆叠而成的，每层的随机森林结构又可以是不同类型的随机森林组成，增加了该算法的多样性，如图 6.44 所示，以每层两种不同随机森林算法、每种两个为例，解释随机森林的结构，两种随机森林结构分别是完全随机森林（黄

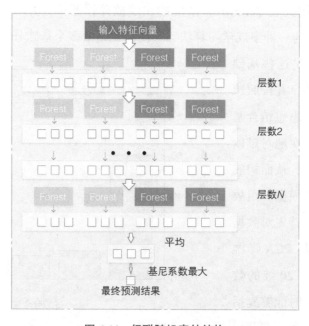

图 6.44　级联随机森林结构

色）和随机森林（蓝色），每种随机森林中都包括 500 棵决策树。完全随机森林是每棵树随机选取一个特征作为分裂树的分裂节点，一直生长，一直持续到每个叶节点细分到只有一类或不多于 10 个样本。随机森林是每棵树随机选取 sqrt(d)（d 为输入特征的维度）个候选特征，通过基尼系数筛选分裂节点，同时该算法采用了 DNN 中的连接结构，前一层的输入数据及输出结果连接后，被用作下一层的输入。为了防止出现过拟合的情况，每种森林的训练都使用了 k- 折交叉验证，即每一个训练样本在森林中都被使用（k–1）次，产生（k–1）个类别列表，取其平均作为下层级联输入的一部分。当该算法扩展新的层数后，会通过验证评估前面所有层数的性能表现，如果评估结果显示增加级联层数并不能带来太大的提升时，即停止训练。因此，级联随机森林算法的训练层数是由训练过程决定的。

为了增强级联随机森林结构我们增加了多粒度扫描，这实际上来源于深度网络中强大的处理特征之间的关系能力。通过多粒度扫描的方式产生了上述级联随机森林结构的输入特征向量，首先输入一个完整的 p 维向量（p 是数据的维度），通过一个长度为 k 的采样窗口进行滑动采样（类似卷积神经网络里卷积核的滑动），得到 $s = (p - k) + 1$ 个 k 维特征子样本向量；再将子样本向量输入级联随机森林中，使得每个森林都获得 1 个长度为 c 的概率向量，每个随机森林都会产生一个 $s \times c$ 的表征向量；最后把每层所有的随机森林结果连接后得到下一层的样本输入。图 6.45 所示为以 $p = 400$、$k = 100$、$c = 3$ 每层两种随机森林算法为例的多粒度扫描结果示意图。

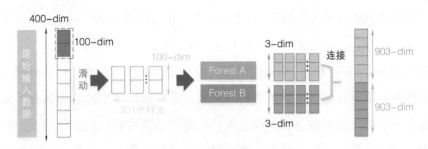

图 6.45 多粒度扫描结果示意图

下面以 3 个尺度滑窗为例，讲述 GcForest 的整体流程，以级联随机森林分为 3 层为例的总体流程图如图 6.46 所示。

使用多粒度扫描对输入的原始数据进行处理，3 个滑动窗的维度分别是 100、200 和 300，输入的数据是 400-dim 的序列特征，使用 100-dim 的滑动窗后会得到 301 个 3-dim 的向量，随后输入到两个森林中，随后将两个森林得到的特征向量进行拼接，会得到 1806-dim 的特征向量。同理，使用 200-dim 和 300-dim 的滑动窗会分别得到 1206-dim 和 606-dim 的特征向量。将得到的特征向量输入到级联随机森林中进行训练，使用 100-dim 滑动窗得到的 1806-dim 特征向量输入到第一层级联随机森林中进行训练，得到 12-dim 的类分布向量（3 分类，4 个随机森林）。

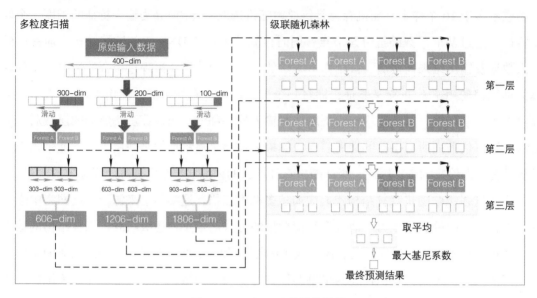

图 6.46　GcForest 的整体流程

将得到的类分布向量与 100-dim 滑动窗得到的特征向量进行拼接，得到 1818-dim 特征向量，作为第二层的级联随机森林的输入数据；第二层级联随机森林训练得到的 12-dim 类分布向量再与 200-dim 滑动窗得到的特征向量进行拼接，作为第三层级联随机森林的输入数据；第三层级联随机森林训练得到的 12-dim 类分布向量再与 300-dim 滑动窗得到的特征向量进行连接，作为下一层的输入。一直重复上述过程，直到验证收敛。

以上是 GcForest 的模型结构和构建过程，级联结构中的超参数主要有级联每层的森林数、每个森林的决策树数量、树停止生长的规则；多粒度扫描中的超参数有多粒度扫描的森林数、每个森林的决策树数量、树停止生长规则以及滑动窗口的数量与大小，具有计算资源占用少、模型效果好、超参数少、模型复杂度可自由调节，并且每个级联生成使用交叉验证，可以避免过拟合。

2）无监督学习指从未被标记的样本数据集中学习分类模型的一类机器学习问题，其本质在于明晰数据中所包含的统计规律或潜在结构，现阶段以聚类为代表的无监督学习方法已广泛应用在 PEMFC 系统的故障诊断中。聚类的学习目标是将样本数据集划分为多个类，保证同一类样本之间尽量相似，不同类样本之间的差异尽量最大。与监督学习不同的是，聚类没有训练过程，直接通过计算可以完成对样本的划分，现有聚类方法可分为硬聚类和软聚类两种。目前应用于 PEMFC 系统故障诊断中的硬聚类方法主要有 K 均值

（K-Means）聚类、竞争神经网络等；软聚类方法主要有模糊 C 均值聚类以及高斯混合模型（Gaussian Mixture Model，GMM）等。

硬聚类中的样本数据其标签属性是完全确定的，即某个样本只能完全属于某个聚类，而与其他聚类不存在从属关系。文献 [154] 通过将一维 PEMFC 输出电压信号转换为二维图像数据的形式来对电堆水管理故障进行诊断，通过费雪判别（Fisher Linear Discriminant Analysis，LDA）对图像中的故障特征进行提取，并利用 K-Means 聚类对所提取的故障进行分类，从而识别故障类型。文献 [155] 提出基于竞争神经网络的汉明（Hamming）神经网络方法来对 PEMFC 健康状态进行诊断，文中将 ΔRd 定义为活化损耗与浓差损耗之和，并给出了电堆单体 SOH 的计算方法，通过求取目标单体的 SOH 来对其健康状态进行诊断，此方法避免了对参数的反复测量，节省了大量诊断时间，使诊断效率得以提升。

相比于硬聚类"非此即彼"的分类特性，模糊聚类（软聚类）则是通过引入"隶属度"概念来对样本数据进行归类的。文献 [156] 指出模糊 C 均值聚类可以弥补传统 K-Means 方法的不足，并且以模糊 C 均值为代表的软聚类方法能够将置信度较低的过渡区间作为故障的预警区加以利用，从而能够尽早采取预防和保护措施。文献 [157] 通过对比试验研究了 K-Means 聚类、GMM 以及 SVM 3 种方法对于 PEMFC 水管理故障的诊断性能，并以错误误诊率（Error Diagnosis Rate，EDR）作为评价诊断性能的参考标准，文中首先通过 PCA 和费雪判别（LDA）两种降维方法对故障特征进行提取，进而结合 3 种分类方法对故障进行识别，诊断结果表明：从测试集来看，核主成分分析（KPCA）+GMM 的识别率最高；但是从整体来看，LDA+SVM 的识别能力则更占优势，这种优势主要的得益于 SVM 是有监督学习方法，因此构建的判别机制更加有效，而聚类的优势在于运算成本与数据量成正比，当数据量较小时采用聚类方法识别速度更快。

3. 基于试验测试法

基于试验测试的 PEMFC 故障诊断方法主要基于电化学阻抗谱（EIS）技术、可视化技术、故障运行、外部磁场测量以及 EIS 等试验途径实现，相比于其他类别的诊断方法，该类方法更有助于探究电堆内部故障的产生机理，但对于试验设备的要求也普遍较高。

（1）基于电化学阻抗谱（EIS）技术的诊断方法

电化学阻抗谱在电化学电池研究里是一类较为常见的阻抗特性研究工具，其幅值与相位跟随频率变化，包含了丰富的电池状态信息，是燃料电池性能分析的重要工具，也是燃料电池故障诊断技术的有力支持。作为一种非侵入式的诊断方法，通过对电堆施加不同频率的电流扰动（恒流模式）或电压扰动（恒压模式）以获取其阻抗信息，而燃料电池通常工作在恒流模式下，因此其所施加的扰动一般为电流扰动，原理如图 6.47 所示。

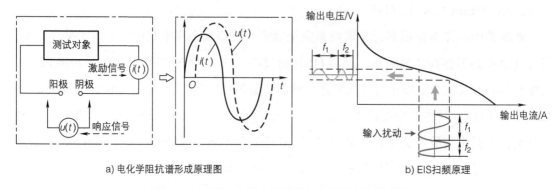

a) 电化学阻抗谱形成原理图　　　　　　　　　b) EIS 扫频原理

图 6.47　利用 EIS 技术测试燃料电池内部阻抗原理

燃料电池的 EIS 基本形成原理如图 6.47 所示：测试装置向测试对象注入一正弦电流激励信号，即

$$i(t) = I\sin(2\pi f_1 t + \Psi) \tag{6.48}$$

式中，I 表示激励电流信号幅值；Ψ 表示信号相位角；f_1 表示电流信号频率。

根据线性时不变系统原理可知，该信号如果工作在系统的线性区域，可以得到如下交流电压响应信号，即

$$u(t) = U\sin(2\pi f_2 t + \phi) \tag{6.49}$$

式中，U 表示响应电压信号幅值；ϕ 表示信号相位角；f_2 表示电压信号频率。且

$$f_1 = f_2 = f \tag{6.50}$$

响应信号幅值与相位受电池系统影响而发生变化，但时域信号仅能对激励与响应信号进行直观观察，无法在数据细节上对电压、电流的响应关系进行分析，因此常常将信号转为频域进行观察。

$$i^*(t) = Ie^{\left(2\pi ft + \Psi - \frac{\pi}{2}\right)} \tag{6.51}$$

$$u^*(t) = Ue^{\left(2\pi ft + \phi - \frac{\pi}{2}\right)} \tag{6.52}$$

时频信号之间存在简单的一一对应关系，此时可以用激励电流与响应电压的幅值、相位变化关系对被测系统行为进行描述，线性条件下可以结合欧姆定律，由于 $w = 2\pi f$，则

$$Z(jw) = \frac{u^*(t)}{i^*(t)} = \frac{U}{I}e^{[j(\psi - \phi)]} \tag{6.53}$$

根据式（6.53）与欧拉公式可以得到

$$\left|Z(jw)\right| = \frac{U}{I}; \varphi = \psi - \phi \qquad (6.54)$$

$$Z(jw) = \left|Z(jw)\right|e^{(j\varphi)} = \left|Z(jw)\right|\cos(\varphi) + j^*\left|Z(jw)\right|\sin(\varphi) \qquad (6.55)$$

式中，$\left|Z(jw)\right|$ 表示阻抗模值；ϕ 表示阻抗相位角。将阻抗函数的实部作为横坐标，虚部作为纵坐标，分别测试不同频率下的阻抗，即可得到被测试系统的阻抗谱，即 EIS。

学者们通过 EIS 技术测取 PEMFC 的零相位欧姆电阻来对其膜干和水淹故障进行诊断，其中高频处的零相位欧姆电阻可以指示质子交换膜内部水含量状况，而低频处的零相位欧姆电阻则可以指示阴极是否发生了水淹故障。也有学者对比分析电流密度、运行温度、相对湿度、空气化学计量以及背压对于阻抗谱的影响，通过监视阻抗谱的变化来对 PEMFC 发生的相关故障进行诊断。随着近年来相关研究的推进，目前基于 EIS 技术的故障诊断方法无论从诊断精度或是诊断速度都已达到了新的高度，但仍存在着测试周期长、测试条件高等技术壁垒，亟待在未来的研究中予以突破。

（2）基于可视化技术的诊断方法

应用可视化技术主要是为了诊断 PEMFC 水热管理失效所引起的水淹及膜干故障，常用方法有部件透明化、中子成像、核磁共振成像以及 X 射线扫描成像等。文献 [158] 在 1999 年首次提出使用中子成像观察 PEMFC 内的水分布情况。随后其他机构也引进了中子源作为对 PEMFC 进行无损分析的工具。文献 [159] 通过高速相机对装配有透明双极板的 PEMFC 进行观察以研究电堆内部水分布及水的动态变化。文献 [160] 通过中子成像技术研究了质子交换膜内部含水量与流道结构之间的关系，研究结果表明流道内的水含量与入口数量、流道数量（L:C）呈正相关，而与电流密度呈负相关，流道内部水含量随着电流密度的增加而减少。文献 [69] 通过结合 X 射线扫描成像与电堆极化电压研究了高温高压对 PEMFC 性能的影响，试验结果表明高温会使水分蒸发过快，造成膜干故障，而微孔层水分含量则会大幅影响浓差极化电压，进而导致电堆输出电压降低。文献 [161] 使用荧光显微镜和压力传感器研究液态水的产生及其在气体扩散层和流道内的动态过程，以此来研究电堆水淹过程。文献 [162] 概述了核磁共振成像、中子成像、X 射线扫描成像、电子扫描成像、光学成像法、共焦显微成像和荧光显微成像等众多可视化技术研究电堆内的水含量以及分布特征。

综上所述，可视化技术对电堆内部故障机理的研究十分有效，但因其设备昂贵、技术要求高等原因并不适用于在线故障诊断应用，且大多数可视化技术仅适合对故障进行定性分析，定量分析则收效甚微。

（3）基于故障运行的诊断方法

故障运行方法主要是开展不同工况下的故障运行试验，得到实际数据，并找到系统最佳运行状态参数，使系统稳定和正常运行。该方法虽以牺牲电堆性能为代价，且试验过程中存在较大的危险性，但对于探究故障形成机理却是最直接、最有效的方法。

文献 [163] 在不同程度水淹测试的基础上将 PEMFC 的水淹过程划分为无水期、湿润期、过渡期和水淹期，并给出了水淹报警界限，最后通过相应的试验对其合理性进行了验证。文献 [164] 通过试验测试探究了 PEMFC 电堆阳极气体流通模式对其性能及耐久性的影响规律，并指出膜电极活化表面积和电堆输出电压是警示 PEMFC 燃料饥饿故障的重要指标。文献 [165] 通过检测电堆氢气泄漏情况来诊断质子交换膜上"针孔"的形成及衰减程度，并在不同氮气流量条件下通过开路电压和阴极供氢量之间的关系，对所提出诊断方法的准确性予以验证。故障运行方法能够较好地检测单电池的水状态，但是不能准确判定发生水淹或膜干的单电池位置。另外，对于多套 PEMFC 系统，该方法无法判定发生故障的单个 PEMFC 系统位置。

（4）基于外部磁场测量的诊断方法

该方法是基于对燃料电池运行状态与其内部电流密度联系的深度理解基础上建立起来的，通过检测电堆外部空间磁场的变化来对故障进行诊断和定位，具有无侵害性、易重复使用等优点。

文献 [166] 等利用外部磁场测量法辨识电堆电流密度在二维及三维空间中的变化，进而诊断出燃料电池是否存在水淹或膜干故障以及因老化所致的电堆部件材料性质的变化。文献 [167] 提出了基于三维有限元磁场模型以及外部磁路测量法结合的新型 PEMFC 故障诊断方法，试验结果表明该方法可以有效识别出 11 种不同的电流分布情形，不同的电流分布对应电堆不同的运行状态，因此该方法能够有效诊断电堆多种不同程度的故障。

综上所述，基于外部磁场测量的故障诊断方法不仅具备多重故障诊断及定位能力，同时具有无侵害性、易重复使用等优势。其缺点：一方面存在对车载电机或电路系统造成电磁干扰的隐患，可能会影响设备的正常运行；另一方面繁杂的测量设备会增加故障的概率，而传感器故障则会导致诊断虚警率上升，甚至造成诊断失效，这两方面因素限制了该诊断方法的应用与发展。

（5）基于 EIS 的诊断方法

目前基于试验测试法，无论是在 PEMFC 系统故障诊断或是故障机理的探究都展现出一定优势，但由于试验设备便携性差、对环境要求较高、操作复杂等因素导致其目前仅限于实验室研究，难以产业化应用。值得注意的是，随着近年来相关研究的推进，基于 EIS 技术的故障诊断方法已经能够集成在燃料电池系统中，并且具备可观的诊断性能，随着其进一步的发展，有望在未来实现产业化应用。

当质子交换膜燃料电池发生故障时，其电压、温度、电堆压降等指标会出现异常，电堆内部的质子传输过程、电极反应过程以及气体扩散过程都会受到不同程度的影响，燃料电池电堆的阻抗谱数据会发生偏移，根据等效电路模型辨识的阻抗谱参数变化情况来判断燃料电池的健康状况，利用故障数据集还可以针对不同的故障进行定位，从而更好地解决燃料电池的故障问题。基于 EIS 的故障总体诊断策略流程图如图 6.48 所示。

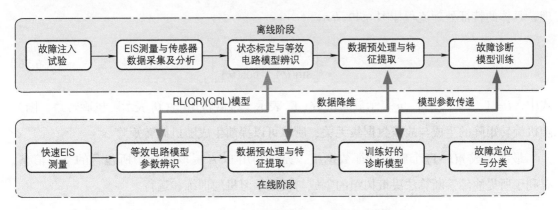

图 6.48　基于 EIS 的故障总体诊断策略流程图

可以发现，构建的基于 EIS 故障诊断策略流程分为离线阶段和在线阶段。离线阶段包括：故障注入试验、EIS 测量与传感器数据采集及分析、状态标定与等效电路模型辨识、数据预处理与特征提取及故障诊断模型训练。其中故障注入试验与传感器数据采集及分析是故障诊断算法的基础，从根本上决定故障诊断策略的可行性与适用性。而故障特征提取方法的选取和故障诊断模型的构建与训练是故障诊断策略的核心内容，它们决定了所提故障诊断策略对故障定位的精确性与快速性。

在线阶段包括：快速 EIS 测量、等效电路模型参数辨识、数据预处理与特征提取以及使用训练好的诊断模型进行故障定位与分类。其中，快速 EIS 测量是系统实际运行过程中不停机快速获取阻抗谱数据的方法，一般通过质子交换膜燃料电池后级的电能变换器，同时注入多个频率的正弦电流小信号，并通过傅里叶分解等方法反解相应的响应信号，直接一次性获得一组阻抗谱数据。之后阶段使用的等效电路模型与故障诊断相关的算法都是在离线阶段训练好的，最终可以实现故障的定位与分类。本节中是对于特征提取方法与故障诊断模型进行设计，这是故障诊断策略的核心内容，同时通过划定故障数据集的训练集与测试集来代表整个故障诊断策略过程。将测试集数据认为是实时采集得到的阻抗谱数据来进行故障分类，验证所提故障算法的精确性与快速性，关注其能否满足故障诊断需求。

当质子交换膜燃料电池发生故障时，测得的阻抗谱数据会有所不同，等效电路模型中的各种参数也会相应发生变化，但由于模型参数较多且故障特征不明显，所以采取数据降维的方法对典型的故障特征进行提取和处理，为后续故障分类器的设计提供基础。

本章使用了一种特殊的数据处理方式，即对 PCA 提取的阻抗特征数据集进行预处理，作为诊断模型的输入，可以充分利用数据集的空间特征，提高故障诊断的精确度。假设 PCA 提取的阻抗特征有 P 维，引用类似卷积神经网络的 2 维滑动窗口对特征进行采样，获得（$P-1$）个二维特征数据组，并使用如式（6.56）的二维随机旋转矩阵对特征数据进行处理，具体的特征处理流程如图 6.49 所示。

$$W_i = \begin{bmatrix} \cos(\theta_i) & -\sin(\theta_i) \\ \sin(\theta_i) & \cos(\theta_i) \end{bmatrix} \tag{6.56}$$

式中，$i = 1、2、\cdots、n$，n 表示旋转次数；W_i 表示二维旋转矩阵；θ_i 表示随机旋转角。因为随机旋转矩阵的生成与故障数据集无关，所以可以提前生成随机旋转矩阵。

最终生成 $n(P-1)$ 个旋转特征数据组，充分利用 PCA 提取特征中所包含的空间信息，有利于所提故障诊断算法决策树组的生成与极限学习机的训练和运行。

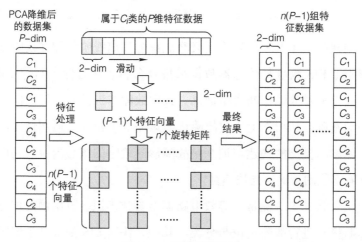

图 6.49　特征处理流程

故障分类器是故障诊断策略的核心，当燃料电池发生故障时，需要依赖设计的故障分类器进行故障分类与定位。因此，合适的故障分类器能够提高故障诊断的精确性与快速性，提高质子交换膜燃料电池系统的可靠性。本节首先对一些常见的故障分类器原理进行阐述，并基于故障特征数据集提出结合决策树和极限学习机的故障诊断模型。

支持向量机（SVM）是由 Vapnik 等人于 1995 年提出的一种高效二元分类算法，可以看成是一种线性的分类器，在过去的几十年内得到了广泛的应用，并衍生出了各种变种。支持向量机是一个二元分类方法，其分类原理二维示意图如图 6.50 所示。假设数据线性可分，该分类算法旨在找到一个合适的超平面将不同类型的数据分割开来，如图 6.50 所示的二维分类问题便是找到一条直线 $ax+by+c=0$ 将样本分隔开。

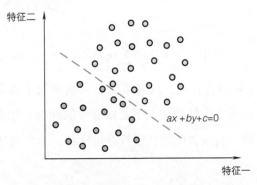

为了更具体地解释 SVM 二元分类，假设有两类别训练样本，取 $\{X_1,X_2,\cdots,X_K\}$ 标记为 $\{D_1,D_2,\cdots,D_K\}$。将两类别训练样本标签定义为 $\{-1,1\}$（类别 1 标签是 -1，类别 2 标签是 1）。输入空间的线性判别函数一般可以写成式（6.57）所表现的形式。

图 6.50　支持向量机分类原理二维示意图

$$D(X)=\omega^{\mathrm{T}}X+b \tag{6.57}$$

式中，ω 表示高维平面的常量；b 表示常量。归一化处理使所有样本的函数值均大于 1，因此可以得到分类间隔 $2/\|\omega\|$，当 $\|\omega\|$ 取最小值时，间隔（Gap）最大。SVM 算法的鲁棒性及稳定性受间隔影响，Gap 越大，效果越好，支持向量机最大间隔如图 6.51 所示。

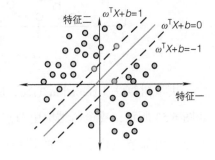

上面问题可以转化成二次凸优化问题，目标函数为

图 6.51　支持向量机最大间隔

$$\begin{cases} \min_{\omega,b}\dfrac{1}{2}\omega^{\mathrm{T}}\omega \\ D_n(\omega^{\mathrm{T}}X_n+b)\geqslant 1 \qquad n=1,2,\cdots,N \end{cases} \tag{6.58}$$

利用拉格朗日（Lagrange）方法可以得到对应的 Lagrange 函数。

$$L(\omega,b,\alpha)=\frac{1}{2}\omega^{\mathrm{T}}\omega-\sum_{n=1}^{N}\alpha_n[D_n(\omega^{\mathrm{T}}X_n+b-1)] \tag{6.59}$$

其中，Lagrange 系数被公认为 $\alpha=[\alpha_1,\alpha_2,\cdots,\alpha_n]^{\mathrm{T}}$。令它的偏导数为 0，可以得到原目标函数的对偶问题。

$$\begin{cases} \min \tilde{L}(\alpha)=\dfrac{1}{2}\sum_{n=1}^{N}\sum_{m=1}^{N}\alpha_n\alpha_m D_n D_m X_n^{\mathrm{T}}X_m-\sum_{n=1}^{N}\alpha_n \\ \sum_{n=1}^{N}\alpha_n D_n=0, \qquad n=1,2,\cdots,n \end{cases} \tag{6.60}$$

求解获得的 Lagrange 系数最优解，便可计算出超平面的最优解如式（6.62）所示。

$$D(X) = \sum_{n=1}^{N} \alpha_n D_n \langle X \cdot X_n \rangle + b \qquad （6.61）$$

其中，$b = D_m - \sum_{n=1}^{N} \alpha_n^* D_n \langle X \cdot X_n \rangle$，$\alpha_n^*$ 是系数最优解。支持向量机的训练和决策均与 $\langle X \cdot X_n \rangle$ 有关，同时可以引入核函数来提高维度将线性问题推广到非线性问题，解决非线性样本在低维情况下难以分类的问题，如图 6.52 所示，需要根据具体问题选择合适的核函数，目前常用的核函数有线性核、多项式核、高斯核、拉普拉斯核以及 Sigmoid 核。

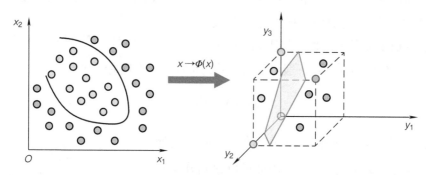

图 6.52　基于核函数的非线性映射

决策树算法（Decision Tree，DT）是一种具有类似树型结构的监督式机器学习算法。如图 6.53 所示，决策树结构由节点和有向边两部分组成，其中节点又包含内部节点和叶子节点，内部节点代表样本的特征或属性，而叶子节点则代表样本类别。

到目前为止，决策树有很多种算法内核。决策树 ID3 算法的核心是信息增益，针对 ID3 算法的缺点，Quinlan 等人提出了一种改进算法，即 C4.5 算法。该算法使用增益率作为最优属性划分的依据，增益率采用信息增益和分裂信息增益共同定义，决策树生成过程中使用信息增益比等来进行特征选择，其过程如下。

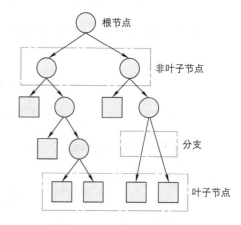

图 6.53　决策树结构

假设数据集 D 的样本容量为 $|D|$，共有 K 个样本类别表示为 T_k，其中属于类别 T_k 的样本个数表示为 $|T_k|$，而特征 A 的取值为 $\{a_1, a_2, \cdots, a_n\}$，根据其取值可以将训练集划分为 n 个不同的子集 $\{D_1, D_2, \cdots, D_n\}$，并且 $|D_i|$ 代表子集内包含的样本个数，子集 D_i 中属于类别 C_k 的样本集合为 D_{ik}，同理记其样本个数为 $|D_{ik}|$。

首先，计算出样本集的经验熵 $H(D)$ 为

$$H(D) = -\sum_{k=1}^{K} \frac{|T_k|}{|D|} \log_2 \frac{|T_k|}{|D|} \qquad (6.62)$$

式中，$|D|$ 表示所用数据集 D 的样本容量；K 表示样本类别的个数；$|T_k|$ 表示属于样本类别 T_k 的个数。

其次，计算特征 A 对数据集 D 的经验条件熵 $H(D|A)$ 为

$$H(D|A) = \sum_{i=1}^{n} \frac{|D_i|}{|D|} H(D_i) = -\sum_{i=1}^{n} \frac{|D_i|}{|D|} \sum_{k=1}^{K} \frac{|D_{ik}|}{|D_i|} \log_2 \frac{|D_{ik}|}{|D_i|} \qquad (6.63)$$

式中，A 的取值为 $\{a_1, a_2, \cdots, a_n\}$；$|D_i|$ 表示根据特征划分的子集内包含的样本个数；$|D_{ik}|$ 表示子集 $|D_i|$ 中包含的属于 T_k 类别的样本个数。

最后，计算信息增益比 $g_R(D, A)$ 为

$$g_R(D, A) = \frac{g(D, A)}{H_A(D)} \qquad (6.64)$$

$$H_A(D) = -\sum_{i=1}^{n} \frac{|D_i|}{|D|} \log_2 \frac{|D_i|}{|D|} \qquad (6.65)$$

根据式（6.64）和式（6.65），选择信息增益比最大的特征生成决策树节点，最终完成对决策树的构建。也有学者结合多个决策树输出衍生出随机森林算法（Random Forests，RF）。

极限学习机（Extreme Learning Machine，ELM）是新型单隐层前馈神经网络，可以克服传统反向传播神经网络训练速度慢，迁移性能差的问题。该网络由输入层、隐含层与输出层构成，其结构如图 6.54 所示。该算法在人工智能和模式识别的分类、回归等应用领域得到广泛的应用。它是一种基于数据的机器学习方法，其关键在于研究数据的客观规律，在此基础之上最终实现数据预测和数据分类。在实际应用过程中，极限学习机应用非常简单，只需要设置网络的隐层节点个数，就可以产生唯一的最优解，并不需要反复迭代，因此它具有学习速度快且泛化性能好的优点。

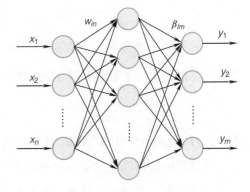

图 6.54 极限学习机结构

首先给定任意 N 个不同的样本 (x_i, y_i)，式中 $x_i = [x_{i1}, x_{i2}, \cdots, x_{in}]^T \in \boldsymbol{R}^n$，$y_i = [y_{i1}, y_{i2},$

$\cdots, y_{in}]^{\mathrm{T}} \in \boldsymbol{R}^m$，再选取一个任意区间无限可微的激活函数，则具有 K 个隐藏层网络模型为

$$\sum_{i=1}^{m} \beta_i g_i(x_l) = \sum_{i=1}^{m} \beta_i g_i(\omega_i x_l + b_i) = E_l, \quad l = 1, 2, \cdots, m \quad (6.66)$$

式中，E_l 表示第 l 个样本的输出值；b_i 表示隐藏层第 i 个神经元的偏置；$\beta_i = [\beta_{i1}, \beta_{i2}, \cdots, \beta_{im}]^{\mathrm{T}}$ 表示第 i 个隐藏层神经元和输出层神经元的连接权重；$\omega_i = [\omega_{i1}, \omega_{i2}, \cdots, \omega_{in}]^{\mathrm{T}}$ 表示输入层神经元的连接权重和第 i 个隐藏层神经元的连接权重。

当隐藏层的神经元个数等于待训练样本数时，则对任意的权重和偏置初始值，极限学习机都可以零误差的拟合训练样本

$$\sum_{l=1}^{m} \| E_l - y_l \| = 0 \quad (6.67)$$

结合式（6.66）和式（6.67）可以得到式（6.68）

$$\sum_{l=1}^{m} \beta_i g_i(\omega_i x_l + b_i) = y_l, l = 1, 2, \cdots, m \quad (6.68)$$

可表示为 $\boldsymbol{H}\boldsymbol{\beta} = \boldsymbol{Y}$，其中 $\boldsymbol{H}$，$\boldsymbol{\beta}$ 以及 $\boldsymbol{Y}$ 的具体形式如下

$$\begin{cases} \boldsymbol{H} = \begin{bmatrix} g(\omega_1 x_1 + b_1) & g(\omega_2 x_1 + b_2) & \cdots & g(\omega_K x_1 + b_K) \\ g(\omega_1 x_2 + b_1) & g(\omega_2 x_2 + b_2) & \cdots & g(\omega_K x_2 + b_K) \\ \vdots & \vdots & & \vdots \\ g(\omega_1 x_n + b_1) & g(\omega_2 x_n + b_2) & \cdots & g(\omega_K x_n + b_K) \end{bmatrix} \\ \boldsymbol{\beta} = \begin{bmatrix} \beta_1^{\mathrm{T}} \\ \beta_2^{\mathrm{T}} \\ \vdots \\ \beta_K^{\mathrm{T}} \end{bmatrix}_{K \times m} \quad \boldsymbol{Y} = \begin{bmatrix} y_1^{\mathrm{T}} \\ y_2^{\mathrm{T}} \\ \vdots \\ y_n^{\mathrm{T}} \end{bmatrix}_{n \times m} \end{cases} \quad (6.69)$$

当训练样本很多时，不能解出精确解，但是可以使式（6.67）的值逼近一个任意小的值，训练过程便是求解 $\boldsymbol{H}\boldsymbol{\beta} = \boldsymbol{Y}$ 的最小值，计算过程为

$$\hat{\boldsymbol{\beta}} = \boldsymbol{H}^+ \boldsymbol{Y} \quad (6.70)$$

式中，$\boldsymbol{H}^+$ 表示隐含层输出矩阵 $\boldsymbol{H}$ 的广义逆矩阵。

考虑到决策树算法的劣势，提出了一种结合决策树和极限学习机（DTS-ELM）的故障诊断算法框架，可以充分综合故障特征信息，在提高故障诊断精确度的同时，使训练完的故障诊断模型的通用性得到提升，诊断效果不易受输入特征数据变动的影响。

决策树与极限学习机的结合方式就是使用多组决策树的结果以及对于分类结果最为有

利的空间特征作为极限学习机的输入，利用极限学习机进行信息综合，整体算法可以充分地利用空间特征信息，其整体流程如图 6.55 所示。

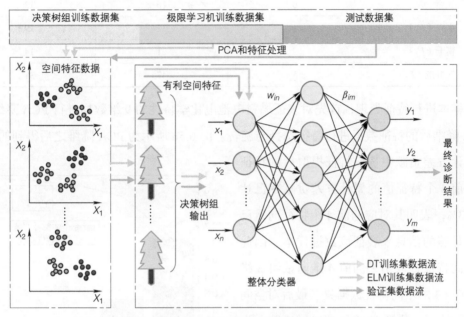

图 6.55　整体算法整体流程图

整个 DTS-ELM 训练过程分为两个步骤，分别是决策树的训练和极限学习机的训练。首先，对训练数据集进行随机采样，选取一部分训练集训练决策树，生成和数据特征处理部分最终结果数目对应的决策树组，并找到效果最好的决策树对应的特征数据集。再进一步扩大数据集到整个训练集来训练极限学习机，这时将训练集输入到决策树组中进行类别预测，并将预测结果和上面选择的特征作为极限学习机的输入，将数据真实类别作为输出对极限学习机进行训练。在模型训练结束后，利用测试集验证所提故障诊断算法的精确性与快速性。该算法能够充分利用燃料电池阻抗谱数据的空间特征信息，即利用质子交换膜燃料电池中不同空间位置的组件（膜、电极以及气体扩散层）对应的电路参数信息进行综合故障诊断。该算法充分结合决策树以及极限学习机训练的运行简单、精确的优势，在保证精确性的同时，兼顾了快速性。

根据电堆不同状态下的阻抗谱试验数据，随机选取不同数量的诊断样本，经过上一章的参数辨识过程，转化为含有燃料电池内部各组件电化学特征的 9 维数据集，再利用上一节的算法流程进行故障诊断策略研究，验证所提算法的精确性与适用性。

由表 6.7 可以看出选取的阻抗谱数据正常状态（N）共计 29 组，水淹故障（F_1）共计 51 组，膜干故障（F_2）共计 35 组，空气饥饿故障（F_3）共计 78 组，总共 193 个样本。从中随机选择 60% 左右的样本作为训练集，其余的作为测试集。

表 6.7　数据集规模

健康状态	标签	训练集样本数量	测试集样本数量
正常（N）	0	16	13
水淹（F_1）	1	32	19
膜干（F_2）	2	21	14
空气饥饿（F_3）	3	47	31

将样本进行特征处理，首先对表征燃料电池电化学特性的 9 维数据进行 PCA 降维，再对 PCA 降维后的特征数据进行特征选择与旋转。图 6.56 所示为 PCA 降维之后得到的结果，依据累计方差贡献率选取特征提取后的特征向量。前 4 个特征值的累计方差贡献率已达到 97.43%，表明其对应的前 4 个特征向量已经包含足够的信息来表征该数据样本，因此选取空间特征提取结果的前 4 维向量组成维度为 193×4 的空间特征数据集。最后对空间特征进行处理，选择 10 个随机旋转矩阵，生成 30 组 193×2 的旋转空间特征数据集，充分利用原始数据包含的空间特征信息。

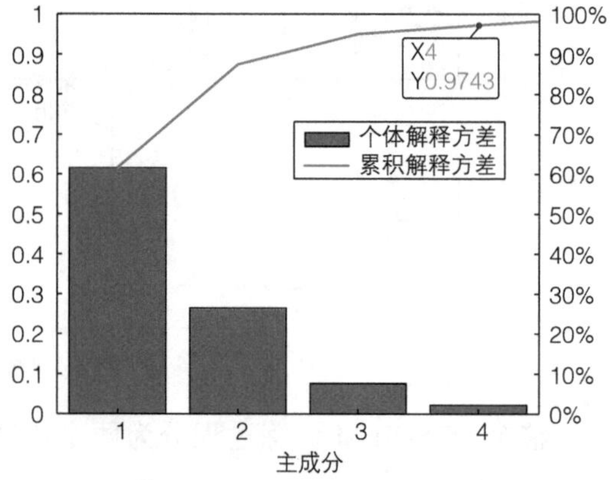

在 30 组特征数据中随机选择 4 组进行

图 6.56　主成分分析降维结果

可视化，分析特征处理结果，如图 6.57 所示显示了 4 组特征的分布。可以得出，特征空间信息发生了变化，且在图 6.57a 中水淹故障和膜干故障特征相距较近，容易造成故障误诊，但在 6.57b 中则不存在这一问题，同时由于部分特征发生旋转，利用极限学习机可以综合所有空间信息，便于后续模型故障诊断精度的提升。

DTS-ELM 算法用于对数据进行识别和分类。决策树组可以充分利用空间特征信息，使用极限学习机进行合成信息。模型的具体参数设置为：选择 30 组决策树，树的深度限制为 6，使用 C4.5 算法，并且极限学习机隐藏层中的神经元设置为 20，随机初始化网络权重与偏置。利用图 6.55 的流程训练和使用 DTS-ELM 模型，DTS-ELM 故障诊断结果如图 6.58 所示。图 6.58a 所示为预测结果，图 6.58b 所示为预测结果的混淆矩阵。

可以得出，DTS-ELM 算法对于 4 种状态的诊断精确率均超过 90%，整体的故障诊断精确率为 97.4%，其中，正常状态（N）、水淹故障（F_1）以及膜干故障（F_2）的诊断准确率均为 100%，空气饥饿故障（F_3）的诊断准确率为 93.55%，整个算法流程的运行时间为 0.283s。该算法具有较好的诊断精确度以及较短的诊断周期，基本满足在线诊断需求。

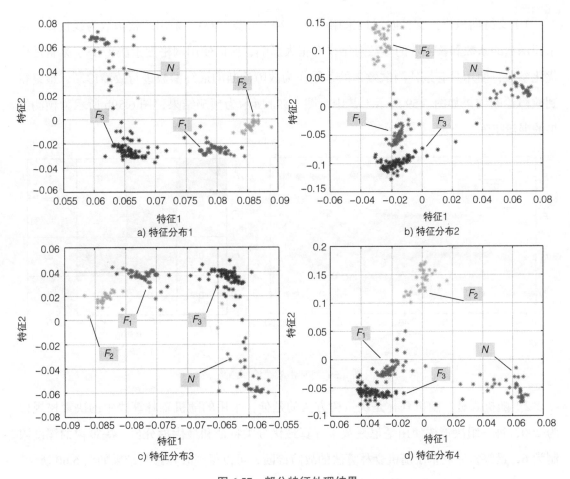

图 6.57　部分特征处理结果

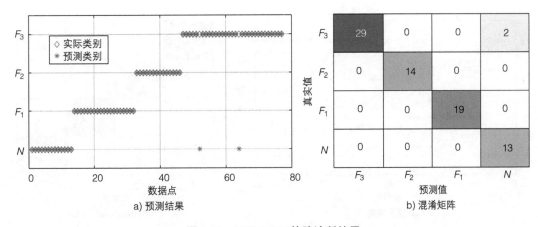

图 6.58　DTS-ELM 故障诊断结果

　　对比支持向量机（SVM）、随机森林（RF）以及反向传播神经网络（BPNN，简称 BP 神经网络）3 种传统分类算法和所提的 DTS-ELM 算法的分类效果，具体的算法参数设置情况以及故障诊断结果如下。

1）支持向量机。支持向量机采用的是一对一分类 SVM，采用的核函数为线性核，由于罚函数的系数和核函数的参数对结果有很大影响，所以使用网格搜索法（GS）来自适应优化参数，使用具有最佳测试效果的参数作为故障诊断的最终参数进行故障诊断，最终得到故障诊断结果如图 6.59 所示。其中，图 6.59a 所示为预测结果，图 6.59b 所示为预测结果的混淆矩阵。

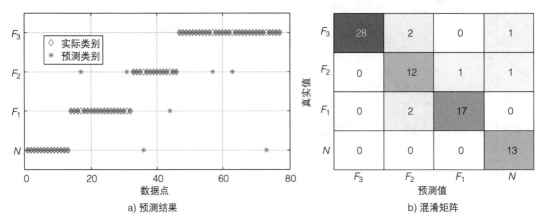

图 6.59　SVM 故障诊断结果

2）随机森林。随机森林是决策树方法的延伸，采用的随机森林算法中的决策树规模为 200，每一组决策树使用基尼系数来计算最优分类特征和最优拆分值，决策树的深度限制为 6，最终，完成基于随机森林算法的故障诊断，可以得到故障诊断结果如图 6.60 所示。其中，图 6.60a 所示为预测结果，图 6.60b 所示为预测结果的混淆矩阵。

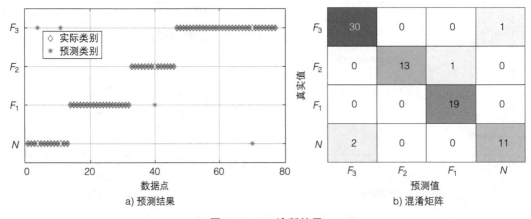

图 6.60　RF 诊断结果

3）反向传播神经网络：BPNN 是结构相对比较简单的神经网络。BPNN 结构设计上只需要考虑一共有多少个隐藏层，每一个隐藏层有多少个神经元这两个超参数即可，一般采用多次穷举试错的方式进行，设置 BPNN 隐藏层神经元数目为 15，隐藏层数目为 3 层，随机初始化网络参数，最终得到 BP 神经网络故障诊断结果如图 6.61 所示。其中，图 6.61a 所示为预测结果，图 6.61b 所示为预测结果的混淆矩阵。

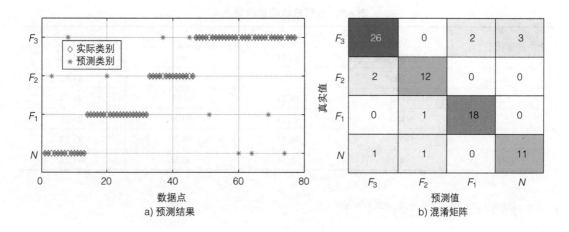

a) 预测结果   b) 混淆矩阵

图 6.61　BPNN 故障诊断结果

图 6.59 所示可以推算出，支持向量机对正常状态的诊断精确率为 100%，对水淹故障状态的诊断精确率为 89.47%，对膜干故障状态的诊断精确率为 85.71%，对空气饥饿故障状态的诊断精确率为 90.32%。

图 6.60 所示可以推算出，随机森林对正常状态的诊断精确率为 84.62%，对水淹故障状态的诊断精确率为 100%，对膜干故障状态的诊断精确率为 92.86%，对空气饥饿故障状态的诊断精确率为 96.77%。

图 6.61 所示可以推算出，反向传播神经网络对正常状态的诊断精确率为 84.62%，对水淹故障状态的诊断精确率为 94.74%，对膜干故障状态的诊断精确率为 85.71%，对空气饥饿故障状态的诊断精确率为 83.87%。

相比较得出，单纯的 BPNN 故障诊断误差较大，可能是因为所采用的阻抗谱数据集数据较少，训练神经网络不太容易达到理想的目标，说明了融合算法中极限学习机的选择可以在一定程度上缓解这一问题且其矩阵反转的训练时间更快。

表 6.8 给出了所提算法与 RF、SVM、BPNN 诊断正常、水淹故障、膜干故障以及空气饥饿故障的诊断精确率。可以发现，所提方法可以有效地快速诊断 PEMFC 的 4 种健康状态，包括正常状态、膜干故障状态、空气饥饿故障状态和水淹故障状态，诊断准确率为 97.40%，高于 SVM、RF 和 BPNN。同时，该方法的诊断周期为 0.283s，满足大多数 PEMFC 系统的要求，并且可以进一步应用于 PEMFC 在线故障诊断与监测燃料电池系统的健康状况。该诊断方法是一种等效电路模型和数据驱动融合的方法，不受燃料电池系统类

型的影响，具有良好的通用性和应用价值，只要提前做好故障标定工作，该策略可以适用于不同型号的燃料电池系统。

表 6.8 　各算法故障诊断精确率

健康状态	故障诊断精确率（%）			
	DTS-ELM	SVM	RF	BPNN
N	100	100	84.62	84.62
F_1	100	89.47	100	94.74
F_2	100	85.71	92.86	85.71
F_3	93.55	90.32	96.77	83.87
总体	98.39	91.38	93.56	87.24

6.4　燃料电池系统容错控制

容错控制是系统具备吸收扰动或故障并可以持续提供所需性能的能力。对具有强耦合性特征的 PEMFC 系统，故障种类多、故障发生概率较大的特点，限制着其输出性能、可靠性和耐久性。因此，将容错控制应用于 PEMFC 系统可快速调节系统参数以满足系统性能需求。然而对实时在线特征，建立实时控制极具挑战，快速有效地故障诊断与识别在控制过程中是十分关键的。容错控制策略可分为被动容错控制（Passive Fault Tolerant Control，PFTC）和主动容错控制（Active Fault Tolerant Control，AFTC）两类[168]，各自的概念及优缺点如下所述。

1）被动容错控制指通过控制算法使系统运行于预期的性能下，无论系统处于健康还是故障条件，控制律始终不变。被动容错控制被认为是一种预期的故障补偿，在预定义故障发生时，其控制效果具有鲁棒性；另外，离线设计特征使其在实时应用中计算量较小、无须故障诊断与控制器重新配置。但是，被动容错控制适用范围较窄、控制器性能受预定义故障数量影响，其在应用中的主要不足是可靠性较差。

2）主动容错控制指控制算法随故障的变化而主动改变，以使系统达到期望的性能；此时，当故障发生或故障类型变化时，系统的控制律也相应发生改变。主动容错控制能良好地对系统参数扰动或故障做出反应，即使发生不可逆故障也能维持系统稳定性。

6.4.1　自抗扰控制

质子交换膜燃料电池系统结构复杂，是具有多回路、多相流的非线性复杂系统，且其内部具有多物理量耦合，并且获取精确的燃料电池模型也相对较困难，因此需要建立一种不依赖系统模型精度的控制算法来实现对燃料电池输出的控制，而自抗扰控制（ADRC）器完全符合上述条件。基于自抗扰控制器来设计燃料电池的容错控制策略，设计机理切换模块，保证在识别出故障后能够准确地切换控制律，实现不同故障的容错控制。并且考虑故障严重程度对燃料电池输出的影响，采用灰狼 - 粒子群算法（PSO-GWO），实现 ADRC 参数的自整定，以保证在故障严重程度变化时保证控制精度。下面将介绍自抗扰控制和基于 PSO-GWO 的自抗扰控制参数自整定，最后构建容错控制方案。

（1）自抗扰控制器

自抗扰控制器一般由跟踪微分器（TD）、扩张状态观测器（ESO）、非线性状态误差反馈（NLSEF）控制律这三部分组成。跟踪微分器的特点是可以使用恰当的方式获得微分信号，在被控对象可以承受的控制力之上，为被控对象的响应安排过渡过程，使得系统在获得期望的快速性的同时，保证没有超调量。非线性状态误差反馈控制律，通过改变 PID 控制器对误差的加权方式，针对被控系统获得的误差、误差积分和微分，选用恰当的非线性组合方式，可以改善系统对误差的处理效率。扩张状态观测器把系统中没有体现在数学模型上的部分以及系统对象在运行过程中所受到的外界干扰都视作一类对系统的总扰动，ESO 对该扰动进行估计并给予补偿，再利用系统的输入、输出观测出系统原有状态变量与扰动的所有状态 [108]。自抗扰控制器结构如图 6.62 所示。

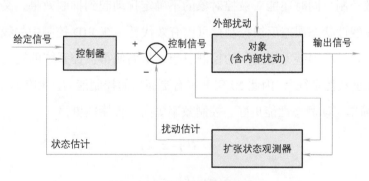

图 6.62　自抗扰控制器结构

跟踪微分器：为了减小给定大幅度变化导致的超调、机构磨损以及不必要的能量损耗，需要根据控制目标和对象的承受能力安排合适的过渡过程，并要同时给出过渡过程的微分信号。该过程可以是一个动态过程，也可以是一个函数发生器。在被控对象的变化不是很激烈的情况下，"安排过渡过程"和"跟踪微分器"是合并在一起实现的，这样可以简化控制器结构。另外需要说明的是，跟踪微分器所用的最速综合函数有不同的表达形式，对应的性能也会存在一定的差异。为了解决系统在进入稳态时产生高频振荡，采用 *fst* 函数建立反馈系统，实现快速无超调地跟踪输入信号以及输入信号的微分。

$$v_1(k+1) = v_1(k) + hv_2(k) \qquad (6.71)$$

$$v_2(k+1) = v_2(k) + hfst\left(v_1(k) - v_0, v_2(k), r, h_0\right) \qquad (6.72)$$

式中，v_1 表示跟踪的输入信号；v_2 表示跟踪输入信号的微分；v_0 表示输入信号；h 表示采样周期；fst 表示最速综合函数为

$$d = rh; d_0 = dh \qquad (6.73)$$

$$y = x_1 + hx_2; a_0 = (d^2 + 8r|y|)^{1/2} \qquad (6.74)$$

$$a = \begin{cases} x_2 + (a_0 - d)/2, & |y| > d_0 \\ x_2 + y/h, & |y| \leqslant d_0 \end{cases} \qquad (6.75)$$

$$fst(x_1, x_2, r, h) = -\begin{cases} ra/d, & |a| \leqslant d \\ r\,\mathrm{sign}(a), & |a| > d \end{cases} \qquad (6.76)$$

式中，x_1，x_2 表示系统状态；r，h 表示函数控制参量，分别表示快慢因子和滤波因子。

非线性状态误差反馈（NLSEF）控制律：传统 PID 的误差线性组合方式已经不能满足如今控制系统的需求，经过大量实际应用表明，采用合理的非线性误差组合方式同样能实现对系统的有效控制，同时还能对被控对象的不确定扰动起到抑制效果，又能减少系统产生的超调量。非线性状态误差反馈控制律可以有效代替传统 PID 控制中的线性反馈，实现了"大误差小增益，小误差大增益"的控制思想，从而使得被控系统的输入量能够很好地控制"积分串联型被控系统"，因此 NLSEF 具有更高效的控制能力。和传统 PID 控制相比，NLSEF 结构更简单、动静态性能更好、控制效率更高、鲁棒性更强。

$$e_1 = v_1(k) - z_1(k) \qquad (6.77)$$

$$e_2 = v_2(k) - z_2(k) \qquad (6.78)$$

$$u_0 = \beta_{01}fal(e_1, \alpha_1, \delta) + \beta_{02}fal(e_2, \alpha_2, \delta) \qquad (6.79)$$

$$u(k) = u_0 - \frac{z_3(k)}{b} \qquad (6.80)$$

式中，e_1 表示误差信号 1；e_2 表示误差信号 2；fal 函数的作用是抑制高频率振荡，有较好的滤波效果，它的表达公式如下

$$fal(e, \alpha, \delta) = \begin{cases} |\varepsilon|^\alpha \,\mathrm{sign}(\varepsilon), & |\varepsilon| > \delta \\ \varepsilon/\delta^{1-\alpha}, & |\varepsilon| \leqslant \delta \end{cases} \qquad (6.81)$$

式中，δ 表示滤波因子；α 表示非线性因子。

扩张状态观测器（ESO）：扩张状态观测器的作用是消除内外扰动对系统输出的影响，也是自抗扰控制器中最重要的环节。ESO 不仅能对被控系统的状态进行实时且有效的预估，还能对被控对象的内外扰动进行实时估计并给予补偿。扩张状态观测器是在状态观测器的基础上，对影响系统输出的扰动信号进行提取，并将其作为扩张状态输入到状态观测器中，由此形成的扩张状态观测器具有很强的观测性能，只需知道系统的输入和输出信息，不需了解系统扰动，更无须对干扰进行直接测量，就能够对系统状态和系统总扰动进行实时估计。

$$e = z_1(k) - y(k) \tag{6.82}$$

$$z_1(k+1) = z_1(k) + h\big(z_2(k) - \beta_{01}e\big) \tag{6.83}$$

$$z_2(k+1) = z_2(k) + h\big(z_3(k) - \beta_{02}fal(e,\alpha_1,\delta) + bu(k)\big) \tag{6.84}$$

$$z_3(k+1) = z_3(k) - h\beta_{03}fal(e,\alpha_2,\delta) \tag{6.85}$$

式中，y 表示被控对象的输出；β_{01}，β_{02}，β_{03} 表示可调参数。

（2）基于 PSO-GWO 的自抗扰控制参数自整定

容错控制是对于质子交换膜燃料电池故障状态下的电压平稳控制，在系统识别出故障后，通过机理切换模块修改控制参数以改变控制律，但是由于系统故障程度可能会发生变化，进而影响故障状态下燃料电池的输出。如果提前针对某种故障设定固定的控制律，那么在切换后由于故障程度的变化，可能会影响系统控制精度，因此结合灰狼 - 粒子群算法，在切换控制律后，进行自抗扰控制参数自整定以保证在不同故障严重程度下的控制精度。

但是，自抗扰控制器中需要整定的参数数量多且相互耦合，二阶自抗扰控制器跟踪微分器中有滤波因子、快慢因子，非线性控制律中有 α_1、α_2、δ，比例、微分参数 k_p、k_d，扩张状态观测器中有误差纠正增益参数 β_{01}、β_{02}、β_{03} 及扰动补偿因子 b。在此情况下，控制参数复杂，控制难度高，故选用带宽整定法，令 $\beta_{01} = 3\omega_{01}$、$\beta_{02} = 3\omega_{02}$、$\beta_{03} = \omega_{03}$、$k_p = \omega_{c2}$、$k_d = 2\omega_c$，简化控制参数整定问题，最终改变控制律时仅需改变 ω_0、ω_c、b 即可。

采用灰狼 - 粒子群算法 (PSO-GWO) 实现自抗扰控制器的参数自整定，整定参数有 ω_0、ω_c 和 b。该算法的优点为无须了解优化参数与适应度之间的关系，也无须知道被控对象及控制器的相关信息，只需要根据输出计算评价函数。

在粒子群算法更新公式中，如果只有个体最优和全局最优的引导，则会降低多样性并且出现早熟收敛问题，造成算法搜索能力下降，陷入局部最优。为解决此问题，Mirjalili 于 2014 提出灰狼算法，在算法中将粒子群寻优比作狼群捕猎，狼群捕猎时会采用包围的方式捕猎，占据最好位置的 3 匹狼 x、y、z 会引导狼群向着猎物的方向靠近，每一轮捕猎都会更新占据最好位置的 3 匹狼，以此进行更新迭代，直到最终捕获猎物。在更新迭代时，灰狼算法每次迭代均会选取 3 个最优粒子引导群体，而粒子群算法则只选择一个全局最优粒子，提高了算法多样性。在算法搜索策略上，与传统粒子群算法对比，灰狼算法采用包围策略，而传统粒子群算法采用直接靠近目标的策略，大大加强了算法的搜索能力。

由于粒子群算法的自身缺陷，需结合灰狼算法及粒子群算法，形成改进后的灰狼 - 粒子群算法 (PSO-GWO)，以此提高原算法的多样性及搜索能力，具体改进的数学公式如下

$$v_{i,j}^{t+1} = w(x_{i,j}^{t+1} - x_{i,j}^t) + c_1 r_1 (p_{\text{besti},j}^t - x_{i,j}^t) + c_2 r_2 (g_{\text{besti},j}^t - x_{i,j}^t) \tag{6.86}$$

$$x_{i,j}^{t+1} = x_{i,j}^t + v_{i,j}^{t+1} \tag{6.87}$$

通过式（6.86）可以看出，PSO-GWO 不仅考虑全局最优及个体最优，加入灰狼算法位置更新策略 $x(t)$ 后，通过对粒子群位置更新公式的改进，完善了原有 PSO 算法的不足。图 6.63 所示为是该算法的训练过程及流程图。

PSO-GWO
1. 初始化粒子群，随机生成粒子的速度及位置
2. 计算粒子群中粒子的适应度函数值
3. 根据适应度函数值，找寻最差粒子并对其进行优化
4. 根据适应度函数值，找寻最优粒子，对最优粒子进行扰动，以免算法陷入局部最优
5. 根据适应度函数值，找寻最优的 3 个粒子，结合灰狼算法的引导方法及包围式搜索策略，对粒子群的速度及位置进行更新
6. 判断是否满足设定条件，若未达到条件，则重复步骤 2 ~ 5；若满足条件，则停止迭代，算法到此结束

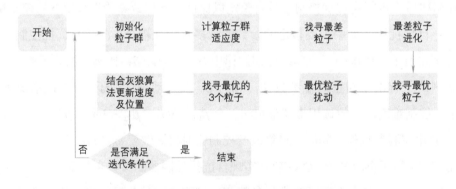

图 6.63 PSO-GWO 算法的训练过程及流程图

对灰狼 - 粒子群算法寻优性能测试时，选取 9 种常用的标准测试函数见表 6.9，其中 f_4、f_5 为多峰函数，其余为单峰函数。9 种函数的全局最优值均为 0，不同的函数代表不同的参数空间，图 6.64 所示为 9 种测试函数的参数空间。选择不同的参数空间，充分考察算法的寻优能力，最后运用到 ADRC 的参数整定问题中。

表 6.9 测试函数

函数名	函数	搜索范围
球（Sphere）函数	$f_1(x) = \sum_{i=1}^{D} x_i^2$	$[-100,100]$
递加递减（Step）函数	$f_2(x) = \sum_{i=1}^{D} \left(\|x_i + 0.5\| \right)^2$	$[-100,100]$
非凸（Rosenbrock）函数	$f_3(x) = \sum_{i=1}^{D} [100(x_{i+1} - x_i^2)^2 + (1-x_i)^2]$	$[-32,32]$
格里旺克（Griewank）函数	$f_4(x) = \dfrac{1}{4000} \sum_{i=1}^{D} x_i^2 + \prod_{i=1}^{D} \cos\left(\dfrac{x_i}{\sqrt{i}}\right) + 1$	$[-600,600]$
标准测试（Rastrigin）函数	$f_5(x) = \sum_{i=1}^{D} [x_i^2 - 10\cos(2\pi x_i) + 10]$	$[-32,32]$
哥德尔（Schwefel）函数 1.2	$f_6(x) = \sum_{i=1}^{D} \left(\sum_{j=1}^{D} x_i \right)^2$	$[-100,100]$
多峰（Ackley）函数	$f_7(x) = -20\exp\left(-0.2\sqrt{\dfrac{\sum_{i=1}^{D} x_i^2}{D}}\right) - \exp\left(\dfrac{\sum_{i=1}^{D}\cos(2\pi x_i)}{D}\right) + 20 + e$	$[-5.21,5.21]$
哥德尔（Schwefel）函数 2.22	$f_8(x) = \sum_{i=1}^{D} \|x_i\| + \prod_{j=1}^{D} \|x_j\|$	$[-10,10]$
自定义（Quatic）函数	$f_9(x) = \sum_{i=1}^{D} i x_i^4 + \mathrm{random}[0,1]$	$[-1.28,1.28]$

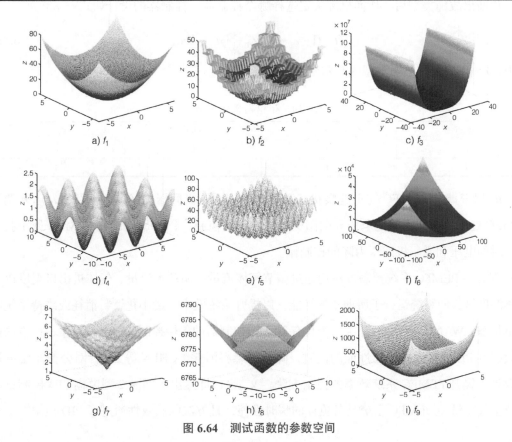

图 6.64 测试函数的参数空间

6.4.2　容错控制方案及参数选择

　　燃料电池系统容错控制方案（主动）如图 6.65 所示，输入参数的同时经 PEMFC 系统模块和故障诊断模块，对基于模型或非模型的故障诊断模块对实际系统的输出进行故障诊断，诊断结果（故障类型）作用于决策模块，帮助选择预先定义的控制器及控制算法用来作用于 PEMFC 系统，使其在故障发生时也具有良好的输出性能。故障诊断模块用于识别 PEMFC 当前所处的故障类型（例如健康、水淹、膜干）。

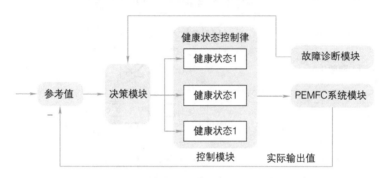

图 6.65　燃料电池系统容错控制方案（主动）

　　诊断出故障类型后，切换机理决定选择哪个控制器，控制器的设计如式 (6.88)。

$$u = (1 - \lambda_1 - \lambda_2)u_N + \lambda_1 u_F + \lambda_2 u_M \tag{6.88}$$

式中，λ_1 和 λ_2 表示故障类型的布尔变量，见表 6.10。

表 6.10　λ_1 和 λ_2 的组合值

变量	正常	膜干	水淹
λ_1	0	0	1
λ_2	0	1	0

　　u_N 用来调节 PEMFC 处于健康状态时的电压和阴阳极间压力降的控制律；u_F 用来调节 PEMFC 处于水淹状态时的电压和阴阳极间压力降的控制律；u_M 用来调节 PEMFC 处于膜干状态时的电压和阴阳极间压力降的控制律。

　　现有的 PEMFC 系统控制方法均通过调节气体流量、循环水流量、气体进出口温度以及气体湿度等，使系统运行于所期望的性能，以提升系统效率、最小化燃料消耗或维持系统的健康状态。WANG 等 [169] 设计了一个具有 H 无穷控制器的鲁棒控制调节燃料流量，该方法在有效提升 PEMFC 系统输出性能的同时，降低了燃料消耗。CHEN 等 [170] 针对公交车温度调节设计了提升 PEMFC 系统效率的控制方法。文献 [171] 提出了间隔 2 型模糊 PID 控制方法调节空气流量使 PEMFC 系统具备更佳的瞬时性能，且方法的有效性通过了 PID 控制方法和间隔 1 型模糊 PID 控制方法在稳态和动态空气过量系数下的对比验证。文献 [172] 应用模型参考自适应控制方法改善空气压缩机的气体供应,使 PEMFC 系统能运行在更高的功率水平。

6.4.3 控制重构

在主动容错控制原理框图中除 PEMFC 系统模块,还包含故障诊断模块、机理切换(决策模块)和控制器调节模块,其中决策模块和控制器调节模块组成控制重构。

（1）决策模块

决策模块通过作用于控制器调节模块并以此影响 PEMFC 系统输出性能。故障诊断模块输出故障类型与故障参数,经决策模块进一步识别后,作用于控制器调节模块综合控制调节 PEMFC 参数以提升性能。有学者指出,对 PEMFC 系统容错控制方法,决策模块的主要功能是更精准地确定故障发生位置或对故障缓解采取最佳措施,以提升在线诊断的可靠性。一般而言,决策模块由所研究系统以及预定义故障设计。

PEMFC 水淹故障以输出电压和阴极压力降为诊断指标,设计了以空气过量系数为对象的决策模块。通过实时更新氧气过量系数,经控制器调节模块实现对 PEMFC 系统的主动容错控制,以避免发生严重的水淹故障。也可以将决策模块整合于可重构算法对燃料电池混合动力汽车的 6 类预定义故障,分别设置相应的缓解措施,在预定义故障发生时能够实时地恢复系统性能,但是文献中并未考虑由系统不确定性造成的未定义故障类型。虽然未定义故障的诊断与缓解十分耗时,但对诊断精确性而言,充分考虑故障类型有利于提升系统的稳定性和耐久性。

主动容错控制中,决策模块作为故障诊断模块与控制器调节模块的连接,根据诊断工具、故障响应时间、系统控制结构等标准的不同,可实现多种决策。在 PEMFC 系统应用中,应尽可能考虑更多标准,必要时需合并部分决策方法以达到最优的故障缓解。ZHANG 等人 [173] 在论文中引用了一些现有的可重构控制器,如线性二次调节器、特征结构配置、多模型等。论文中强调,这些方法均假设已知一个完美的诊断工具和故障后模型。因此,对 PEMFC 系统的容错控制（FTC）策略,需要一个决策模块来弥补在线应用的诊断可靠性和系统知识的不足。它能够更准确地判定故障发生,或决定最佳的故障缓解措施。

根据所研究的系统和所考虑的故障,可以设计多种决策模块。例如,LEBRETON 等人 [174] 为 PEMFC 系统设计了一个决策模块,以避免诊断工具的不确定性。事实上,作者使用了一个 20s 的滑动窗口,对应于 5 个连续的试验点,原则是为每个试验点指定一个标签,这些标签与故障有关。如果分配给故障的试验点数超过一半,则需考虑其他故障。这种方法适用于响应时间较低的故障,如溢流或阳极和阴极化学计量比较低;在响应时间较快的情况下，如阴极饥饿，考虑是滑动窗口故障的可能较大。图 6.66 所示为基于滑动窗口的决策过程。

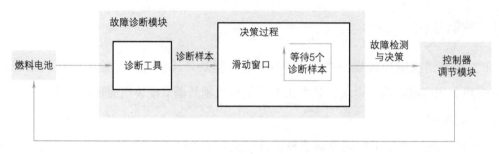

图 6.66　基于滑动窗口的决策过程

XU 等人[175] 发表了另一项研究成果，研究的是燃料电池混合动力系统。他们使用一个决策模块来选择一些预定义动作来缓解故障。事实上，作者将动作与故障发生联系起来。在这种情况下，诊断结果被认为没有不确定性，提高了诊断处理时间，缩短了故障缓解延迟。这也意味着诊断模块的可信度更高。图 6.67 所示为基于故障缓解预定义操作的决策过程。

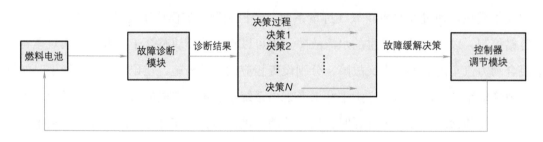

图 6.67　基于故障缓解预定义操作的决策过程

ZERAOULIA 等人[176] 利用模糊决策系统，研究应用于感应电机驱动器的容错控制，以防传感器出现故障。滑模控制器（SMC）使用传感器来控制系统，设计了一种用于无传感器控制的模糊逻辑控制器。在传感器出现故障的情况下，FTC 策略能够切换到无传感器控制，在速度和力矩瞬态变化方面具有良好的平稳过渡性。控制器的变化由一个确保过渡的模糊决策来管理。图 6.68 所示为带有传感器或无传感器控制器基于预定义控制器的决策过程。

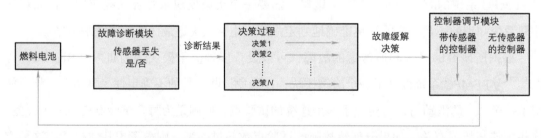

图 6.68　基于预定义控制器的决策过程（带有传感器或无传感器控制器）

ZHANG 等人[177]关于非线性不确定系统的另一项研究使用了决策过程。当有至少一个估计误差分量的模超过其相应的界限时，会做出由于故障发生而导致的决策过程。作者将故障诊断检测与故障隔离决策相结合，对故障的发生进行判定。将决策过程集成在故障诊断模块中，当诊断系统对故障发生做出规则时，将激活容错控制器。因此，这种决策过程包含两个层次的决策。首先，它帮助故障诊断模块避免不确定性；其次，对控制器做出决策，以减少故障的发生。图 6.69 所示为基于诊断不确定性的避免和故障缓解预定义操作的决策过程。

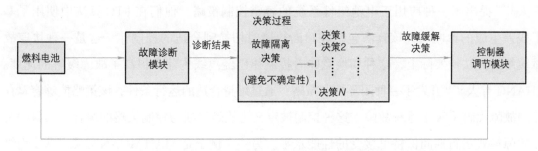

图 6.69　基于诊断不确定性的避免和故障缓解预定义操作的决策过程

NOURA 等人[178]在书中阐述了控制和诊断结构的功能分解图。它分为几个层次，第一级由多个控制模块组成，由更高级别的协调和同步模块监控，第二级在这种控制结构的基础上设计了一个诊断模块，第三级决策模块和资源管理用于协调诊断过程和控制结构。应该注意的是，作者将决策过程与资源管理区分开来，后者是决策模块避免诊断不确定性和故障缓解的最佳控制措施。

MIKSCH 等人[179]将决策模块用于主动容错模型预测控制（AFTMPC）策略。当故障发生时，使用调节块进行故障缓解，从而改变目标函数参数和约束集的元组。再将调整后目标函数的可行性测试用到分析和决策块中，如果可行性未达到，则进行校正集以构建新的目标函数。当模型的新参数集与系统不匹配时，将出现不可行性。如果找不到有效的控制律，系统将关闭并等待用户交互，这种控制器可用于质子交换膜燃料电池的应用。针对燃料电池故障，根据故障设置控制器的可行性参数。如果控制器参数的设置需要时间进行计算，那么燃料电池故障和饥饿导致的快速响应时间可能会降低质子交换膜燃料电池的性能。

综上所述，在 FTC 策略下，决策模块是诊断模块和控制模块之间的纽带。可以实现多种决策模块，它们取决于诊断工具的可信度、故障响应时间、研究系统或控制结构类型等标准。在质子交换膜燃料电池的应用中，必须满足相关标准，并应合并几种决策方法，以实现最佳故障缓解。

（2）控制器调节模块

主动容错控制能良好地对系统参数扰动或故障做出反应，即使发生不可逆故障，也能维持系统的稳定性。因此，主动容错控制发展潜力巨大。本节重点讲述主动容错控制方法。

学者们定义了主动容错控制的两种类型。第一类为控制律重构，即预先离线定义与预定义故障关联的控制律和控制器参数，根据故障诊断结果自动进行控制重构。第二类为控制器参数重构，即执行器或传感器发生故障时，为保证系统稳定运行而进行控制器参数的更新与重构。

为了介绍一些应用容错控制方法的实用方法，下面给出几个例子。例如，MAJDZIK等人[180]提出了一种应用于电池组件系统的容错控制策略。他们在 FTC 算法中使用了基于残差生成的诊断块，该算法包括在诊断故障时切换到合适的控制律。这是一种快速故障缓解的方法。实际上，这种切换意味着控制律已经离线构建，提高了故障缓解的速度。ZHANG 等人[181]开发了一种闭环控制策略，通过维持合适的运行条件，该策略能够容忍存储的故障代码（FC）系统故障。这种控制被定义为故障诊断与控制策略的组合，其目的是在故障模式运行期间保持可接受的性能水平。另一个例子是 MAHARJAN 等人[182]使用级联脉宽调制（PWM）转换器对电池储能应用 FTC 策略。他们的目标是保持电池单元的连续运行，即使转换器单元或电池单元处于故障状态。LI 等人[183]在论文中提出了 1 种基于诊断系统和 3 个滑模控制器（SMC）的体系结构。将容错控制策略应用于电动汽车，以控制其纵向速度、横向速度和轨迹偏差，他们在研究中都使用了主动容错控制。

有学者研究了水管理和空气供应系统，这是将主动容错控制应用于 PEMFC 的少数研究之一。他们使用神经网络在线计算新的 PID 自整定参数值，以恢复检测到的故障。在他们的研究中，FTC 策略在线实时计算适应故障发生的新氧化学计量值。如果考虑到同一故障的发生频率，这种故障缓解具有相关性，其发生频率是给定时间内故障出现的次数。事实上，仅基于化学计量的决定可以减轻故障，但对发生频率没有影响。因此，决策工具的设计应包括故障发生频率。还有学者对质子交换膜燃料电池实施了 FTC 策略，使用一种基于残差生成的诊断方法，该方法采用了反向传播神经网络模型、重构机制和三个可调非线性控制器。诊断系统是通过生成和分析真实系统数据和反向传播神经网络之间的残差来设计的，以检测洪水、干燥或正常工作条件，其控制器由反馈线性化组成，用于根据正常或故障条件改变电压和压差。一些研究人员将 FTC 策略应用于 PEMFC 系统的辅助设备故障。在他们的论文中，通过在多电压 DC/DC 变换器上使用诊断工具和重新配置机制，提出了一种容错控制，旨在提高光伏系统的效率。在他们的研究中，当检测到故障时，会先发出一个标志变量，再启动一个重新配置电路进行故障恢复。由于已知故障行为，所以离线配置是故障缓解的最佳方法。

在容错控制中，决策模块是诊断模块和控制模块之间的纽带。设计决策模块时应考虑到诊断模块的可信度、故障响应时间、所研究系统或控制体系结构的类型等因素。在 PEMFC 的应用中，应合并多种决策方法以实现最佳的故障缓解，除以上这些因素，还应考虑两个重要因素，即同一故障的发生频率和故障的大小。一方面，发生频率是给定时间内故障出现的次数，如仅基于化学计量的决策可以缓解与水管理相关的故障，但对发生频率的影响有限；另一方面，主要部分的故障是逐渐出现的，可以选择适合故障大小的决策。但是，利用现有的诊断工具很难确定故障大小，这就是为什么在现有的决策策略中很难考虑故障大小的原因。因此，故障缓解必须考虑 3 个因素：必须尽快缓解故障、必须知道故障大小才能做出最佳决策、必须是能够降低故障发生频率的决策工具。

控制律和诊断方法可通过各种组合建立对应的容错控制策略。然而，最佳的控制方法取决于所研究 PEMFC 系统的约束条件和预定义故障种类。系统的容错控制需在故障导致系统性能衰退之前对故障进行检测与分离，并采取自适应控制定律缓解故障。

6.5　燃料电池系统台架及测试

6.5.1　燃料电池系统测试平台基本架构

燃料电池系统测试平台由燃料电池系统、电子负载、控制系统，测试系统（传感器与采集系统）以及 LabView 界面组成。该测试平台可以实现燃料电池的老化测试、故障测试以及工况测试。测试平台的基本构架如图 6.70 所示，测试平台燃料电池系统由辅助系统（如供气系统、水和热管理系统）和燃料电池堆组成。

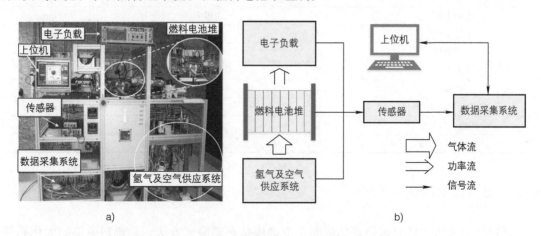

图 6.70　a）燃料电池测试平台；b）测试平台原理框架

燃料电池堆正常工作时，通过辅助系统将电堆的工作温度保持在一个合适的范围内，并向电堆中供应空气和燃料。反应气体经过减压进入平台，可选择让气体经过增湿进入下一级减压阀，也可切换至干路，进平台气体直接进入下一级减压阀，通过质量流量计、湿度、温度、压力传感器监控进电堆气体的状态。高压储氢瓶组经过减压阀通入平台，空气由空压机压缩空气，储存在氢气罐中经过一系列减压设备通入平台。氮气主要用于电堆停机后吹扫电堆内及管道内残余的反应气体，氮气由氮气罐经过减压提供。水管理系统由循环水罐、循环水泵、散热片和散热风扇组成，用来控制电堆保持在稳定的温度下运行。当电堆开始运行时，电堆温度较低，循环水罐开始加热并开启循环水泵，将循环水流动起来给电堆加温；当电堆长时间运行或者大功率运行时，电化学反应产生的热量非常多，此时循环水流经电堆进入散热管，采用 PID 控制散热管处散热风扇转速，通过降低循环水的温度而控制电堆温度。

当向电堆输送燃料和空气时，电堆将产生电能，使用电子负载来消耗燃料电池产生的电能。为了保证辅助系统和电子负载的正常工作，集成了控制系统。控制系统接收命令从 LabView 接口和信号获得的传感器安装在辅助系统和电子负载上。控制系统向这些系统发送控制信号。

燃料电池运行时，要做到实时监控电堆状态，因此必须能够实时采集数据，将传感器上采集的重要数据显示在 LabView 界面上，后台存储所有采集数据，并根据采集数据与设置的报警、停机界限进行对比，做到保护平台和电堆。平台主要采集电压、电流、功率、电堆温度、气体的温度、湿度、压力、流量和单片电压等数据，见表 6.11。

表 6.11　平台可监测的变量

参数	单位	参数	单位
电堆电压	V	电堆阳极入口压力	mbar
电堆电流	A	电堆阳极出口压力	mbar
单片电压	C	电堆阳极入口流量	SLPM
电堆温度	℃	电堆阳极入口温度	℃
环境温度	℃	电堆阴极入口压力	mbar
DC/DC 输出电压	V	电堆阴极出口压力	mbar
冷却液入口温度	℃	电堆阴极入口流量	SLPM
冷却液出口温度	℃	电堆阴极入口温度	℃

6.5.2　燃料电池堆耐久性测试

燃料电池堆耐久性测试是评估燃料电池健康状态的测试方法，为燃料电池的老化趋势分析提供了基础。本节以车用燃料电池堆耐久性测试为例，先分别对目前常见的各循环工况进行分析，通过功率分布规律等找出它们各自的特点；再对各循环工况进行综合对比分析，为试验循环工况的选取提供参考。

1. 试验循环工况评价方法

试验循环工况的选取是决定耐久性台架试验结果有效性的关键因素。为使台架试验与实车运行情况更接近，耐久性台架试验的循环工况应尽量与车辆实际道路运行工况一致，具有实际道路运行时的特点，包含怠速、加速（加载）、减速（卸载）和匀速行驶等过程。车用燃料电池堆耐久性台架试验循环工况，还应考虑车用燃料电池堆自身的衰减特点，包含以下几个作为车用燃料电池堆衰减主要原因的典型工况。

动态循环工况：车辆实际运行过程中，随着路况变化，燃料电池堆输出功率随着载荷变化的过程，该工况会引起缺气和电压频繁变化，造成燃料电池堆的衰减。开路、低载和怠速工况：该工况会引起阴极高电势，造成燃料电池堆的衰减。过载工况：会引起缺气和水淹，造成燃料电池堆的衰减。启停工况：该工况中，环境空气的侵入会引起阴极高电势，造成燃料电池堆的衰减。

2. 常见车用燃料电池堆耐久性测试循环工况

此前，欧盟、美国、中国和日本等都根据实际道路交通情况，开发了汽车行驶工况，表现为在特定行驶环境下车辆行驶的车度 - 时间工况。根据燃料电池车的运行特征，可将汽车行驶的车速 - 时间工况进行转化，得到适用于耐久性台架试验的功率 - 时间或电流 - 时间工况。目前，很多常见车用燃料电池堆耐久性台架试验工况都是由此而来的。例如，国际电工委员会（IEC）标准、美国能源部（DOE）、法国电气试验室、同济大学和清华大学的车用燃料电池电堆耐久性台架试验循环工况等[184-187]。

（1）IEC 标准车用燃料电池堆耐久性台架试验循环工况

IEC 标准车用燃料电池堆耐久性台架试验循环工况，是参考欧盟的新欧洲行驶工况（NEDC）[188]，并将车速 - 时间工况转变为功率 - 时间工况得到的。NEDC 如图 6.71 所示。

NEDC 是针对车辆在市区和郊区行驶制定的。整个循环工况包括市区运转循环和市郊运转循环两部分，其中，市区运转循环由 4 个小的市区运转循环单元组成，每个循环单元测试时间为 195s，包括怠速、启动、加速、匀速行驶及减速停车等几个阶段，最高车速50km/h，平均车速 18.35km/h，最大加速度 $1.042m/s^2$，平均加速度 $0.599m/s^2$；市郊运转循环测试时间为 400s，最高车速 120km/h，平均车速 62km/h，最大加速度 $0.833m/s^2$，平均加速度 $0.354m/s^2$。

转化后得到的 IEC 标准车用燃料电池堆耐久性台架试验循环工况如图 6.72 所示。

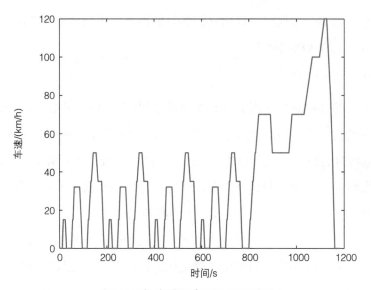

图 6.71　新欧洲行驶工况（NEDC）

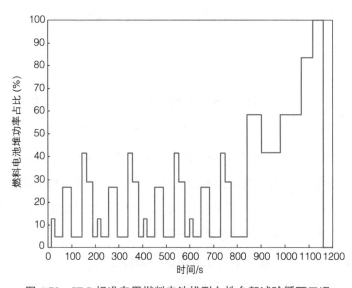

图 6.72　IEC 标准车用燃料电池堆耐久性台架试验循环工况

　　该循环工况来源于 NEDC，具有欧洲车辆日常行驶特点，一次循环耗时 1180s。与其他工况不同的是：该工况由市区循环和市郊循环两个部分组成。对比图 6.72 和图 6.71 可知，该循环工况特征与 NEDC 特征具有很强的一致性，不仅包含怠速、加速（加载），减速（减载）和匀速行驶等日常行驶中的常见工况，也包含了额定工况等特征功率点，并且每 1180s 燃料电池会经历一次启停工况。对该循环工况进行功率分布统计可知：开路、低载和怠速工况占比 41.4%，额定工况占比 3.7%。该循环工况功率分布范围广，其中在动态循环工况部分功率跨度从 5% 燃料电池堆额定功率（PE）到 100%PE，各功率占比时间合理，但缺少过载这一典型工况。

（2）DOE 车用燃料电池堆耐久性台架试验循环工况

DOE 车用燃料电池堆耐久性台架试验循环工况（DCT）在 DOE 制定的质子交换膜燃料电池堆耐久性测试标准中提出，目前已被 DOE 和美国燃料电池联盟运用。该循环工况来源于美国 SCO3 行驶工况（图 6.73）[189]。

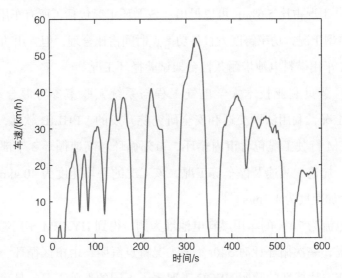

图 6.73　美国 SCO3 行驶工况

美国 SCO3 行驶工况代表美国主干线和高速公路行驶工况，具有高速度和高加速度的特点，最高车速为 129.2km/h，平均车速为 77.9km/h。将 SCO3 行驶工况中车速 - 时间工况转化为用于车用燃料电池堆耐久性台架试验的电流 - 时间工况，得到 DOE 车用燃料电池堆耐久性试验循环工况，如图 6.74 所示。

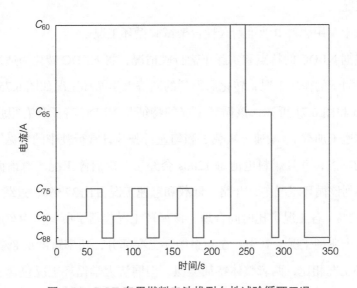

图 6.74　DOE 车用燃料电池堆耐久性试验循环工况

图 6.74 所示的工况，一次循环耗时 360s。由图 6.74 和图 6.73 对比发现，该循环工况和 SCO3 相比有一定差别，但整体变化趋势一致，具有高速度和高加速度的工况特点。该循环工况包含怠速工况、加减速工况、匀速行驶工况和额定工况等日常行驶中的常见工况。对该循环工况进行功率分布分析，得到该循环工况中开路、低载和怠速工况占比 30.0%，额定工况占比 9.7%，过载工况占比 5.6%；可以得出：该循环工况包括了所有车用燃料电池堆衰减主要原因的 4 种典型工况，功率跨度大且各功率点时间占比合理，但常用功率点过少。

（3）HYZEM 车用燃料电池堆耐久性台架试验循环工况

法国贝尔福 - 蒙贝利亚技术大学电气工程与系统实验室参考混合动力技术零排放（HYZEM）行驶工况，利用法国交通和安全研究院开发的 VEHLIB 软件，制定了 HYZEM 行驶工况。HYZEM 行驶工况包含市内循环、市郊循环和高速循环 3 个部分，每个部分都包含怠速、启动、加速、减速及停车等工况。该工况的平均速度为 40.4km/h、平均加速度为 0.71m/s^2、最大加速度为 1.3m/s^2[190]。

以测试额定电流为 70 A 的车用燃料电池堆为例，得到 HYZEM 车用燃料电池堆耐久性台架试验循环工况，一次循环耗时 540s。该工况特点鲜明，由市区循环、市郊循环和高速循环 3 个部分组成，比标准的欧盟 NEDC 工况多了不同的驾驶工况，且稳定速度运行部分要少很多。该循环工况包含了怠速、加速（加载）和减速（减载）等日常行驶中的常见工况，但缺少匀速行驶工况。对该循环工况进行电流分布统计，得到平均电流为 12.5A，最大电流变化率为 20A/s；在动态循环工况中连续加载电流从 0A 到额定电流 70A，将每个电流点都包含在内且分布均匀合理，但是该循环工况中不包含稳定电流点下的运行情况，即没有匀速行驶工况。

（4）同济大学车用燃料电池堆耐久性台架试验循环工况

同济大学根据 NEDC 的特点和实际车辆行驶情况，将 NEDC 转化为适用于车用燃料电池堆耐久性台架测试的循环工况，转化后得到的同济大学循环工况如图 6.75 所示。

对比图 6.75 和图 6.71 可知，该循环工况的特征与 NEDC 特征具有很强的一致性，不仅包含怠速、加速（加载），减速（减载）和匀速行驶等日常行驶中的常见工况，还包含额定工况等特征功率点，并且燃料电池每 1200s 会经历一次启停工况。对该循环工况进行功率分布统计，得到该循环工况中，开路、低载和怠速工况占比 37.9%，过载工况占比 2.4%，额定工况占比 9.2%，各工况占比时间合理。该循环工况包括了所有作为车用燃料电池堆衰减主要原因的 4 个典型工况，其中，在动态循环工况部分，功率跨度从 8%PE 到 120%PE。与 IEC 标准循环工况相比，两者整体特征类似，但同济大学循环工况包含了过载工况，且功率分布范围更大。

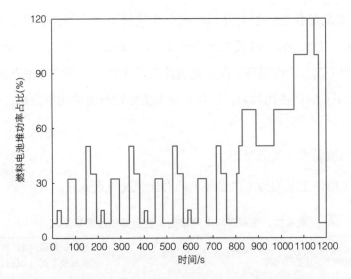

图 6.75　同济大学车用燃料电池堆耐久性台架试验循环工况

（5）清华大学燃料电池耐久性台架试验循环工况

清华大学基于中国城市公交循环工况（CCBC），通过建立仿真模型，转化得到适用于城市公交用燃料电池堆台架耐久性试验的循环工况。CCBC 如图 6.76 所示。

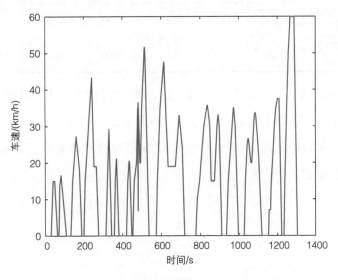

图 6.76　中国城市公交循环工况（CCBC）

CCBC 是在北京、上海和广州 3 个城市公交运行工况数据基础上开发的。整个循环工况由怠速、低速、匀速、中速和高速等 14 个工况构成，该循环一次耗时 1314s。CCBC的最高车速 60km/h，平均车速 16.1km/h，最大加速度 1.543m/s²。清华大学车用燃料电池堆耐久性台架试验循环工况分为阶段 I 和阶段 II，一次循环耗时 60min。该工况具有国内公交车日常行驶的特点，包含公交车道路运行过程中的怠速、低载运行、动态循环过程、常用工况及持续重载等状态。对工况的电流分布统计可知：开路、低载和怠速工况占比28.3%，额定工况占比51.7%，过载工况占比3.3%。该循环工况包含了导致车用燃料电池堆衰减的4个典型工况，动态循环工况中电流跨度从3.7%IE（额定功率点对应的额定电流）到120%IE，各功率点时间占比均匀，符合公交车实际运行时的功率分布，但额定功率部分时间占比较大。

3. 耐久性台架试验循环工况对比

各循环工况（启停工况均为1次循环）的对比情况见表6.12。

表6.12 车用燃料电池堆耐久性台架试验循环工况

工况名称	适用范围	工况来源	平均车速 /（km/h）	最大加速度 /（m/s²）	循环耗时 /s	开路、低载 或怠速工况 占比（%）	过载工况占比（%）	额定工况占比（%）	匀速行驶工况
IEC 标准	各类车用燃料电池堆	NEDC	33.2	0.833	1180	41.4	0	3.7	有
DOE	各类车用燃料电池堆	SCO3	77.9	—	360	30.00	5.6	9.7	有
HYZEM	各类车用燃料电池堆	HYZEM	40.4	1.3	540	46.3	0	0	无
同济大学工况	各类车用燃料电池堆	NEDC	33.2	0.833	1200	37.9	2.40	9.2	有
清华大学工况	城市公交车用燃料电池堆	CCBC	16.1	1.543	3600	28.3	3.30	51.7	有

从表6.12可知，这5种工况中，除IEC标准和HYZEM循环工况中不包含过载工况，其余均涵盖了造成车用燃料电池堆衰减的4个典型工况（动态循环工况，开路、低载或怠速工况，过载工况和启停工况）。耐久性台架试验可根据具体要求，如试验要求的道路条件、工况类型等选取相应的工况。

第7章

燃料电池混合动力系统能量管理

如何进行能量分配是燃料电池系统的重要研究课题。在探究燃料电池系统传质传热规律的基础上，分析系统电热耦合机理及其互馈作用机制，构建均匀性热量管控方法，结合高功率飞行需求及循环水路、散热风扇与加热器等热管理器件结构，建立燃料电池系统的热电协同优化是能量管理的主要目标。能量管理策略的建立需要进行多维度的考量，需要基于燃料电池系统在长时间尺度下的耐久性分析，以及系统在短时间尺度下的动态变载需求，探究不同海拔高度下大气压强、含氧量、温湿度等外在环境因素对燃料电池堆内部状态量和结构特性参数的影响；制定目标函数及约束条件，构建基于贡献度的多层级、多目标航空燃料电池系统功率分配策略，明确燃料电池与辅助储能装置在变工况多时间尺度下的功率配比，从而提升系统在复杂工况下供电输出的动态响应，保障系统的可靠稳定运行。

7.1 燃料电池混合动力系统能量管理策略概述

低碳绿色能源的电气化驱动是未来交通领域的发展方向。无论汽车、船舶还是飞机，如果仍继续采用传统燃油发动机作为动力源，将持续对化石能源需求和环境保护构成压力，在不久的将来可能出现能源危机（图 7.1）。因此，研制和开发绿色清洁、低碳环保、节能高效的新型能源来代替现有不可再生的化石能源是交通运载领域绕不开的重点议题，而交通运载领域电气化的开发应用更是实现其长期安全稳定发展的答案[191-192]。

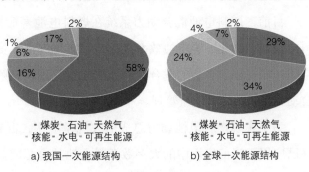

图 7.1 各类能源现状

　　燃料电池混合动力系统是一个多源、多电力电子变换器的复杂直流电源系统。燃料电池混合动力系统中包含燃料电池、动力锂电池等多个能量源，对于燃料电池来说，较大的电流纹波和功率大幅阶跃变化会对其性能造成一定的损害，在长期工作运行中会造成燃料电池系统性能衰减、寿命缩短等不良后果。锂电池的荷电状态（State of Charge，SOC）、健康状态（State of Health，SOH）和充放电电流大小是系统运行管理中所必须关注的要点，当锂电池 SOC 超出安全范围或者充放电电流过大都会直接影响锂电池的 SOH 和使用寿命，严重时还会导致锂电池的起火。能量源是驱动系统运行的根本动力，其工作寿命和运行状态直接影响系统的整体经济性。

　　燃料电池发电系统、锂电池以及负载有着不同的工作电压范围和功率等级，所以在能量源与母线连接中还需要加入功能不同的 DC/DC 电力电子变换器。DC/DC 变换器不仅能起到电压匹配的作用，还能够根据实际需求和系统优化策略控制各能量源的输出功率大小，因而 DC/DC 变换器的工作效率、动态性能和鲁棒性都必须满足燃料电池电源系统的要求。考虑到燃料电池只输出功率而锂电池（锂离子电池）既输出功率也要吸收一定的功率，因此要根据两个能量源不同的特性在 DC/DC 变换器设计中采用差异化的设计思路，不仅要保证燃料电池稳定高效地输出电能，也要使锂电池发挥稳定母线电压、平衡负载功率、吸收回馈能量的作用。

　　燃料电池混合动力系统拓扑结构上存在多能量源、多电力电子变换器交联工作的复杂特征，且各个模块的动态响应时间不同，同时源与负载之间存在电压和功率不匹配的问题。当负载需求功率变换范围较大、变化速度较快时，如何让电推进系统在任意时刻都能够很好地满足负载功率需求，计算好各能量源之间的功率分配是实现燃料电池混合动力系统长时间稳定的关键。这一问题涉及多能量源之间功率协调分配、能量源优化管理、系统整体效率优化等问题，而良好的混合动力系统能量管理策略是解决上述问题的关键。良好的能量管理策略不仅能够合理分配负载需求功率、确保系统长时间稳定运行，还可以有效延长燃料电池和动力锂电池的使用寿命、提高系统运行效率、提升系统整体经济性。

　　目前，燃料电池混合动力系统在燃料电池寿命提升、动力锂电池 SOC/SOH 保持、燃料电池效率优化、锂电池效率优化、系统氢气消耗量最小的计算等方面仍存在较大的研究空间，需要寻求合适的混合动力系统能量管理策略解决并优化上述问题，完成燃料电池混合动力系统的综合能量管理。

　　为了实现燃料电池动力总成的大规模应用，混合动力总成成为一种可能的解决方案，并已应用于当前应用中的大多数燃料电池动力总成。该系统基于混合动力系统，通过提供瞬时动力以达到更高的动态性能。而混合动力系统通常包含燃料电池等辅助电源装置和储能装置。储能装置可以使用锂离子电池、超级电容、液流电池等功率密度高的电源来构建混合供电系统。例如，混合动力总成可以设计为质子交换膜燃料电池＋锂离子电池、质子交换膜燃料电池＋超级电容，甚至可以设计为质子交换膜燃料电池＋锂离子电池＋超级电容等三重功率组件。在这些混合系统中，质子交换膜燃料电池为负载需求功率的主要部分，提供主要能量，锂电池和超级电容作为辅助能源，提供负载需求的瞬时功率。混合动力系统不仅可以克服质子交换膜燃料电池动态响应差的缺点，而且可以在负载波动时通过辅助能源（储能）装置吸收瞬时功率。

　　燃料电池动力系统是混合动力系统，其动态响应缓慢。因此，在计算出总功率需求后，如何在不同能源之间分配该功率将成为设计过程中的主要挑战。从系统的角度看，必须控制不同能源之间的功率流，以提高系统的整体效率并确保其正常运行。这种控制意味着开发合适的能量管理策略对于动力系统不同能源之间的功率分配起着关键作用。虽然混合动力系统可以兼顾高能量密度、高功率密度和优化的系统性能，但对于混合动力系统的高非线性和多电源之间的强耦合性，只有合理设计混合动力系统的能量管理策略才能确保系统高效稳定运行。

　　能量管理策略是一种顶层控制策略，其基本思想是平衡不同功率源之间的功率需求，以便各功率源根据驾驶需求功率及内部参数的不同输出不同的功率，更具体地说，它的作用是通过设计配电规则或算法，计算出主电源和辅助电源的输出功率，使混合供电系统实现优质电能的输出，以满足负载的需求。

　　不同的能量管理策略下的混合动力系统的总功率需求是相同的，但每种功率源的功率分布是不同的。因此，能量管理策略可以影响各种参数，如燃料消耗、能源的大小和能源的寿命。能量管理策略的主要目标是优化以下标准之一：氢耗、混合储能系统的质量和体积、混合储能系统的动态性能、燃料电池寿命、总成本及系统安全。根据制定的策略，可以同时优化多个标准，合理设计的能量管理策略可以在负载功率精确匹配的基础上进一步优化系统性能。高成本或短寿命等影响燃料电池应用的问题可以通过设计相应的优化目标函数和能量管理策略进行优化。然而，燃料电池在高动态运行条件下容易受损，输出功率需求的快速变化可能导致不可逆的内部损坏。因此，设计合适的能量管理策略可以使燃料电池输出功率在其高效率范围内，以提高系统能量利用率，也可以保证燃料电池在小应力下运行，减缓其老化和退化过程。

　　在实际应用中，混合动力系统可能面临储氢水平不足、辅助储能不平衡、负载功率需求过大等诸多不良运行状况。虽然设计合理的能量管理策略可以防止上述不良情况的发生，但在系统运行过程中总会出现不可避免的紧急情况，使系统脱离理想的运行状态。因此，有必要研究能量管理策略的耐受能力，确保系统可以恢复到理想的运行范围。

当储氢不足时，能量管理策略需要降低燃料电池输出功率并增加辅助能量输出功率以匹配负载需求功率，这样虽然会降低系统效率，但节省的氢气有助于克服关键时刻的大功率负载需求。系统的另一个常见不良情况是辅助能量存储不足，由于燃料电池不能提供瞬时负载需求功率，辅助能源是补偿功率需求的核心，当辅助储能水平不足时，系统会变得不稳定。因此，当系统在这种不良状态下运行时，能量管理策略需要让燃料电池输出额外的功率来为辅助能源装置充电。为了防止辅助储能水平在理想区间和非理想区间之间频繁交叉，能量管理策略还需要设计滞后环策略，使辅助储能水平可以恢复到理想运行状态。除了上述主电源和辅助能源系统出现的不良情况，混合电源系统中负载功率也可能超出电源的安全输出范围。在这种情况下，能量管理策略需要保证系统中的每个电源在其安全功率输出范围内匹配负载需求功率。

综合以上讨论可以看出，能量管理策略除了实现精确的负载匹配，还需要具备使系统远离不良情况的能力。由此可以得出结论，混合供电系统的能量管理策略需要注重分层方法的设计，以实现系统更稳定、长寿命、更高效的运行。

7.2 燃料电池混合动力系统总成拓扑

燃料电池混合动力系统运行时，燃料电池为系统提供主要能源，辅助储能装置则在汽车启动等阶段为系统提供所需的额外能量，并回收减速、制动环节中的多余能量。超级电容（Super Capacitor，SC）与动力电池（Battery，B）以其存储电能力强及功率密度较高等特性被广泛作为辅助储能装置应用于混合动力系统。目前，燃料电池混合动力系统根据使用储能装置的种类不同，可分为混合单储能装置与混合多储能装置两类。

7.2.1 燃料电池混合单储能装置

燃料电池混合单储能装置中，燃料电池直连负载是最为简单的一种结构。燃料电池与电池经 DC/DC 变换器直接并联时，母线电压将直接决定燃料电池与储能装置的电压等级，基于这一结构进行燃料电池混合电池系统控制，会使系统经济性与续航能力得到有效提高。相比动力电池，超级电容可以对燃料电池进行电压跟随，因此本田公司的 FCX-V3 混合动力汽车在不引入变换器进行电压转换的情况下，采用了燃料电池直接并联超级电容结构。为解决母线电压对辅助电源端电压的限制，并控制储能装置荷电状态（State of Charge，SOC），还可以如图 7.2 所示，在辅助电源与母线间加入一个双向 DC/DC 变换器以调节燃料电池和辅助储能装置间的能量转换，丰田公司的 FCHV 系列产品即采用了类似的改进结构。

　　燃料电池直接并联结构的控制策略较为单一，适用于系统中燃料电池堆尺寸较大，可匹配母线电压的情况。然而，混合动力系统中各组件和负载电压不同时，直连母线结构一方面难以实现系统能量管理，另一方面也将导致燃料电池需要承受母线功率波动，进而影响其寿命健康。如图 7.3 所示，燃料电池后串联单向 DC/DC 变换器的间接结构可改善直接并联结构存在的不足[193]。

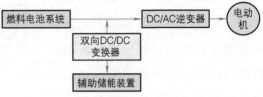

图 7.2　燃料电池直接并联储能装置拓扑结构

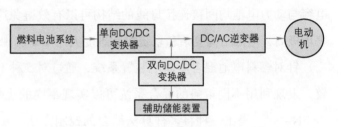

图 7.3　燃料电池间接并联储能装置拓扑结构

　　通过调整间接并联结构中单向 DC/DC 变换器的开关频率与电流，可以解决电压不匹配的问题，实现对燃料电池输出功率的控制。目前，梅赛德斯奔驰的 F-CELL 燃料汽车与丰田的 Mirai 等产品均选择在燃料电池混合电池的配置上采用这一结构。以 Mirai 为例，相比最初燃料电池直连母线的概念模型，改进的结构使燃料电池的输出电压从 315V 提高到了 650V，系统尺寸有效减小，车辆成本也随之降低。燃料电池间接连接母线时，辅助储能装置仍然直连母线的结构将对储能装置元器件有严格的电压要求。储能装置的输出作为调节母线电压的被控量，也将进而控制燃料电池的输出电压，不利于燃料电池系统的维护和使用。因此，可以如图 7.3 所示在辅助储能装置与母线间接入双向 DC/DC 变换器，解除母线电压限制，并通过控制储能装置 SOC 更好地回收制动能量。

　　在混合单一储能装置的不同拓扑结构中，燃料电池和辅助储能装置均间接并联的结构目前被认为最具实用意义，如 BERNARD 等[194]对基于此结构的燃料电池混合电池系统进行优化，提出一种基于物理约束的控制方法，有效延长了燃料电池寿命。然而，由于特性相异，单独使用始终不能最大程度发挥不同储能装置的作用，因此在混合动力系统中引入两个辅助储能装置的结构被进一步提出。

7.2.2　燃料电池混合多储能装置

　　目前，混合多储能装置系统中通常如图 7.4 所示，使用燃料电池间接并联动力电池以及超级电容，前者能量密度高，但充放电时间长；后者功率密度高，瞬态响应快，但维持时间短。混合结构中，动力电池作为主要辅助装置为系统提供负载变化时的功率补偿，超级电容则在加速、爬坡等阶段提供能量，并进行制动能量回收。直连母线的方式有利于超级电容快速回收制动能量，但是当超级电容与母线电压不匹配时电解液易分解，进而缩短超级电容的使用时间。超级

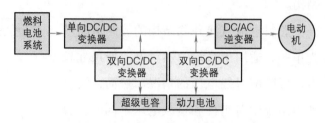

图 7.4　燃料电池并联多储能装置拓扑结构

电容与动力电池均间接连接母线的结构可以有效避免这类电压限制，在理论方面系统性能表现极高，但因结构复杂和系统控制难度大而不易实现[195]。

针对燃料电池混合多储能装置系统，通过对 5 种不同的经典控制策略进行定性分析比较，发现利用不同策略的混合系统可以实现不同的优化目标，具有较好的能量管理效果。EREN 等[196]提出一种将多种算法结合的控制方法，在稳定系统电压的同时有效降低了氢耗；LI 等[197]发现在混合动力系统能量优化过程中避免电池和超级电容间的功率传输有助于提升系统性能表现，通过与单一混合电池系统对比，发现在氢耗相近时加入超级电容可以减少功率波动并延长系统寿命。

总的来看，燃料电池混合系统拓扑结构主要区别在于燃料电池及储能装置后是否接有单向或双向 DC/DC 变换器。不同结构特性的具体对比见表 7.1，设计中应根据系统需求、成本控制等因素进行权衡后选择适当的拓扑方案。

表 7.1　燃料电池混合动力系统拓扑结构对比

燃料电池	辅助装置	优点	缺点
直接并联 单个装置	直接并联	结构简单	系统易故障、寿命短
	间接并联	可控性强	辅助装置电压限制
间接并联 单个装置	直接并联	能量利用率高	功率调整速度慢、成本高
	间接并联	系统稳定、兼容性强	结构复杂 控制难度高
间接并联多个装置	直接并联	系统性能好	
	间接并联	工作效率高	

（1）纯燃料电池动力系统

纯燃料电池动力系统（FC）使用燃料电池提供所有负载需求功率，其结构如图 7.5 所示。该动力系统结构的优点是操作和控制简单，但其问题也比较突出：

1）燃料电池动态输出响应疲软，无法提供车辆在加速、起步等运行状态所需的功率，对整车性能有影响。

2）随着负载所需功率的变化，无法一直满足燃料电池在最佳功率点附近工作，影响燃料电池的使用寿命，对整车的经济性有影响。

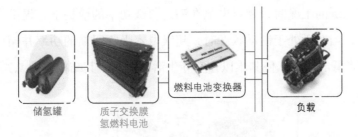

图 7.5　纯燃料电池动力系统结构

3）燃料电池只能单向输出，当车辆处于制动回馈功率状态时，无法回收多余的功率，造成能量的浪费。

综上所述，纯燃料电池动力系统无法满足当前燃料电池汽车所要求的经济性与可控性，所以需要增加一些其他辅助能源进行控制优化，以满足各种运行状态的功率需求，并实现能量的回馈吸收。

（2）燃料电池与蓄电池混合动力系统

燃料电池的输出特性疲软，启动时间长，无法满足变化较大工况所需求的功率，而蓄电池可以作为辅助能源，在爬坡、加速或启动工况时，和燃料电池一起提供所需的峰值功率，从而降低对燃料电池动态特性的要求[189]。当车辆处于制动状态时，蓄电池还可以吸收回馈的功率，提高整车效率。燃料电池与蓄电池混合动力系统是当前的主流系统结构，其结构如图 7.6 所示。

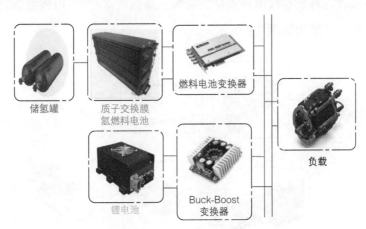

图 7.6　燃料电池与蓄电池混合动力系统结构

该结构需要注意蓄电池的荷电状态 SOC，当 SOC 处于较高值时，需要控制双向 DC/DC 变换器的开关，避免蓄电池过充；同样，当 SOC 较低时，应减少蓄电池的输出功率以减少蓄电池的寿命衰减。

（3）燃料电池与超级电容混合动力系统

超级电容具有快速充电放电的特性，当车辆启动或加速时，超级电容提供额外的功率；当车辆处于平缓的工况时，燃料电池在满足负载功率的前提下，提供多余的功率对超级电容进行充电；当车辆处于制动状态时，超级电容吸收回馈的功率并储存起来。但超级电容具有能量密度低的缺点，使其难以在实际生活中应用，其结构如图 7.7 所示。

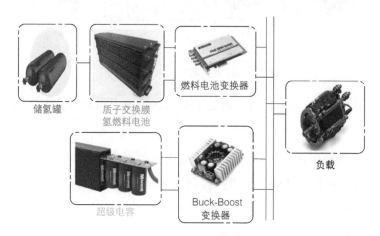

图 7.7　燃料电池与超级电容混合动力系统结构

（4）燃料电池与蓄电池和超级电容混合动力系统

此类混合动力系统结构是在燃料电池与蓄电池混合动力系统的基础上加了超级电容，蓄电池充放电循环次数有限且难以实现短时间大功率充电，因此加入超级电容作为能量缓冲器，减少能量吸收与释放对蓄电池寿命的影响，降低成本[198]。但该混合动力系统结构复杂，操作难度较高。其结构如图 7.8 所示。

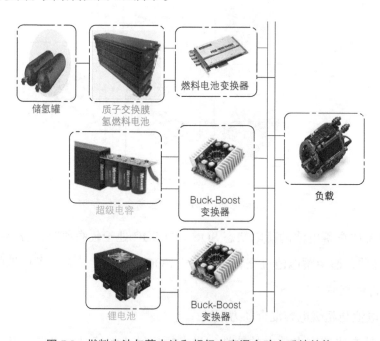

图 7.8　燃料电池与蓄电池和超级电容混合动力系统结构

7.3 能量管理策略介绍

能量管理策略作为燃料电池与辅助储能装置之间的功率分配器，是整个燃料混合动力总成系统的核心。在前人研究的基础上，出现了许多控制策略，如初始线性规划、PID 控制、状态机控制等。此外，新颖的动态规划技术、模糊逻辑控制、模型预测控制和最优控制理论在实际应用中均表现出良好的优化性能，其中一些策略已经在真实车辆中进行了模拟或测试。根据能量管理策略的原理将其可以分为三类：基于规则的策略、基于优化的策略和基于机器学习的策略。在以下部分中，将讨论一些典型的能量管理策略[199-205]。

（1）基于规则的策略

基于规则的策略主要通过设置车辆的运行规则来确定混合动力系统的工作状态。根据规则的性质，这类策略可进一步分为基于确定性规则的控制方法和模糊逻辑的控制方法。基于确定性规则的策略简单易实现，而基于模糊逻辑的策略具有更强的鲁棒性和更好的适应性。一般而言，基于规则的策略易于应用，计算量较小，但控制参数的确定通常基于经验。这种依赖性使得最优控制难以实现，不适合动态工况，最终甚至导致燃油经济性降低和控制效果不佳等问题出现。

状态机控制作为确定性基于规则策略中的经典策略，根据实际交通对负载的驱动要求将问题划分为有限状态，并在它们之间进行转换。状态数量的增加同时提高了控制效果和复杂度。文献 [200] 设计了一种基于下垂控制的状态机策略来协调多个电源，该策略中定义了五种状态，通过调节两个单向 DC/DC 变换器和双向 DC/DC 变换器，在燃料电池、蓄电池和超级电容之间分配功率，并对有轨电车全周期进行真实评估，可以快速满足功率需求，提高系统效率，同时混合动力系统的氢消耗量也有所增加。

恒温控制作为另一种典型的基于确定性规则的策略，其结构简单且控制参数少，适合用于实时控制。该方法的基本思想是根据电池荷电状态保持燃料电池在恒定工作点运行。LI 等人[201] 提出了一种具有驾驶模式识别功能的优化恒温器控制策略。通过遗传算法在特定驾驶条件下的参数优化，策略可以在相应条件下自动切换。仿真结果表明，在保持恒温控制优势的同时，动态条件下具有更好的经济性能。

考虑到混合动力系统往往具有强耦合和非线性的特点，状态机控制往往随着动力源的增加而变得更加复杂，鲁棒性也较差。因此，模糊逻辑控制作为状态机控制的一种抽象，因其较低的模型依赖性而受到越来越多的关注。基于"If-Then"规则和隶属函数，经典的模糊控制甚至扩展到预测模糊控制、自适应模糊控制和小波变换模糊控制。文献 [202] 制定了模糊逻辑能量管理策略，以保护燃料电池并确保效率。该策略使燃料电池高效率运行并在可承受的功率斜率内产生增量功率输出。试验结果表明，增量模糊逻辑能量管理策略有效地平滑了燃料电池功率。通过回溯搜索算法和顺序动态规划优化参数，文献 [203] 提出了一种基于模糊逻辑控制的燃料电池混合动力挖掘机系统的能量管理策略。该策略不仅提高了氢经济性和车辆性能，还增强了辅助动力装置的充电维持能力。

（2）基于优化的策略

对于燃料电池混合动力系统，基于优化的策略旨在通过在约束条件下求解目标函数的最小值来找到系统的全局或局部最优解，一般侧重于计算燃料电池的最佳功率点，从而大大降低混合动力系统的氢消耗。

作为典型的基于全局优化的策略之一（图 7.9），动态规划是许多实际交通应用中最常用的功率分配技术。该策略通常将优化问题分解为一系列子问题，然后根据每个离散时间步长计算成本函数，最后得到每一步成本最小的路径，从而获得全局优化。为了分配燃料电池

全局离线优化	动态规划	庞特里亚金
	无限时间跨度	协态变量 全局优化
	有限滚动时域	等效消耗 瞬时优化
实时在线优化	模型预测	等效消耗最小化

图 7.9　两种策略对比

混合动力系统的功率，文献 [204] 提出了一种基于动态规划的动态高效能量管理策略，通过对能量管理策略进行定量分析，仿真结果表明该策略可以在满足功率需求的同时减少计算时间。为了解决燃料电池混合动力系统的氢经济性和系统效率问题，文献 [205] 提出了另一种基于双环动态规划策略的能量管理策略，该策略分析了状态变量的不同离散步长对结果的影响，同时选择了保证精度和减少计算时间的离散步长。与另一种基于凸规划的方法相比，基于动态规划的策略可以获得更好的优化结果。此外，为了减少计算时间，可以通过基于凸规划的方法改进基于动态规划的策略。

另一种基于全局优化的策略，庞特里亚金最小原则（PMP）也可以为混合动力系统确定已知驱动循环下的最优分配策略。该算法适用于动态控制系统，尤其适用于约束系统。与基于动态规划的策略相比，基于 PMP 的策略通过引入共态，将全局优化问题转化为瞬时优化问题。CHENG 等人 [206] 提出了一种基于 PMP 的 EMS，并通过粒子群优化算法获得了适当的容量配置结果，仿真结果验证了该策略能够有效地提高经济性。然而该策略的初始值与驾驶循环的先验知识有关，这会限制该策略的在线应用，HARRAG 等人 [207] 为不确定的驾驶循环提供了一种在线共态更新方法使该理论可以实时使用，通过在 PMP 中加入带有权重系数的燃料电池功率变化限制因素来抑制功率变化，可以提高燃料电池的耐用性。此外，仿真结果还表明，该理论可以有效降低运行成本。

等效消耗最小化策略（ECMS）是瞬时优化的代表。它可以将一个全局优化问题转化

为瞬时问题，然后为燃料电池混合动力系统瞬时分配功率。对于燃料电池/蓄电池/超级电容混合系统，FLETCHER 等人[208] 提出了一种基于 ECMS 的 EMS，以提高燃料电池的寿命和燃料经济性。该系统采用 ECMS 和自适应低通滤波器方法，可以保证燃料电池在较高效率范围运行，同时还可以降低氢气消耗。为了比较 ECMS 的性能，FLETCHER 等人[209] 对状态机控制、PI 控制和 ECMS 进行了对比分析。分析表明 ECMS 可以得到很好的优化结果，状态机控制有更好的响应，而经典的 PI 控制则会消耗更少的氢气。

（3）基于机器学习的策略

目前的能量管理策略大多基于依赖专家经验的预测算法或规则，因此存在对驾驶条件适应性差的缺点。基于机器学习的策略可以通过利用具有实时和历史信息的大型数据集，来获得最佳控制以克服这一弱点。此外，它还可以为混合动力系统提供无模型控制。

作为最流行的基于学习的方法之一，基于强化学习的能量管理策略可以解决传统能量管理策略的部分缺点（图 7.10）。该算法是基于马尔可夫决策过程的问题开发的，该过程假设未来状态仅受当前状态影响。文献 [210] 为燃料电池混合动力汽车开发了一种基于强化学习的智能策略，并使用欧洲循环驾驶工况作为模拟负载工况。仿真结果表明，该策略不仅提高了系统效率，而且延长了电池的使用寿命。文献 [211] 还为燃料电池混合系统采用了强化学习算法，该系统使用蓄

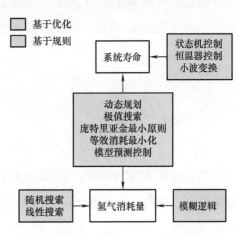

图 7.10　基于优化和基于规则的算法融合

电池和超级电容作为辅助动力单元，所提出的策略使用模糊滤波器来改进强化学习算法，并结合 ECMS 来优化燃料电池寿命和用氢经济性。与其他传统策略相比，这些基于学习的策略具有许多优势，如计算时间更少、模型复杂度更低和准确性更高等。然而，学习时间长、数据准备要求等问题阻碍了它们在大规模商业应用中的渗透。

在这种类型的策略中，可以实施几种算法，如时间蒙特卡罗、Q 学习和其他一些算法，但各有优缺点。例如，将 Q 学习算法和深度学习相结合的深度 Q 学习，利用神经网络代替查找表来克服传统 Q 学习的不稳定性。在燃料电池混合动力系统中实施深度 Q 学习可以提高燃料经济性。因此，基于强化学习的方法可以在未来进一步应用。

7.3.1　有限状态机能量管理策略

有限状态机（Finite State Machine，FSM）理论早期在数字电路设计中有所应用，后来

在软件设计领域、通信协议领域有所发展，如今也成为能量管理策略中的一种常用策略方法。其本质是根据系统实时状态以及与此状态相关因素的状态驱动系统，从而改变系统当前状态。最小有限状态机包括有状态集 Q、有穷输入集 T、状态迁移函数 R、初始状态 q_0 以及有穷状态输出集 W，所以有限状态机也可用数学表达式表达成一个五元组。

$$M = (Q, T, R, q_0, W) \tag{7.1}$$

有限状态机理论常用于实时变化的系统中，通过分析外部因素对系统状态的影响，改变系统状态。若对于有状态集 Q、有穷输入集 T 以及状态迁移函数 R 都有确定的值，则称这类有限状态机为确定性有限状态机（Deterministic Finite State Machine，DFSM）。

蓄电池的荷电状态 SOC 是燃料电池混合动力系统能量管理中功率分配的重要依据之一，根据蓄电池 SOC 在不同的工作状态区间，如图 7.11 所示将有限状态机能量管理策略分为三部分：LSOC 模式，MSOC 模式以及 HSOC 模式[194]。

图 7.11　蓄电池不同工作状态

当蓄电池 SOC ≤ 40% 时，能量管理系统工作在 LSOC 模式下，此时应当尽量减少蓄电池放电，以免造成蓄电池荷电状态过低，同时根据负载工况的不同尽量让燃料电池的输出功率在额定功率附近，在满足负载功率的前提下为锂离子电池充电。

当 40% < 蓄电池 SOC ≤ 80% 时，能量管理系统工作在 MSOC 模式下，此时蓄电池 SOC 适中，可根据负载功率控制燃料电池的输出功率，既可以让燃料电池在提供负载功率的前提下为蓄电池充电，又可以让燃料电池与蓄电池一同为负载提供功率，因此该工作模式应控制蓄电池适当提供负载功率，让燃料电池工作在额定功率区间。

当 80% < 蓄电池 SOC 时，能量管理系统工作在 HSOC 模式下，此时由于蓄电池 SOC 较高，应当避免对锂离子电池过充，同时尽量合理地控制蓄电池的输出功率以满足负载功率需求，使其 SOC 减小到合适的范围内。

7.3.2　模糊逻辑控制能量管理策略

经典控制技术根据物理学、化学、力学等特征可推导出复杂的模型方程，但在实际控制中，系统大部分是多输入多输出系统，多个输入之间又相互有影响，这使得控制变得十分复杂。模糊逻辑控制理论提供了更能体现人类思维的逻辑模式，利用一系列逻辑规则，反映输出与输入的关系。模糊逻辑控制器包括模糊化、规则库、模糊推理以及解模糊四个过程，模糊化的作用是选择模糊控制器的输入量，将其转换为控制器可以识别的模糊量；规则库是根据以往研究经验所得的模糊逻辑规则，应对具体的应用选择不同的规则库；模糊推理是实现推理决策的过程；解模糊是将模糊量转换为控制输出量。其控制原理如图 7.12 所示。

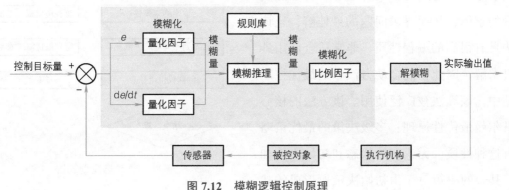

图 7.12　模糊逻辑控制原理

根据不同的工况下的负载需求功率，需要通过能量管理控制策略分配主动力源与辅助动力源的输出功率，同时在不同工况下对蓄电池的荷电状态和燃料电池进行约束。使用模糊逻辑控制作为能量管理控制策略，可以提高燃料经济效应以及系统效率。

该策略为了使燃料电池工作在高效区域，并保持蓄电池的荷电状态在合适的范围内，设计了复合模糊逻辑控制策略。根据 $P_{req}=P_B+P_{FC}$，定义 α 为燃料电池系统输出功率比例系数为

$$\alpha = \frac{P_{FC}}{P_B} \tag{7.2}$$

主模糊控制器输出的主分配系数 α 与子模糊控制器输出的修正分配系数 α_0 相加便可得到燃料电池输出功率分配系数 α，K_p、K_{bat} 以及 K_α 分别是负载需求功率 P_{req}、蓄电池 SOC 以及蓄电池 SOC 与目标 SOC 的差值 ΔSOC 模糊化的量化因子。当蓄电池 SOC 较低时，模糊逻辑控制器会输出较高的 α，让燃料电池在提供负载需求功率的同时为蓄电池充电；当蓄电池 SOC 较高时，模糊逻辑控制器会输出适中的 α，根据具体工况决定蓄电池是否辅助放电，如图 7.13 所示。

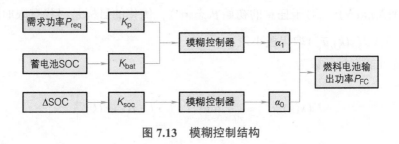

图 7.13　模糊控制结构

7.3.3 动态规划能量管理策略

动态规划算法是一种数学优化方法（图7.14），由贝尔曼（Bellman）提出，常用来求解多阶段决策优化问题。该算法基于贝尔曼最优性原理，通过对每一时刻下所有可能决策量的求解，从而寻求问题的最佳解，且该方法具有很高的编程性质，非常适合使用计算机求解，因此在混合动力汽车的最优控制问题中，该算法被广泛使用。该方法的核心是贝尔曼最优性原理：多级决策的最优策略具有这种性质，无论初始状态和初始决策如何，其余的决策对于由初始决策所形成的状态来说，必定也是一个最优策略。

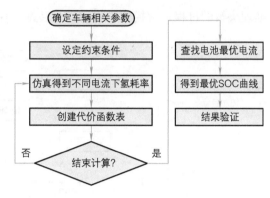

图7.14 动态规划算法

可以用一句话概括：每个最佳策略只能由最佳子策略组成。这个原理可以归结为一个基本的递推公式，在求解多级决策过程的问题时，从末端开始，到始端为止，逆向递推[212]。

给出一类离散时间非线性系统

$$x(k+1) = F(x(k),u(k))$$
$$= f(x(k)) + g(x(k))u(k), k = 1,2,\cdots,N \tag{7.3}$$

其中，$x(k) \in \boldsymbol{R}^n$ 是状态量，$u(k) \in \boldsymbol{R}^m$ 是控制量，$x(1)$ 是初始状态量。状态 $x(1)$ 在控制序列 $\bar{u}_1^N$ 作用下的性能指标函数定义为

$$J(x(0),\bar{u}_1^N) = \sum_{k=0}^{N-1} U(x(k),u(k)) \tag{7.4}$$

这里的 $\forall x(k),u(k),U(x(k),u(k)) \geq 0$ 是惩罚函数。式（7.4）中控制序列 $\bar{u}_1^N = (u(1), u(2),\cdots,u(N))$ 是有限长度的，定义控制序列 $\bar{u}_1^N$ 的长度为 N，非线性系统从状态 $x(1)$ 开始在控制序列 $\bar{u}_1^N$ 作用下的运行轨迹为 $x(2) = F(x(1),u(1))$，$x(3) = F(x(2),u(2)),\cdots,$ $x(N+1) = F(x(N),u(N))$。对于任意的初始状态 $x(1)$，优化的目标是寻找有限时间容许策略 $\bar{u}_1^N$，使成本函数 $J(x(k),\bar{u}_k^N)$ 取得极小值。

定义最优性能指标函数为

$$J^*(x(k),\bar{u}_1^N) = \min_{u(k),u(k+1),\cdots,u(N)} \left\{ \sum_{i=k}^{N} U(x(k),u(k)) \right\} \tag{7.5}$$

去效用函数为二次型函数，即 $U(x(k),u(k)) = x^{\mathrm{T}}(i)\boldsymbol{Q}x(i) + u^{\mathrm{T}}(i)\boldsymbol{R}u(i)$，其中 $\boldsymbol{Q}$ 和 $\boldsymbol{R}$ 是合适维度的常数矩阵。将大括号内累加和分解成两部分，其中一部分是第 k 时刻的成本函数，另一部分是从第 $k+1$ 时刻开始到第 N 时刻成本函数的累加和，即

$$
\begin{aligned}
J(x(k),u_k^N) &= \sum_{i=k}^{N} (x^{\mathrm{T}}(i)\boldsymbol{Q}x(i) + u^{\mathrm{T}}(i)\boldsymbol{R}u(i)) \\
&= x^{\mathrm{T}}(k)\boldsymbol{Q}x(k) + u^{\mathrm{T}}(k)\boldsymbol{R}u(k) + \sum_{i=k}^{N} U(x(i),u(i)) \\
&= x^{\mathrm{T}}(k)\boldsymbol{Q}x(k) + u^{\mathrm{T}}(k)\boldsymbol{R}u(k) + J(x(k+1),\bar{u}_{k+1}^N)
\end{aligned}
\tag{7.6}
$$

则最优性能指标函数 $J^*(x(k))$ 为

$$
\begin{aligned}
J^*(x(k)) &= \min_{u(k)} \{ x^{\mathrm{T}}(k)\boldsymbol{Q}x(k) + u^{\mathrm{T}}(k)\boldsymbol{R}u(k) + J^*(x(k+1)) \} \\
&= \min_{u(k)} \{ U(x(k),u(k)) + J^*(x(k+1)) \}
\end{aligned}
\tag{7.7}
$$

式（7.7）被称为动态规划的基本递推方程。

上述递推关系由最后一级开始，由后向前逆向递推为

$$
J^*(x(k),N) = \min_{u(N)} \{ U(x(N),u(N)) \}
\tag{7.8}
$$

对于任何的 $x(N)$，式（7.7）是函数 $U(x(N),u(N))$ 对 $u(N)$ 的最小化问题。首先对所有的 $x(N)$ 解方程，然后应用递推方程逆向递推，算出 $J^*(x(N-1)),J^*(x(N-2)),\cdots,J^*(x(1))$。

标准动态规划算法包括两个过程。首先，由式（7.5）向后求解以搜索最优成本 $J^*(x(k))$ 以及每个状态 $x(k)$ 的相关最优控制策略 $u(k)$；其次，通过状态方程向前计算以恢复最佳状态轨迹和最优控制序列。这是一种使用量化和插值来解决程序的标准数值方法。状态变量在离散空间中，仅在每个阶段状态变量的网格点处评估成本函数 $J(x(k))$。因此，下一个状态变量 $x(k+1)$ 并不能完全保证是网格点处的取值，此时最优成本函数 $J^*(x(k+1),k+1)$ 的值需要通过线性插值确定[199]。

7.3.4 等效氢耗最小能量管理策略

基于等效氢耗最小的能量管理策略将混合动力系统中能量源的电能消耗等效成氢气消耗，然后对混合动力系统总体的燃料消耗量进行优化，通过计算瞬时最小氢耗，对负载需求功率进行优化分配，使得燃料电池混合动力系统氢气消耗最小，从而提升了系统运行经济性。该种能量管理策略最早出现在燃油/蓄电池混合动力系统当中，随着燃料电池技术的发展以及交通电气化技术的进步，基于等效氢耗最小的能量管理策略被广泛应用到燃料

电池混合动力系统当中，目前已在燃料电池电动汽车、有轨电车等地面交通工具中有着较为深入的研究和应用[213]。

燃料电池混合动力系统总的瞬时氢耗量 C_{sys} 由燃料电池瞬时氢耗 C_{fc} 和动力锂电池瞬时等效氢耗 C_{bat} 组成为

$$C_{sys} = C_{fc} + kC_{bat} \tag{7.9}$$

式中，k 为修正系数，表示为

$$k = 1 - \frac{2\mu[S - 0.5(S_h + S_l)]}{(S_h - S_l)} \tag{7.10}$$

式中，μ 为动力锂电池 SOC 平衡修正系数，S 为动力锂电池当前 SOC 值，S_h 为动力锂电池 SOC 上限，S_l 为动力锂电池 SOC 下限。

燃料电池瞬时氢耗量 C_{fc} 与燃料电池输出功率 P_{fc} 的关系可以表示为

$$C_{fc} = \frac{P_{fc}}{\eta_{fc}Q_{lhv}} \tag{7.11}$$

式中，η_{fc} 为燃料电池发电装置运行效率，Q_{lhv} 为氢气低热值。燃料电池氢气消耗量与燃料电池输出功率近似为线性函数关系，可以表示为

$$C_{fc} = aP_{fc} + b \tag{7.12}$$

动力锂电池瞬时等效氢耗量 C_{bat} 与动力锂电池瞬时功率 P_{bat} 大小有关，其中还涉及电能与氢气蕴含能量的换算，表达式为

$$C_{bat} = \begin{cases} \dfrac{P_{bat}C_{fc\_avg}}{\eta_{dis}\bar{\eta}_{chg}P_{fc\_avg}} & P_{bat} \geq 0 \\[3mm] P_{bat}\eta_{chg}\bar{\eta}_{dis}\dfrac{C_{fc\_avg}}{P_{fc\_avg}} & P_{bat} < 0 \end{cases} \tag{7.13}$$

式中，P_{bat} 为动力锂电池瞬时功率，C_{fc_avg} 为燃料电池平均瞬时氢耗量，P_{fc_avg} 为燃料电池平均输出功率，η_{dis} 为锂电池瞬时放电效率，η_{chg} 为动力锂电池瞬时充电效率，$\bar{\eta}_{dis}$ 为动力锂电池平均放电效率，$\bar{\eta}_{chg}$ 为动力锂电池平均充电效率。

针对动力锂电池效率模型，本节采用一阶 RC 等效电路模型进行表达。

$$\begin{aligned} H_{dis} &= \frac{1}{2}\left(1 + \sqrt{1 - \frac{4R_{dis}P_{bat}}{U_{OCV}^2}}\right) & P_{bat} \geq 0 \\[3mm] \eta_{chg} &= 2\left(1 + \sqrt{1 - \frac{4R_{chg}P_{bat}}{U_{OCV}^2}}\right)^{-1} & P_{bat} < 0 \end{aligned} \tag{7.14}$$

式中，R_{dis} 和 R_{chg} 分别为动力锂电池在放电和充电工作过程中的内阻，U_{OCV} 为动力锂电池开路电压大小。因为动力锂电池内阻很小且随锂电池 SOC 变化不明显，所以本节不区分锂电池充放电内阻的差异，统一用锂电池内阻 R_{bat} 表示，可将式（7.14）简化为

$$H_{dis} = \frac{1}{2}\left(1 + \sqrt{1 - \frac{4R_{bat}P_{bat}}{U_{OCV}^2}}\right) \quad P_{bat} \geq 0$$

$$\eta_{chg} = 2\left(1 + \sqrt{1 - \frac{4R_{bat}P_{bat}}{U_{OCV}^2}}\right)^{-1} \quad P_{bat} < 0$$

（7.15）

基于等效氢耗最小原理的能量管理策略以燃料电池混合动力系统瞬时氢耗最小为优化目标，如下式

$$\min(C_{sys}) = \min(C_{fc} + kC_{bat})$$

（7.16）

最小等效氢耗求解公式的约束条件为

$$S_l \leq SOC \leq S_h$$
$$-P_{bat_{charge_{max}}} \leq P_{bat} \leq P_{bat_{discharge_{max}}}$$
$$P_{fc_{min}} \leq P_{fc} \leq P_{fc\_max}$$
$$\left|\frac{dP_{fc}}{dt}\right| \leq \Delta P_{fc\_max}$$

（7.17）

式中，ΔP_{fc_max} 表示燃料电池瞬时最大允许功率脉动幅值，即燃料电池最大功率变化率（W/s），设置该参数的意义是限制燃料电池输出功率波动幅值，避免燃料电池出现较大输出功率的阶跃变化。该限制有利于保护燃料电池安全运行，延长燃料电池使用寿命。

根据功率守恒原理，燃料电池输出功率 P_{fc}、负载需求功率 P_{load} 与锂电池输出功率 P_{bat} 之间存在以下关系为

$$P_{fc} = P_{load} - P_{bat}$$

（7.18）

联立式（7.15）、式（7.16）、式（7.17）和式（7.18）可得

$$\min(C_{sys}) = \begin{cases} \min\left[P_{bat}\left(\frac{K_1}{a\eta_{dis}} - 1\right)\right] & P_{bat} \geq 0 \\ \min\left[P_{bat}\left(\frac{K_2\eta_{chg}}{a} - 1\right)\right] & P_{bat} < 0 \end{cases}$$

（7.19）

其中，

$$K_1 = \frac{kC_{\text{fc\_avg}}}{\bar{\eta}_{\text{chg}}P_{\text{fc\_avg}}}$$

$$K_2 = k\bar{\eta}_{\text{dis}}\frac{C_{\text{fc\_avg}}}{P_{\text{fc\_avg}}}$$

（7.20）

根据等效氢耗最小原理，将系统总的氢耗量最小的全局问题转化为计算系统瞬时最小氢耗的局部问题。在系统运行过程中，通过计算每一时刻的氢气消耗量，得到多个控制变量 P_{bat} 的候选值，选择使系统等效氢耗最小的值作为优化结果。

7.3.5 极小值原理能量管理策略

极小值原理最早出现在最优化控制问题中被提出，近年来人们发现其应用在动力系统的能量管理策略上也有很好的效果。极小值原理是将一个需要进行整体优化的问题逐渐分解成许多求连续极小值的问题，并通过在求解每一个阶段系统运行过程中的极小值来得到整个系统运行过程中的最优解序列。它不仅只需通过正向求解每个时间段的极小值就能获得全局最优解，而且具有较为简单的算法复杂度。从数学角度分析，极小值问题就是求解具有约束条件下的泛函问题，给泛函求极值即求解极小值问题，隶属于变分学的范围[214]。

设 $J(x)$ 为连续泛函，$x(t) \in \boldsymbol{R}^n$ 为宗量，其变分为

$$\delta x = x(t) - x_0(t), x(t), x_0(t) \in \boldsymbol{R}^n$$

（7.21）

泛函变分定义如下：设 $J(x)$ 为连续泛函，泛函的增量可以表示为

$$\Delta J = J[x_0(t) + \delta x(t)] - [J[x_0(t)] = L[x_0(t), \delta x(t)] + R[x_0(t), \delta x(t)]$$

（7.22）

其中，$L[x_0(t), \delta x(t)]$ 是关于 $\delta x(t)$ 的线性连续泛函，称为泛函增量的线性主部，$R[x_0(t), \delta x(t)]$ 是 $\delta x(t)$ 的高阶无穷小。

泛函增量的线性主部称为泛函在 $x_0(t)$ 处的变分，记为

$$\delta J[x_0(t)] = L[x_0(t), \delta x(t)]$$

（7.23）

一般在任意 $x(t)$ 处的变分为

$$\delta J[x(t)] = L[x(t), \delta x(t)]$$

（7.24）

如果一个泛函具有变分则可以说这个泛函是可微的。泛函的变分通过求导得到

$$\delta J(x_0, \delta x) = \frac{\partial}{\partial \varepsilon} J(x_0, \varepsilon\delta x)\big|\varepsilon = 0, 0 \leqslant \varepsilon \leqslant 1$$

（7.25）

一个泛函需要取极值的条件为 $\delta J = 0$，此之，变分法还可以解决末端状态 $x(t_{\text{f}})$ 固定的

最优控制问题。

$$\min_{u(t)} J = \int_{t_0}^{t_f} L(x,u,t)\mathrm{d}t$$

$$s.t.\,x(t) = f(x,u,t),\, x(t_0) = x_0$$

（7.26）

其中，$L(\cdot)$，$f(\cdot)$需要连续并且可微，该问题获得最优解的必要条件为

1）$x(t)$和$\lambda(t)$满足下列正则方程

$$\dot{x}(t) = \frac{\partial H}{\partial \lambda}$$

（7.27）

$$\dot{\lambda}(t) = -\frac{\partial H}{\partial x}$$

（7.28）

其中，H为哈密顿函数，有如下表达，即

$$H(x,u,\lambda,t) = L(x,u,t) + \lambda^{\mathrm{T}}(t)f(x,u,t)$$

（7.29）

2）边界条件

$$x(t_0) = x_0$$

（7.30）

$$x(t_f) = x_f$$

（7.31）

3）极值条件

$$\frac{\partial H}{\partial u} = 0$$

（7.32）

基于极小值原理最优解的必要条件和变分法是一样的，只有极值条件不一样。

$$H(x^*(t),\lambda(t),u^*(t),t) = \min_{u(t)\in\Omega} H(x^*(t),\lambda(t),u(t),t)$$

（7.33）

与变分法相比，极小值原理求最优控制量的条件是使哈密顿函数取全局最小值。

7.3.6 机器学习策略

强化学习是一种重要的机器学习算法，它的基本思路是学习如何基于环境的状态选择行动来获取最大化期望收益的过程。学习者不会被告知该采取哪些行动，而是通过尝试发现哪些动作能带来最大的回报。行动不仅会带来即时的回报，还会影响下一个状态，并带来所有的后续回报，如多阶段决策过程（图 7.15）。试错搜索和延时回报是强化学习的两大重要特征，这也是它与机器学习中的监督学习和无监督学习的主要区别之一[215-216]。

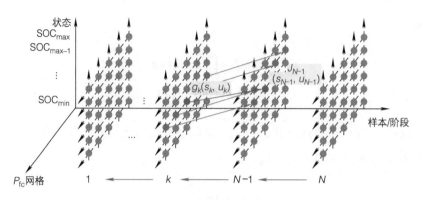

图 7.15　多阶段决策过程

强化学习的任务通常用马尔可夫决策过程描述，如图 7.16 所示。

智能体（Agent）处于环境（Environment，E）中，状态空间为 S，其中每个状态 $s \in S$ 是智能体对感知到的环境的描述，智能体在该状态下可以采取的动作构成了动作空间 A，若选择某个动作 $a \in A$ 作用到当前状态 s，则潜在的转移函数 P 将使环境从当前状态按某种概率向

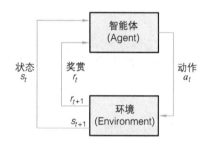

图 7.16　马尔可夫决策过程

下一个状态进行转移，并将动作作用到环境中产生的奖赏值（reward）$r_1 \in R$ 反馈给智能体。以上 4 个元素组成了马尔可夫决策过程四元组，即 $E = (S,A,P,R)$。

强化学习的目标是实现一个最优控制策略，来最大化累积奖赏值的期望。根据模型是否已知，强化学习可以分为基于模型的学习和免模型学习。

在马尔可夫决策过程四元组 $E = (S,A,P,R)$ 均为已知时，这样的情形称为"模型已知"。此时，对任意状态 s，在该状态下执行动作 a 使状态转移到 $P^a_{x \to x'}$ 的概率及获得的相应奖赏值 $r^a_{x \to x'}$ 已知。将状态值函 $V(s)$ 定义为从状态值出发的累积奖赏，在模型已知时，对任意策略 π 能估算出该策略的期望累积奖赏。状态值函数为

$$V^\pi(s) = E\left\{\sum_{k=0}^{+\infty} \gamma^k r_{t+k+1} \Big| s_t = s\right\} \tag{7.34}$$

基于模型的学习尝试学习一个在状态 s 之后可以获得最大的预期累积奖赏值，即最小的预期累积花费的控制策略，这个策略被定义为最优状态值函数 $V^*(s)$。强化学习的理论证明存在至少一个最优策略 π^*，可以生成能够获得最大累积奖赏的一系列控制动作。当最优状态值函数学习完成，最优策略可由公式表示为

$$\pi^*(s) = \arg\max_a \{r(s,a) + V^*(s_{\text{next}} | s,a)\} \tag{7.35}$$

其中，$V^*(s_{next}|s,a)$ 为从 (s,a) 转移到状态 s_{next} 的最优状态值。由式（7.35）可知，最优策略需要模型来预测即时奖赏值 $r(s,a)$ 和基于状态 - 动作对 (s,a) 的下一状态 s_{next}。

而免模型学习使用一个状态动作值函数（$Q(s,a)$ 函数）来估计每一个状态 - 动作对 (s,a) 对应的期望累积奖赏。状态动作值函数定义如下

$$Q^\pi(s,a) = E\left\{ \sum_{k=0}^{+\infty} \gamma^k r_{t+k+1} \Big| s_t = s, a_t = a \right\} \tag{7.36}$$

免模型学习尝试利用状态动作值函数来估计某一状态的每个动作最优值。与最优状态值函数类似，最优状态动作值函数 $Q^*(s,a)$ 被定义为在状态 - 动作对 (s,a) 之后的最大期望累积奖赏。当最优 $Q(s,a)$ 函数学习完成，最优策略的公式如下

$$\pi^*(s) = \arg\max_a \{Q^*(s,a)\} \tag{7.37}$$

具体到交通应用能量管理策略问题，控制器作为强化学习智能体（Agent）与环境进行交互，从过去的控制经验中学习并不断改进控制动作。在每个时间节点 t，智能体产生一组控制动作 a_t 并观察即时的奖赏值（reward），即与当前的状态 - 动作对的花费 $c(s_t,a_t)$ 有关的量。将一串控制动作映射到状态的函数 $\pi(\cdot)$ 被定义为控制策略。其过程示意如图 7.17 所示。

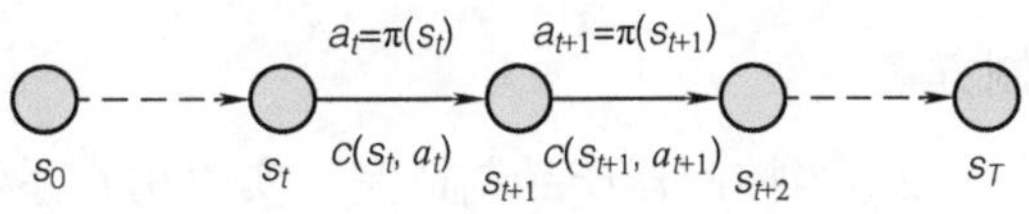

图 7.17　强化学习智能体与环境交互

7.4　实时仿真系统测试

在进行混合动力系统交通应用的控制策略开发时，离线仿真只是在开发前期验证测试模型能否正常运行的一种手段。仿真环境与实际情况存在一定的差异，因此试验是必不可少的环节。通过试验可以验证混合动力系统交通应用的实时性、准确性和可行性。混合动力系统试验需要消耗大量的人力、物力和财力，且研发的周期长。如在设计初期，通过快速控制原型仿真试验，发现控制策略的缺陷，则可以方便修改参数及原型。通过不断的实时测试，即可得到一个合理可行的控制原型，从而可以大大节省开发成本，缩短开发周期[217-218]。

7.4.1　dSPACE

dSPACE 是数字信号处理与控制工程（Digital Signal Processing And Control Engineering）的缩写。dSPACE 实时仿真系统是由德国 dSPACE 公司开发的一套基于 MATLAB/Simulink 的控制系统开发及半实物仿真的工作平台，实现了和 MATLAB/Simulink 的完全无缝连接。该系统由两大部分组成，硬件系统及软件系统。其中硬件系统具有高速计算能力，灵活性强；软件系统可以方便地实现代码生成、下载、试验和调试等工作。dSPACE 的开发思路是将系统或产品的概念设计开发过程集成一体化，即从一个产品的概念设计到数据分析和仿真，再到实时仿真的监控和调节均可以集成到一套平台中来完成。

dSPACE 系统具有高度的集成性和模块性，允许用户根据需求来组建用户系统，无论是软件还是硬件，dSPACE 都提供了多项选择。dSPACE 拥有单板系统、组件系统以及众多的 I/O 接口模板，可以满足大多数工程应用需求。dSPACE 系统基于图形开发界面，免去了开发人员手工编程调试既繁杂又易于出错的工作。dSPACE 产品包括软件和硬件两部分，其主要软件有 RTI、Control Desk、Target Link 等。

dSPACE 主要有以下功能。

1）在控制系统开发的初期，把实时系统作为控制算法及控制逻辑代码的硬件运行环境，通过提供各种板，在原型控制算法和控制对象之间搭建起一座实时的桥梁，让控制工程师可将主要精力放在控制算法的研究和试验上，从而开发出最适合控制对象或环境的控制方案。

2）当控制器产品制造完，实时仿真系统可用来仿真被控对象，以用来测试该控制器。在试验工具软件的帮助下，测试工程师不用再像过去那样用一大堆的信号监测仪器监测各种试验信号，而只需在计算机屏幕上随时观察测试工具软件记录下的各种信号和曲线即可，从而缩短了测试周期，降低了测试费用。

与其他仿真系统相比，dSPACE 具有以下的优点 [199]。

1）组合性强。dSPACE 在设计时就考虑了大多数用户的需求，设计了标准组件系统，可以对系统进行多种组合。对不同用户而言，可以在多种运算速度不同的处理器之间进行选择，最快的处理器浮点运算速度高达 1000MFLOPS；I/O 也具有广泛的可选性，通过选择不同的 I/O 配置，即可组成不同的应用系统。

2）过渡性好，易于掌握和使用。由于 dSPACE 是建立在 MATLAB/Simulink 仿真软件的基础上，而 MATLAB/Simulink 建模功能强大，且易于使用，其在离线仿真领域已经得到广泛的应用，利用其中的 RTW 功能，能够非常方便地将离线仿真分析和设计过渡到 dSPACE 的实时仿真分析和设计中。

3）对产品型实时控制器的支持性强。针对用户最终需要将仿真代码转换到产品型控制器的需求，dSPACE 提供了从仿真代码到产品型控制器代码的生成工具，还提供了产品型控制器与 dSPACE 实时系统的硬件接口，从而允许将 dSPACE 实时系统纳入闭环测试中。

4）快速性好。dSPACE 的实时模块与 MATLAB/Simulink 内建模块无缝接合在一起，使用户在短时间内即可完成模型的构建、参数的修改、代码的生成及下载工作，从而大大节约了开发时间。

5）实时性好。一旦代码被下载到 dSPACE 实时系统中，代码本身将独立运行，其响应速度只取决于 dSPACE 的硬件，运行于 PC 上的试验工具软件只通过内存映射方式访问试验过程中的各种参数及结果变量。

6）可靠性高。dSPACE 实时控制系统硬件、代码生成及下载软件、试验工具软件等不存在兼容性问题，可靠性高，是可以依赖的软硬件平台。

7）灵活性强。dSPACE 实时仿真系统允许用户在单板系统和多板系统、单处理器和多处理器系统、自动生成代码和手工编制代码之间进行选择，从而可以适应用户多方面的要求。

目前控制系统的开发流程主要包括：功能设计—快速控制原型—代码自动生成—硬件在环仿真—标定测试，如图 7.18 所示。

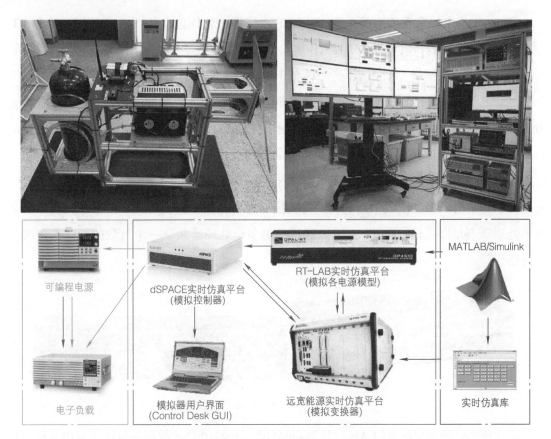

图 7.18　燃料电池推进系统台架及实时仿真平台

1）功能设计：基于设计相应的功能建立被控对象模型，在环境下进行离线仿真验证，这些模型是所有开发阶段的基础，被控对象模型还可在后续阶段用于对硬件在环仿真测试。

2）快速控制原型：在开发初期，将控制模型下载至仿真机，将其作为控制器，对整个系统进行测试，验证控制系统的可靠性及可行性。

3）目标代码生成：利用 MATLAB 工具箱可很方便地将所设计的控制算法模型转化为产品代码，避免了手工编写代码这一中间开发环节，保证产品代码与所设计的控制算法模型严格一致。

4）硬件在环仿真：当完成后，利用控制被控对象或系统运行环境来模拟测试整个系统。与实际试验相比，其测试更加完整，发生错误时可以随时进行调整。

5）标定：在控制系统开发的整个过程中都可进行虚拟标定，且在原型与测试阶段调整参数可以大大减少实际标定所需要的时间。

7.4.2　RT-LAB

RT-LAB 是由加拿大推出的一套工业级的系统平台软件包，如图 7.19 所示。通过 RT-LAB，工程师可以直接将利用 MATLAB 建立的动态系统数学模型应用于实时仿真、控制、测试以及其他相关领域。RT-LAB 是一种基于模型的工程设计应用平台，工程师可以在一个平台上实现工程项目的设计，实时仿真（即纯仿真），快速控制原型与硬件在环（即半实物仿真）测试的全套解决方案。由于其开放性，RT-LAB 可以灵活的应用于任何工程系统仿真与控制场合，其良好的可展性能为所有的应用提供一个低风险的起点，使得用户可以根据项目的需要随时随地对系统运算能力进行验证及扩展。RT-LAB 提供的工具能够方便地把复杂的系统模型分割成子系统，使得其能够在目标机上并行处理。如果系统模型复杂到单处理器不足以胜任，RT-LAB 可以通过提供多个处理器共享一个负载的方法来解决上述问题[219]。

图 7.19　RT-LAB

本试验平台所使用的 RT-LAB 型号为 OP4510，OP4510 是一款高性价比实时仿真机，它集成了几乎所有核心功能：高性能 Intel@Xeon@E3 多核处理器、具备强大计算能力和 I/O

管理功能的 Xilinx@Kintex@7FPGA 板卡、最高 64 路模拟量或 128 路数字量 I/O 集成、4 路高速 SFP 光纤通信等，可以满足模型计算和 HL 测试要求。和其他产品相比，OP4510 价格适中、性能优越，是小规模实时仿真与 HL 测试应用的优先选择（表 7.2）。OP4510 将 OPAL-RT-LAB 和 eFPGASIM 实时平台与 Intel 和 FPGA 芯片的最高性能处理器以及行业标准 Simulink 和 LabView 软件集成在一起。这种基于 FPGA 的多速率架构使用户在 Intel cpu 上运行的子系统能够达到低于 7μs 的时间步长，并在 FPGA 芯片上达到低于 250ns 的时间步长，以准确模拟 HIL 应用的电源转换器。可以实现高级 PWM 转换器控制，以控制时间分辨率优于 20ns 的快速控制原型（RCP）应用的真实硬件。OP4510 也可以作为具有预定义电力电子模型的独立电力电子控制器测试系统交付，如图 7.20 所示。

表 7.2　OP4510 可用的 I/O 系统

类型	属　　性
数字输出通道	可用 32 个通道，传播延迟为 65ns，用户可调节 5V 至 30V 的外部电压，最大电流为 50mA，具有短路保护及电流隔离的功能
数字输入通道	可用 32 个通道，用户可调节 4V 至 50V 的外部电压，传播延迟为 110ns，具有带快速光耦合器的电流隔离功能
模拟输入转换器	可用 16 个通道，所有通道同时转换时间为 2.5μs，输入阻抗为 400kΩ，转换时间由 FPGA 芯片直接控制
模拟输出转换器	可用 16 个通道，所有通道同时更新时间为 1.0μs，具有短路保护功能，更新时间由 FPGA 芯片直接控制
RS422 光纤同步	RS422 用于传输差分编码器输入和输出、数字 I/O 通道、低速通信协议或 GPS 同步的光纤

RT-LAB 软件可以将复杂模型拆分成多个可以并行执行的子系统，再将子系统分配到多个节点或 CPU 上，从而实现了实时仿真计算机的可伸缩式并行处理。系统模型分布计算成功的关键取决于各个子系统的运行是否同步进行，即是否满足分布式要求。为了满足分布式要求，对数学模型进行划分，即划分为模型系统、实物系统和监控系统。为了标明各子系统功能，模型系统的前缀为 SM，实物系统的前缀为 SS，监控系统的前缀为 SC。

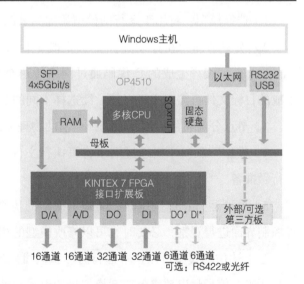

图 7.20　OP4510 数据交互

1）SM 称为主运算子系统，每个模型只能有一个 SM 子系统，它主要包含了代表信号和 I/O 操作的 Simulink 模块，可以确保 I/O 通信的可靠性。在半实物仿真中主要控制模型实时计算和网络同步。

2）SS 称为从运算子系统，主要包括在半实物仿真中以实物形式参与仿真的部分系统模型等。其个数受到目标机以及 CPU 个数的限制，即运算子系统的总个数不超过目标机中的 CPU 总数。

3）SC 称为控制台子系统或用户监控子系统，主要用来对半实物仿真系统中的关键数据、曲线等进行实时监控或事后处理子系统间的数据通信。

一个完整的模型中，主系统模块只包含一个，一般可以将模型实时计算及输入输出模块放入此模块中；从系统模块可以有也可以没有，可以是一个模块也可以是多个模块，它主要是当系统较复杂时，在主系统模块搭建完之后，处理模型的其他功能，这样分成的多个模块经编译等操作后将可执行代码下载到目标机由多个内核并行进行模型计算，有助于提高模型运行的实时性；监控系统模块主要完成模型相关数据信号的实时监测。整个数字化模型被拆分成几个主系统及从系统模块，就有几个 CPU 内核同时运行处理该模型。在模型拆分的时候，为符合 RT-LAB 的建模规则，在各子系统模块的输入信号端加入 OpComm 模块，在信号输入输出端有时为避免数据采集的死锁，按需要添加延迟环节以保证模型计算中数据的正常运用。

符合 RT-LAB 建模规则的模型拆分完毕后，可以将该模型经编译、节点分配、加载模型等操作后由主机下载至目标机进行运行操作。这一系列的操作步骤如下。

1）选择模型：将用于运行的模型添加到 RT-LAB 控制界面。

2）模型编译：在控制界面上选定既定目标平台后，对整个模型进行编译操作，将 Simulink 模型编译生成的 C 代码通过网络传送至目标机并编译连接成可执行的目标文件。生成的目标文件再传回主机以便后续选择不同的节点加载子系统。

3）节点分配：由控制界面选择当前的物理节点，以保证子系统在目标机上并行运行。

4）模型下载：主机通过网络将可执行文件、配置信息等加载至目标机，为模型正常运行做准备。

5）模型运行：该操作即启动整个模型的仿真，当需要监测模型参数数据时，可以通过控制界面进行观察，必要时也可以修改模型的相关参数值。

当上述仿真模型可以正常运行时，我们可以通过 RT-LAB 仿真器中装有的输入输出模块将所需的信号量以数字量或者模拟量的形式与外部硬件设备进行交互传输[215]。

7.4.3 快速控制原型及硬件在环仿真

快速控制原型试验的核心部分为控制算法的模型，其中建立的控制算法模型已经过离线验证，可通过 RT-LAB 将控制算法模型下载至控制器的步骤如下：

1）将离线仿真模型转化为实时仿真模型，并完成接口的设置。

2）将实时仿真模型进行自动生成代码，通过上位机将生成的代码下载至控制器实现从模型到实时硬件代码的无缝自动下载[219]。

半实物仿真测试也称为硬件在环仿真测试。从 20 世纪 90 年代开始应用到汽车领域以来，便迅速在汽车领域得到了广泛的推广与应用。目前汽车从测试开发到新车型的上市，都需要进行反复的硬件在环仿真测试。在目前汽车控制器开发中，嵌入式软件是应用最广泛的，而嵌入式软件开发是一个非常复杂的过程。因此，在软件开发过程中需要一个严格的测试过程以保证软件的功能正常。

不仅如此，软件开发后与硬件接口衔接的有效性也需要经过严格的测试。传统的测试方法有两种：一是基于原型进行测试，另一种是缺乏实时仿真器的台架测试。这两种方法都有很大的缺陷，首先第一种必须在原型开发出来之后才能进行测试，对控制器开发的时间有很大限制；其次是测试的安全性，在实物进行极端工况测试时，对驾驶人的人身安全造成了很大的威胁；再次是测试成本高、效率低，很难实现故障的再现。第二种传统台架测试，由于缺乏实时仿真设备，仅仅只能进行开环测试，测试局限性很大，并且在这种台架上进行测试操作会很复杂，容易出现错误。针对这些问题，硬件在环测试技术提出了很好的解决方案。

硬件在环仿真测试主要基于实时仿真器，首先仿真器含有丰富的硬件资源，包括各种传感器信号、数字 I/O 信号、可调制脉宽信号等输入信号，同时还具有大量的数据采集通道（电压采集、电流采集以及电平信号采集），对输出驱动信号进行采集；其次仿真器是一个强大的总线信号收发设备，能对 CAN、LIN 总线信号进行实时仿真与监控。硬件在环测试系统是一个闭环的动态测试系统，通过建立一个数字模型并下载到仿真器里面运行，这样仿真器就成为一个虚拟原型，而虚拟原型又通过仿真器的实时硬件接口以及总线接口，与实际待测 ECU 建立连接形成半实物仿真测试系统。在仿真测试系统中，通过上位机控制仿真传感器信号输出，仿真器将仿真的信号经过 I/O 板卡以及调理电路处理后发送给电子控制单元，电子控制单元接收到输入信号后经过内部策略处理进行对应信号输出（包括执行器的驱动信号以及与其他节点的交互信号）；同时仿真器又能对电子控制单元的输出信号进行实时采集并作为模型输入信号进行运算处理，这样整个过程就是一个闭环测试。只需要对模型参数进行配置，通过仿真器设置各种测试工况就可以对电子控制单元进行全方位、系统的测试。

新型 DS1007PPC 处理器板具有两个处理器核心，其主频达 2GHz，并配备有更大的缓存空间，因此每个处理器核心的计算速度比其上一代产品 DS1005 高出 3 倍。每个处理器核心都配备有一个 512kB 的二级缓存，配合一个公共的 2MB 三级缓存，可以为大型模型提供足够的储备空间。此外，DS1007 有两个附加的千兆级以太网接口，可以通过 Simulink 相应的 RTI 模块将其直接集成到实时应用程序中。用户可以通过这些接口连接具体面向的对象模型和其他辅助系统或组件，如其他试验设备或基于 PC 的 ADAS 应用（电子地图、传感器信息融合、图像处理等）。DS1007 也可以直接接驳 dSPACE DCI-GSI2（通用串行接口），在无须增加其他 I/O 板卡的前提下，为电子控制单元建立旁路环境。

DS2004 有 16 个差分输入通道，每个通道都有一个独立的 A/D 转换器，该转换器具有 16 位分辨率和最低 250ns 的转换时间。每个通道可以设置高级可配置触发，如车载定时器，外部触发输入线，或 SCALEXIO 角度处理单元的预定义角度，可以基于事件对模拟值与信号序列进行精确捕获。为了实现全面快速的数据采集，基于 IocNet 的流接口为实时应用提供了高达 40MSPS 的连续样本数据吞吐量。

DS5001 数字波形采集板以非常高的速度记录数字信号，极其灵活地评估频率、相位、占空比和其他信号参数，如图 7.21 所示。

图 7.21　DS5001 数字波形采集板

模拟器（Control Desk）软件是一款功能强大的测试试验软件，包含多种专业工具的功能。它可以对实时仿真平台，以及与之相连的总线系统进行访问；可以对试验进行实时检测，建立可视化的虚拟仪表；模块化的管理方式，可以满足各种实例的需求；还可以对控制算法进行实时分析、调试并与 dSPACE 进行虚拟验证。Control Desk 用户界面包括工具窗口、菜单栏、工具栏、工作区、导航器、状态栏等，如图 7.22 所示。

Control Desk 作为一款实时监测的软件拥有以下不可忽视的优点 [212]：

1）Control Desk 的可视化管理方式可以对参数进行批量化处理，以及可以运用图形化的形式读取变量。正因为可视化的管理方式，使得 Control Desk 的操作难度直线下降，方便用户能够直观地了解试验过程，为用户降低了工作量，提高了工作效率。

2）Control Desk 具有丰富的虚拟仪表数据库，方便用户建立可视化的虚拟仪表系统，实时观测试验过程并读取、记录实时试验数据，通过试验数据的曲线变化来实时调整试验参数，保证试验的流畅性与正确性。

3）Control Desk 利用用户界面（GUI）简化了用户的操作，方便用户实时控制试验进程，包括仿真试验的开启与停止、实时数据的记录与保存、整车模型 / 控制策略的安装与卸载等。

图 7.22 Control Desk 用户界面

7.5 车用燃料电池系统能量管理模型

7.5.1 汽车系统模型搭建

正如本章前述介绍中提到的，燃料电池汽车（FCV）的电源系统由燃料电池和辅助电源装置构成。辅助电源装置根据所选择的配置，驱动车辆所需的动力可以由燃料电池、蓄电池或超级电容等提供。在确定辅助电源装置之前，需要确定燃料电池混合动力系统所需的总功率，以便确定不同能源装置的容量。

确定动力总成总功率的常用方法是使用给定的行驶循环。事实上，任何驾驶循环都可以有效地转换为动力系统所需的电能。更具体地说，为了确定动力总成的总功率，首先将行驶循环转换为机械功率，然后将机械功率最终转换为电能。因此，驾驶循环将用作车辆的输入以确定循环每个时间点的功率分布。

对于任何车辆，无论是内燃机还是电动发动机，沿其运动方向的运动行为完全取决于作用在该方向上的所有力。如图 7.23 所示，作用在上坡车辆上的主要力有车轮牵引力（F_{trac}）、气动阻力（F_{aero}）、滚动阻力（F_{roll}）和坡度阻力（F_{grad}）。车轮牵引力（F_{trac}）推动车辆前进，同时也受到其他阻力（F_{aero}、F_{roll} 和 F_{grad}）对其运动的阻碍。

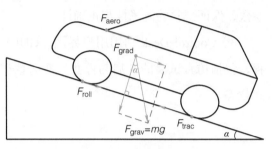

图 7.23　上坡车辆的受力分布

车辆模型可以根据牛顿第二定律描述为

$$m_v \delta \frac{\mathrm{d}V}{\mathrm{d}t} = F_{trac} - F_{aero} - F_{roll} - F_{grad} \tag{7.38}$$

式中，m_v 表示车辆质量（kg），V 表示车辆地面速度（m/s），δ 是质量因子（旋转部件转动惯量的等效平移质量）。对于普通车辆，δ 介于 1.08 和 1.1 之间。F_{trac} 表示车轮牵引力（N），F_{aero} 表示气动阻力（N），F_{roll} 表示滚动阻力（N），F_{grad} 表示坡度阻力（N）[206]。

W 中的车轮牵引功率（P_{trac}）可由下式获得

$$P_{trac} = F_{trac} V \tag{7.39}$$

$$F_{trac} = m_v \delta \frac{\mathrm{d}V}{\mathrm{d}t} + F_{aero} + F_{roll} + F_{grad} \tag{7.40}$$

其中，车轮牵引力（F_{trac}）取决于从驾驶循环中获得的速度和加速度。

作用在运动车辆上的气动阻力（F_{aero}）主要由周围空气与车辆表面的黏性摩擦和气流分离产生的车辆前后压力差两部分引起。对于标准乘用车，车身造成大约 65% 的空气动力阻力，其余是由于轮罩（20%）、外后视镜、檐槽、窗罩、天线等（约 10%）和发动机通风（约 5%）造成的。通常，通过将车辆简化为具有前表面 A_f 的棱柱体来近似气动阻力，它可以通过以下方式建模，即

$$F_{aero} = \frac{1}{2} \rho_{air} A_f C_D V^2 \tag{7.41}$$

式中，ρ_{air} 表示空气密度（kg/m³），其典型值为 1.293kg/m³；A_f 表示车辆前表面（m²），乘用车的典型值在 1.5m² 和 2m² 之间；C_D 表示风阻系数（乘用车的典型值在 0.24 到 0.32 之间）；V 表示车辆的地面速度（m/s）（假设风速为 0m/s）。

滚动阻力可以建模为

$$F_{roll} = \beta_r m_v g C_r \cos\alpha \tag{7.42}$$

$$C_r = C_0 + C_1 V \tag{7.43}$$

$$\beta_r = \beta_0 V + 1 \tag{7.44}$$

式中，m_v 表示车辆质量（kg）；g 表示重力加速度（m/s²），其值为 9.8m/s²；C_r 表示滚动系数（乘用车的典型值在 0.009 和 0.025 之间）；α 表示坡度率，即道路的度数或弧度；β_r 表示质量因子；C_0 和 C_1 表示经验系数（典型值为 $C_0 = 0.01$ 和 $C_1 = 3.6e^{-4}$）；β_0 表示经验系数；V 表示车辆速度（m/s）。

滚动系数（C_r）取决于许多变量，最重要的影响量是车速（V）、轮胎压力（P）和路面状况。轮胎压力的影响大约与 $1/\sqrt{P}$ 成正比。湿滑的路面可以将滚动系数提高 20%，在极端条件下驾驶可以轻松将该值翻倍。在车辆性能计算中，如式（7.42）所述，将滚动阻力系数视为速度的线性函数就足够了。

在具有一定坡度的道路上行驶时，坡度阻力具有对抗向前运动（爬坡）或帮助向前运动（坡度下降）的作用。在车辆性能分析中，仅考虑上坡操作。该坡度阻力可以通过以下方式建模，即

$$F_{grad} = m_v g \sin\alpha \tag{7.45}$$

式中，m_v 表示车辆质量（kg）；g 表示重力加速度（m/s²），其值为 9.8m/s²；α 表示道路坡度（° 或 rad）。

如前所述，一旦确定了 FCV 的动力牵引（机械功率），就必须将其转换为电能，以便能够设计出适合混合动力系统的能量管理策略。为了能够将机械动力转化为电能，我们必须了解动力总成的整体效率。因此，FCV 的总功率可以表示为 [207]

$$P_{elec} = \frac{P_{trac}}{\eta_{powertrain}} \tag{7.46}$$

其中，$\eta_{powertrain}$ 代表动力总成整体效率。

动力总成整体效率由下式给出

$$\eta_{powertrain} = \eta_{mech} \eta_{inv} \eta_{motor} \tag{7.47}$$

式中，η_{mech} 表示机械传动系统效率；η_{inv} 表示 DC/AC 逆变器效率；η_{motor} 表示电机效率。

一旦确定了总功率，该总功率将由 EMS 在动力系统的能源之间分配。如果我们以 FCV 动力总成为例，由两种能源（FC 作为主要能源和一个电池组）组成，功率可以写为

$$P_{elec}(t) = P_{FC}(t) + P_{batt}(t) \tag{7.48}$$

式中，P_{FC} 表示燃料电池系统的功率，P_{batt} 表示电池组的功率。

7.5.2　车用驾驶测试工况

驾驶周期（Driving Cycle）代表了不同国家和组织或研究人员提出的车辆续驶测试标准，用于评估车辆在燃料消耗、排放估计、行驶里程等方面的性能，驾驶周期是表征车辆速度与时间关系的一系列数据点。

工业界和学术界出于不同目的都需要使用汽车进行实车测试。首先，需要制定用于新制造车辆的排放认证程序；其次，研究人员在车辆设计阶段广泛使用驾驶循环进行模拟，以提高动力系统的效率、功能和性能。此外，针对燃料电池汽车，驾驶周期工况也用于动力总成建模和燃料电池功率调整。

这些年来已经部署了许多驾驶周期标准。基于不同驾驶周期工况的特征，驾驶周期可以分为两类：模态驾驶周期和瞬态驾驶周期。模态驾驶周期，如新欧洲驾驶循环（NEDC）或日本 10 模式（J10），这些工况结合了恒定的驾驶阶段，包括巡航、加速、减速和息速。然而，这些标准并不能完全反映现实情况，使得排放和燃料消耗被低估。因此，诸如全球统一轻型车辆测试循环（WLTC）或联邦测试程序（FTP-75）等瞬态驾驶周期标准被提出，其通常涵盖了车辆更广泛的速度和加速度变化范围。通常这些标准是基于真实的驾驶数据，比起模态驾驶周期工况更具有真实性。

多年来，NEDC 一直被广泛用作车辆认证的参考驾驶周期标准。但因为它包含许多不切实际的恒定驾驶阶段，所以并不能准确地表示真实的驾驶行为。在实际驾驶过程中，速度和加速度的转换通常更加随机恶裂，导致会出现比 NEDC 工况更高的油耗和排放。因此，从 2017 年开始，NEDC 已被全球统一轻型车辆测试循环（WLTC）取代，以便更准确地预测实际驾驶条件下的排放和油耗。WLTC 是根据从世界不同地区（包括欧洲、美国、日本、韩国和印度）收集的真实驾驶数据开发的。由于不同车辆的行驶能力不同，该标准给出了三种不同的等级。这些等级是针对功率质量比和最大车辆速度开发的。以美国 WLTC 为例，如图 7.24 所示可以看出，该驾驶循环的持续时间为 30min，包括 4 个不同的速度区域：低速、中速、高速和超高速[209]。

具体来说，低速区间持续 589s，中速区间持续 433s，高速区间持续 455s，超高速区间持续 323s。覆盖距离近 23.3km，是 NEDC 的两倍多。这意味着冷启动排放的影响较小。WLTC 的最高速度为 131.3km/h，而平均速度为 46.5km/h。息速占 12.6%，体现在启停系统效应上与 NEDC 相比相对较低。巡航时间和瞬态时间分别为 3.7% 和 83.7%，而最大加速度为 $1.67m/s^2$。所有这些特征都将 WLTC 置于瞬态循环类型中，从而对排放和燃料消耗的现实估计产生影响。

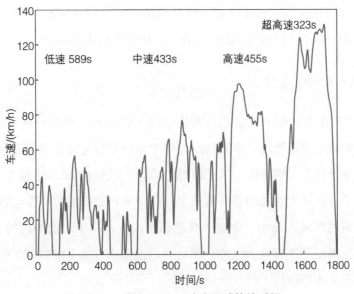

图 7.24　美国 WLTC 速度区域持续时间

还有其他几种驾驶循环标准，如城市测功机驾驶时间表 UDDS，美国联邦高速公路 HFET，加利福尼亚 LA-92，纽约市循环 NYCC，日本 JC08 等，都是基于世界各地区车辆提出的驾驶循环标准。然而，所有这些标准都有类似的缺点，是为特定城市或地区开发的，无法以统一的标准表征实际行驶状况，将它们用于车辆分析将导致多重标准，从而影响分析结果。因此，在汽车行业以及研究中，人们都在使用诸如 Artemis 驾驶循环（城市、乡村 - 道路和高速公路）等驾驶循环，可以更好地接近真实的驾驶模式[209]。例如，Artemis 高速公路驾驶循环如图 7.25 所示。

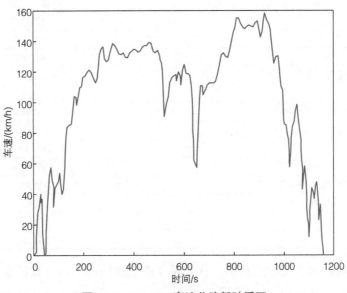

图 7.25　Artemis 高速公路驾驶循环

该驾驶循环有两种变体，最高速度分别为 130km/h 和 150km/h。图 7.25 所示描绘了最高速度为 159km/h 的版本。该行驶周期为 1168s，行驶距离为 29.5km。

7.5.3 能量管理策略对比分析

为了说明 EMS 在燃料电池混合动力系统中的工作原理，我们根据车辆模型提出了基于模糊逻辑控制的简单能量管理。本案例研究中考虑的模型是并联架构混合动力电动汽车。燃料电池和蓄电池旨在为车辆提供功率，而 EMS 旨在为燃料电池和电池之间分配功率。如图 7.26 所示，为了表示动力总成的总需求功率，使用 WLTC 行驶循环发生器模拟整车车速。循环包含 4 个不同的区域：低速、中速、高速和超高速。基于之前构建的车辆模型，可以将车轮牵引功率从机械功率转换为电能，然后将电能需求作为 EMS 的输入。表 7.3 给出了模型中使用的一些具体参数[210]。

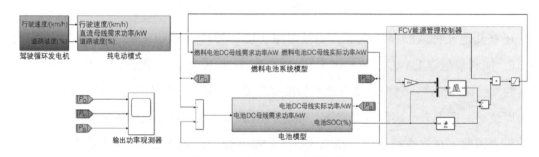

图 7.26　Simulink 中系统模块

表 7.3　车辆模型参数

参　　数	数　　据
车辆总重量 m_v	1755kg
车辆前表面面积 A_f	2.214m²
车辆阻力系数 C_D	0.2567
燃料电池系统额定输出功率 P_{fc}	30kW
氢气初始质量	4kg
锂电池充电 / 放电效率	0.91
锂电池初始荷电状态	0.8
锂电池容量	20kW·h
空气密度	1.293kg/m³
燃料电池系统 DC/DC 变换器效率	0.98
蓄电池系统 DC/DC 变换器效率	0.98
经验系数 C_0	0.01
经验系数 C_1	3.6×10^{-4}

为了确定车辆动力系统的总功率，首先需要确定选用的车辆行驶标准。在这里，我们使用 WLTC 速度循环来指定混合动力汽车的行驶速度和道路坡度。该标准包含 4 个不同的

区域：低速、中速、高速和超高速。然后根据牛顿第二定律基于车辆模型进行力学分析，模型中使用的具体参数见表 7.3。以行驶速度和道路坡度作为车辆模型的输入，分别使用总重量、前表面、经验系数和阻力系数等计算车辆受力，依据系统受力的总和得出动力系统所需的总牵引功率。

为了满足功率需求，燃料电池为混合动力系统提供主要能量，而电池在功率突变时提供补充功率，并在制动阶段回收燃料电池产生的再生能量。可行的策略可以极大地提高燃料电池的使用寿命、系统成本和氢气消耗。以下是我们在 MATLAB/Simulink 中基于模糊逻辑控制的一个简单示例。

首先，在命令窗口输入"fuzzy"，打开模糊逻辑工具箱。打开工具箱后，将总需求功率和电池 SOC 作为两个输入变量相加，输出变量为燃料电池系统的输出功率分配系数。根据公式 $P_{\text{Demand}} = P_{\text{B}} + P_{\text{FC}}$，功率分配系数 α 可由下式计算

$$\alpha = P_{\text{FC}} / P_{\text{Demand}} \tag{7.49}$$

$$1 - \alpha = P_{\text{B}} / P_{\text{Demand}}$$

在接下来的步骤中，设计了模糊逻辑控制器的隶属函数和规则。需求功率的模糊子集设置为 {EL，L，ML，MH，H，EH}，分别代表极低、低、中低、中高、高、极高。电池 SOC 的模糊子集设置为 {L，M，H}，分别代表低、中、高。功率分配系数 α 的模糊子集设置为 {VL，L，M，H，VH}，分别代表极低、低、中、高和极高。模糊逻辑控制器采用 IF-THEN 规则来映射输入和输出。详细规则见表 7.4。

表 7.4　IF-THEN 规则

α		需求功率					
		EL	L	ML	MH	H	EH
SOC	L	H	H	VH	VH	VH	VH
	M	H	H	H	H	H	VH
	H	VL	L	M	M	M	M

我们可以根据 SOC 的需求区间在 [0.75，0.8] 内调整默认曲线参数。在这种情况下，曲线 L、M 和 H 的参数值分别为 [0.425 58.48 0.28]、[0.044 5.503 0.751] 和 [0.222 31.73 1.02]。在输出的隶属函数中，根据最大值和最小值将所需功率的范围归一化为 [0，1]，每条曲线的参数分别为 [0.225 2.5 0]、[0.225 2.5 0.45]、[0.299 2.5 0.9652]、[0.298 2.5 1.473] 和 [0.225 2.5 1.8]。此外，为了使燃料电池在 SOC 过低时提供更多的输出功率给电池充电，我们可以调整输出功率分配系数 α 为

$$\begin{cases} \alpha_{final} = \alpha, & SOC > 0.75 \\ \alpha_{final} = \alpha + 5, & SOC \leqslant 0.75 \end{cases} \qquad (7.50)$$

因此，模糊逻辑策略输出的三维图如图 7.27 所示。

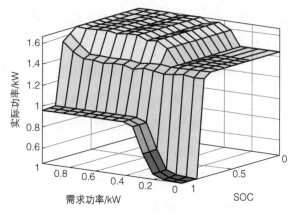

图 7.27 模糊逻辑策略输出的三维图

基于上述设计的能量管理策略控制器，车辆在 WLTC 行驶循环下的仿真结果如图 7.28a 和图 7.28b 所示，从图 7.28 中可以看出，能量管理策略可以在 0s 到 1800s 整个周期内进行功率分配。具体而言，初始 SOC 设置为 0.7 以测试 SOC 超出预期范围 [0.75，0.8] 时的性能。对于开始的低功率需求范围，燃料电池可以输出其标称功率为电池充电，同时保证车辆在大部分时间内的运行。从 0s 到 420s，SOC 可以从 0.7 增加到 0.75；从 420s 到 1800s，SOC 也可以以小斜率增加，而在 1500s 左右功率需求极高的情况下蓄电池停止充电；当需求功率

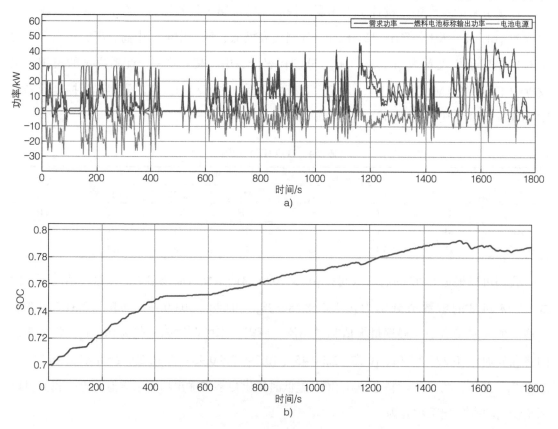

图 7.28 WLTC 行驶循环下的仿真结果

高于燃料电池标称输出功率时，蓄电池可以帮助提供剩余功率以满足需求。

从图 7.29 中放大的中间部分 [589s，1022s]，我们可以注意到燃料电池的动态性能相对较低。一方面，当功率需求突然增加时，蓄电池可以输出功率来补偿燃料电池的输出。另一方面，当功率需求突然下降时，蓄电池可以通过燃料电池进行充电。这样，燃料电池和蓄电池的寿命都可以得到优化，进一步提高系统效率。综上所述，该策略可以结合功率需求和 SOC，根据燃料电池和蓄电池的功能特性实现系统的功率分配。在应用方面，控制过程简单，结果可控性强。然而，模糊控制器的设计对结果有很大的影响。因此，探索精确的隶属函数，建立合理的模糊规则是控制策略的关键。

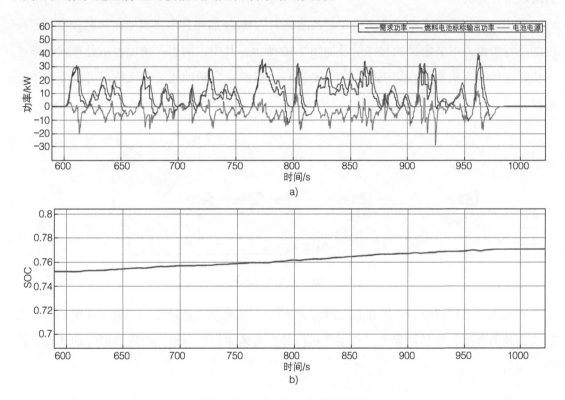

图 7.29　[589s，1022s] 仿真结果

混合动力汽车的快速发展给燃料电池动力系统带来了更高动力性能和更长寿命方面的挑战。为了实现燃料电池混合动力汽车的大规模应用，负责混合动力系统中有效功率分配的能量管理策略可以发挥至关重要的作用。因此，设计合理的能量管理策略成为燃料电池混合动力汽车性能优化的可能解决方案。除了本章考虑的基本建模参数，还可以添加更多细节，包括燃料电池系统、车辆状况、运行条件和环境，以便更好地设计配电策略。随着嵌入式处理器的快速发展，在线能源管理策略可以成为一种融合了基于规则、基于优化和基于学习的算法的方法 [211]。

7.6 航空燃料电池系统能量管理模型

7.6.1 飞机系统模型搭建

飞行任务指在飞机动力推进系统总体设计时制定的飞机需要完成的飞行包线，一般包括起飞、爬升、巡航和降落 4 个阶段。在进行初步总体设计时，飞行任务模型提供了计算边界条件，设计结果需要至少满足该飞行任务需求。本节主要针对电推进飞机的起飞和爬升阶段进行分析。

起飞阶段指分布式电推进飞机在起飞跑道上从 0m/s 加速直至飞离地面并爬升至一定高度的飞行阶段，本节定义的起飞阶段如图 7.30 所示。其中，阴影三角形表示分布式电推进飞机，虚线为飞机质点在起飞阶段的运动路径，点画线为辅助线。起飞阶段可以分为 4 个阶段。

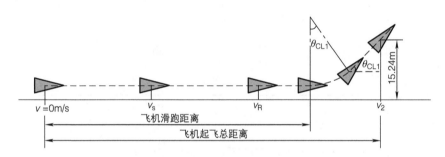

图 7.30　起飞阶段的飞机运动学

在起飞第 1 阶段中，飞机在起飞跑道上从 0m/s 加速至失速速度 v_S，失速速度是飞机刚进入失速的速度，也是在起飞过程中飞机恰好脱离地面但仍与地面物理接触时的速度，其表达式为

$$v_S = \left(\frac{2\text{MTOW}g}{\rho Cl_{TO}A} \right)^{0.5} \tag{7.51}$$

式中，MTOW 为飞机的起飞重量，g 为起飞地点海拔高度对应的重力加速度，ρ 为起飞地点的空气密度，Cl_{TO} 是飞机起飞时的升力系数，A 为飞机机翼面积。

为了保证飞行安全，需要在跑道上继续加速，起飞第 2 阶段即飞机从失速速度 v_S 加速至起飞速度 v_R，两者关系为

$$v_R = 1.1 v_S \tag{7.52}$$

当飞机加速至起飞速度 v_R 后，飞机开始准备飞离地面，通过姿态调整装置使得飞机可

以脱离地面，这一中间过程称为起飞第 3 阶段，这一过程中飞机速度保持不变，即

$$v_{LOF} = v_R \tag{7.53}$$

起飞第 4 阶段指飞机离开地并达到一定爬升角后，爬超过规定障碍物高度 15.24m 经过此过程飞机从 v_{LOF} 加速至 v_2，v_2 取为失速速度的 1.2 倍，即

$$v_2 = 1.2 v_s \tag{7.54}$$

爬升阶段指飞机在起飞阶段后爬升至飞行任务所要求的飞行高度和飞行速度的飞行阶段，本节定义的飞行任务爬升阶段可分为 4 个阶段，如图 7.31 所示。

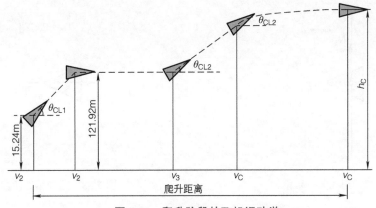

图 7.31 爬升阶段的飞机运动学

在越过第 1 个高度等级为 15.24m 的障碍物后，飞机还需要越过第 2 个高度等级为 121.92m 的障碍物，飞机保持爬升角 θ_{CL1} 匀速爬升至该高度，此为爬升第 1 阶段。在爬升第 2 阶段，飞机保持高度不变，加速至 v_3，取值为 51.4m/s。飞行任务给定了飞机的巡航高度和巡航速度，在爬升第 3 阶段中，飞机以 θ_{CL2} 的爬升角开始加速爬升，θ_{CL2} 取值为 2°，达到某一高度后飞机加速至巡航速度 v_C。此后飞机将匀速爬升至巡航高度 h_C，完成爬升第 4 阶段。

在明确飞机飞行任务的运动学模型后，通过动力学模型可以得到混合电推进系统输出的推力与飞行任务运动学参数的关系，从而可以在该飞行包线下完成对动力推进系统的初步设计。分布式电推进飞机在飞行过程中受到的外力主要有自身重力 G、气动升力 L、气动阻力 D 和动力推进系统提供的推力 T_R，在地面滑跑起飞时飞机还将受到地面支持力和地面摩擦力。以下将给出飞机在各飞行阶段的受力分析和动力学描述，在进行受力分析时飞机将简化为质点。

在起飞第一阶段和起飞第二阶段，飞机受力分析图如图 7.32 和图 7.33 所示。在这两个阶段中，飞机都做变加速直线运动。起飞第一阶段，通过调整机翼俯仰角，机翼提供最

大升力系数，此时飞机速度并未达到失速速度 v_S，飞机受到的气动升力 L 小于自身重力 G，跑道地面与飞机轮间存在地面支持力 N 和地面摩擦力 F，此时动力推进系统提供的推力 T_R 大于气动阻力 D 和地面摩擦力 F 的和，飞机做加速运动，飞机速度增加。当飞机速度超过失速速度 v_S 后，若机翼仍提供最大升力系数，飞机的气动升力即大于自身重力，飞机可飞离地面。但为保证起飞安全性，此时会通过飞行控制系统调整机翼俯仰角，使得气动升力系数略小于最大升力系数，保持飞机仍与地面接触但气动升力与自身重力大小相等，地面与飞机轮间的地面支持力 N 和地面摩擦力 F 消失，即进入起飞第二阶段，此时推理 T_R 仍大于气动阻力 D，飞机继续做加速运动，直至飞机起飞速度达到 v_R。

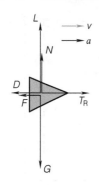

图 7.32　起飞第一阶段

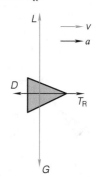

图 7.33　起飞第二阶段

在起飞第一阶段中，飞机的气动升力 L 由飞机此时的升力系数 Cl_{TO}、机翼面积 A、起飞高度下的空气密度 ρ、飞机该时刻速度 v 决定，即

$$L = \frac{1}{2}\rho v^2 Cl_{TO} A \qquad (7.55)$$

飞机的气动阻力 D 表达式为

$$D = \frac{1}{2}\rho v^2 Cd_{TO} A \qquad (7.56)$$

在本节计算中，采用的参考阻力系数曲线如图 7.34 所示，在机翼倾角为 4° 时可提供的最大升阻比为 15.5。

飞机机翼面积 A 由飞机最大起飞重量 MTOW 与机翼载荷 δ 决定，即

$$A = \frac{\text{MTOW}}{\delta} \qquad (7.57)$$

海平面参考空气温度 T_0、大气压力 p_0、密度 ρ_0

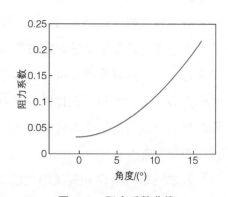

图 7.34　阻力系数曲线

分别为 288.15K、101325Pa、122.5kg/m^3。当海拔高度 $h \leqslant 11000$m 时，空气的温度、气压、密度分别为

$$\begin{cases} T = T_0 - 0.0065h \\ p = p_0(1 - 2.25577 \times 10^{-5}h)^{5.25588} \\ \rho = \rho_0(1 - 2.25577 \times 10^{-5}h)^{4.25588} \end{cases} \quad (7.58)$$

根据竖直方向受力条件可求得该时刻地面支持力 N

$$N = \text{MTOW}g^{-L} \quad (7.59)$$

飞机滑跑时受到的地面摩擦力 F 与地面支持力 N 和飞机轮摩擦阻力系数 μ 相关，在本节计算中，摩擦阻力系数 μ 取值 0.04，即

$$F = \mu N \quad (7.60)$$

通过飞机的动力推进模型看得到飞机在该时刻输出的推力 T_R，结合上述运动学分析可以得到飞机的加速度。在爬升阶段与巡航阶段分布式电推进飞机的动力学描述与起飞阶段相似，不再继续赘述。

7.6.2 飞行测试工况

飞行任务剖面是指飞机在完成指定飞行航线时的飞行包线，一般有起飞、爬升飞行、巡航飞行和着陆 4 个阶段。针对不同飞行任务剖面进行分析。

（1）起飞

飞机的起飞阶段如图 7.35 所示，起飞过程可以分为以下几个步骤。

1）飞机的发动机以最大功率运行使飞机由静止加速至起飞速度。

2）飞机达到起飞速度后通过增加迎角来产生足够的离地升力。

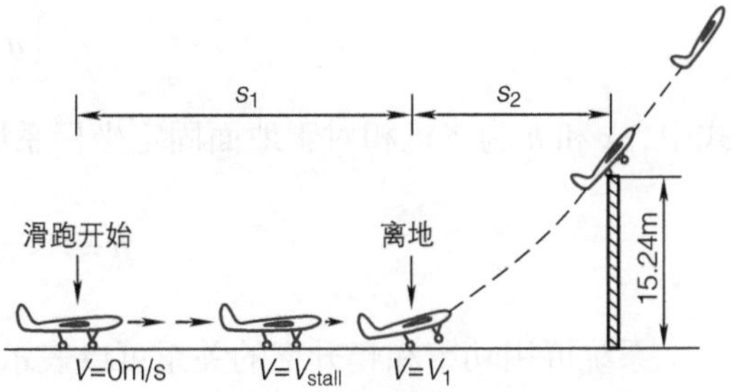

图 7.35 飞机的起飞阶段

3）飞机开始爬升越过规定障碍高度（15.24m），飞机飞过障碍高度后，起落架收起以降低飞行阻力，同时提高爬升率，最终爬升至理想高度来进行巡航任务。

飞机在地面上滑跑过程中的受力为

$$F_a = T - D - \mu(W - L) \quad (7.61)$$

式中，F_a 为飞机在滑跑过程中的静加速力；T 为飞机飞行过程中发动机产生的推力，也称为可用推力；D 为飞机受到的气动阻力；L 为飞机的气动升力；W 为飞机的重力；μ 为摩擦因数，对于水泥跑道，μ 的取值范围为 0.02~0.05。

在滑跑过程中，飞机迎角通常不发生变化。假定静加速度力 F_a 随速度的平方而变化，则

$$F_a = F_0 + \left(\frac{F_1 - F_0}{V_1^2} \right) V^2 \tag{7.62}$$

其中，$F_0 = T - \mu W$，$F_1 = T - D$，V_1 为离地速度，通过调整迎角使地面的滑跑距离 s_1 最小。即

$$s_{1,min} = \frac{W}{2g} \left(\frac{V_1^2}{F_0 - F_1^*} \right) \ln \frac{F_0}{F_1^*} \tag{7.63}$$

式中，$F_1^* = T - qs(C_{D0} + kC_L^{*2})$；$C_{D0}$ 为零升阻力系数；C_L 为升力系数；k 为诱导阻力因子。

（2）爬升飞行

假设飞机在进行定常爬升飞行时，飞行轨迹在铅垂平面内可视为一条直线。即

$$\begin{cases} L - W \cos\gamma = 0 \\ T - D - W \sin\gamma = 0 \end{cases} \tag{7.64}$$

运动学方程为

$$\begin{cases} \dot{x} = V \cos\gamma \\ \dot{h} = V \sin\gamma \end{cases} \tag{7.65}$$

式中，x 和 h 为飞机相对于地面固定坐标系原点的水平和垂直距离；$\dot{h}$ 称为爬升率，即

$$\dot{h} = V \sin\gamma = \frac{V(T - D)}{W} \tag{7.66}$$

系统可用功率和爬升率的关系可以表示为

$$\dot{h} = \frac{1}{W} \left(k'\eta_p P_M - \frac{1}{2}\rho V^3 S C_{D0} - \frac{2kW^2}{\rho VS} \right) \tag{7.67}$$

（3）巡航飞行

飞机做巡航飞行时的受力如图 7.36 所示，飞机在做水平飞行时，飞机的高度保持不变。即

飞机做水平飞行时受到的阻力与飞行速度有关，可

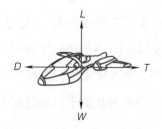

图 7.36　飞机巡航阶段动力学

以表示为

$$D = \frac{1}{2}\rho V^2 S(C_{D0} + kC_L^2) \tag{7.68}$$

式中，ρ 为空气密度；V 为飞行速度；S 为飞机的机翼面积。

由于 $L = W$，因此

$$C_L = \frac{2W}{\rho V^2 S} \tag{7.69}$$

巡航时的可用功率通过下式给出

$$P_a = TV = k'\eta_p P_M = \frac{1}{2}\rho V^3 S C_{D0} + \frac{2kW^2}{\rho VS} \tag{7.70}$$

式中，$k' = 1000$ 为转换系数；η_p 为推进效率；P_M 为发动机额定功率。

（4）着陆阶段

飞机的着陆阶段如图 7.37 所示，其可以分为以下过程。

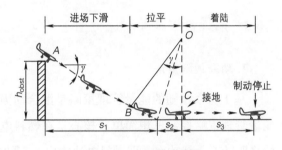

图 7.37 飞机着陆阶段

1）飞机以固定的下滑角 γ 定常滑行，飞机接近跑道。

2）飞机改变迎角拉平机身，立刻进入水平飞行，同时尽可能减少下滑率。

3）飞机接地，在飞机接地之前可能会瞬间失速。

4）飞机打开减速板或者阻力伞，同时使用制动装置以产生最大阻力使飞机完全停止。

假定在进场着陆时，飞机的下滑角和飞行速度不发生变化，即

$$\begin{cases} s_1 = \dfrac{h_{obst}}{\tan\gamma} \\ t_1 = \dfrac{s_1}{V_A \cos\gamma} \end{cases} \tag{7.71}$$

V_A 假设飞机在拉平阶段的 BC 阶段为圆弧，r 为圆弧半径。此时，$\angle BOC = \gamma$。飞机的运动方程为

$$\begin{cases} L - W\cos\gamma = \dfrac{WV^2}{rg} \\ T - D - W\cos\gamma = 0 \end{cases} \tag{7.72}$$

假定 γ 很小，且 V_A 保持不变，即

$$\begin{cases} L = \dfrac{1}{2}\rho V_A^2 SC_{Lmax} \\ s_2 \approx 0.5\dfrac{V_A^2}{0.699g}\gamma \end{cases} \tag{7.73}$$

飞机在滑跑时的受力为

$$F_a = T_R + D + \mu(W - L) \tag{7.74}$$

滑跑距离为

$$s_3 = \frac{W}{2g}\left(\frac{V_1^2}{F_1 - F_0}\right)\ln\frac{F_1}{F_0} \tag{7.75}$$

式中，$F_1 = T_R + D$，$F_0 = T_R + \mu W$，T_R 为反向推力。

7.6.3 能量管理策略对比分析

1. 功率跟随算法

基于功率跟随的能量管理策略是混合动力系统能量管理策略中最为简单的一种。该种能量管理策略控制思想简单，核心是在燃料电池功率允许输出范围内燃料电池的输出功率始终跟随着负载功率，即燃料电池输出功率的参考值等于负载需求功率。

基于功率跟随的能量管理策略优化目标可以总结为以下两点。

1）通过对负载需求功率的优化分配，使得燃料电池输出功率大小介于最大输出功率和最小功率之间，避免极端输出状态的出现，有利于保护燃料电池健康状态，延长其使用寿命。

2）界定了锂电池最大充电功率和最大放电功率，在负载需求功率优化分配时，对锂电池充放电功率进行控制约束，避免锂电池充放电功率超出界定范围，从而能够保护锂电池的健康状态，防止给锂电池造成不可逆损伤。

在基于功率跟随的能量管理策略中，首先需要界定燃料电池输出功率区间和动力锂电池输出功率区间，通过控制燃料电池后级 Boost 变换使得燃料电池输出功率跟随负载需求功率，从而解决负载需求功率的分配问题。由于燃料电池输出功率有上下限的约束，可以将该能量管理策略按负载需求功率状态进行划分。

1）负载需求功率小于燃料电池最小允许输出功率，即 $P_{dem} < P_{fc,min}$。

2）负载需求功率大于燃料电池最小允许输出功率，同时小于燃料电池最大允许输出

功率，即 $P_{\text{fc,min}} < P_{\text{dem}} < P_{\text{fc,max}}$。

3）负载需求功率大于燃料电池最大允许输出功率，即 $P_{\text{dem}} > P_{\text{fc,max}}$。

以下针对上述 3 种情况，详细说明基于功率跟随的能量管理策略具体实施方式，其中燃料电池最小允许输出功率 $P_{\text{fc,min}} = 100\text{W}$，燃料电池最大需要输出功率 $P_{\text{fc,max}} = 500\text{W}$，动力锂电池最大充电功率 $P_{\text{bat,charge,max}} = 50\text{W}$，动力锂电池最大放电功率 $P_{\text{bat,discharge,max}} = 200\text{W}$。

（1）$P_{\text{dem}} < P_{\text{fc,min}}$

当负载需求功率小于燃料电池最小允许输出功率时，控制燃料电池输出功率为最小值，燃料电池输出的额外功率由锂电池吸收，此时的锂电池吸收功率。

$$P_{\text{dem}} = P_{\text{fc,min}} + P_{\text{bat}} \tag{7.76}$$

式中，$P_{\text{bat}} < 0$，锂电池吸收母线多余功率，且 $P_{\text{bat,charge}} < 50\text{W}$。

（2）$P_{\text{fc,min}} < P_{\text{dem}} < P_{\text{fc,max}}$

当负载需求功率大于燃料电池最小允许输出功率且小于燃料电池最大允许输出功率时，控制燃料电池输出功率等于负载需求功率。

$$P_{\text{dem}} = P_{\text{fc}} + P_{\text{bat}} \tag{7.77}$$

式中 $P_{\text{bat}} = 0$，负载需求功率仅靠燃料电池供给。

（3）$P_{\text{dem}} > P_{\text{fc,max}}$

当负载需求功率大于燃料电池最大允许输出功率时，控制燃料电池输出功率为最大值，负载需求功率的缺额由锂电池弥补，此时锂电池输出功率。

$$P_{\text{dem}} = P_{\text{fc,max}} + P_{\text{bat}} \tag{7.78}$$

式中，$P_{\text{bat}} > 0$，锂电池弥补母线缺额功率，且 $P_{\text{bat,discharge}} < 200\text{W}$。

航空燃料电池混合动力系统功率跟随能量管理策略功率曲线图、锂电池荷电状态变化曲线图、燃料电池氢耗变化曲线图、燃料电池效率变化曲线图及母线电压波动曲线图如图 7.38、图 7.39 所示。

图 7.38 所示可以得到在功率跟随能量管理策略下负载需求功率 P_{dem}、燃料电池输出功率 P_{fc} 以及动力锂电池输出功率 P_{bat} 的功率变化曲线图。由图 7.38 可知，在功率跟随能量管理策略下，起飞、爬升等变化较大的负载需求功率仍由燃料电池提供功率，锂电池仅仅作为负载功率，超出燃料电池最大输出功率时才使用辅助储能装置，长期可能加剧燃料电池的老化，降低燃料电池的健康状态。巡航阶段以及着陆阶段同样也是主要由燃料电池提供负载需求功率，锂电池基本不输出功率，当负载需求功率超出燃料电池最大输出功率时，

由锂电池补充剩余的功率，这样同样会对燃料电池的健康状态造成一定程度的损害。功率跟随能量管理策略只能保证燃料电池和辅助储能装置最基本的功率分配，无法对系统性能达到优化的效果。

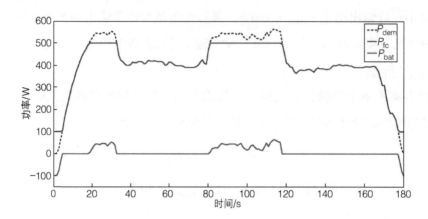

图 7.38　功率跟随能量管理策略功率曲线图

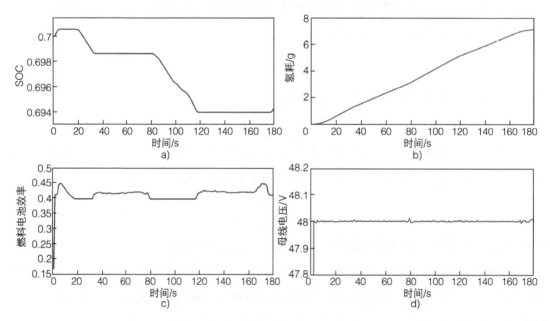

图 7.39　功率跟随能量管理策略系统状态参数变化曲线图

图 7.39a 和图 7.39b 所示可以得到在功率跟随能量管理策略下锂电池荷电状态与氢耗变化曲线图。由图 7.39 可知，由于大部分输出功率由燃料电池输出，而锂电池的荷电状态主要与锂电池充放电功率相关，锂电池的荷电状态在给定飞行任务下变化不大，锂电池最终荷电状态值为 0.6943。由于燃料电池负责主要的功率输出，导致在功率跟随能量管理策略下的氢耗相对较大，过度消耗氢气将会导致整体总航时变短，无法执行长航时的飞行任务，在功率跟随能量管理策略下的燃料电池氢气消耗量（氢耗）为 7.1189g。

图 7.39c 和图 7.39d 所示可以得到在功率跟随能量管理策略下燃料电池效率与母线电压变化曲线图。由图 7.39 可知，由于燃料电池输出功率随着负载输出功率变化较大，燃料电池的效率变化波动也较大，功率跟随能量管理策略下航空燃料电池混合动力系统中燃料电池效率的平均值为 0.4176。航空燃料电池混合动力系统的母线电压会随着燃料电池及锂电池的功率波动而变化，为了确保飞机飞行的安全性，在飞机飞行的过程中应当避免母线电压出现较大幅度的波动，可通过能量管理策略对锂电池输出功率变化进行约束，进而对母线电压波动进行限制，由图 7.39d 可知基于规则的能量管理策略下的母线电压会随着功率进行一定程度的波动。

2. 有限状态机算法

基于有限状态机的能量管理策略是最为常用的一种基于规则的混合动力系统能量管理策略。该策略的核心是将系统工况分成有限个状态，在每种系统状态下采用不同的控制方式，从而对燃料电池混合动力系统进行一定的管理优化。有限状态机算法的本质是一个事件驱动的逻辑系统，系统的输出状态是由系统内部状态和外部输入状态共同决定的。这种算法具有严谨的逻辑，简单可靠且适应性良好。

航空燃料电池混合动力系统由 PEMFC 和动力锂电池两个能量源组成，系统中存在特性不同的多个能量源，系统结构较为复杂，存在负载功率在多个能量源之间进行分配的问题。在能量源分配过程中，还需要考虑 PEMFC 和动力锂电池的输出功率区间、动态响应特性、动力锂电池 SOC 状态等因素，另外对于不同的负载需求功率状态所采取的功率分配方式也不同。根据有限状态机控制方法，将负载需求功率大小和动力锂电池 SOC 大小进行状态划分，在不同输入状态下，系统输出状态不同，基于有限状态机能量管理策略控制结构如图 7.40 所示。

基于有限状态机的能量管理策略优化目标可以总结为以下 4 点。

1）通过对负载需求功率的优化分配，使得燃料电池输出功率大小介于最大输出功率和最小输出功率之间，避免极端输出状态的出现，有利于保护燃料电池的健康状态，延长其使用寿命。

2）细分了燃料电池输出功率取值，从而能够优化燃料电池输出效率，使得燃料电池较

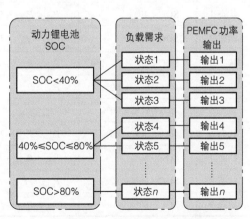

图 7.40　基于有限状态机能量管理策略控制结构

多的工作在高效率点，提升了航空燃料电池混合动力系统整体运行的经济性。

3）界定了锂电池最大充电功率和最大放电功率，在负载需求功率优化分配时，对锂电池充放电功率进行控制约束，避免锂电池充放电功率超出界定范围，从而能够保护锂电池的健康状态，防止给锂电池造成不可逆损伤。

4）通过划分锂电池 SOC 状态区间，根据锂电池 SOC 状态的不同采用不同的控制方式，使得锂电池 SOC 保持在安全区间范围内，避免锂电池健康状态（SOH）受损，起到延长锂电池使用寿命的作用。

PEMFC 最大输出功率 $P_{fc,max} = 500W$，最小输出功率 $P_{fc,min} = 100W$，最佳输出功率为 $P_{fc,opt} = 400W$；动力锂电池最大充电功率 $P_{bat,charge,max} = 50W$，锂电池最大放电功率 $P_{bat,discharge,max} = 200W$，动力锂电池安全工作 SOC 区间为 $40\% \leqslant SOC \leqslant 80\%$。在基于有限状态机能量管理策略实施中，将动力锂电池 SOC 以及负载需求功率定义为输入状态变量，将 PEMFC 输出功率定义为输出状态变量。根据动力锂电池 SOC 区间可以将其运行状态进行划分，分别为：

1）低 SOC 运行状态（SOC < 40%）。

2）中 SOC 运行状态（40% ≤ SOC ≤ 80%）。

3）高 SOC 运行状态（SOC > 80%）。

在此基础上对负载需求功率进行状态划分，根据系统输入状态变量所处运行状态区间可以计算出系统输出状态变量的大小，即确定出每种状态下燃料电池输出功率的大小，基于有限状态机的能量管理策略系统运行模式划分见表 7.5。

表 7.5　基于有限状态机的能量管理策略系统运行模式划分

模式	动力锂电池 SOC	负载需求功率	PEMFC 输出功率参考
状态 1	SOC < 40%	$P_{dem} < P_{fc,opt} - P_{bat,charge,max}$	$P_{dem} + P_{bat,charge,max}$
状态 2	SOC < 40%	$P_{fc,opt} \leqslant P_{dem} + P_{bat,charge,max} \leqslant P_{fc,max}$	$P_{fc,opt}$
状态 3	SOC < 40%	$P_{dem} > P_{fc,max} - P_{bat,charge,max}$	$P_{fc,max}$
状态 4	40% ≤ SOC ≤ 80%	$P_{dem} < P_{fc,opt} - P_{bat,charge,max}$	$P_{dem} + P_{bat,charge,max}$
状态 5	40% ≤ SOC ≤ 80%	$-P_{bat,charge,max} \leqslant P_{dem} - P_{fc,opt} \leqslant P_{bat,discharge,max}$	$P_{fc,opt}$
状态 6	40% ≤ SOC ≤ 80%	$P_{dem} > P_{fc,opt} + P_{bat,discharge,max}$	$P_{dem} - P_{bat,discharge,max}$
状态 7	SOC > 80%	$P_{dem} < P_{fc,min} + P_{bat,discharge,max}$	$P_{fc,min}$
状态 8	SOC > 80%	$P_{fc,min} < P_{dem} - P_{bat,discharge,max} \leqslant P_{fc,opt}$	$P_{fc,opt}$
状态 9	SOC > 80%	$P_{dem} > P_{fc,opt} + P_{bat,discharge,max}$	$P_{dem} - P_{bat,discharge,max}$

由表 7.5 可知，在动力锂电池处于不同的 SOC 状态下对负载需求功率也进行了一定的

状态划分，根据每个特定的状态组合可以计算得出燃料电池输出功率的参考值，基于有限状态机的能量管理策略详细分析如下。

（1）动力锂电池处于低 SOC 状态（SOC < 40%）

在此工作状态下，动力锂电池的 SOC 值相对较低，如果继续放电容易使动力锂电池过放，造成动力锂电池的损坏，此时应该尽可能地给动力锂电池进行充电，让动力锂电池SOC 恢复到安全区间范围内，在该状态下的负载需求功率分配方式如下。

1）状态 1：$P_{dem} < P_{fc,opt} - P_{bat,charge,max}$。该状态下，动力锂电池 SOC 水平比较低，在满足负载需求功率供给的情况下，需要尽可能地对动力锂电池进行充电。此时，燃料电池最佳输出功率值大于负载需求功率与动力锂电池最大充电功率之和，PEMFC 的输出功率参考值 $P_{fc,ref} = P_{dem} + P_{bat,charge,max}$，动力锂电池功率 $P_{bat} = - P_{bat,charge,max}$，动力锂电池以最大充电功率进行充电，同时动力锂电池 SOC 值以最快速度回升。

2）状态 2：$P_{fc,opt} - P_{bat,charge,max} \leqslant P_{dem} \leqslant P_{fc,max} - P_{bat,charge,max}$。该状态下，动力锂电池SOC 水平比较低，在满足负载需求功率供给的情况下，需要尽可能地对动力锂电池进行充电。此时，燃料电池最佳输出功率值小于负载需求功率与动力锂电池最大充电功率之和，燃料电池最大输出功率大于负载需求功率与动力锂电池最大充电功率之和，因此燃料电池的输出功率参考值 $P_{fc,ref} = P_{fc,opt}$，燃料电池工作在最佳输出功率点，动力锂电池功率 $P_{bat} = P_{fc,opt} - P_{dem}$。

3）状态 3：$P_{dem} > P_{fc,max} > - P_{bat,charge,max}$。该状态下，动力锂电池 SOC 水平比较低，在满足负载需求功率供给的情况下，需要尽可能地对动力锂电池进行充电。此时，燃料电池最大输出功率值大于负载需求功率与动力锂电池最大充电功率之和，因此燃料电池的输出功率参考值 $P_{fc,ref} = P_{fc,max}$，燃料电池以最大功率输出，动力锂电池功率 $P_{bat} = P_{fc,max} - P_{dem}$。

（2）动力锂电池处于中 SOC 状态（40% $\leqslant$ SOC $\leqslant$ 80%）

在此工作状态下，动力锂电池的 SOC 值处于安全区间，不需要刻意对动力锂电池进行充放电控制，此时可以把注意力更多的放到对燃料电池输出功率的控制上，使得燃料电池尽可能地运行在最佳输出功率点，在该状态下的负载需求功率分配方式如下。

1）状态 4：$P_{dem} < P_{fc,opt} - P_{bat,charge,max}$。该状态下，动力锂电池 SOC 值处于安全区间，动力锂电池既可以被充电又可以对外放电，在满足负载需求功率供给的情况下，需要尽可能优化燃料电池输出功率的大小。此时，燃料电池最佳输出功率值大于负载需求功率与动力锂电池最大充电功率之和，因此燃料电池的输出功率参考值 $P_{fc,ref} = P_{dem} + P_{bat,charge,max}$，动力锂电池功率 $P_{bat} = - P_{bat,charge,max}$，在负载需求功率较小时，通过给锂电池充电的方式控制燃料电池输出功率尽可能接近最佳输出功率点。

2）状态 5：$P_{fc,opt} - P_{bat,charge,max} \leqslant P_{dem} \leqslant P_{fc,opt} + P_{bat,discharge,max}$。该状态下，动力锂电池 SOC 值处于安全区间，动力锂电池既可以被充电也可以对外放电，在满足负载需求功率供给的情况下，需要尽可能优化燃料电池输出功率的大小。此时，负载需求功率大于燃料电池最佳输出功率与动力锂电池最大充电功率之和，同时负载需求功率小于燃料电池最佳输出功率与动力锂电池最大放电功率之和，因此燃料电池的输出功率参考值 $P_{fc,ref} = P_{fc,opt}$，动力锂电池功率 $P_{bat} = P_{fc,opt} - P_{dem}$，在此工作状态下，控制燃料电池输出功率等于燃料电池最佳输出功率，同时通过对动力锂电池进行充放电来平衡负载需求功率。

3）状态 6：$P_{dem} > P_{fc,opt} + P_{bat,discharge,max}$。该状态下，动力锂电池 SOC 值处于安全区间，动力锂电池既可以被充电又可以对外放电，在满足负载需求功率供给的情况下，需要尽可能优化燃料电池输出功率的大小。此时，负载需求功率大于燃料电池最佳输出功率与动力锂电池最大放电功率之和，因此燃料电池的输出功率参考值 $P_{fc,ref} = P_{dem} - P_{bat,discharge,max}$，动力锂电池功率 $P_{bat} = P_{bat,discharge,max}$，在负载需求功率较大时，通过控制锂电池放电的方式使得燃料电池输出功率尽可能接近最佳输出功率点。

（3）动力锂电池处于高 SOC 状态（SOC > 80%）

在此工作状态下，动力锂电池的 SOC 值相对较高，如果继续充电容易使动力锂电池过充，从而造成动力锂电池的损坏，此时应该尽可能地让动力锂电池放电，让动力锂电池 SOC 尽快恢复到安全区间范围内，在该状态下的负载需求功率分配方式如下。

1）状态 7：$P_{dem} < P_{fc,min} + P_{bat,discharge,max}$。该状态下，动力锂电池 SOC 水平较高，在满足负载需求功率供给的情况下，需要尽可能地让动力锂电池放电。此时，负载需求功率小于燃料电池最小输出功率与动力锂电池最大放电功率之和，因此燃料电池的输出功率参考值 $P_{fc,ref} = P_{fc,min}$，动力锂电池功率 $P_{bat} = P_{dem} - P_{fc,min}$，在负载需求功率较小时，通过控制燃料电池以最小输出功率运行使得动力锂电池尽可能的放电，从而降低动力锂电池 SOC，使其回归到安全区间范围内。

2）状态 8：$P_{fc,min} + P_{bat,discharge,max} \leqslant P_{dem} \leqslant P_{fc,opt} + P_{bat,discharge,max}$。该状态下，动力锂电池 SOC 水平较高，在满足负载需求功率供给的情况下，需要尽可能地让动力锂电池放电。此时，负载需求功率大于燃料电池最小输出功率与动力锂电池最大充电功率之和，同时负载需求功率小于燃料电池最佳输出功率与动力锂电池最大放电功率之和，因此燃料电池的输出功率参考值 $P_{fc,ref} = P_{fc,opt}$，燃料电池工作在最佳输出功率点，动力锂电池功率 $P_{bat} = P_{fc,opt} - P_{dem}$。

3）状态 9：$P_{dem} > P_{fc,opt} + P_{bat,discharge,max}$。该状态下，动力锂电池 SOC 水平较高，在满足负载需求功率供给的情况下，需要尽可能地让动力锂电池放电。此时，负载需求功率大于燃料电池最佳输出功率与动力锂电池最大放电功率之和，因此燃料电池的输出功率参考值 $P_{fc,ref} = P_{dem} - P_{bat,discharge,max}$，动力锂电池功率 $P_{bat} = P_{bat,discharge,max}$，动力锂电池以最大放电功率进行放电，使其 SOC 值迅速降低。

基于有限状态机的能量管理策略将动力锂电池 SOC 分成低、中、高 3 种状态，在不同状态下，系统控制目标与控制方式不同，系统整体氢耗量随 SOC 水平的提高而降低，因此为了提高 PEMFC 混合动力飞机续驶里程，在采用有限状态机能量管理策略时，保证动力锂电池初始 SOC 值大于 80%，让动力锂电池尽可能放电，从而能够提高 PEMFC 混合动力飞机功率密度、充分发挥动力锂电池的作用、有效延长飞机续航时间。

航空燃料电池混合动力系统低 SOC 模式下有限状态机能量管理策略系统功率曲线图、锂电池荷电状态参数变化曲线图、燃料电池氢耗变化曲线图、燃料电池效率变化曲线图及母线电压波动曲线图如图 7.41、图 7.42 所示。

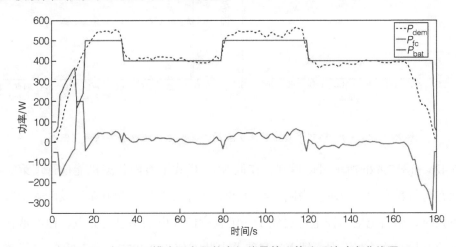

图 7.41　低 SOC 模式下有限状态机能量管理策略系统功率曲线图

图 7.41 所示可以得到在低 SOC 模式下有限状态机能量管理策略下负载需求功率 P_{dem}、燃料电池输出功率 P_{fc} 以及动力锂电池输出功率 P_{bat} 的功率变化曲线。由图 7.41 可知，在低 SOC 模式下有限状态机能量管理策略系统，在起飞、爬升阶段主要由燃料电池提供负载需求功率，锂电池会在负载需求功率达到一定程度时辅助输出功率，但低 SOC 模式下燃料电池在此阶段不仅需要提供负载需求功率，同时需要输出功率给锂电池进行充电，因此将会造成燃料电池的输出功率变化率较大，长期可能加剧燃料电池的老化，降低燃料电池的健康状态。巡航阶段中燃料电池输出最佳输出功率，锂电池负责填补负载需求功率剩余波动的功率，在充电与放电两种模式来回切换，这样可以保证锂电池的荷电状态不进一步跌落，防止过低的荷电状态对锂电池健康状态造成影响。降落阶段前期燃料电池先以最佳输出功率继续为锂电池充电，当负载需求功率跌落到一定程度后燃料电池输出功率再减小，

这样虽然会导致燃料电池在降落阶段中输出功率变化幅度较大，但在低 SOC 模式下的主要优化目标是锂电池的荷电状态，由此也可以看出有限状态机能量管理策略无法做到全局优化的效果。

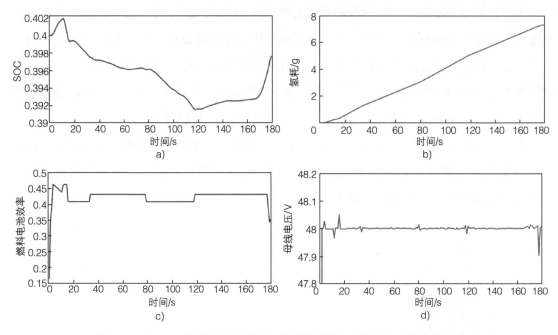

图 7.42　低 SOC 模式下有限状态机能量管理策略系统状态参数变化曲线

图 7.42a 和图 7.42b 所示可以得到，在低 SOC 模式下有限状态机能量管理策略下锂电池荷电状态与氢耗变化曲线图。由图 7.42 可知，由于在起飞、爬升阶段及降落阶段负载需求功率不大时，燃料电池为锂电池提供了一定程度的充电功率进行充电，锂电池在整个飞行任务下荷电状态的跌落不大，锂电池最终荷电状态值为 0.3977。由于低 SOC 模式下有限状态机能量管理策略主要由燃料电池提供负载需求功率，同时还一定程度上提供了锂电池的充电功率，导致在低 SOC 模式下有限状态机能量管理策略下的氢耗相对较大，过度消耗氢气将会导致整体总航时变短，无法执行长航时的飞行任务，在低 SOC 模式下有限状态机能量管理策略下的燃料电池氢耗为 7.2965g。

图 7.42c 和图 7.42d 所示可以得到在低 SOC 模式下有限状态机能量管理策略下燃料电池效率与母线电压变化曲线。由图 7.42 可知，由于燃料电池输出功率随着负载输出功率的变化较小，燃料电池的效率变化波动也较小，低 SOC 模式下有限状态机能量管理策略下航空燃料电池混合动力系统中燃料电池效率的平均值为 0.4221。航空燃料电池混合动力系统的母线电压会随着燃料电池及锂电池的功率波动而变化，为了确保飞机飞行的安全性，在飞机飞行的过程中应当避免母线电压出现较大幅度的波动，可通过能量管理策略对锂电池

输出功率变化进行约束，进而对母线电压波动进行限制，由图 7.42d 可知基于规则的能量管理策略下的母线电压会随着功率进行一定程度的波动。

航空燃料电池混合动力系统中 SOC 模式下有限状态机能量管理策略系统功率曲线图、锂电池荷电状态变化曲线图、燃料电池氢耗变化曲线图、燃料电池效率变化曲线图及母线电压波动曲线图如图 7.43、图 7.44 所示。

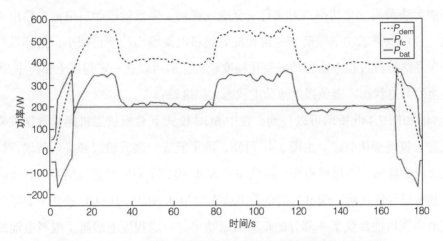

图 7.43　中 SOC 模式下有限状态机能量管理策略系统功率曲线

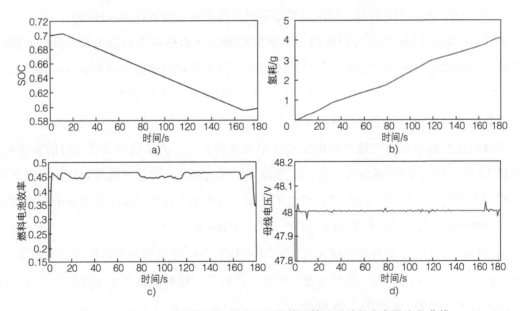

图 7.44　中 SOC 模式下有限状态机能量管理策略系统状态参数变化曲线

图 7.43 所示可以得到在中 SOC 模式下有限状态机能量管理策略下负载需求功率 P_{dem}、燃料电池输出功率 P_{fc} 以及动力锂电池输出功率 P_{bat} 的功率变化曲线图。由图 7.43 可知，在中 SOC 模式下有限状态机能量管理策略系统，在起飞、爬升阶段主要由燃料电池提供负

载需求功率，锂电池会在负载需求功率达到一定程度时辅助输出功率，但中 SOC 模式下燃料电池在此阶段不仅需要提供负载需求功率，同时需要输出功率给锂电池进行充电，因此将会造成燃料电池的输出功率变化率较大，长期可能加剧燃料电池的老化，降低燃料电池的健康状态。巡航阶段中锂电池输出恒定功率，减小燃料电池的功率负担，但由于锂电池的输出功率恒定，导致燃料电池的输出功率随负载需求功率而波动，若突发急剧变载，燃料电池可能无法瞬间变化功率，对飞行安全造成影响。降落阶段燃料电池先输出功率为锂电池充电，当负载需求功率跌落到一定程度后燃料电池输出功率再减小，这样虽然会导致燃料电池在降落阶段过程中输出功率变化幅度较大，但可以在一定程度上保持中 SOC 模式下的锂电池的荷电状态，避免锂电池荷电状态大幅度跌落。

图 7.44a 和图 7.44b 所示可以得到，在中 SOC 模式下有限状态机能量管理策略下锂电池荷电状态与氢耗变化曲线。由图 7.44 可知，除了起飞、爬升阶段和降落阶段，锂电池在整个巡航阶段的输出功率保持不变，因此在中 SOC 模式下有限状态机能量管理策略锂电池荷电状态基本呈线性跌落，锂电池最终荷电状态值为 0.5962。中 SOC 模式下有限状态机能量管理策略中锂电池提供了一部分的负载需求功率，一定程度上缓解了燃料电池的功率需求负担，因此相比于低 SOC 模式，中 SOC 模式下有限状态机能量管理策略下的氢耗相对较小，在中 SOC 模式下有限状态机能量管理策略下的燃料电池氢耗为 4.1010g。

图 7.44c 和图 7.44d 所示可以得到，在中 SOC 模式下有限状态机能量管理策略下燃料电池效率与母线电压变化曲线图。由图 7.44 可知，由于燃料电池输出功率随着负载输出功率变化较大，燃料电池的效率变化波动也较大，中 SOC 模式下有限状态机能量管理策略下航空燃料电池混合动力系统中燃料电池效率的平均值为 0.4521。航空燃料电池混合动力系统的母线电压会随着燃料电池及锂电池的功率波动而变化，为了确保飞机飞行的安全性，在飞机飞行的过程中应当避免母线电压出现较大幅度的波动，可通过能量管理策略对锂电池输出功率变化进行约束，进而对母线电压波动进行限制，由图 7.44d 可知基于规则的能量管理策略下的母线电压会随着功率进行一定程度的波动。

航空燃料电池混合动力系统高 SOC 模式下有限状态机能量管理策略系统功率曲线图、锂电池荷电状态变化曲线图、燃料电池氢耗变化曲线图、燃料电池效率变化曲线图及母线电压波动曲线图如图 7.45、图 7.46 所示。

图 7.45 所示可以得到，在高 SOC 模式下有限状态机能量管理策略下负载需求功率 P_{dem}、燃料电池输出功率 P_{fc} 以及动力锂电池输出功率 P_{bat} 的功率变化曲线图。由图 7.45 可知，在高 SOC 模式下有限状态机能量管理策略系统，在起飞、爬升阶段主要由燃料电池提供负载需求功率，锂电池会在负载需求功率达到一定程度时辅助输出功率，但高 SOC 模式

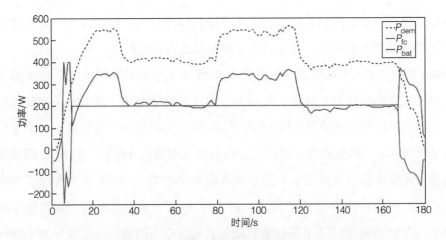

图 7.45 高 SOC 模式下有限状态机能量管理策略系统功率曲线图

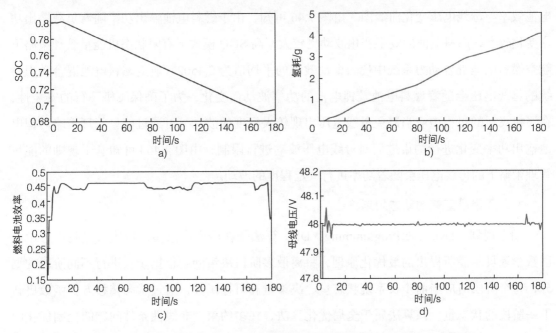

图 7.46 高 SOC 模式下有限状态机能量管理策略系统状态参数变化曲线图

下燃料电池在此阶段不仅需要提供负载需求功率，同时需要输出功率给锂电池进行充电，因此将会造成燃料电池的输出功率变化率较大。长期较大的输出功率变化，可能加剧燃料电池的老化，降低燃料电池的健康状态。巡航阶段中锂电池输出恒定功率，一方面避免锂电池荷电状态过高对锂电池的健康状态造成影响，另一方面减小燃料电池的功率负担，但由于锂电池的输出功率恒定，导致燃料电池的输出功率随负载需求功率而波动，若突发急剧变载，燃料电池可能无法瞬间变化功率，对飞行安全造成影响。降落阶段燃料电池先输出功率为锂电池充电，当负载需求功率跌落到一定程度后燃料电池输出功率再减小，这样虽然会导致燃料电池在降落阶段中输出功率变化幅度较大，但可以在一定程度上保持高 SOC 模式下锂电池的荷电状态，避免锂电池荷电状态大幅度跌落。

图 7.46a 和图 7.46b 所示可以得到在高 SOC 模式下有限状态机能量管理策略下锂电池荷电状态与氢耗变化曲线图。由图 7.46 可知，由于在除了起飞、爬升阶段和降落阶段，锂电池在整个巡航阶段的输出功率保持不变，所以在高 SOC 模式下有限状态机能量管理策略锂电池荷电状态基本呈线性跌落，锂电池最终荷电状态值为 0.6943。高 SOC 模式下有限状态机能量管理策略中锂电池提供了一部分的负载需求功率，一定程度上缓解了燃料电池的功率需求负担，因此相比于低 SOC 模式，高 SOC 模式下有限状态机能量管理策略下的氢耗相对较小，在中 SOC 模式下有限状态机能量管理策略下的燃料电池氢耗为 4.0498g。

图 7.46c 和图 7.46d 所示可以得到，在高 SOC 模式下有限状态机能量管理策略下燃料电池效率与母线电压变化曲线图。由图 7.46 可知，由于燃料电池输出功率随着负载输出功率变化较大，燃料电池的效率变化波动也较大，高 SOC 模式下有限状态机能量管理策略下航空燃料电池混合动力系统中燃料电池效率的平均值为 0.4502。航空燃料电池混合动力系统的母线电压会随着燃料电池及锂电池的功率波动而变化，为了确保飞机飞行的安全性，在飞机飞行的过程中应当避免母线电压出现较大幅度的波动，可通过能量管理策略对锂电池输出功率变化进行约束进而对母线电压波动进行限制，由图 7.46d 可知基于规则的能量管理策略下的母线电压会随着功率进行一定程度的波动。

3. 基于最小氢耗的动态规划算法

动态规划（Dynamic Programming，DP）算法是在研究离散多阶段决策过程中，由美国数学家贝尔曼所提出的最优化原理，将离散多阶段决策问题根据步长进行不同阶段的划分，每个阶段对应当前步长系统状态量、决策量和目标函数，通过状态转移方程函数更新下一阶段的状态量。该算法属于全局优化算法，在多约束、非线性条件问题的控制优化问题中效果显著，在经济、生产、工程和控制领域得到了广泛的应用。

航空燃料电池飞机的大部分飞行任务都有较为固定的循环工况，即可以针对每个阶段的需求功率对功率分配进行求解，从而得到满足系统约束条件下飞行工况功率分配的最优目标值。该问题需要求解全局最优解，可以通过使用动态规划算法进行求解。在计算过程中，航空燃料电池系统控制参数和状态变量参数会增多，动态规划算法的计算时间也会随之呈指数形式增加，因此动态规划算法适用于航空燃料电池系统能量管理的离线优化，可以根据功率分配结果及各项参数对其他能量管理策略进行对比验证，提取相应的控制规则，从而改进航空燃料电池混合动力系统的能量管理策略。

在动态规划求解过程中，可以将已知飞行工况按照时间步长进行阶段划分。在不同的阶段 k，$s(k)$ 表示该阶段的状态量，该量反映了系统在该阶段的状态信息，$s(k+1)$ 表示下一阶段的状态量，$u(k)$ 为 k 阶段的决策量，$f(k)$ 为状态转移函数，N 为总阶段数，$S(k)$ 和 $U(k)$ 分别为状态量集合和决策集合，其满足关系如下式所示

$$s(k+1) = f(s(k), u(k)), k = 0, 1, \cdots, N-1 \tag{7.79}$$

式中，$s(k) \in S(k)$，$u(k) \in U(k)$。

在航空燃料电池混合动力系统中，动力锂电池作为辅助动力源同时也作为储能部件，其荷电状态能够反映其当前时刻的电量状态，而燃料电池因其输出特性疲软的原因，需要对其输出变换范围进行约束，以此避免对燃料电池的健康造成危害。因此选择动力锂电池荷电状态 SOC 作为系统状态量 $s(k)$，燃料电池的输出功率 P_{fc} 作为决策量，以此实现航空燃料电池混合动力系统在不同阶段下的功率分配。

在优化计算过程中，将系统状态量离散化处理，由于系统约束的存在以及实际工作条件限制，导致每个阶段的系统状态量和决策量都有相应的可达集合，通过对可达集合的计算，可以减少每个阶段的计算量，避免无效的计算，大大提高算法的效率。

对于控制量 P_{fc}，根据系统拓扑结构和燃料电池、锂电池的参数，可以得到下列约束量为

$$\begin{cases} P_{dem} = P_{fc} + P_{bat} \\ P_{fc,min} \leqslant P_{fc} \leqslant P_{fc,max} \\ P_{bat,min} \leqslant P_{bat} \leqslant P_{bat,max} \\ \Delta P_{fc,min} \leqslant \Delta P_{fc} \leqslant \Delta P_{fc,max} \end{cases} \tag{7.80}$$

式中，P_{dem} 表示航空燃料电池飞机需求功率，P_{bat} 表示锂电池输出功率，$P_{fc,min}$ 表示燃料电池输出最小功率，$P_{fc,max}$ 表示燃料电池输出最大功率，$P_{bat,min}$ 表示锂电池输出最小功率，$P_{bat,max}$ 表示锂电池输出最大功率，ΔP_{fc} 表示燃料电池输出功率变化值，$\Delta P_{fc,min}$ 表示燃料电池输出功率变化最小值，$\Delta P_{fc,max}$ 表示燃料电池输出功率变化最大值。

通过式（7.80）可以限制燃料电池和锂电池的输出功率以及变化量边界约束条件，从而限制燃料电池在每个阶段的输出功率 P_{fc}。对于每个阶段的系统状态量 $s(k)$，在航空燃料电池混合动力系统运行的过程中，需要严格限制锂电池荷电状态（SOC）的边界，使其保持在一个安全稳定的范围内，保证动力锂电池输出最佳的性能。在航空燃料电池混合动力系统中，飞机的续航能力是十分关键的技术指标，因此锂电池荷电状态最好控制在 70%，此外，需要对锂电池荷电状态进行严格的硬限制，锂电池荷电状态较低时通过燃料电池对

其进行充电储能，控制锂电池荷电状态不得低于 30%，锂电池荷电状态较高时由锂电池输出较多的功率，控制锂电池荷电状态不得高于 80%，以此提高锂电池的使用寿命。同时对锂电池初始阶段 SOC_{ini} 和最终阶段 SOC_{end} 进行约束，以此保证整个飞行工况下锂电池的电量平衡，实现锂电池作为辅助电源实现对急剧变化的负载需求功率"削峰填谷"的作用。锂电池初始阶段 SOC 和最终阶段 SOC 的约束如下

$$\begin{cases} SOC_{min} \leqslant SOC \leqslant SOC_{max} \\ SOC_{ini,min} \leqslant SOC_{ini} \leqslant SOC_{ini,max} \\ SOC_{end,min} \leqslant SOC_{end} \leqslant SOC_{end,max} \end{cases} \quad (7.81)$$

根据系统的状态函数可知，锂电池荷电状态与锂电池容量以及锂电池充放电功率有关，锂电池容量已被锂电池型号确定，因此状态量的变化只与锂电池充放电功率有关，根据航空燃料电池飞机负载需求功率可以确定一个阶段状态量的变化，如下式所示

$$\begin{cases} SOC_{k+1}^{charge} = SOC_k - \dfrac{I_k}{Q_{bat}}, P_{bat} \leqslant 0 \\ SOC_{k+1}^{discharge} = SOC_k - \dfrac{I_k}{Q_{bat}}, P_{bat} > 0 \end{cases} \quad (7.82)$$

从而可以确定每个阶段的状态量范围，有效地降低了计算量，避免了无效的迭代计算。根据动态规划的基本思想，算法求解的整个过程主要分为两个步骤，先按整体最优的逆向计算，得到每个阶段所有可能状态的最小代价函数与最佳决策，然后再根据系统初始状态正向顺序生成整个问题的最优决策。工况时间轴被离散为 N 个阶段，等距分布，垂直轴被量化为 L 个不同的系统状态，如图 7.47 所示。

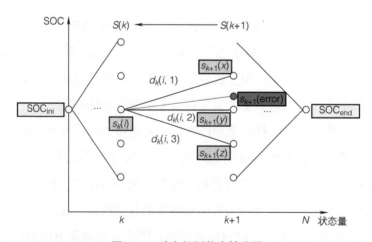

图 7.47　动态规划状态转移图

在逆向计算过程中，以 k 和 $k+1$ 阶段为例，当需要计算阶段 k 到阶段 N 的最佳代价函数值时，阶段 $k+1$ 的每个可行状态到阶段 N 的最佳代价值均已知。根据每个阶段可达集合的计算，可以由 $k+1$ 的可行集合 $S(k+1)$ 计算得到 k 阶段的可行 SOC 集合 $S(k)$。此时若对系统决策量进行离散，经过状态转移方程进行计算，可能会得到如图 7.47 所示中红点所示 $s_{k+1}(error)$，由于该点不在对应的离散集合中，则 $s_{k+1}(error)$ 的目标函数需要由 $s_{k+1}(x)$ 和 $s_{k+1}(y)$ 的目标函数插值计算得到，存在系统误差且导致算法效率降低[71]，因而对 $u(k)$ 不做离散化处理，由两阶段的状态量计算决策量，从而避免了误差且减少了计算量。此时系统的状态转移方程可以变换为

$$u(k) = f(s(k), s(k+1)) \tag{7.83}$$

式中，$s(k) \in S(k)$，$s(k+1) \in S(k+1)$，$u(k) \in U(k)$。

如图 7.47 所示，$s_{k+1}(x)$，$s_{k+1}(y)$，$s_{k+1}(z)$ 分别表示阶段 $k+1$ 的 3 种可行状态；$J_{k+1}(x)$，$J_{k+1}(y)$，$J_{k+1}(z)$ 表示以状态 $s_{k+1}(x)$，$s_{k+1}(y)$，$s_{k+1}(z)$ 为初始状态到阶段 N 时的最优指标值。k 阶段的可行状态 $s_k(i)$ 通过决策 $u_k(i,1)$，$u_k(i,2)$，$u_k(i,3)$ 对应的函数值分别为 $d_k(i,1)$，$d_k(i,2)$，$d_k(i,3)$，则从阶段 k 的可行状态 $s_k(i)$ 为初始状态到阶段 N 的最佳代价函数值为

$$J_k(i) = \min\{d_k(i,1) + J_{k+1}(x), d_k(i,2) + J_{k+1}(y), d_k(i,3) + J_{k+1}(z)\} \tag{7.84}$$

即可将此时的 $J_k(i)$ 存储为从 $s_k(i)$ 到末态的最佳代价函数值，同理可以得到每一个可行状态的最优代价函数值。如果转移到某个节点或某个状态违反了任何约束条件，则该节点是不可行的，并且不能在最佳路径中考虑。为了将其从最佳路径中移除，将其与高代价函数相关联，而不是从路径中移除该节点。

通过对每个阶段计算后，可以求得决策序列 $U(u(1), u(2), \cdots, u(N-1))$，即

$$J = \min_{u(k) \in U}\{J_{k+1}(s(k+1), u(k+1)) + L_k(s(k), u(k))\} \tag{7.85}$$

式中，$s(k)$ 表示系统状态变量；$u(k)$ 表示系统控制量；$L_k(s(k), u(k))$ 表示 k 阶段在控制量的作用下，系统状态经由状态转移方程从 $s(k)$ 转移到 $s(k+1)$ 的瞬时代价函数；$J_{k+1}(s(k+1), u(k+1))$ 表示系统由 $k+1$ 到 N 阶段的总代价函数值。

在动态规划算法中，定义了节点成本和过渡成本，通过构造惩罚函数，在满足系统功率需求的前提下，把系统目标函数和约束条件转化为带惩罚因子的加权代价函数。从而将带约束的非线性规划问题变成一系列无约束的非线性规划问题。

基于等效氢耗最小的优化目标函数（Equivalent Consumption Minimization Strategy，ECMS）将混合动力系统中能量源的电能消耗等效成氢气消耗，然后对混合动力系统总体

的氢气消耗量进行优化。通过计算瞬时最小氢耗，对负载需求功率进行优化分配，使得燃料电池混合动力系统氢气消耗最小，从而提升系统运行的经济性。该种能量管理策略最早出现在燃油/蓄电池混合动力系统当中，随着燃料电池技术的发展以及交通电气化技术的进步，基于等效氢耗最小的能量管理策略被广泛应用到燃料电池混合动力系统当中，目前已在燃料电池电动汽车、有轨电车等地面交通工具中有着较为深入的研究和应用，但在航空飞机领域仍存在较大的空白。在航空燃料电池/动力锂电池混合动力系统上，基于等效氢耗最小原理对航空燃料电池混合动力系统动态规划策略进行优化。

PEMFC 混合动力飞机系统总的瞬时氢耗 C_{sys} 由 PEMFC 瞬时氢耗 C_{fc} 和动力锂电池瞬时等效氢耗 C_{bat} 组成。

$$C_{sys} = C_{fc} + kC_{bat} \qquad (7.86)$$

式中，k 为修正系数。

$$k = 1 - \frac{2\mu[S - 0.5(S_h + S_l)]}{(S_h - S_l)} \qquad (7.87)$$

式中，μ 为动力锂电池 SOC 平衡修正系数；S 为动力锂电池当前 SOC 值；S_h 为动力锂电池 SOC 上限；S_l 为动力锂电池 SOC 下限。

PEMFC 的瞬时氢耗 C_{fc} 与 PEMFC 输出功率 P_{fc} 的关系可以表示为

$$C_{fc} = \frac{P_{fc}}{\eta_{fc}Q_{lhv}} \qquad (7.88)$$

式中，η_{fc} 为 PEMFC 发电装置运行效率；Q_{lhv} 为氢气低热值。PEMFC 氢气消耗量与 PEMFC 输出功率近似为线性函数关系，可以表示为

$$C_{fc} = aP_{fc} + b \qquad (7.89)$$

动力锂电池瞬时等效氢耗 C_{bat} 与动力锂电池瞬时功率 P_{bat} 大小有关，其中还涉及电能与氢气热能的换算，表达式为

$$C_{bat} = \begin{cases} \dfrac{P_{bat}C_{fc,avg}}{\eta_{dis}\bar{\eta}_{chg}P_{fc,avg}} & P_{bat} \geq 0 \\[3mm] P_{bat}\eta_{chg}\bar{\eta}_{dis}\dfrac{C_{fc,avg}}{P_{fc,avg}} & P_{bat} < 0 \end{cases} \qquad (7.90)$$

式中，P_{bat} 为动力锂电池瞬时功率；$C_{fc,avg}$ 为 PEMFC 平均瞬时氢耗；$P_{fc,avg}$ 为 PEMFC 平均输出功率；η_{dis} 为动力锂电池瞬时放电效率；η_{chg} 为动力锂电池瞬时充电效率；$\bar{\eta}_{dis}$ 为动力

锂电池平均放电效率；$\bar{\eta}_{chg}$ 为动力锂电池平均充电效率。

基于等效氢耗最小原理的能量管理策略，以 PEMFC 混合动力系统瞬时氢耗最小为优化目标，即

$$\min(C_{sys}) = \min(C_{fc} + kC_{bat}) \qquad (7.91)$$

最小等效氢耗求解公式的约束条件为

$$
\begin{aligned}
P_{fc,min} &\leqslant P_{fc} \leqslant P_{fc,max} \\
P_{bat,min} &\leqslant P_{bat} \leqslant P_{bat,max} \\
\Delta P_{fc,min} &\leqslant \Delta P_{fc} \leqslant \Delta P_{fc,max}
\end{aligned}
\qquad (7.92)
$$

式中，ΔP_{fc} 表示 PEMFC 瞬时功率脉动幅值，即 PEMFC 功率变化率（W/s）。设置改参数的意义是限制 PEMFC 输出功率波动幅值，避免 PEMFC 出现较大输出功率的阶跃变化，该限制有利于保护 PEMFC 安全运行，延长其使用寿命。

根据功率守恒原理，PEMFC 输出功率 P_{fc}、负载需求功率 P_{dem} 与动力锂电池输出功率 P_{bat} 之间存在以下关系，即

$$P_{fc} = P_{dem} - P_{bat} \qquad (7.93)$$

$$\min(C_{sys}) = \begin{cases} \min\left[P_{bat}\left(\dfrac{K_1}{a\eta_{dis}} - 1\right)\right] & P_{bat} \geqslant 0 \\[3mm] \min\left[P_{bat}\left(\dfrac{K_2 \eta_{chg}}{a} - 1\right)\right] & P_{bat} < 0 \end{cases} \qquad (7.94)$$

其中，

$$
\begin{aligned}
K_1 &= \frac{kC_{fc,avg}}{\bar{\eta}_{chg} P_{fc,avg}} \\[3mm]
K_2 &= k\bar{\eta}_{dis} \frac{C_{fc,avg}}{P_{fc,avg}}
\end{aligned}
\qquad (7.95)
$$

根据等效氢耗最小原理，将系统总的氢耗最小的全局问题转化为计算系统瞬时最小氢耗的局部问题，在系统运行过程中，通过计算每一时刻的氢气消耗量，得到多个控制变量 P_{bat} 的候选值，选择使系统等效氢耗最小的值作为优化结果。

基于等效氢耗最小的能量管理策略本质上是通过控制动力锂电池充放电功率大小对系统氢耗进行优化。在算法计算过程中，需要提前选定动力锂电池 SOC 平衡修正系数 k，给定一个 k 值，便可以在此基础上得到使系统等效氢耗最小的控制变量 P_{bat} 的值。修正系数 k 的取值大小会影响系统氢耗量与动力锂电池 SOC 之间的变化关系，如何选择合适的修正系

数 k 来获得最优解，是基于等效氢耗最小能量管理策略实施的关键。根据仿真分析及工程经验，设置修正系数 k 为 0.7。

　　航空燃料电池混合动力系统动态规划能量管理策略功率曲线、锂电池荷电状态变化曲线、燃料电池氢耗曲线、燃料电池效率变化曲线及母线电压波动曲线如图 7.48、图 7.49 所示。

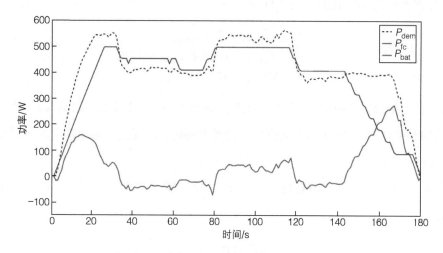

图 7.48　动态规划能量管理策略功率曲线

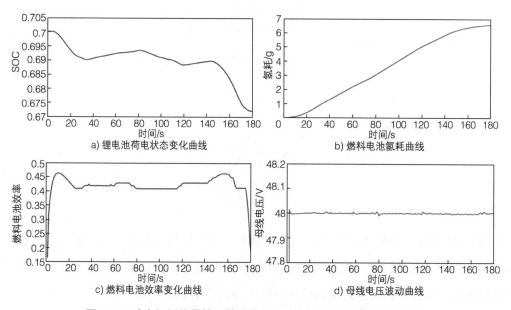

图 7.49　动态规划能量管理策略锂电池荷电状态与氢耗等变化曲线

　　图 7.48 所示可以得到动态规划能量管理策略下负载需求功率 P_{dem}、燃料电池输出功率 P_{fc} 以及动力锂电池输出功率 P_{bat} 的功率变化曲线图。由图 7.48 可知，在动态规划能量管理策略下，在起飞、爬升阶段由燃料电池和锂电池功率提供负载需求功率，燃料电池输出功

率的变化率小于负载需求功率的变化率，锂电池则负责补充剩余的负载需求功率，在一定程度上延缓了燃料电池因输出波动而造成的老化。在巡航阶段，燃料电池以比较平滑的输出功率曲线提供负载需求功率，同时为锂电池提供功率充电，这样既能保证燃料电池输出功率波动的稳定，减小因急剧变载造成的输出功率大幅度波动对燃料电池老化状态的影响，保证系统的稳定性，又能保证锂电池荷电状态维持在给定值附近，避免在较长航时飞行任务中锂电池的荷电状态出现大幅度跌落而无法继续航行的情况。降落阶段燃料电池的输出功率以较小的变化幅度逐渐减小，这样能极大幅度地保证燃料电池的输出性能不会因为负载需求功率的大幅度变化而降低，锂电池与燃料电池在此阶段的配比逐渐互换，由锂电池提供主要的负载需求功率，直至飞机完成降落负载需求的功率变化阶段。由此可见，相比于基于规则的能量管理策略，基于全局优化的能量管理策略可以做到多目标的优化，保证系统整体的稳定性和经济性。

图 7.49a 和图 7.49b 所示可以得到在动态规划能量管理策略锂电池荷电状态与氢耗等变化曲线。由图 7.49 可知，燃料电池主要在起飞、爬升阶段和降落阶段输出功率，在此期间锂电池的荷电状态跌落幅度明显，而在巡航阶段，燃料电池在一定程度上为锂电池提供充电功率，锂电池最终荷电状态值为 0.6723。由于动态规划能量管理策略中锂电池提供了一部分的负载需求功率，一定程度上缓解了燃料电池的功率需求负担，由于基于规则的能量管理策略无法做到全局优化，而基于最小等效氢耗的动态规划能量管理策略不仅在氢耗方面进行了优化，同样在燃料电池输出功率波动等方面进行了优化，且动态规划所优化的是等效氢耗，所以仅从燃料电池氢耗数值上无法体现该策略对等效氢耗的优化程度，在动态规划能量管理策略下的燃料电池氢耗为 6.5841g。

图 7.49c 和图 7.49d 所示可以得到在动态规划能量管理策略燃料电池效率与母线电压变化曲线。由图 7.49 可知，由于燃料电池输出功率随着负载输出功率变化较大，燃料电池的效率变化波动也较大，动态规划能量管理策略下航空燃料电池混合动力系统中燃料电池效率的平均值为 0.4259。航空燃料电池混合动力系统的母线电压会随着燃料电池及锂电池的功率波动而变化，为了确保飞机飞行的安全性，在飞机飞行的过程中应当避免母线电压出现较大幅度的波动，可通过能量管理策略对锂电池输出功率变化进行约束，进而对母线电压波动进行限制，由图 7.49 可知，相比于基于规则的能量管理策略，基于优化的能量管理策略下母线电压波动相对平稳。

4. 模型预测控制算法

上文所提到的典型能量管理策略中，功率跟随和有限状态机能量管理策略缺乏对航空燃料电池混合动力系统中锂电池荷电状态之外的参数进行优化，而动态规划能量管理策略仅针对氢耗方面进行了相应的优化，未能达到多目标优化的需求。为了满足航空飞行过程中多方面的目标需求，提出了应用于航空燃料电池混合动力系统的模型预测控制能量管理策略。

模型预测控制（Model Predictive Control，MPC）又被称为滚动时域控制或后退时域控制，是 20 世纪 80 年代初开始发展起来的一类新型计算机控制算法，具有建模方便、稳定性强以及控制效果好等优点。实际中大量的工业生产过程都具有非线性、不确定性和时变的特点，要建立精确的解析模型十分困难，因此经典控制方法如 PID 控制以及现代控制理论都难以获得良好的控制效果。而模型预测控制具有的优点决定了该方法能够有效地用于复杂工业过程的控制，并在石油、电力和航空等工业中都得到了十分成功的应用。模型预测控制的原理为：控制序列是根据当前测量信息，通过在每个采样时刻求解一个有限时域开环最优控制问题而得到，将过程的当前状态作为最优控制问题的初始状态，并将所得控制序列的第一个分量施加于被控对象，然后在下一采样时刻重复此过程，更新测量信息并重新求解。模型预测的控制流程主要包含 4 个部分：预测模型、参考轨迹、滚动优化和反馈校正，如图 7.50 所示。

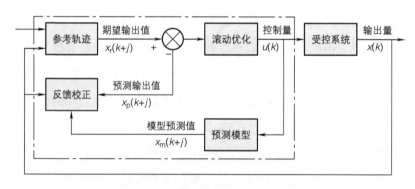

图 7.50　模型预测的控制流程

（1）预测模型

预测模型的作用是根据系统当前时刻的输入以及过程的历史信息，对系统未来有限时域内的输出或者状态进行预测。可根据受控系统的特点，运用指数函数、数据驱动、机器学习或随机过程等方法建立预测模型。

（2）参考轨迹

参考轨迹即控制系统的期望输出，在预测控制中，考虑到整个系统控制过程的动态特性，为了避免使控制过程中出现输入和输出的急剧变化，往往要求实际输出 $x(k)$ 沿着一条理想的曲线向着设定值 x_d 平滑过渡，这条曲线通常被称为参考轨迹。

（3）滚动优化

在有限时域内以某一性能指标最优为目标求解未来时域内的控制序列，将当前时刻控制序列的第一个分量施加于被控对象，然后在下一采样时刻重复此过程，更新测量信息并重新求解，整个优化过程反复在线进行，实现滚动优化。通常运用动态规划、二次规划或极小值原理等优化算法得到每个预测时域内的最优控制。

（4）反馈校正

经在线优化得到预测时域内的最优控制序列后，为避免非线性、模型失配和干扰等不确定因素对控制效果的影响，因此在预测控制中，通过输出的测量值 $x(k)$ 与模型预测值 $x_m(k+j)$ 进行比较，利用模型预测误差来对模型的预测输出值进行校正。通过闭环反馈控制，不断修正预测值，从而提高系统的控制性能和鲁棒性。

模型预测控制流程如图 7.51 所示，图 7.51 中 x_r 为状态量的参考轨迹，x_p 为状态量的预测轨迹，$u(k-j)$ 为已执行控制量，$u(k+j)$ 为预测控制量，假设在当前时刻 k，系统的优化目标可表示为

$$\min J_k = \sum_{t=k}^{k+t_p} L(x(t), u(t)) \tag{7.96}$$

式中，t_p 为预测步长；J_k 为预测时域 $[k, k+t_p]$ 内的代价函数；$x(t)$ 为 t 时刻的状态量；$u(t)$ 为 t 时刻的控制量；L 为 t 时刻的瞬时代价函数。

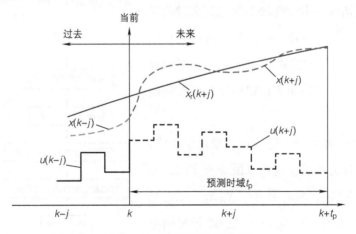

图 7.51　模型预测控制流程

约束条件可表示为

$$\begin{cases} x_{\min}(t) \leqslant x(t) \leqslant x_{\max}(t) \\ u_{\min}(t) \leqslant u(t) \leqslant u_{\max}(t) \\ k \leqslant t \leqslant t_p \end{cases} \tag{7.97}$$

代价函数的求取限定在预测时域 $[k, k+t_{\mathrm{p}}]$ 内，则在 $k+1$ 时刻，代价函数可表示为

$$\min J_{k+1} = \sum_{t=k+1}^{(k+1)+t_{\mathrm{p}}} L(x(t), u(t)) \tag{7.98}$$

为了实现良好的模型预测控制策略能量管理效果，首先需要对飞机未来一段时间的飞行工况进行精准估计。由于无法预知驾驶人的行为信息，所以也就无法建立飞机负载功率的状态方程，无法通过设计状态观测器的思路实现对负载电流的精准估计。因此，一种基于 BP 神经网络的负载功率预测算法被设计用于估计负载功率的变化。

神经网络不仅具有很高的计算能力，还有很强的联想能力和适应能力，这使得其能够实现非线性映射，且可以进行复杂得计算。它所特有的非线性信息处理能力还解决了传统人工智能对于直觉的缺陷问题，因此神经网络在模式识别和预测等领域得到了广泛应用。

BP 神经网络（Back Propagation Neural Net-work）是神经网络中应用最广泛的模型，它是一种按误差逆传播算法训练的多层前馈神经网络，通过对样本数据进行训练，可以得到输入与输出之间的映射关系。BP 神经网络不仅结构简单，还具有较好的非线性映射能力、自学习和自适应能力、泛化能力以及容错能力，而且其识别速度快、效率高，可以用于大规模训练样本。再加上考虑到大量的飞行工况片段数据也能够对神经网络模型进行充分训练，因此采用 BP 神经网络作为预测负载功率的算法，并根据预测出的负载功率构建模型预测控制能量管理策略。

BP 神经网络由输入层、隐含层和输出层组成，其隐含层可以设计为单层，也可以设计成多层，其拓扑结构如图 7.52 所示。其中，$X_1, X_2, \cdots, X_n$ 是 BP 神经网络的输入值，$Y_1, Y_2, \cdots, Y_n$ 是 BP 神经网络的预测值，ω_{ij} 和 ω_{jk} 是 BP 神经网络的权值。

BP 神经网络具体的训练流程如图 7.53 所示。BP 神经网络的实质是对非线性问题进行逼近学习，其学习过程包括信号的正向传播和误差的反向传播。在正向传播过程中，信号由输入层经隐含层

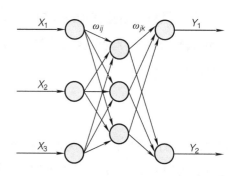

图 7.52　BP 神经网络拓扑结构

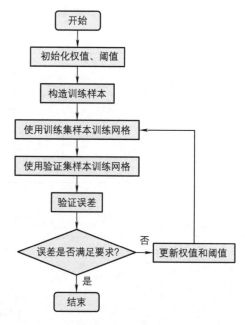

图 7.53　BP 神经网络具体的训练流程

逐层处理，由输出层输出结果，此过程中的权值和阈值保持不变。当输出结果与期望输出值的误差不满足要求时，进入反向传播过程，从输出端向输入端推进，将误差分摊到各个节点上，同时对各个节点的权值和阈值进行修正，误差越大则修正量越大，修正完成后才进入下一个正向传播过程。不断重复上述过程，直至达到最大迭代次数或者输出误差满足要求。

神经网络需要较大数据量的训练才能保证其控制的有效性，而其训练的过程即通过对比原始数据输入输出与检测数据输入输出量，对其内部参数不断调整，使得神经网络输出信号不断逼近理想输出量。通过航空燃料电池飞机飞行工况数据，并对数据择优选取，剔除抵消工作点及奇异数据点，对 BP 神经网络进行训练。

完善神经网络的训练设置后，导入数据进行神经网络训练，训练数据集为先前仿真过程中对飞机飞行速度、飞行加速度、整机功率需求以及飞行俯仰角度 4 组数据的实时采样结果，其中 70% 的数据作为训练样本，30% 的数据作为测试样本，将样本数据进行训练，不断迭代直至结果满足要求，就得到了训练好的神经网络模型，其训练目标值与实际输出相关曲线如图 7.54 所示。

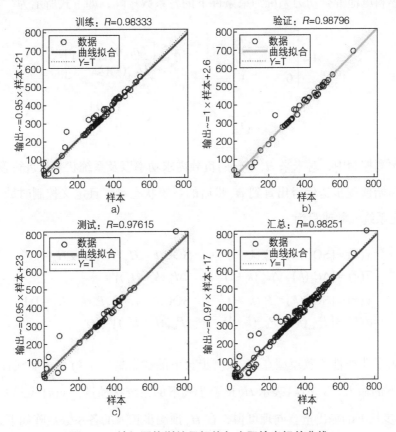

图 7.54　神经网络训练目标值与实际输出相关曲线

在航空燃料电池混合动力系统中，由于每一时刻步长已经确定，需要对系统模型进行离散化处理，可以得到航空燃料电池混合动力系统非线性离散模型预测控制模型如下式所示。

$$\begin{cases} x(k+1) = Ax(k) + \boldsymbol{B}_{\mathrm{u}}u(k) + \boldsymbol{B}_{\mathrm{d}}d(k) \\ y(k) = \boldsymbol{C}x(k) \end{cases} \tag{7.99}$$

式中，$x(k)$ 表示非线性离散模型中的状态量，$u(k)$ 表示非线性离散模型中的输入量，$d(k)$ 表示系统扰动量，$y(k)$ 表示非线性离散模型中的输出量。A、$\boldsymbol{B}_{\mathrm{u}}$、$\boldsymbol{B}_{\mathrm{d}}$ 和 $\boldsymbol{C}$ 均为非线性离散模型中相应的系数矩阵。在航空燃料电池混合动力系统中，系统的状态量、输入量、输出量及扰动量可表示为

$$\begin{aligned} x(k) &= [\mathrm{SOC}(k) \quad P_{\mathrm{fc}}(k-1)]^{\mathrm{T}} \\ u(k) &= \Delta P_{\mathrm{fc}}(k) \\ y(k) &= [\mathrm{SOC}(k) \quad P_{\mathrm{fc}}(k-1)]^{\mathrm{T}} \\ d(k) &= P_{\mathrm{dem}}(k) \end{aligned} \tag{7.100}$$

在航空燃料电池混合动力系统约束条件下的各系数矩阵，如下式所示为

$$A = \begin{bmatrix} 1 & \dfrac{T\eta_{\mathrm{bat}}\eta_{\mathrm{DC/DC}}}{U_{\mathrm{bat}}(k)Q_{\mathrm{bat}}} \\ 0 & 1 \end{bmatrix} \qquad \boldsymbol{B}_{\mathrm{u}} = \begin{bmatrix} \dfrac{T\eta_{\mathrm{bat}}\eta_{\mathrm{DC/DC}}}{U_{\mathrm{bat}}(k)Q_{\mathrm{bat}}} & 1 \end{bmatrix}^{\mathrm{T}}$$

$$\boldsymbol{B}_{\mathrm{d}} = \begin{bmatrix} -\dfrac{T\eta_{\mathrm{bat}}}{U_{\mathrm{bat}}(k)Q_{\mathrm{bat}}} & 0 \end{bmatrix}^{\mathrm{T}} \qquad \boldsymbol{C} = \begin{bmatrix} 1 & 0 \\ 0 & 1 \end{bmatrix} \tag{7.101}$$

在模型预测控制中，对未来 H_{p} 步长的负载需求功率以及系统状态量进行预测，通过赋予各状态量初始值逐步迭代得出直到 H_{p} 步后的系统状态量，且定义控制时域 $H_{\mathrm{c}} = H_{\mathrm{p}}$。由此可将离散化系统参数改写为

$$\begin{aligned} \bar{x}(k) &= [\mathrm{SOC}(k) \quad P_{\mathrm{fc}}(k-1) \quad \cdots \quad \mathrm{SOC}(k+H_{\mathrm{p}}) \quad P_{\mathrm{fc}}(k+H_{\mathrm{p}}-1)]^{\mathrm{T}} \\ \bar{u}(k) &= [\Delta P_{\mathrm{fc}}(k) \quad \Delta P_{\mathrm{fc}}(k+1) \quad \cdots \quad \Delta P_{\mathrm{fc}}(k+H_{\mathrm{p}})]^{\mathrm{T}} \\ \bar{y}(k) &= [\mathrm{SOC}(k) \quad P_{\mathrm{fc}}(k-1) \quad \cdots \quad \mathrm{SOC}(k+H_{\mathrm{p}}) \quad P_{\mathrm{fc}}(k+H_{\mathrm{p}}-1)]^{\mathrm{T}} \\ \bar{d}(k) &= [P_{\mathrm{dem}}(k) \quad P_{\mathrm{dem}}(k+1) \quad \cdots \quad P_{\mathrm{dem}}(k+H_{\mathrm{p}})]^{\mathrm{T}} \end{aligned} \tag{7.102}$$

式中，$\bar{x}(k)$ 表示非线性离散模型在 H_{p} 预测步长下的状态量，$\bar{u}(k)$ 表示非线性离散模型在 H_{p} 预测步长下的输入量，$\bar{d}(k)$ 表示 H_{p} 预测步长下的系统扰动量，$\bar{y}(k)$ 表示非线性离散模型在 H_{p} 预测步长下的输出量。同理可得，在 H_{p} 预测步长下的各系数矩阵如下式所示为

$$\bar{A} = \begin{bmatrix} A & \mathbf{0}_{2\times2} & \cdots & \mathbf{0}_{2\times2} \\ \mathbf{0}_{2\times2} & A & \cdots & \mathbf{0}_{2\times2} \\ \vdots & \vdots & & \vdots \\ \mathbf{0}_{2\times2} & \mathbf{0}_{2\times2} & \cdots & A \end{bmatrix} \in \mathbf{R}^{2H_{\mathrm{p}}\times2H_{\mathrm{p}}} \tag{7.103}$$

$$\bar{B}_{\mathrm{u}} = \left[\frac{T\eta_{\mathrm{bat}}\eta_{\mathrm{DC/DC}}}{U_{\mathrm{bat}}(k)Q_{\mathrm{bat}}} \quad 1 \quad \cdots \quad \frac{T\eta_{\mathrm{bat}}\eta_{\mathrm{DC/DC}}}{U_{\mathrm{bat}}(k)Q_{\mathrm{bat}}} \quad 1 \right]^{\mathrm{T}} \in \mathbf{R}^{1\times2H_{\mathrm{p}}} \tag{7.104}$$

$$\bar{B}_{\mathrm{d}} = \left[-\frac{T\eta_{\mathrm{bat}}\eta_{\mathrm{DC/DC}}}{U_{\mathrm{bat}}(k)Q_{\mathrm{bat}}} \quad 0 \quad \cdots \quad -\frac{T\eta_{\mathrm{bat}}\eta_{\mathrm{DC/DC}}}{U_{\mathrm{bat}}(k)Q_{\mathrm{bat}}} \quad 0 \right]^{\mathrm{T}} \in \mathbf{R}^{1\times2H_{\mathrm{p}}} \tag{7.105}$$

$$\bar{C} = \begin{bmatrix} 1 & 0 & \cdots & 0 \\ 0 & 1 & \cdots & 0 \\ \vdots & \vdots & & \vdots \\ 0 & 0 & \cdots & 1 \end{bmatrix} \in \mathbf{R}^{2H_{\mathrm{p}}\times2H_{\mathrm{p}}} \tag{7.106}$$

式中，$\bar{A}$ 表示非线性离散模型在 H_{p} 预测步长下的状态矩阵系数，$\bar{B}_{\mathrm{u}}$ 表示非线性离散模型在 H_{p} 预测步长下的输入矩阵系数，$\bar{B}_{\mathrm{d}}$ 表示 H_{p} 预测步长下的系统扰动矩阵系数，$\bar{C}$ 表示非线性离散模型在 H_{p} 预测步长下的输出矩阵系数。

在航空燃料电池混合动力系统中，PEMFC 和 DC/DC 变换器串联连接之后和锂电池并联连接，然后给负载电机供电。其中，PEMFC、锂电池与 DC/DC 变换器已在第 2 章进行了详细的建模。相应的，燃料电池部分的模型可以表示为

$$V_{\mathrm{fc}}(k) = -R_{\mathrm{fc}}I_{\mathrm{fc}}(k) + V_{\mathrm{ofc}} \tag{7.107}$$

式中，$V_{\mathrm{fc}}(k)$ 和 $I_{\mathrm{fc}}(k)$ 表示第 k 个采样时刻燃料电池输出电压和输出电流；R_{fc} 表示燃料电池的内阻，其大小受到质子传输速度和氢气空气供应速度的影响；V_{ofc} 表示燃料电池等效电路开路电压。相应的，燃料电池输出功率 P_{fc} 和功率变化率 ΔP_{fc} 需要满足以下约束，即

$$\begin{aligned} P_{\mathrm{fc,min}} &\leqslant P_{\mathrm{fc}}(k) \leqslant P_{\mathrm{fc,max}} \\ T\Delta P_{\mathrm{fc,min}} &\leqslant \Delta P_{\mathrm{fc}}(k) \leqslant T\Delta P_{\mathrm{fc,max}} \end{aligned} \tag{7.108}$$

式中，$P_{\mathrm{fc,min}}$ 和 $P_{\mathrm{fc,max}}$ 分别表示燃料电池输出功率的最小值及燃料电池输出功率的最大值；$\Delta P_{\mathrm{fc,min}}$ 和 $\Delta P_{\mathrm{fc,max}}$ 分别表示燃料电池输出功率变化率的最小值和最大值；T 表示采样时间。

由于燃料电池功率变化率的引入，燃料电池输出功率需要满足以下的差分方程为

$$P_{\mathrm{fc}}(k+1) = P_{\mathrm{fc}}(k) + T\Delta P_{\mathrm{fc}}(k+1) \tag{7.109}$$

在锂电池模型中，锂电池荷电状态的状态方程可以表示为

$$SOC(k+1) = SOC(k) - \frac{T\eta_{bat}}{U_{bat}(k)Q_{bat}}P_{bat}(k) \qquad （7.110）$$

式中，$U_{bat}(k)$ 表示锂电池的输出电压，锂电池直接与母线连接，因此 $U_{bat}(k)$ 也可表示母线电压的大小；Q_{bat} 表示锂电池的容量；η_{bat} 表示锂电池充放电效率。

在由燃料电池和锂电池作为动力源组成的航空燃料电池混合动力系统中，母线功率需要满足下列守恒关系

$$P_{dem}(k) = P_{fc}(k)\eta_{DC/DC} + P_{bat} \qquad （7.111）$$

通过式（7.110）和（7.111），我们可以得到模型预测控制中的部分约束条件，为下文模型预测控制能量管理控制策略的求解过程提供相应的边界条件。

在本节中，混合动力系统能耗、燃料电池电流变化率和锂电池荷电状态作为主要控制目标设计相应的能量管理策略。基于此目标，航空燃料电池混合动力系统优化管理的性能指标可以描述以下几点。

1）系统能耗与模型预测控制模型输出量直接关联较小，需要通过较复杂的函数关系才能求得，基于等效最小氢耗的动态规划算法中已求得在已知飞行工况下等效氢耗最小的燃料电池输出功率序列，因此燃料电池混合动力系统能耗可通过模型预测控制下燃料电池输出功率与动态规划算法下的燃料电池输出功率序列之差表示，$\| P_{fc}(k+i-1) - P_{ref} \|$ 可以作为一个关于混合动力系统能耗的优化目标。

2）式（7.110）给出了燃料电池输出功率变化率的边界条件，燃料电池输出功率必须严格控制在其最小值与最大值之间。由于航空燃料电池混合动力系统在执行飞行任务的过程中负载需求功率会有较大幅度的波动，而燃料电池输出功率的频繁波动将会对燃料电池的健康状态造成危害。为了保护燃料电池的健康状态，将对燃料电池输出功率变化率进行约束，尽量让燃料电池输出更加平滑的功率曲线，减少燃料电池输出功率的波动，$\| \Delta P_{fc}(k+i-1) \|$ 可以作为一个关于燃料电池寿命优化的优化目标。

3）锂电池作为辅助储能装置，若其荷电状态过低或过高，都会对锂电池造成不可逆转的损害，造成锂电池输出性能的衰退，甚至危害飞机的整机安全性。因此必须保证其荷电状态严格控制在其最小值与最大值之间。设定了一个锂电池荷电状态期望值 $\hat{x}$，使得锂电池荷电状态尽可能地在期望值附近波动，$\| SOC(k) - \hat{x} \|$ 可以作为一个关于锂电池荷电状态波动的优化目标。

在模型预测控制中，每次预测规划 H_p 步，即首先用基于 BP 神经网络的负载预测算法进行负载功率未来 H_p 步的估计，然后基于该预测功率值进行多目标优化。基于上述性能指标，多目标优化问题可以表述为以下目标函数

$$\min_\text{u} J(x(k)) = \sum_{i=1}^{H_\text{p}} [\rho_1 f_1(k+i) + \rho_2 f_2(k+i-1) + \rho_3 f_3(k+i)]$$

$$f_1(k+i) = \left(\frac{P_\text{fc}(k+i-1) - P_\text{ref}}{P_\text{fc,max}} \right)^2$$

$$f_2(k+i-1) = \left(\frac{\Delta P_\text{fc}(k+i-1)}{\Delta P_\text{fc,max}} \right)^2 \qquad (7.112)$$

$$f_3(k+i) = \left(\frac{\text{SOC}(k+i) - \hat{x}}{\text{SOC}_\text{max} - \text{SOC}_\text{min}} \right)^2$$

式中，$J(x)$ 表示优化目标函数；$f_1(x)$、$f_2(x)$ 和 $f_3(x)$ 分别表示关于系统能耗目标函数、寿命优化目标函数和荷电状态波动目标函数。$f_1(x)$ 表示燃料电池的输出功率，用于反映燃料电池混合动力系统的等效能耗。$f_2(x)$ 表示燃料电池的输出功率变化率。$f_3(x)$ 表示锂电池荷电状态的波动情况。ρ_1、ρ_2 和 ρ_3 分别表示在不同优化目标下的权重系数。

在航空燃料电池混合动力系统中，模型预测控制能量管理策略的目标函数是一个多变量的离散复杂函数，若采用传统的优化算法能以有效地求得最优解，因此将模型预测控制中的目标函数转化为二次规划（Quadratic Programming，QP）形式。

通过平方加权法，可以将式（7.114）所表示的目标函数根据含权重系数的权重矩阵 $\boldsymbol{\Gamma}$ 改写成二次规划的形式 $\boldsymbol{\Gamma} J(x)$

$$\min_\text{u} \boldsymbol{\Gamma} J(x) = \min_\text{u} \left(\frac{1}{2} x^\text{T} P x + q^\text{T} x + \frac{1}{2} u^\text{T} R u \right) + \sum_{i=1}^{H_\text{p}} U(P_\text{ref}^2 + \hat{x}^2)$$

$$= \min_\chi \frac{1}{2} \boldsymbol{\chi}^\text{T} \boldsymbol{H} \boldsymbol{\chi} + \boldsymbol{f}^\text{T} \boldsymbol{\chi} + \sum_{i=1}^{H_\text{p}} U(P_\text{ref}^2 + \hat{x}^2) \qquad (7.113)$$

式中，$\boldsymbol{\chi} \triangleq [x^\text{T} \quad u^\text{T}]^\text{T}$，由于 $\sum_{i=1}^{H_\text{p}} U(P_\text{ref}^2 + \hat{x}^2)$ 为常数，与目标函数的最小值无关，因此目标函数只需考虑二次规划形式的 $\frac{1}{2} \boldsymbol{\chi}^\text{T} \boldsymbol{H} \boldsymbol{\chi} + \boldsymbol{f}^\text{T} \boldsymbol{\chi}$ 即可。$\boldsymbol{H}$ 和 $\boldsymbol{f}^\text{T}$ 表示二次规划的系数矩阵，定义如下

$$H = \begin{bmatrix} h_1 & 0 & 0 & \cdots & 0 & 0 & 0 \\ 0 & h_2 & 0 & \cdots & 0 & 0 & 0 \\ 0 & 0 & h_3 & \cdots & 0 & 0 & 0 \\ \vdots & \vdots & \vdots & & \vdots & \vdots & \vdots \\ 0 & 0 & 0 & \cdots & h_1 & 0 & 0 \\ 0 & 0 & 0 & \cdots & 0 & h_2 & 0 \\ 0 & 0 & 0 & \cdots & 0 & 0 & h_3 \end{bmatrix}^{3H_p \times 3H_p} \tag{7.114}$$

$$h_1 = \frac{2\rho_3}{(\mathrm{SOC}_{max} - \mathrm{SOC}_{min})^2}$$

$$h_2 = \frac{2\rho_1}{P_{fc,max}^2}$$

$$h_3 = \frac{2\rho_2}{\Delta P_{fc,max}^2}$$

$$f^{\mathrm{T}} = \begin{bmatrix} \dfrac{-2\rho_3 \hat{x}}{(\mathrm{SOC}_{max} - \mathrm{SOC}_{min})^2} & \dfrac{-2\rho_1 P_{ref}}{P_{fc,max}^2} & 0 & \cdots & \dfrac{-2\rho_3 \hat{x}}{(\mathrm{SOC}_{max} - \mathrm{SOC}_{min})^2} & \dfrac{-2\rho_1 P_{ref}}{P_{fc,max}^2} & 0 \end{bmatrix}^{1 \times 3H_p} \tag{7.115}$$

在二次规划的形式下，目标函数相应的约束条件也对应改变，在原有式（7.108）的基础上，目标函数的约束条件改变为下式

$$\chi_{min} \leqslant \chi \leqslant \chi_{max}$$
$$\chi_{min} \triangleq [\mathrm{SOC}_{min} \quad P_{fc,min} \quad \Delta P_{fc,min}]^{\mathrm{T}} \tag{7.116}$$
$$\chi_{max} \triangleq [\mathrm{SOC}_{max} \quad P_{fc,max} \quad \Delta P_{fc,max}]^{\mathrm{T}}$$

式中，χ_{min} 表示决策变量 χ 的最小值，χ_{max} 表示决策变量 χ 的最大值。相应的，通过状态方程可以将各关系等式改写为与决策变量 χ 相关的矩阵形式，即

$$A_{eq}\chi = b_{eq} \tag{7.117}$$

其中，A_{eq} 和 b_{eq} 的定义如下

$$A_{eq} = \begin{bmatrix} L & \mathbf{0}_{2\times 6} & \cdots & \mathbf{0}_{2\times 6} \\ \mathbf{0}_{2\times 6} & L & \cdots & \mathbf{0}_{2\times 6} \\ \vdots & \vdots & & \vdots \\ \mathbf{0}_{2\times 6} & \mathbf{0}_{2\times 6} & \cdots & L \end{bmatrix}^{2H_p \times 6H_p} \tag{7.118}$$

$$L = \begin{bmatrix} \dfrac{U_{bat}(k)Q_{bat}}{T\eta_{bat}\eta_{DC/DC}} & 1 & 1 & -\dfrac{U_{bat}(k)Q_{bat}}{T\eta_{bat}\eta_{DC/DC}} & 0 & 0 \\ 0 & 0 & 1 & 1 & 0 & -1 & 0 \end{bmatrix}$$

$$\boldsymbol{b}_{\mathrm{eq}} = [P_{\mathrm{dem}}(k) \quad 0 \quad P_{\mathrm{dem}}(k+1) \quad 0 \quad \cdots \quad P_{\mathrm{dem}}(k+H_{\mathrm{p}}) \quad 0]^{1\times 2H_{\mathrm{p}}} \tag{7.119}$$

式中，$\boldsymbol{0}_{2\times 6}$ 表示 2×6 的全零矩阵。由此，可以通过目标函数（7.113）和约束条件（7.116）以及关系等式（7.117）构成一个标准的二次规划问题。通过 MATLAB 中的 quadprog 函数可以对二次规划问题进行求解，得到一个最优变量序列组 $\boldsymbol{\chi}^*$，且 $\boldsymbol{\chi}^* \triangleq [x^* \quad u^*]^{\mathrm{T}}$。取最优变量序列组中的第一组输入变量为当前阶段控制量，并在每个阶段实时采集无人机的信号，用于校正模型参数并迭代更新，通过滚动优化的方式不断更新控制量，实现航空燃料电池混合动力系统能量管理闭环控制。

为了证明模型预测控制能量管理策略的有效性，验证航空燃料电池混合动力系统的能量管理策略有效性及优化性能程度，在 MATLAB 中搭建了相应的系统模型及控制模型。首先，在模型预测控制算法中，预测时域 H_{p} 的大小与控制结果有密不可分的关系，过小的预测时域将无法充分发挥模型预测控制的优势，过短的预测序列无法有效地通过目标函数得到最优控制序列，导致优化效果不佳；过大的预测时域将大大地增加系统的计算负担，导致能量管理策略无法达到实时控制的效果。因此，预测时域 H_{p} 的选值是模型预测控制需要考虑的重要一环，考虑计算机计算负担及系统优化效果，对预测时域 $H_{\mathrm{p}} = 2,3,5$ 分别进行了仿真验证，部分验证结果如图 7.55、图 7.56 所示。

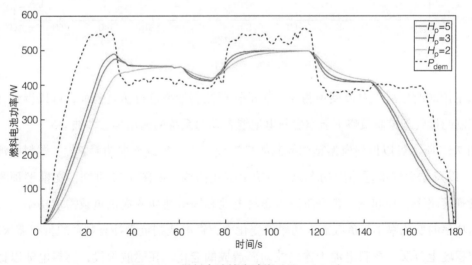

图 7.55　燃料电池输出功率（$H_{\mathrm{p}} = 2,3,5$）

如图 7.55 和图 7.56 所示可以得出不同预测时域下的燃料电池输出功率和锂电池荷电状态参数变化曲线图，其中 $H_{\mathrm{p}} = 5$ 在飞机起飞及爬升时对负载功率的跟踪能力更强，能更快地达到燃料电池效率较高的工作区间，随着预测时域的减小，在飞机起飞及爬升阶段对负载功率的跟踪能力越差；在飞机降落阶段，$H_{\mathrm{p}} = 5$ 时能更早地让燃料电池降低输出功率，减小在负载功率快速降低时燃料电池输出功率的变化率，从而降低燃料电池的老化程度，随着预测时域的减小，在飞机降落阶段对燃料电池输出功率变化率的约束效果越差，容易造成燃料电池输出功率急剧变化，导致燃料电池内部健康程度降低。对于锂电池荷电状态，预测时域 $H_p = 5$ 时能有效降低锂电池的电量消耗，在飞行任务结束时预测时域 $H_p = 5$ 模型预测控制的最终 SOC 为 0.6705，而 $H_p = 3$ 和 $H_p = 2$ 模型预测控制的最终 SOC 分别为 0.6703 和 0.6685，这表明预测时域较大时能够达到控制锂电池电量的目的，避免在较长飞行任务下出现辅助储能设备电量不足的情况，提高了系统整体的稳定性。综上所述，结合计算负担，采用预测时域 $H_p = 5$ 作为模型预测控制的预测时域序列量。

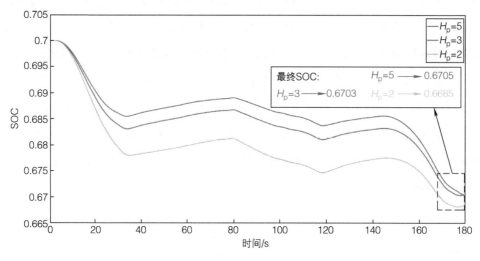

图 7.56　锂电池荷电状态（$H_p = 2, 3, 5$）

选定预测时域后，对模型预测控制能量管理控制策略进行仿真验证，可以得到在模型预测控制能量管理控制策略下航空燃料电池混合动力系统的输出参数曲线。

图 7.57 所示可以得到模型预测控制能量管理策略下负载需求功率 P_{dem}、燃料电池输出功率 P_{fc} 以及动力锂电池输出功率 P_{bat} 的功率变化曲线。由图 7.57 可知，在模型预测控制能量管理策略下，在起飞、爬升阶段由燃料电池和锂电池功率提供负载需求功率，燃料电池输出功率的变化率小于负载需求功率的变化率，锂电池则负责补充剩余的负载需求功率，在一定程度上延缓了燃料电池因输出波动而造成的老化。在巡航阶段，燃料电池以比较平滑的输出功率曲线提供负载需求功率，同时为锂电池提供功率充电，这样既能保证燃料电池输出功率波动的稳定，减小因急剧变载造成的输出功率大幅度波动对燃料电池老化状态的影响，保证系统稳定性，又能保证锂电池荷电状态维持在给定值附近，避免在较长航时飞行任务中锂电池的荷电状态出现大幅度跌落而无法继续航行的情况。降落阶段燃料电池的输出功率以较小的变化幅度逐渐减小，这样能极大幅度地保证燃料电池的输出性能不会

因为负载需求功率的大幅度变化而降低，锂电池与燃料电池在此阶段的配比逐渐互换，由锂电池提供主要的负载需求功率，直至无人机完成降落的负载需求功率变化阶段。由此可见，相比于基于规则的能量管理策略，基于全局优化的能量管理策略可以做到多目标的优化，保证系统整体的稳定性和经济性。

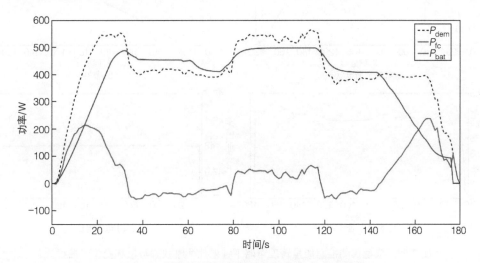

图 7.57　模型预测控制能量管理策略下功率曲线

图 7.58a 和图 7.58b 所示可以得到在模型预测控制能量管理策略下锂电池荷电状态与氢耗变化等曲线。由图 7.58 可知，燃料电池主要在起飞、爬升阶段和降落阶段输出功率，在此期间锂电池的荷电状态跌落幅度明显，而在巡航阶段燃料电池在一定程度上为锂电池提供充电功率，锂电池最终荷电状态值为 0.6706。由于模型预测控制能量管理策略中锂电池提供了一部分的负载需求功率，一定程度上缓解了燃料电池的功率需求负担，由于基于规则的能量管理策略无法做到全局优化，而模型预测控制能量管理策略不仅在氢耗方面进行了优化，同样在燃料电池输出功率波动、锂电池荷电状态约束等方面进行了优化，在动态规划能量管理策略下的燃料电池氢耗为 6.5345g。

图 7.58c 和图 7.58d 所示可以得到在动态规划能量管理策略下燃料电池效率与母线电压变化曲线图。由图 7.58 可知，由于燃料电池输出功率随着负载输出功率变化较大，燃料电池的效率变化波动也较大，动态规划能量管理策略下航空燃料电池混合动力系统中燃料电池效率的平均值为 0.4302。航空燃料电池混合动力系统的母线电压会随着燃料电池及锂电池的功率波动而变化，为了确保飞机飞行的安全性，在飞机飞行的过程中应当避免母线电压出现较大幅度的波动，可通过能量管理策略对锂电池输出功率变化进行约束，进而对母线电压波动进行限制，由图 7.58d 可知，相比于基于规则的能量管理策略，基于优化的能量管理策略下母线电压波动相对平稳。

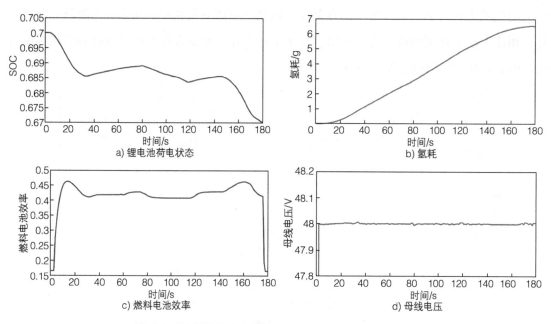

图 7.58　模型预测控制能量管理策略下锂电池荷电状态与氢耗变化等曲线

5. 考虑多任务飞行模式与外部最大能耗的自适应能量管理方法

针对基于规则的有限状态机策略和基于全局优化的极小值能量管理策略的不足，本节提出一种多任务飞行模式与外部最大能耗的自适应能量管理方法（SAPMP）。在多飞行任务模式下，根据负载变化率的区间划分来调整目标函数的权重系数，通过最大外部能耗下超级电容充放电电压与母线电压的偏差量来调整协态变量实现最佳功率分配。

（1）基于极小值原理的能量管理策略

以动力系统在运行过程中的等效氢耗最小为控制目标，构建目标函数如下

$$J = \int_{t_0}^{t_f} [k_1 m_{fc} + k_2 (\alpha_1 C_{bat} + \alpha_2 C_{sc})] dt \qquad (7.120)$$

系统的状态方程如下

$$\begin{cases} \dot{SOC}_{sc}(t) = \dfrac{\sqrt{U_{sc}^2(t) - 4R_{sc}(t)P_{sc}(t)}}{2R_{sc}(t)CU_{scm}} - \dfrac{U_{sc}(t)}{2R_{sc}(t)CU_{scm}} \\[4mm] \dot{SOC}_b(t) = -\dfrac{1}{3600Q} \dfrac{U_{bat}(t) - \sqrt{U_{boc}^2(t) - 4R_b(t)P_{bat}(t)}}{2R_b(t)} \end{cases} \qquad (7.121)$$

式中，k_1、k_2 为权重系数；R_b 为蓄电池的等效内阻；R_{sc} 为超级电容的等效内阻；α_1、α_2 为补偿系数，可以表示为

$$\begin{cases} \alpha_1 = 1 - \beta_1 \dfrac{2SOC_b - (SOC_{bmax} + SOC_{bmin})}{SOC_{bmax} - SOC_{bmin}} \\ \alpha_2 = 1 - \beta_2 \dfrac{2SOC_{sc} - (SOC_{scmax} + SOC_{scmin})}{SOC_{scmax} - SOC_{scmin}} \end{cases} \tag{7.122}$$

式中，β_1、β_2 分别为蓄电池和超级电容的调整系数。SOC_{bmax}、SOC_{bmin} 分别为蓄电池的 SOC 最大值与最小值，SOC_{scmax}、SOC_{scmin} 分别为超级电容 SOC 的最大值和最小值。

为了使蓄电池的 SOC 在动力系统运行过程中维持在合理范围，并且可以在高效区间持续工作，蓄电池 SOC 的初始和终止条件为

$$SOC(t_0) = SOC(t_f) = 0.65 \tag{7.123}$$

电池输出功率 $P_{bat}(t)$ 需满足如下约束条件

$$\begin{cases} P_{load}(t) = P_{FC}(t) + P_{bat}(t) + P_{sc}(t) \\ P_{batmin} \leqslant P_{bat} \leqslant P_{batmax} \end{cases} \tag{7.124}$$

式中，P_{batmin}、P_{batmax} 分别为蓄电池在系统运行时的最小和最大输出功率。

同时，为保证燃料电池可以更加高效稳定地运行，延长燃料电池的使用寿命，在大幅度变载工况下需要对控制变量 $P_{FC}(t)$ 进行条件约束

$$\begin{cases} P_{FCmin} \leqslant P_{FC}(t) \leqslant P_{FCmax} \\ \Delta P_{FCmin} \leqslant \Delta P_{FC}(t) \leqslant \Delta P_{FCmax} \end{cases} \tag{7.125}$$

式中，P_{FCmin}、P_{FCmax} 分别为燃料电池在系统运行时的最小和最大输出功率；ΔP_{FCmin}、ΔP_{FCmax} 是燃料电池在系统运行时输出功率变化率的最小值和最大值，其分别为 $-100W/s$、$100W/s$。

通过极小值原理求解上述关于动力系统运行时的最优化控制问题时，定义哈密顿函数为

$$H = k_1 m_{fc} + k_2 (\alpha_1 C_{bat} + \alpha_2 C_{sc}) + \lambda_1(t)SOC_b(t) + \lambda_2(t)SOC_{sc}(t) \tag{7.126}$$

式中，$\lambda_1(t)$、$\lambda_2(t)$ 为哈密顿函数中的协态变量，对系统最终的控制效果有着决定性的影响。

最优控制输入 $P_{FC}^*(t)$ 在使哈密顿函数取最小值时得

$$P_{FC}^* = \arg\min H[t, P_{FC}(t), SOC^*(t), \lambda_1^*(t), \lambda_2^*(t)] \tag{7.127}$$

根据极小值原理的必要条件构建协态方程为

$$\begin{cases} \dot{\lambda}_1 = \dfrac{dH}{dSOC_b} \\ \dot{\lambda}_2 = \dfrac{dH}{dSOC_{sc}} \end{cases} \tag{7.128}$$

在给定蓄电池 SOC 的约束条件后通过二分法反复迭代求得最终的 λ，求解哈密顿函数可得到最优控制变量 P_{FC}^*、P_{bat1}^*。

燃料电池混合动力系统的能量输出取决于负载的需求功率。负载功率的变化不仅影响能量管理策略的执行，其变化率对系统的稳定运行也有着至关重要的影响。在飞机执行飞行任务时，不同任务模式下负载工况的变化率有不同的明显特征，因此本节将系统负载工况的变化率进行区间划分，并根据不同的区间对目标函数的变量进行改变。

起飞和爬升模式：飞机的起飞包括了滑跑和空中爬升至指定高度两部分，这个过程中动力系统的负载功率需求急剧上升，且在一段时间内保持着较高的功率需求。因此其目标函数参数见表 7.6。

表 7.6　起飞模式目标函数参数

$\dfrac{\mathrm{d}P_{load}}{\mathrm{d}t}$ /（W/s）	β_1	k_1
（400，600）	0.4~0.6	0.7
（600，800）	0.6~0.8	0.8
（800，1000）	0.8~1	0.85

巡航和爬升模式：飞机在飞行时通常处于巡航模式，在指定高度上进行飞行，当需要改变飞行航向时需要进行爬升或者下降来改变飞行高度，此时其目标函数参数见表 7.7。

表 7.7　巡航和爬升模式目标函数参数

$\dfrac{\mathrm{d}P_{load}}{\mathrm{d}t}$ /（W/s）	β_1	k_1
（200，400）	0.2~0.4	0.5
（400，600）	0.4~0.6	0.7
（600，800）	0.6~0.8	0.8

着陆模式：飞机处于着陆模式时包括俯冲下降飞行高度和着陆后跑道上滑行制动停止两个部分，在高度下降时负载功率需求变化较小，而在刚接触地面时可能会出现瞬间失速，有较高的负载功率波动，此时其目标函数参数见表 7.8。

表 7.8　着陆模式目标函数参数

$\dfrac{\mathrm{d}P_{load}}{\mathrm{d}t}$ /（W/s）	β_1	k_1
（0，200）	0.1~0.2	0.3
（200，400）	0.2~0.4	0.5
（400，600）	0.4~0.6	0.7
（600，800）	0.6~0.8	0.8
（800，1000）	0.8~1	0.85

（2）外部能耗最大策略

外部能耗最大策略（EEMS）通过在 SOC 约束范围内最大程度输出蓄电池和超级电容的能量，可以有效降低燃料电池在高负载工况下的压力。该策略的目标函数不涉及与负载功率有关的变量，通过求解在一个采样周期内外部能量最大时的蓄电池功率和超级电容充放电电压来实现功率分配。其目标函数为

$$\min E = -\left(P_{bat}\Delta T + \frac{1}{2}C_R \Delta V^2 \right) \tag{7.129}$$

其约束条件为

$$\begin{cases} P_{bat}\Delta T \leqslant (SOC_b - SOC_{bmin})V_{bat}Q_{bat} \\ P_{batmin} \leqslant P_{bat}(t) \leqslant P_{batmax} \\ V_{dcmin} - V_{dc} \leqslant \Delta V \leqslant V_{dcmax} - V_{dc} \end{cases} \tag{7.130}$$

式中，E 为一个采样周期 ΔT 内外部最大输出能量；C_R 为额定电容；ΔV 为超级电容的充放电电压；V_{dcmin}、V_{dcmax} 为母线电压波动的最小值和最大值。

通过求解外部能耗最大的目标函数得到超级电容的充放电电压，为增强算法对负载工况的敏感度，采用超级电容的充放电电压与母线电压的偏差量来实时调整哈密顿函数中的协态变量 λ_1。

求解外部能耗最大的目标函数得到蓄电池的最优输出功率为 P_{bat2}^*，最终蓄电池的最优输出功率为

$$P_{batref} = \max[P_{bat1}^*, P_{bat2}^*] \tag{7.131}$$

综上所述，提出的考虑多任务飞行模式与外部最大能耗的能量管理策略流程图如图 7.59 所示。

在对算法进行测试之前，本节对无人机的飞行工况进行设定，得到负载功率曲线如图 7.60 所示，其参数见表 7.9。该工况总时长 1000s，包含了无人机起飞、爬升、巡航、着陆的需求功率，峰值功率 8000W，蓄电池的初始 SOC 均为 65%。

基于半实物仿真试验平台对 SAPMP、PMP、ECMS 等算法进行试验验证，在验证 ECMS 算法时，蓄电池和超级电容的 SOC 平衡系数 β_1、β_2 分别取值为 0.65、0.54。测试 PMP 算法时，协态变量取值为 $\lambda_1 = -123.73$、$\lambda_2 = -143.73$。各算法的功率分配结果如图 7.61 所示。

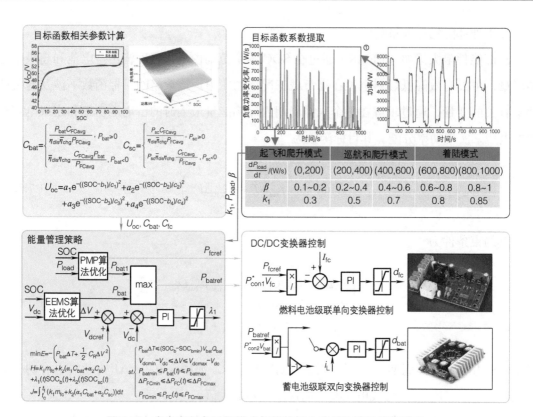

图 7.59 考虑多任务飞行模式与外部最大能耗的能量管理策略

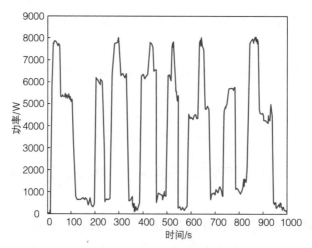

图 7.60 飞机负载功率曲线

表 7.9 飞机工况设定参数

参数	数值	参数	数值
飞机的重力（W）	50000N	摩擦因数（μ）	0.05
发动机额定功率（P_M）	8000W	最大升力系数（C_{Lmax}）	1.2
零升阻力系数（C_{D0}）	0.02	飞机的机翼面积（s）	30m²
诱导阻力因子（k）	0.04	飞机从起飞到离场的水平移动距离（$s_{起飞}$）	742.9m
升力系数（C_L^*）	0.625	飞机从进场降落到停下的水平移动距离（$s_{着陆}$）	1038m

　　各算法对于特定工况的功率分配结果不同，但都可以保证动力系统稳定地运行。在无人机起飞阶段（前 75s），由图 7.61 可以看出，ECMS 算法中，辅助供电系统满足了系统瞬时大功率的需求。当系统需求功率稳定维持在最大时，蓄电池以最大功率 3200W 运行，剩余功率由燃料电池和超级电容补充，但当负载工况出现骤降或者波动时，燃料电池功率也会有较大的波动，如在 100~110s 时燃料电池出现了较大的功率波动，其波动峰值在 3000W。图 7.62 所示可以看出，PMP 算法中，超级电容和蓄电池共同承担了起飞阶段的瞬时高功率需求，之后由燃料电池作为主电源以最大功率为负载提供能量，其在负载工况出现骤降或者波动时，仍有着较大的功率波动。在 SAPMP 算法中，如图 7.63 所示，起飞阶段的瞬时高功率需求由蓄电池和超级电容来满足，稳定阶段的高功率需求以燃料电池为主

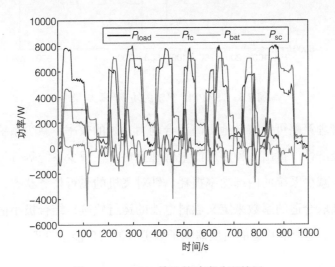

图 7.61　ECMS 算法的功率分配结果

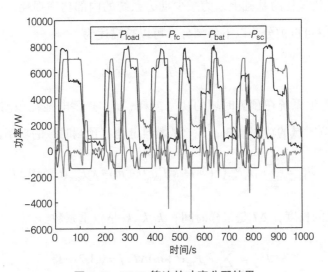

图 7.62　PMP 算法的功率分配结果

电源进行供应，当飞机在爬升、巡航阶段出现负载功率波动频繁和较大瞬时波动时，产生的需求功率基本都由蓄电池和超级电容提供，减少了燃料电池输出的波动频率。

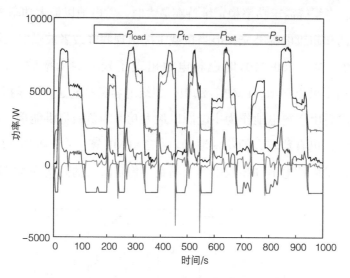

图 7.63　SAPMP 算法的功率分配结果

　　合理的能量管理策略可以有效地提高混合动力系统的效率，减少系统氢耗，保障系统运行的可靠性和经济性。提出一种多层能量管理策略，在减少系统等效氢耗的情况下，采用模型预测算法来减少系统的内部功率损耗。针对飞机的飞行任务状态，根据飞行高度和速度的变化情况选取合适的系数来定义燃料电池的运行轨迹，结合极小值原理中哈密顿函数的特点，引入蓄电池荷电状态的负反馈因子以更好的实现能量管理。

6. 目标函数框架

　　在减少系统等效氢耗的基础上，为减少动力系统的内部功率损耗，进一步提升系统运行效率，目标函数 J 可以被分为以下各部分，可以被描述为

$$J = J_{P_{\text{fc}}} + J_{P_{\text{bat}}} + J_{P_{\text{con}}} + J_{m_{\text{H}_2}} \tag{7.132}$$

式中，$J_{P_{\text{fc}}}$ 是燃料电池系统在预测时域的功率损耗；$J_{P_{\text{bat}}}$ 是蓄电池在预测时域的功率损耗；$J_{P_{\text{con}}}$ 是变换器在预测时域的功率损耗；$J_{m_{\text{H}_2}}$ 是燃料电池在预测时域的功率损耗。

$$J_{P_{\text{fc}}} = \sum_{m=j}^{j+T_{\text{P}}-1} \{k_1 P_{\text{act}}(t+m) + k_2 P_{\text{ohm}}(t+m) + k_3 P_{\text{con}}(t+m)\}\Delta T \tag{7.133}$$

式中，T_{P} 是预测域的长度；ΔT 是采样时间；k_1, k_2, k_3 是权重系数。

$$J_{P_{\text{bat}}} = \sum_{m=j}^{j+T_{\text{P}}-1} k_4 P_{\text{bat}}(t+m)\Delta T, \; j = 0,1,2\cdots T_{\text{P}} \tag{7.134}$$

变换器在系统中包括了双向变换器和单向变换器，其效率公式可以表示为

$$\begin{cases} \eta_{\text{uncon}} = \dfrac{V_{\text{fc}}I_{\text{fc}}}{C_1 I_{\text{fc}}^2 + C_2 I_{\text{fc}} + C_3} \\ \eta_{\text{bicon}} = \dfrac{V_{\text{bat}}I_{\text{bat}}}{C_4 I_{\text{bat}}^2 + C_5 I_{\text{bat}} + C_6} \end{cases} \tag{7.135}$$

式中，$V_{\text{fc}}, V_{\text{bat}}$ 为燃料电池和蓄电输出电压。

则变换器的功率损耗可以表示为

$$J_{P_{\text{con}}} = \sum_{m=j}^{j+T_{\text{p}}-1} k_5 \{ P_{\text{fc}}(t+m)[1-\eta_{\text{uncon}}(t)] + P_{\text{bat}}(t+m)[1-\eta_{\text{bicon}}(t)] \} \Delta T \tag{7.136}$$

$$J_{m_{\text{H}_2}} = \sum_{m=j}^{j+T_{\text{p}}-1} k_6 m_{\text{H}_2}(t+m)\Delta T \tag{7.137}$$

式中，$J_{m_{\text{H}_2}}$ 是燃料电池在预测时域的功率损耗。

在极小值原理中，哈密顿函数常由状态方程和目标函数构成，引入状态变量的负反馈因子，其又被称为协态变量。在边界条件下，求解协态变量和哈密顿函数是极小值原理实现能量管理的关键部分，而调整协调变量是实现能量管理全局优化的关键。因此本节在目标函数中引入蓄电池状态方程负反馈因子，使得飞机在不同模式下可以更加合理的利用蓄电池能量。系统的状态方程可以描述为

$$\dot{Z}_{\text{soc}} = -\frac{1}{3600Q}\left(\frac{U_{\text{ocv}} - U_{\text{P}}}{2R_0} \right) - \sqrt{\left(\frac{U_{\text{ocv}} - U_{\text{P}}}{2R_0} \right)^2 - \frac{P_{\text{bat}}}{R_0}} = -\frac{I_{\text{bat}}}{Q} \tag{7.138}$$

最终的目标函数为

$$J = J_{P_{\text{fc}}} + J_{P_{\text{bat}}} + J_{P_{\text{con}}} + J_{m_{\text{H}_2}} + \sum_{m=j}^{j+T_{\text{p}}-1} -\lambda \frac{I_{\text{bat}}(t+m)}{Q} \tag{7.139}$$

7. 定义燃料电池的运行轨迹

飞机在不同飞行模式下，燃料电池系统可以为其提供不同的功率。为使燃料电池在飞机飞行过程中达到更优效果，如在飞机加速起飞或者爬升过程中，燃料电池加速进入高功率区间以满足负载功率需求，飞机在巡航或者平飞过程中，燃料电池加速进入高效率区间以减少系统内部的损耗和氢耗。定义燃料电池的运行轨迹为

$$I_{\text{fctrack}} = ae^{(bI_{\text{fcref}})} + ce^{(dI_{\text{fcref}})} \tag{7.140}$$

式中，I_{fcref} 为求解目标函数得到的燃料电池输出的参考功率，$a, b, c, d,$ 为参考系数。

在飞机飞行过程中，$h, \dot{h}, \dot{v}$ 等参数当作飞机飞行过程中的状态参数，其可以用来区分

飞机的飞行模式。通过 $\dot{h}$，$\dot{v}$ 两个参数的变化来调节燃料电池系统运行轨迹的参数，以更好的匹配飞机在多任务模式下的能量分配。关于飞机状态参数和运行轨迹参数对应关系见表 7.10。

表 7.10　飞机状态参数和运行轨迹参数

h	$\dot{h}$	$\dot{v}$	a	b	c	d
0	0	(0, 5)	1863	$1.75e^{-4}$	$2.35e^{-5}$	$3.3e^{-3}$
			1357	$2.64e^{-4}$	-1307	$-1.9e^{-3}$
			1537	$2.43e^{-4}$	$-2.77e^{5}$	$-3.6e^{-3}$
(0, 2000)	(0, 5)	(0, 5)	1429	$2.75e^{-4}$	-1415	$-2.1e^{-3}$
			1643	$2.56e^{-4}$	$-2.85e^{5}$	$-3.7e^{-3}$
			3915	$3.15e^{-5}$	119	$4.2e^{-3}$
(0, 2000)	0	(0, 5)	1222	$2.25e^{-4}$	-1109	$-1.7e^{-3}$
			1454	$2.47e^{-4}$	$-2.04e^{5}$	$-3.4e^{-3}$
			1751	$1.82e^{-4}$	$2.5e^{-5}$	$3.1e^{-3}$
			3844	$3.04e^{-5}$	105	$3.9e^{-3}$
(0, 2000)	(−5, 0)	(0, 5)	2133	$3.36e^{-4}$	-1957	$-2.3e^{-3}$
			4157	$3.67e^{-5}$	156	$4.6e^{-3}$

图 7.64 所示反映了当飞机处于不同飞行模式时的燃料电池运行轨迹，以飞机在执行巡航任务为例，若燃料电池低功率输出状态时，控制器会强迫使燃料电池进入功率加速模式，而当燃料电池的输出功率状态可以满足负载需求，控制器会使燃料电池进入高效保持模式，控制燃料电池加速进入高效率模式或者延缓燃料电池从高效运行到低效率运行的时间。

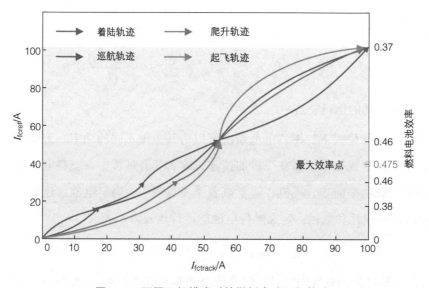

图 7.64　不同飞行模式时的燃料电池运行轨迹

为了验证所提算法的有效性，我们搭建了实时仿真硬件在环测试平台对 LOMPC 进行测试验证，试验平台参数见表 7.11 和 7.12 所示，试验硬件平台如图 7.65 所示，飞行任务模型和能量管理算法被放在 dSPACE 中求解，动力系统平台可实现飞机的正反转控制和速度控制，可编程电子负载用以模拟其他机载系统的能耗情况。

表 7.11　供电源参数

供电源	参数	参数值
燃料电池	单体数量 / 片	50
	额定电压 /V	26
	额定电流 /A	38.5
	最大功率 /W	1200
蓄电池	额定容量 /A·h	10
	额定电压 /V	24
	最大放电电流 /A	15
	满电电压 /V	25.2

表 7.12　负载部件参数

负载部件	参数	参数值
无刷直流电机	额定电压 /V	48
	额定电流 /A	8.5
	额定功率 /W	300
	额定力矩 /N·m	1
螺旋桨	重量 /g	25
	孔径 /mm	8
	桨距 /cm	20

图 7.65　试验硬件平台

通过测试平台对算法进行性能测试之前，对飞机的飞行工况进行设定，飞机参数见表 7.13；通过对动力系统平台测试，得到 4 个推进器的功率曲线如图 7.66 所示。该工况总时长 1000s，包含了飞机起飞、爬升、巡航、着陆的需求功率，峰值功率 1000W，蓄电池的初始 SOC 均为 65%。

表 7.13　飞机参数

参数	参数值	参数	参数值
飞机的重力（W/N）	5000	摩擦因数（μ）	0.04
发动机额定功率（P_M/W）	800	最大升力系数（C_{Lmax}）	1.12
零升阻力系数（C_{D0}）	0.15	飞机的机翼面积（s/m²）	10
诱导阻力因子（k）	0.03	飞机从起飞到离场的水平移动距离（$s_{takeoff}$/m）	23.5
升力系数（C_L^*）	0.425	飞机从进场降落到停下的水平移动距离（s_{land}/m）	45

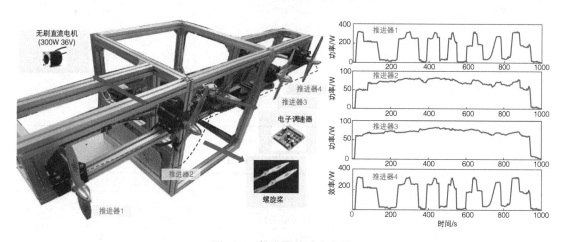

图 7.66　推进器的功率曲线

8. 电源应力和系统效率分析

为验证本节所提的 LOMPC 算法可以有效地减少系统的内部损耗，完成飞机在飞行过程中的功率分配，动力系统的硬件在环试验被完成。LOMPC 算法的功率分配结果，燃料电池和蓄电池的应力如图 7.67 所示。ECMS 算法的功率分配结果如图 7.68 所示。

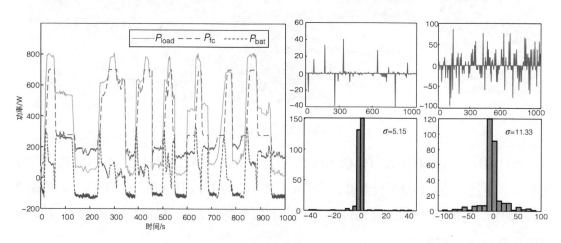

图 7.67　燃料电池和蓄电池应力

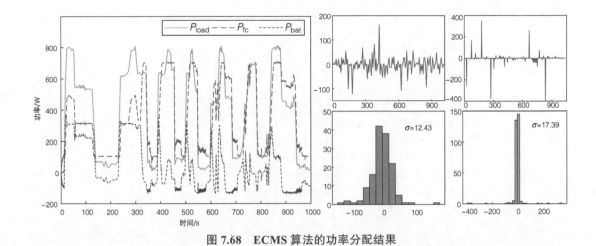

图 7.68　ECMS 算法的功率分配结果

图 7.67 所示可以看出，LOMPC 算法可以更好地均衡蓄电池和燃料电池的能量分配，燃料电池和蓄电池承担的应力为 5.15 和 11.33。如图 7.68 所示，ECMS 算法在系统运行在 270s 时，燃料电池出现了高功率的波动。在 270s 后，燃料电池提供了更多功率给负载，并且有较多的功率波动，这使得燃料电池和蓄电池承担了更多的应力。ECMS 算法中，燃料电池和蓄电池承担的应力为 12.43 和 17.39。

为更好的分析系统运行过程中燃料电池的运行轨迹，燃料电池的瞬时运行效率曲线如图 7.69 所示，动力系统运行效率曲线如图 7.70 所示。在图中可以看出，飞机的起飞阶段，在 0~23s 时，燃料电池的运行轨迹快速趋近于高功率轨迹，尽可能为动力系统提供充足的能量以保证飞机的正常起飞。而在 45~100s 之后的平飞阶段，燃料电池的运行轨迹趋近于

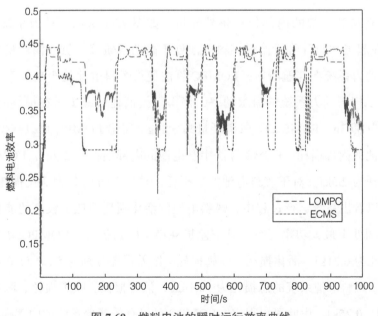

图 7.69　燃料电池的瞬时运行效率曲线

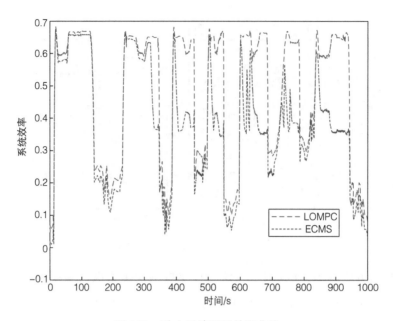

图 7.70　动力系统运行效率曲线

高效率轨迹，使燃料电池尽可能维持高效率的运作。在 225~300s 的爬升阶段飞机也趋近于高功率轨迹为飞机提供更多的能量，但爬升速度慢于起飞模式。整个飞行过程中，LOMPC 算法下，燃料电池的平均运行效率为 42.14%，ECMS 算法下，燃料电池的平均运行效率 40.0972%。在图 7.70 中，LOMPC 算法下整个系统的运行效率为 40.12%，ECMS 算法下整个系统的运行效率为 39.23%。

9. 氢气消耗和内部损耗分析

氢气的消耗量和系统的内部损耗将被分析。如图 7.71 所示，动力系统运行过程中，LOMPC 算法在起飞和爬升阶段使得燃料电池处于高功率轨迹，氢气消耗量相比于 ECMS 算法较高，而动力系统在巡航阶段，LOMPC 算法使得燃料电池处于高效率轨迹，更加合理的和蓄电池承担了动力系统的需求功率，使得氢气消耗量减少。在最终时刻，LOMPC 的氢气消耗量为 6.63g，ECMS 的氢气消耗量为 6.81g。得出 LOMPC 可以减少氢气消耗量。

对于蓄电池的内部损耗，ECMS 算法中蓄电池的内部损耗为 2.7kJ，LOMPC 算法中蓄电池的内部损耗为 2.5kJ。对于燃料电池的总损耗，总损耗可以分为活化损耗，欧姆损耗，浓差损耗，可以看出系统运行过程中，燃料电池的活化损耗消耗了较高的能量，由于燃料电池并未长时间处于最大功率运行，其浓差损耗小于欧姆损耗。LOMPC 算法中，燃料电池系统的总损耗为 6.21kJ，活化损耗、欧姆损耗、浓差损耗分别为 5.87kJ、0.41kJ、0.13kJ；ECMS 算法中，燃料电池系统的总损耗为 10.14kJ，活化损耗、欧姆损耗、浓差损耗分别为 9.01kJ、0.88kJ、0.25kJ。由此可以得出，LOMPC 可以有效减少系统的内部损耗。

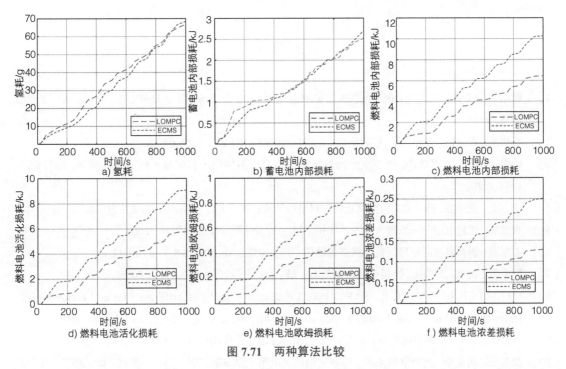

图 7.71　两种算法比较

将所提算法和 ECMS 算法经过试验验证后得到的测试结果进行对比分析，见表 7.14。由表 7.14 可知，基于内部损耗最小的能量管理优化算法在燃料经济性、系统运行效率，能量源运行应力等方面均有着良好的优化效果，在减少系统系统内部损耗方面有着更加突出的性能，这使得燃料电池的使用寿命可以进一步得到提高。

表 7.14　LOMPC 与 ECMS 的仿真结果对比

方法	LOMPC	ECMS	优化效果（%）
系统等效氢耗 /g	6.63	6.81	2.6
系统平均效率 /%	40.12	39.23	2.27
燃料电池平均效率 /%	42.14	40.01	5.3
燃料电池应力	5.15	12.43	58.6
蓄电池应力	11.33	17.39	34.8
蓄电池内部损耗 kJ	2.5	2.7	7.4
燃料电池内部损耗 kJ	6.41	10.14	36.8

在本节中，提出了一种航空供电系统内部能量损耗最小的模型预测能量管理算法，该算法可以有效减少系统的内部损耗，降低供电系统的电源应力。提出一种利用可观测参数预测蓄电池内部损耗的计算公式，该公式可以计算蓄电池在充放电模式下的内部损耗。此外，燃料电池运行轨迹的定义增加了飞机复杂工况的适应性，半实物试验平台测试验证了算法的有效性。相对于 ECMS 算法，该算法在燃料电池应力上降低 58.6%，在蓄电池应力上降低 34.8%，将燃料电池内部损耗降低了 36.8%，将蓄电池内部损耗降低了 7.4%。试验结果表明，所提出的算法可以降低航空供电系统的内部损耗，减少系统的应力。

参考文献

［1］ 巴尔伯 . PEM 燃料电池：理论与实践（原书第 2 版）［M］. 李东红，连晓峰，译 . 北京：机械工业出版社，2016.

［2］ 石伟玉，衣宝廉，侯明，等 . 燃料电池：200610047849. X［P］. 2008-03-26.

［3］ 梁鹏，范明志，曹效鑫，等 . 微生物燃料电池表观内阻的构成和测量［J］. 环境科学，2007（8）：1894-1898.

［4］ 于兴文，黄学杰，陈立泉 . 固体氧化物燃料电池研究进展［J］. 电池，2002（2）：50-52.

［5］ 衣宝廉 . 燃料电池——原理·技术·应用［M］. 北京：化学工业出版社，2003.

［6］ 衣宝廉 . 燃料电池的原理、技术状态与展望［J］. 电池工业，2003，8（1）：16-22.

［7］ 陈全世，仇斌，谢起成 . 燃料电池电动汽车［M］. 北京：清华大学出版社，2005.

［8］ MEKHILEF S，SAIDUR R，SAFARI A，Comparative study of different fuel cell technologies，Renewable and Sustainable Energy Reviews，VOLUME 16，ISSUE 1，2012，16（1）：981-989.

［9］ 黄镇江，刘凤君 . 燃料电池及其应用［M］. 北京：电子工业出版社，2005.

［10］ 拉米尼，迪克斯 . 燃料电池系统：原理·设计·应用（原书第二版）［M］. 朱红，译 . 北京：科学出版社，2006.

［11］ 张华民，明平文，邢丹敏 . 质子交换膜燃料电池的发展现状［J］. 当代化工，2001，30（1）：7-11.

［12］ 黄倬，屠海令，张冀强，等 . 质子交换膜燃料电池的研究开发与应用［M］. 北京：冶金工业出版社，2000.

［13］ 杜宇平，陈红雨，冯书丽，等 . 质子交换膜燃料电池发展现状［J］. 电池工业，2002，7（5）：266-271.

［14］ 李文兵，齐智平 . 质子交换膜燃料电池研究进展［J］. 化工科技，2005（4）：58-62.

［15］ STEELE B C H，HEINZEL A. Materials for fuel-cell technologies［J］. Nature，2001，414：345-352.

［16］ 李战国，朱红 . 质子交换膜燃料电池的研究进展［J］. 化学研究，2003（1）：69-73.

［17］ 任学佑 . 质子交换膜燃料电池的进展与前景［J］. 有色金属工程，2003，55（3）：1001-1579.

［18］ 莫志军，朱新坚 . 质子交换膜燃料电池建模与动态仿真［J］. 计算机仿真，2006（2）：192-196.

［19］ 李奇，陈维荣，贾俊波，等 . 质子交换膜燃料电池建模及其 PID 控制［J］. 电源技术，2008（9）：592-595.

［20］ VISHNYAKOV V M. Proton exchange membrane fuel cells［J］. Vacuum，2006，80（10）：1053-1065.

［21］ SUN P T，ZHOU S，HU Q. An effective combined finite element-upwind finite volume method for a transient Multiphysics two-phase transport model of a proton exchange membrane fuel cell［J］. Journal of Fuel Cell Science and Technology，2013，10（3）：031004.

［22］ ZHOU X，WU L Z，NIU Z Q，et al. Effects of surface wettability on two-phase flow in the compressed gas diffusion layer microstructures［J］. International Journal of Heat and Mass Transfer，2020，151：119370.

［23］ CHEN L, FENG Y L, SONG C X, et al. Multi-scale modeling of proton exchange membrane fuel cell by coupling finite volume method and lattice Boltzmann method［J］. International Journal of Heat and Mass Transfer, 2013, 63: 268-283.

［24］ 王瑛, 李相一, 李元龙. 自由呼吸式质子交换膜燃料电池的研究——三维数值分析阴极流道结构对电池性能的影响［J］. 电源技术, 2006, 30（3）: 206-210.

［25］ WEI L, DAFALLA A M, JIANG F M. Effects of reactants/coolant non-uniform inflow on the cold start performance of PEMFC stack［J］. International Journal of Hydrogen Energy, 2020, 45（24）: 13469-13482.

［26］ TURKMEN A C, CELIK C, ESEN H. The statistical relationship between flow channel geometry and pressure drop in a direct methanol fuel cell with parallel channels［J］. International Journal of Hydrogen Energy, 2019, 44（34）: 18939-18950.

［27］ CHOI W, ENJETI P N, HOWZE J W. Development of an equivalent circuit model of a fuel cell to evaluate the effects of inverter ripple current［J］. 19th Annual IEEE Applied Power Electronics Conference and Exposition, 2004, 1: 355-361.

［28］ REGGIANI U, SANDROLINI L, BURBUI G L G. Modelling a PEM fuel cell stack with a nonlinear equivalent circuit［J］. Journal of Power Sources, 2007, 165（1）: 224-231.

［29］ 何丽, 韩喆, 冯坤, 等. 操作条件对质子交换膜燃料电池电化学阻抗动态行为的影响［J］. 化工进展, 2018, 37（2）: 533-539.

［30］ KIM J, SRINIVASAN S, CHAMBERLIN C E, et al. Modeling of proton exchange membrane fuel cell performance with an empirical equation［J］. Journal of the Electrochemical Society, 1995, 142（8）: 2670-2674.

［31］ MEILER M, SCHMID O, SCHUDY M, et al. Dynamic fuel cell stack model for real-time simulation based on system identification［J］. Journal of Power Sources, 2008, 176（2）: 523-528.

［32］ LAN T, STRUNZ K. Modeling of multi-physics transients in PEM fuel cells using equivalent circuits for consistent representation of electric, pneumatic, and thermal quantities［J］. International Journal of Electrical Power & Energy Systems, 2020, 119（7）: 998-1007.

［33］ RUBIO M A, URQUIA A, DORMIDO S. Diagnosis of PEM fuel cells through current interruption［J］. Journal of Power Sources, 2007, 171（2）: 670-677.

［34］ BARZEGARI M M, RAHGOSHAY S M, MOHAMMADPOUR L, et al. Performance prediction and analysis of a dead-end PEMFC stack using data driven dynamic model［J］. Energy, 2019, 188（12）: 116049.

［35］ LI C H, ZHU X J, CAO G Y, et al. Identification of the Hammerstein model of a PEMFC stack based on least squares support vector machines［J］. Journal of Power Sources, 2008, 175（1）: 303-316.

［36］ BARRAGÁN A J, ENRIQUE J M, SEGURA F, et al. Iterative fuzzy modeling of hydrogen fuel cells by the extended Kalman filter［J］. IEEE Access, 2020（8）: 180280-180294.

［37］ WANG B W, ZHANG G B, WANG H Z, et al. Multi-physics-resolved digital twin of proton exchange membrane fuel cells with a data-driven surrogate model［J］. Energy and AI, 2020, 1: 1-13.

［38］ SISWORAHARDJO N S, YALCINOZ T, EL-SHARKH M Y, et al. Neural network model of 100 W portable PEM fuel cell and experimental verification ［J］. International Journal of Hydrogen Energy, 2010, 35 (17): 9104-9109.

［39］ GAO F, BLUNIER B, MIRAOUI A, et al. A Multiphysics Dynamic 1-D Model of a Proton-Exchange-Membrane Fuel-Cell Stack for Real-Time Simulation ［J］. IEEE Transactions on Industrial Electronics, 2010, 57 (6): 1853-1864.

［40］ CORREA J M, FARRET F A, POPOV V A, et al. Sensitivity analysis of the modeling parameters used in Simulation of proton exchange membrane fuel cells ［J］. IEEE Transactions on Energy Conversion, 2005, 20 (1): 211-218.

［41］ ZHAO D D, GAO F, MASSONNAT P, et al. Parameter Sensitivity Analysis and Local Temperature Distribution Effect for a PEMFC System ［J］. IEEE Transactions on Energy Conversion, 2015, 30 (3): 1008-1018.

［42］ WHITE F, Fluid Mechanics ［M］. 4th ed. New York: McGraw-Hill, 2010.

［43］ WHITE F M, Viscous Fluid Flow ［M］. 2nd ed. New York: McGraw-Hill 2005.

［44］ SCHETZ J A, FUHS A E, Handbook of Fluid Dynamics and Fluid Machinery ［J］. Journal of Fluids Engineering, 1996, 118: 218.

［45］ BERNARDI D M, VERBRUGGE M W. Mathematical model of a gas diffusion electrode bonded to a polymer electrolyte ［J］. Aiche Journal, 1991, 37 (8): 1151-1163.

［46］ BIRD R, STEWART W, LIGHTFOOT E, Transport Phenomena ［M］. 2nd ed. New York: John Wiley & Sons, Inc., 2006.

［47］ O'HAYRE R, CHA S W, COLELLA W, et al. Fuel Cell Fundamentals ［M］. New York: John Wiley & Sons, Inc., 2005.

［48］ ROWE A, LI X. Mathematical modeling of proton exchange membrane fuel cells ［J］. Journal of Power Sources, 2001, 102: 82-96.

［49］ ZHANG F Y, YANG X G, WANG C Y. Liquid water removal from a polymer electrolyte fuel cell ［J］. Journal of the Electrochemical Society, 2006, 153 (2): A225-A232.

［50］ INCROPERA P, DEWITT D P, BERGMAN T L, et al. Fundamentals of Heat & Mass Transfer ［J］, Wiley, 2007, 1.

［51］ 张立炎, 潘牧, 全书海. 质子交换膜燃料电池系统建模和控制的综述 ［J］. 武汉理工大学学报 (信息与管理工程版), 2007, 29 (4): 1-6.

［52］ AZMY A, ERLICH I. Online optimal management of PEM fuel cells using neural networks ［J］. IEEE Transactions on Power Delivery, 2005, 20: 1051-1058.

［53］ 李炜, 朱新坚, 曹广益. PEMFC 发电系统的自适应模糊控制与动态分析 ［J］. 计算机仿真, 2007, (1): 233-237.

［54］ 孙涛, 闫思佳, 曹广益, 等. 基于自适应神经模糊法 PEMFC 温度建模 ［J］. 计算机测量与控制, 2005, (7): 662-664, 700.

［55］ 卫东, 郑东, 郑恩辉. 空冷型质子交换膜燃料电池堆温湿度特性自适应模糊建模与输出控制 ［J］. 中

国电机工程学报, 2010, 30（23）: 114-120.

［56］ YOU Z, CHEN W, ZHANG D, et al. Testing platform design of air-cooled self-humidifying PEMFC［J］. Journal of Electronic Measurement and Instrumentation, 2015, 29（1）: 68-76.

［57］ CHEN H, PEI P. A Study on the Economical Lifetime of the Proton Exchange Membrane Fuel Cells for Vehicles［J］. Automotive Engineering, 2015, 37（9）: 998-1004.

［58］ PEREZ-PAGE M, PEREZ-HERRANZ V. Effect of the Operation and Humidification Temperatures on the Performance of a PEM Fuel Cell Stack［J］. ECS Transactions, 2009, 25（1）: 492-505.

［59］ BASCHUK J J, LI X. Modelling of polymer electrolyte membrane fuel cells with variable degrees of water flooding［J］. Journal of Power Sources, 2000, 86（1-2）: 181-196.

［60］ CHEVALIER S, JOSSET C, AUVITY B. Analytical solution for the low frequency polymer electrolyte membrane fuel cell impedance - ScienceDirect［J］. Journal of Power Sources, 2018, 407: 123-131.

［61］ JUNG C Y, YI S C. Influence of the water uptake in the catalyst layer for the proton exchange membrane fuel cells［J］. Electrochemistry Communications, 2013, 35: 34-37.

［62］ PURANIK S V, KEYHANI A, KHORRAMI F. Neural Network Modeling of Proton Exchange Membrane Fuel Cell［J］. IEEE Transactions on Energy Conversion, 2010, 25（2）: 474-483.

［63］ 王斌锐, 金英连, 褚磊民, 等. 空冷燃料电池最佳温度及模糊增量 PID 控制［J］. 中国电机工程学报, 2009, 29（8）: 109-114.

［64］ FONSECA D, BIDEAUX E, SARI A, et al. Flatness control strategy for the air subsystem of a hydrogen fuel cell system［C］//2013 9th Asian Control Conference（ASCC）, ［S. l.: s. n.］, 2013: 1-6.

［65］ HADDAD A G, AL-DURRA A, BOIKO I. Design of Genetic Programming Control Algorithm for Low-Temperature PEM Fuel Cell［J］. Frontiers in Energy Research, 2021, 8: 1-13.

［66］ JIANG W, ZHU Z W, LI C, et al. Observer-based Model Predictive Control Design for Air Supply System of Automotive PEM Fuel Cells［C］// 2020 39th Chinese Control Conference（CCC）.［S. l.: s. n.］, 2020: 5413-5418.

［67］ 柯超, 甘屹, 王胜佳, 等. 基于温度效应的空冷型质子交换膜燃料电池动态建模［J］. 太阳能学报, 2021, 42（8）: 488-495.

［68］ LIU J X, GAO Y B, SU X J, et al. Disturbance-Observer-Based Control for Air Management of PEM Fuel Cell Systems via Sliding Mode Technique［J］. IEEE Transactions on Control Systems Technology, 2018, 27（3）: 1129-1138.

［69］ QIN B, WANG X, WANG L, et al. Hydrogen Excess Ratio Control of Ejector-based Hydrogen Recirculation PEM Fuel Cell System［C］// 2019 34rd Youth Academic Annual Conference of Chinese Association of Automation（YAC）.［S. l.: s. n.］, 2019: 648-653.

［70］ WANG Y, QUAN S, WANG Y X, et al. Design of Adaptive Backstepping Sliding Mode-Based Proton Exchange Membrane Fuel Cell Hydrogen Circulation Pump Controller［C］// 2020 Asia Energy and Electrical Engineering Symposium（AEEES）.［S. l.: s. n.］, 2020: 747-752.

［71］ MOHAMED A E, MANIVANNA B A, ABUDHAHIR A, et al. Direct Active Fuzzy Non-Linear Controller for Pressure Regulation in PEM Fuel Cell［C］// 2019 8th International Conference on

Modeling Simulation and Applied Optimization（ICMSAO）.［S. l.：s. n.］, 2019：376-380.

［72］ LI J, YU T . Sensors Integrated Control of PEMFC Gas Supply System Based on Large-Scale Deep Reinforcement Learning.［J］. Multidisciplinary Digital Publishing Institute, 2021（2）：349.

［73］ DADDA B, ABBOUDI S, ZARRIT R, et al. Heat and mass transfer influence on potential variation in a PEMFC membrane［J］. International Journal of Hydrogen Energy, 2014, 39（27）：15238-15245.

［74］ CHEN L, CAO T F, LI Z H, et al. Numerical investigation of liquid water distribution in the cathode side of proton exchange membrane fuel cell and its effects on cell performance［J］. International Journal of Hydrogen Energy, 2012, 37（11）：9155-9170.

［75］ KARIMI S . A novel process for fabricating membrane-electrode assemblies with low platinum loading for use in proton exchange membrane fuel cells.［D］. Toronto：University of Toronto, 2011.

［76］ HOSSAIN M B, ISLAM M R, MUTTAQI K M, et al. Dynamic Electrical Equivalent Circuit Modeling of the Grid-Scale Proton Exchange Membrane Electrolyzer for Ancillary Services［C］// 2022 IEEE Industry Applications Society Annual Meeting（IAS）.［S. l.：s. n.］, 2022：1-5.

［77］ ZHAO J, JIAN Q F, HUANG Z P, et al. Experimental study on water management improvement of proton exchange membrane fuel cells with dead-ended anode by periodically supplying fuel from anode outlet［J］. Journal of Power Sources, 2019, 435（30）：226775. 1-226775. 8.

［78］ AMADANE Y, MOUNIR H . An Adequate Statistical Model Predicting the Optimal Combination of Functioning Parameters for a Proton Exchange Membrane Fuel Cell（PEMFC）with Dead-Ended Anode ［J］. Arabian Journal for Science and Engineering, 2022, 47（5）：6515-6524.

［79］ 朗平文, 李冰 . 质子交换膜燃料电池堆［M］.北京：机械工业出版社, 2024.

［80］ 史君海, 朱新坚, 曹广益 . 质子交换膜燃料电池发电系统建模与分析［J］. 电源技术, 2006,（11）：887-889+913.

［81］ ZHANG J, LIU G, YU W, et al. Adaptive control of the airflow of a PEM fuel cell system-Science Direct［J］. Journal of Power Sources, 2008, 179（2）：649-659.

［82］ HEINRICH E C . Ventilatory airflow patterns and control of respiratory gas exchange in insects［D］. Irvine：University of California, Irvine, 2015.

［83］ AHN J W, CHOE S Y . Coolant controls of a PEM fuel cell system［J］. Journal of Power Sources, 2008, 179（1）：252-264.

［84］ ZHANG L Y, MU P, QUAN S H . Model predictive control of water management in PEMFC［J］. Journal of Power Sources, 2008, 180（1）：322-329.

［85］ ZHANG J, FAN L P, CHONG L I . Application of Model Predictive Controller in PEMFC［J］. Journal of Shenyang University of Chemical, 2013, 27（3）：248-275.

［86］ MARQUEZ J, SEGURA F, BARRAGÁN A J, et al. Experimental Study of a kW-class PEM Fuel Cell. A travel to the heart of the stack［C］// 10th Conference on Sustainable Development of Energy, Water and Environment Systems（SDEWES 2015）.［S. l.：s. n.］, 2015.

［87］ LEE H, CHL, TYO, et al. Development of 1 kWe class PEM fuel cell system［J］. Fuel Cells Bulletin, 2002, 2002（8）：13.

［88］ VAHIDI A, STEFANOPOULOU A, PENG H . Model predictive control for starvation prevention in a hybrid fuel cell system［C］// American Control Conference. Beijing : s. n., IEEE, 2004, 1 : 834-839.

［89］ SCHUMACHER J O, GEMMAR P, DENNE M, et al. Control of miniature Proton Exchange Membrane Fuel Cell Based on Fuzzy Logic［J］. Journal of Power Sources, 2004, 129（2）: 143-151.

［90］ ABTAHI H, ZILOUCHIAN A, SAENGRUNG A . Water management of PEM fuel cells using fuzzy logic controller system［C］// 2005 IEEE International Conference on Systems, Man and Cybernetics, Beijing : s. n., 2005 : 3486-3490.

［91］ ALMEIDA P E M, SIMOES M G . Neural optimal control of PEM fuel cells with parametric CMAC networks［J］. IEEE Transactions on Industry Applications, 2005, 41（1）: 237-245.

［92］ AZMY A M, ERLICH I . Online optimal management of PEM fuel cells using neural networks［C］// IEEE Transactions on Power Delivery.［S. l. : s. n.］, 2005, 20（2）: 1051-1058.

［93］ HAMADA K, KITAMURA N, MANABE K, et al. Power control system for a fuel cell : CA20082710921［P］. 2009-07-09.

［94］ 明宏, 全睿, 全书海 . 基于神经网络的燃料电池发动机风机系统建模［J］. 武汉理工大学学报（信息与管理工程版）, 2011, 33（2）: 228-231+243.

［95］ 郭迪 . 燃料电池混合动力系统建模与仿真研究［D］. 武汉 : 武汉理工大学, 2010.

［96］ CHANG D H, WU S Y . The effects of channel depth on the performance of miniature proton exchange membrane fuel cells with serpentine-type flow fields［J］. International Journal of Hydrogen Energy, 2015, 40（35）: 11659-11667.

［97］ JURADO F, SAENZ J R . Adaptive control of a fuel cell-microturbine hybrid power plant［J］. IEEE Transactions on Energy Conversion, 2003, 18（2）: 342-347.

［98］ KERRIGAN E C, MAYNE D Q . Optimal control of constrained, piecewise affine systems with bounded disturbances［C］// Decision & Control, 2002, Proceedings of the 415t IEEE Conference on Beijing : s. n., 2002 : 1552-1557.

［99］ 马铭, 毛玉蓉, 程鹏, 等 . 燃料电池控制单元硬件在环测试平台的设计［J］. 电源技术, 2020, 44（4）: 570-573.

［100］ STRAHL S, COSTA-CASTELLÓ R. Temperature control of open-cathode PEM fuel cells［C］// 20th IFAC World Congress 2017.［S. l. : s. n.］, 2017, 50（1）: 11088-11093.

［101］ JOUIN M, GOURIVEAU R, HISSEL D, et al. Degradations analysis and aging modeling for health assessment and prognostics of PEMFC［J］. Reliability Engineering & System Safety, 2016, 148（4）: 78-95.

［102］ NITTA I, HOTTINEN T, HIMANEN O, et al. Inhomogeneous compression of PEMFC gas diffusion layer : part I. Experimental［J］. Journal of Power Sources, 2007, 171（1）: 26-36.

［103］ JOUIN M, GOURIVEAU R, HISSEL D, et al. Prognostics of PEM fuel cell in a particle filtering framework［J］. International Journal of Hydrogen Energy, 2014, 39（1）: 481-494.

［104］ BRESSEL M, HILAIRET M, HISSEL D, et al. Remaining Useful Life Prediction and Uncertainty Quantification of Proton Exchange Membrane Fuel Cell Under Variable Load［J］. IEEE Transactions on Industrial Electronics, 2016, 63（4）: 2569-2577.

［105］HU Z Y, XU L F, LI J Q, et al. A reconstructed fuel cell life-prediction model for a fuel cell hybrid city bus［J］. Energy Conversion & Management, 2018, 156（1）: 723-732.

［106］CHEN H C, PEI P C, SONG M C. Lifetime prediction and the economic lifetime of Proton Exchange Membrane fuel cells［J］. Applied Energy, 2015, 142 : 154-163.

［107］ZHANG X F, YANG D J, LUO M H, et al. Load profile based empirical model for the lifetime prediction of an automotive PEM fuel cell［J］. International Journal of Hydrogen Energy, 2017, 42（16）: 11868-11878.

［108］ZHOU D M, Ahmed A D, ZHANG K, et al. A robust prognostic indicator for renewable energy technologies : A novel error correction grey prediction model［J］. IEEE Transactions on Industrial Electronics, 2019, 66（12）: 9312-9325.

［109］CHEN K, LAGHROUCHE S, DJERDIR A. Degradation prediction of proton exchange membrane fuel cell based on grey neural network model and particle swarm optimization［J］. Energy Conversion & Management, 2019, 195 : 810-818.

［110］MA R, YANG T, BREAZ E, et al. Data-driven proton exchange membrane fuel cell degradation predication through deep learning method［J］. Applied Energy, 2018, 231 : 102-115.

［111］LIU H, LI Q, CHEN W, et al. Remaining useful life prediction of PEMFC based on long short-term memory recurrent neural networks［J］. International Journal of Hydrogen Energy, 2019, 44 : 5470-5480.

［112］WANG F K, CHENG X B, HSIAO K C, et al. Stacked long short-term memory model for proton exchange membrane fuel cell systems degradation［J］. Journal of Power Sources, 2019, 448（1）: 227591. 1-227591. 7.

［113］HEIMES F O. Recurrent neural networks for remaining useful life estimation［C］. International conference on prognostics and health management.［S. l. : s. n.］, 2008 : 1-6.

［114］LI Z L, ZHENG Z, OUTBIB R. Adaptive Prognostic of Fuel Cells by Implementing Ensemble Echo State Networks in Time-Varying Model Space［J］. IEEE Transactions on Industrial Electronics, 2019, 67（1）: 379-389.

［115］MORANDO S, JEMEI S, GOURIVEAU R, et al. Fuel cells prognostics using echo state network［C］// IECON 2013 - 39th Annual Conference of the IEEE Industrial Electronics Society. Vienna : IEEE, 2013.

［116］刘浩. 质子交换膜燃料电池的寿命预测研究［D］. 杭州: 浙江大学, 2019.

［117］SILVA R E, GOURIVEAU R, JEMEI S, et al. Proton exchange membrane fuel cell degradation prediction based on adaptive neuro-systems［J］. International Journal of Hydrogen Energy, 2014, 39 : 11128-11144.

［118］LIU H, CHEN J, HISSEL D, et al. Remaining useful life estimation for proton exchange membrane fuel cells using a hybrid method［J］. Applied Energy, 2019, 237 : 910-919.

［119］LIU H, CHEN J, HISSEL D, et al. Short-term prognostics of PEM fuel cells : A comparative and improvement study［J］. IEEE Transactions on Industrial Electronics, 2019, 66（8）: 6077-6086.

［120］WU Y M, BREAZ E, GAO F, et al. A modified relevance vector machine for PEM fuel cell stack aging prediction［J］. IEEE Transactions on Industry Applications, 2016, 52（3）: 2573-2581.

［121］CHENG Y J, ZERHOUNI N, LU C. A hybrid remaining useful life prognostic method for proton exchange membrane fuel cell［J］. International Journal of Hydrogen Energy, 2018, 43（27）: 12314-12327.

［122］LIU H, CHEN J, HISSEL D, et al. Remaining useful life estimation for proton exchange membrane fuel cells using a hybrid method［J］. Applied Energy, 2019, 237: 910-919.

［123］PAN R, YANG D, WANG Y, et al. Performance degradation prediction of proton exchange membrane fuel cell using a hybrid prognostic approach［J］. International Journal of Hydrogen Energy, 2020, 45（55）: 30994-31008.

［124］ZHOU D M, AL-DURRA A, ZHANG K, et al. Online remaining useful lifetime prediction of proton exchange membrane fuel cells using a novel robust methodology［J］. Journal of Power Sources, 2018, 399: 314-328.

［125］LIU J, LUO W, YANG X, et al. Robust model-based fault diagnosis for PEM fuel cell air-feed system［J］. IEEE Transactions on Industrial Electronics, 2016, 63（5）: 3261-3270.

［126］BOUGATEF Z, ABDELKRIM N, AITOUCHE A, et al. Fault detection of a PEMFC system based on delayed LPV observer［J］. International Journal of Hydrogen Energy, 2020, 45（19）: 11233-11241.

［127］BUCHHOLZ M, ESWEIN M, KREBS V. Modeling PEM fuel cell stacks for FDI using linear subspace identification［C］//IEEE International Conference on Control Applications. San Antonio:［s. n.］, 2008: 341-346.

［128］LI Z L, OUTBIB R, HISSEL D, et al. Diagnosis of PEMFC by using data-driven parity space strategy［C］// 2014 European Control Conference（ECC）. Strasbourg:［s. n.］, 2014: 1268-1273.

［129］OGAJI S, SINGH R, PILIDIS P, et al. Modeling fuel cell performance using artificial intelligence［J］. Journal of Power Sources, 2006, 154: 192-197.

［130］YOUSFI S N, HISSEL D, MOÇOTÉGUY P, et al. Diagnosis of polymer electrolyte fuel cells failure modes（flooding & drying out）by neural networks modeling［J］. International Journal of Hydrogen Energy, 2011, 36（4）: 3067-3075.

［131］LARIBI S, MAMMAR K, SAHLI Y, et al. Analysis and diagnosis of PEM fuel cell failure modes（flooding & drying）across the physical parameters of electro chemical impedance model: Using neural networks method［J］. Sustainable Energy Technologies and Assessments, 2019, 34: 35-42.

［132］TAO S, SIJIA Y, GUANGYI C, et al. Modeling and control PEMFC using fuzzy neural networks［J］. Journal of Zhejiang University（Science A）, 2005, 6（10）: 1084-1089.

［133］SILVA R E, GOURIVEAU R, JEMEI S. et al. Proton exchange membrane fuel cell degradation prediction based on adaptive neuro-fuzzy inference systems［J］. International Journal of Hydrogen Energy, 2014, 39（21）: 11128-11144.

［134］AZADEH K, NIUSHA S, MAHIDZAL D, et al. Modeling of commercial proton exchange membrane fuel cell using support vector machine［J］. International Journal of Hydrogen Energy, 2016, 41（26）:

11351-11358.

［135］PENG X B, W U W Q, ZHANG Y K, et al. Determination of operating parameters for PEM fuel cell using support vector machines approach ［J］. Journal of Energy Storage, 2017, 13：409-417.

［136］刘嘉蔚, 李奇, 陈维荣, 等. 基于多分类相关向量机和模糊 C 均值聚类的有轨电车用燃料电池系统故障诊断方法 ［J］. 中国电机工程学报, 2018, 38（20）: 6045-6052.

［137］LI Z L, CADET C, OUTBIB R. Diagnosis for PEMFC based on magnetic measurements and data-driven approach ［J］. IEEE Transactions on Energy Conversion, 2019, 34（2）: 964-972.

［138］CHEN J, ZHOU B. Diagnosis of PEM fuel cell stack dynamic behaviors ［J］. Journal of Power Sources, 2008, 177（1）: 83-95.

［139］MA T, LIN W, YANG Y B, et al. Water content diagnosis for proton exchange membrane fuel cell based on wavelet transformation ［J］. International Journal of Hydrogen Energy, 2020, 45（39）: 20339-20350.

［140］JONGHOON K, YONGSUG T. Implementation of discrete wavelet transform-based discrimination and state-of-health diagnosis for a polymer electrolyte membrane fuel cell ［J］. International Journal of Hydrogen Energy, 2014, 39（20）: 10664-10682.

［141］IBRAHIM M, ANTONI U, STEINER N Y, et al. Signal-based diagnostics by wavelet transform for proton exchange membrane fuel cell ［D］. TMREES 2015, 2015, 74：1508-1516.

［142］DAMOUR C, BENNE M, GRONDIN P B, et al. Polymer electrolyte membrane fuel cell fault diagnosis based on empirical mode decomposition ［J］. Journal of Power Sources, 2015, 299：596-603.

［143］LI Z L, RACHID O STEFAN G, et al. Fault diagnosis for PEMFC systems in consideration of dynamic behaviors and spatial inhomogeneity［J］. IEEE Transactions on Energy Conversion, 2019, 34（1）: 3-11.

［144］ZHAO X W, XU L F, LI J Q, et al. Faults diagnosis for PEM fuel cell system based on muti-sensor signals and principle component analysis method ［J］. International Journal of Hydrogen Energy, 2017, 42：18524-18531.

［145］刘嘉蔚, 李奇, 陈维荣, 等. 基于在线序列超限学习机和主成分分析的蒸汽冷却型燃料电池系统快速故障诊断方法 ［J］. 电工技术学报, 2019, 34（18）: 3949-3960.

［146］ZHOU S W, DHUPIA J S. Online adaptive water management fault diagnosis of PEMFC based on orthogonal linear discriminant analysis and relevance vector machine ［J］. International Journal of Hydrogen Energy, 2020, 45：（11）7005-7014.

［147］LIU J, LI Q, YANG H, et al. Sequence fault diagnosis for PEMFC water management subsystem using deep learning with t-SNE ［J］. IEEE Access, 2019, 7：92009-92019.

［148］SHAO M, ZHU X, CAO H, et al. An artificial neural network ensemble method for fault diagnosis of proton exchange membrane fuel cell system ［J］. Energy, 2014, 67：268-275.

［149］LIU J, LI Q, CHEN W R et al. A fast fault diagnosis method of the PEMFC system based on extreme learning machine and dempster-shafer evidence theory ［J］. IEEE Transactions on Transportation Electrification, 2018, 5（1）: 271-284.

［150］王森, 雷卫军, 刘健, 张伯林. 基于 LSTM-RNN 的质子交换膜燃料电池故障检测方法 ［J］. 电子技

术与软件工程, 2019 (4): 74-78.

[151] LI Z L, OUTBIB R, GIURGEA S, et al. Diagnosis for PEMFC systems: a data-driven approach with the capabilities of online adaptation and novel fault detection [J]. IEEE Transactions on Industrial Electronics, 2015, 62 (8): 5164-5174.

[152] LIN R, PEI Z, YE Z, et al. Hydrogen fuel cell diagnostics using random forest and enhanced feature selection [J]. International Journal of Hydrogen Energy, 2020, 45 (17): 10523-10535.

[153] 余嘉熹, 李奇, 陈维荣, 等. 基于随机森林算法的大功率质子交换膜燃料电池系统故障分类方法 [J]. 中国电机工程学报, 2020, 40 (17): 5591-5598.

[154] LIU Z, PEI M, HE Q, et al. A novel method for polymer electrolyte membrane fuel cell fault diagnosis using 2D data [J]. Journal of Power Sources, 2021, 482: 228894.

[155] KIM J, LEE I, TAK Y, et al. State-of-health diagnosis based on hamming neural network using output voltage pattern recognition for a PEM fuel cell [J]. International Journal of Hydrogen Energy, 2012, 37 (5): 4280-4289.

[156] 周苏, 杨铠, 胡哲. FCM 方法和 SVM 方法在燃料电池故障诊断模式识别中的对比研究 [J]. 机电一体化, 2016, 22 (5): 3-7, 21.

[157] LI Z L, OUTBIB R, HISSEL D, et al. Data-driven diagnosis of PEM fuel cell: A comparative study [J]. Control Engineering Practice, 2014, 28: 1-12.

[158] BELLOWS R J, LIN M Y, ARIF M, et al. Neutron imaging technique for in situ measurement of water transport gradients within Nafion in polymer electrolyte fuel cells [J]. Journal of the Electro Chemical Society, 1999, 146 (3): 1099-1103.

[159] ZHAN Z G, WANG C, FU W G, et al. Visualization of water transport in a transparent of PEMFC [J]. International Journal of Hydrogen Energy, 2012, 37 (1): 1094-1105.

[160] TURHAN A, HELLER K, BRENIZER J, et al. Passive control of liquid water storage and distribution in a PEFC through flow-field design [J]. Journal of Power Sources, 2008, 180 (2): 773-783.

[161] BAZYLAK A, SINTON D, DJILALI N. Dynamic water transport and droplet emergence in PEMFC gas diffusion layers [J]. Journal of Power Sources, 2008, 176 (1): 240-246.

[162] 张新丰, 章桐. 质子交换膜燃料电池水含量实验测量方法综述 [J]. 仪器仪表学报, 2012, 33 (9): 2152-2160.

[163] SONG M, PEI P, ZHA H, et al. Water management of proton exchange membrane fuel cell based on control of hydrogen pressure drop [J]. Journal of Power Sources, 2014, 267: 655-663.

[164] ESKIN M G, SERHAT Y. Anode bleeding experiments to improve the performance and durability of proton exchange membrane fuel cells [J]. International Journal of Hydrogen Energy, 2019, 44 (21): 11047-11056.

[165] AMIR M N, OLDOOZ P, NATALIA M, et al. In-situ diagnostic tools for hydrogen transfer leak characterization in PEM fuel cell stacks part I: R&D applications [J]. Journal of Power Sources, 2015, 278: 652-659.

[166] IFREK L, ROSINI S, CAUFFET G, et al. Fault detection for polymer electrolyte membrane fuel cell

stack by external magnetic field [J]. Electrochimica Acta, 2019, 323: 141-150.

[167] PLAIT A, GIURGEA S, HISSEL D, et al. New magnetic field analyzer device dedicated for polymer electrolyte fuel cells noninvasive diagnostic [J]. International Journal of Hydrogen Energy, 2020, 45 (27): 14071-14082.

[168] 张雪霞，蒋宇，黄平，等. 质子交换膜燃料电池容错控制方法综述 [J]. 中国电机工程学报，2021，41 (4): 1431-1444, 1549.

[169] WANG F C, KUO P C, CHEN H J. Control design and power management of a stationary PEMFC hybrid power system [J]. International Journal of Hydrogen Energy, 2013, 38 (14): 5845-5856.

[170] CHEN S L, XU L F, WU K, et al. Optimal warm-up control strategy of the PEMFC system on a city bus aimed at improving efficiency [J]. International Journal of Hydrogen Energy, 2017, 42 (16): 11632-11643.

[171] ALIASGHARY M. Control of PEM fuel cell systems using interval type-2 fuzzy PID approach [J]. Fuel Cells, 2018, 18 (4): 449-456.

[172] HAN J, YU S, YI S. Oxygen excess ratio control for proton exchange membrane fuel cell using model reference adaptive control [J]. International Journal of Hydrogen Energy, 2019, 44 (33): 18425-18437.

[173] ZHANG Y, JIANG J Integrated design of reconfigurable fault-tolerant control systems [J]. Journal of Guidance, Control, and Dynamics, 2001, 24 (1): 133-136.

[174] LEBRETON C. Fault Tolerant control strategy applied to PEMFC water management [J]. International Journal of Hydrogen Energy, 2015, 40 (33): 10636-10646.

[175] XU L F, LI J Q, OUYANG M G, et al. Active fault tolerance control system of fuel cell hybrid city bus Int. J. Hydrogen Energy, 2010, 35 (22): 12510-12520.

[176] BENBOUZID M E H, DIALLO D, ZERAOULIA M, et al. Active fault-tolerant control of induction motor drives in EV and HEV against sensor failures using a fuzzy decision system [J]. International Journal of Automotive Technology, 2003, 7 (6): 729-739.

[177] ZHANG X, PARISINI T, POLYCARPOU M M. Adaptive fault-tolerant control of nonlinear uncertain systems: an information-based diagnostic approach [J]. IEEE Trans actions on Automatic Control, 2004, 49 (8): 1259-1274.

[178] NOURA H, THEILLIOL D, PONSART J C, et al. Fault-tolerant Control Systems [M]. New Delhi: Springer, 2009.

[179] MIKSCH T, GAMBIER A, BADREDDIN E. Real-time Implementation of Fault-tolerant Control Using Model Predictive Control [C] //17th IFAC World Congress. [S. l.: s. n.], 2009: 12267-12272.

[180] MAJDZIK P, WITCZAK A A, SEYBOLD L, et al. A fault-tolerant approach to the control of a battery assembly system [J]. Control Engineering Practice, 2016 (55): 139-148.

[181] ZHANG Y M, JIN J. Bibliographical review on reconfigurable fault-tolerant control systems [J]. Annual Reviews in Control, 2008, 32 (2): 229-252.

[182] MAHARJAN S. Piechowiak Intelligence artificielle et diagnostic Électronique-Autom [J]. Autom.

Ingenierie Systeme, 2003.

[183] LI B Y, DU H P, LI W H. Fault-tolerant control of electric vehicles with in-wheel motors using actuator-grouping sliding mode controllers [J]. Mechanical Systems & Signal Processing. 2016, 72/73 : 462-485.

[184] 国际电工委员会（IX-IEC）. Fuel cell technologies - part 2-100 : fuel cell modules : IEC 62282-2—2012 [S].[S. l. : s. n.], 2012.

[185] Joint Hydrogen Quality Task Force Protocol on Fuel Cell Component Testing : Suggested Dynamic Testing Protocol（DTP）. Document USFCC 04-068 Rev A[EB/OL].（2006-05-01）[2006-05-01]. http : //www. fchea. org/core/import/PDFs/Technical%20Resources/TransH2QualityDynamicTestingProfi le-04-068A. pdf.

[186] WAHDAME B, CANDUSSO D, FRANEOIS X, et al. Comparison between two PEM fuel cell durability tests performed at constant current and under solicitations linked to transport mission profile [J]. Int J Hydrogen Energy, 2007, 32（17）: 4523 -4536.

[187] 邵静明. 燃料电池堆性能评价试验方法 [D]. 北京：清华大学, 2005.

[188] WIKIPEDIA. New European Driving Cycle[EB/OL].（2013-04-12）http : //en. wikipedia. Org/wiki/ New_European_Driving_Cycle.

[189] EPA. EPA SC03 Supplemental Federal Test Procedure（SFTP）with Air Conditioning [EB/OL]. https: //www. epa. gov/ emission-standards-reference-guide/ epa-sc03-supplemental-federal-test-procedure-sftp-air.

[190] WAHDAME B, CANDUSSO D, FRANEOIS X, et al. Comparison between two PEM fuel cell durability tests performed at constant current and under solicitations linked to transport mission profile [J]. lnt J Hydrogen Energy, 2007, 32（17）: 4523 -4536.

[191] PAN Z F, AN L, WEN C Y, et al. Recent advances in fuel cells based propulsion systems for unmanned aerial vehicles [J]. Applied Energy, 2019, 240（15）: 473-485.

[192] GUO D G, AGARWALA S, GUO L G, et al. Additive manufacturing in unmanned aerial vehicles （UAVs）: Challenges and potential [J]. Aerospace Science and Technology, 2017, 63 : 140-151.

[193] BRADLEY T, MOFFITT B, PAREKH D, et al. Flight test results for a fuel cell unmanned aerial vehicle [C]//45th AIAA aerospace sciences meeting and exhibit.[S. l. : s. n.], 2007.

[194] BERNARD JÉRÔME. Global Optimisation in the power management of a Fuel Cell Hybrid Vehicle （FCHV）[J]. 2006 IEEE Vehicle Power and Propulsion Conference, 2006 : 1-6.

[195] SUNGHUN J, JEONG H. Extended kalman filter-based state of charge and state of power estimation algorithm for unmanned aerial vehicle Li-Po battery packs [J]. Energies, 2017, 10（8）: 1237-1249.

[196] EREN, YAVUZ. A fuzzy logic based supervisory controller for an FC/UC hybrid vehicular power system [J]. International Journal of Hydrogen Energy, 2009, 34（20）: 8681-8694.

[197] LI Q, MENG X, GAO F, et al. Approximate Cost-optimal Energy Management of Hydrogen Electric Multiple Unit Trains Using Double Q-learning Algorithm [J]. IEEE Transactions on Industrial Electronics, 2022, 69（9）: 9099-9110.

［198］LI Q, LIU P, MENG X, et al. Model Prediction Control-Based Energy Management Combining Self-Trending Prediction and Subset-searching Algorithm for Hydrogen Electric Multiple Unit Train ［J］. IEEE Transactions on Transportation Electrification, 2022, 8（2）: 2249-2260.

［199］XU L F, YANG F Y, LI J Q, et al. Real time optimal energy management strategy targeting at minimizing daily operation cost for a plug-in fuel cell city bus ［J］. International Journal of Hydrogen Energy, 2012, 37（20）: 15380-15392.

［200］LI Q, Meng X, Gao F, et al. Reinforcement Learning Energy Management for Fuel Cell Hybrid System: A Review ［J］. IEEE Industrial Electronics Magazine, 2023, 17（4）: 45-54.

［201］LI C Y, LIU G P. Optimal fuzzy power control and management of fuel cell/battery hybrid vehicles ［J］. Journal of Power Sources, 2009, 192（2）: 391-395.

［202］FERREIRA A A, POMILLO J A, SPIAZZI G, et al. Energy management fuzzy logic supervisory for electric vehicle power supplies system ［J］. IEEE Transactions on Power Electronics, 2008, 23（1）: 107-115.

［203］HONG, Z H, LI Q, HAN, et al. An energy management strategy based on dynamic power factor for fuel cell/battery hybrid locomotive ［J］. International Journal of Hydrogen Energy, 2018, 43（6）: 3261-3272.

［204］FERNANDEZ, LUIS M. Hybrid electric system based on fuel cell and battery and integrating a single dc/dc converter for a tramway ［J］. Energy Conversion and Management, 2011, 52（5）: 2183-2192.

［205］NANDJOU, FREDY. Impact of heat and water management on proton exchange membrane fuel cells degradation in automotive application ［J］. Journal of Power Sources, 2016, 326（15）: 182-192.

［206］CHENG, SILIANG. Model-based temperature regulation of a PEM fuel cell system on a city bus ［J］. International Journal of Hydrogen Energy, 2015, 40（39）: 13566-13575.

［207］HARRAG, ABDELGHANI, HAMZA B. Novel neural network IC-based variable step size fuel cell MPPT controller: performance, efficiency and lifetime improvement ［J］. International Journal of Hydrogen Energy, 2017, 42（5）: 3549-3563.

［208］FLETCHER, TOM. Comparison of fuel consumption and fuel cell degradation using an optimised controller ［J］. ECS Transactions, 2016, 71（1）: 85-97.

［209］FLETCHER, TOM, ROB T, et al. An Energy Management Strategy to concurrently optimise fuel consumption & PEM fuel cell lifetime in a hybrid vehicle ［J］. International Journal of Hydrogen Energy, 2016, 41（46）: 21503-21515.

［210］LI Q, YIN L Z, CHEN W R. Multi-Objective Optimization and Data-Driven Constraint Adaptive Predictive Control for Efficient and Stable Operation of PEMFC System ［J］. IEEE Transactions on Industrial Electronics, 2021, 68（12）: 12418-12429.

［211］YUAN C, BAI H, MA R, et al. Large-Signal Stability Analysis and Design of Finite-Time Controller for the Electric Vehicle DC Power System ［J］. IEEE Transactions on Industry Applications, 2022, 58（1）: 868-878.

［212］HU X S, ZOU C F, TANG X L, et al. Cost-optimal energy management of hybrid electric vehicles using fuel cell/battery health-aware predictive control [J] . IEEE Transactions on Power Electronics, 2020, 35 (1): 382-392.

[213] HE H W, QUAN S W, SUN F C, et al. Model predictive control with lifetime constraints based energy management strategy for proton exchange membrane fuel cell hybrid power systems [J] . IEEE Transactions on Industrial Electronics, 2020, 67 (10): 9012-9023.

[214] LIANG F, MUELLER, CLEMENS D, et al. Multi-objective component sizing based on optimal energy management strategy of fuel cell electric vehicles [J] . Applied Energy, 2015, 157 (1): 664-674.

[215] SONG Z Y, HOFMANN H, LI J Q, et al. The optimization of a hybrid energy storage system at subzero temperatures : Energy management strategy design and battery heating requirement analysis [J] . Applied Energy, 2015, 159 (1): 576-588.

[216] SONG Z Y, HOFMANN H, LI J Q, et al. Optimization for a hybrid energy storage system in electric vehicles using dynamic programing approach [J] . Applied Energy, 2015, 139 (1): 151-162.

[217] WANG L, WANG Y J, LIUC, et al. A power distribution strategy for hybrid energy storage system using adaptive model predictive control [J] . IEEE Transactions on Power Electronics, 2020, 35 (6): 5897-5906.

[218] NEHRIR M H, WANG C S. Modeling and control of fuel cells: distributed generation applications [M] . Piscataway : Wiley-IEEE Press, 2009.

[219] XAVIER M A, TRIMBOLI M S. Lithium-ion battery cell-level control using constrained model predictive control and equivalent circuit models [J] . Journal of Power Sources, 2015, 285 (1): 374-384.